你好，C++

陈良乔 / 编著

清華大學出版社
北 京

内容简介

本书主要介绍C++开发环境的搭建、基础语法知识、面向对象编程思想以及标准模板库的应用，特别针对初学者在学习C++过程中可能遇到的难点提供了解决方案。全书共分13章，以一个工资程序的不断优化和完善为线索，展示了如何利用C++进行设计和解决实际问题。本书遵循最新的C++23标准，更新了所有代码和讲解，并增加了新标准引入的特性，如智能指针、std::thread等，使读者能够掌握最新的C++知识。每章末尾都配有"本章练习"，帮助读者通过实际编写代码来加深对知识的理解。

本书语言风格轻松幽默，还收录了一些公司的典型笔试题，无论是C++初学者还是中级程序员提升技能，都是极佳的选择。同时，本书也适合作为应用型本科及高职高专相关专业的教材使用。

图书在版编目（CIP）数据

你好，C++ / 陈良乔编著. -- 北京 : 清华大学出版社, 2024. 9. -- ISBN 978-7-302-67258-6

Ⅰ. TP312. 8

中国国家版本馆CIP数据核字第2024HG2394号

责任编辑：赵　军
封面设计：王　翔
责任校对：闫秀华
责任印制：刘海龙

出版发行：清华大学出版社
网　　址：https://www.tup.com.cn，https://www.wqxuetang.com
地　　址：北京清华大学学研大厦A座　　**邮　　编：**100084
社 总 机：010-83470000　　**邮　　购：**010-62786544
投稿与读者服务：010-62776969，c-service@tup.tsinghua.edu.cn
质 量 反 馈：010-62772015，zhiliang@tup.tsinghua.edu.cn

印 装 者：三河市人民印务有限公司
经　　销：全国新华书店
开　　本：190mm×260mm　　**印　　张：**23.5　　**字　　数：**634千字
版　　次：2024年10月第1版　　**印　　次：**2024年10月第1次印刷
定　　价：99.00元

产品编号：105808-01

前　言

当你翻开本书的这一刻，是否正在寻找一本既通俗易懂又简单实用的 C++参考书？没错，这本书正是你要找的那本。

在本书的引导下，你的 C++学习之旅将充满乐趣。

学习 C++，就是学习如何用这门语言描述和表达现实世界。本书系统地介绍了 C++的基本数据类型、逻辑控制语句、函数、面向对象编程、类与对象，以及标准模板库等核心概念。通过学习，你将能够使用 int、double、string 等数据类型来描述现实世界的数据；掌握 if...else 等逻辑控制语句来实现条件判断；理解如何用函数封装算法；利用面向对象的封装、继承和多态来抽象现实世界；以及运用标准模板库来简化数据管理和算法处理。这些基础知识是 C++语言中最实用的核心部分，能帮助你用 C++解决现实问题。

面对 C++语言的复杂性，学习之路是否充满挑战？

答案是肯定的。但幸运的是，你拥有了《你好，C++》这本书。

本书不深究语法细节，也不堆砌编程技巧，而是以简单实用为原则，用通俗易懂的方式介绍 C++的精髓。通过阅读本书，你将发现逻辑控制语句如何串联程序流程，函数如何封装程序逻辑，面向对象如何赋予程序结构，算法如何丰富程序功能。本书以一个工资程序的优化过程为例，展示了 C++知识的实际应用，让你在轻松的故事中掌握 C++。

拜师学艺，不仅学习的是师傅的技术，更重要的是传承师傅的经验。作者凭借 10 多年的 C++开发经验和微软最有价值专家（Most Valuable Professional，MVP）的荣誉，将丰富的实践经验融入本书。你将从中获得关于如何选择 float 和 double、理解 const 关键字的重要性、区分指针和引用等实用问题的解答，使你从新手成长为熟练的开发者。如果你已是 C++开发者，这些经验同样能助你的编程技能更进一步。

那么，为何不立即开始我们的 C++学习之旅呢？

配书资源

本书配套提供源代码，读者可用微信扫描下面二维码获取。如果在阅读本书的过程中发现问题或有疑问，请联系 booksaga@126.com，邮件主题为“你好，C++”。

致　谢

在本书的创作过程中，我得到了许多人的帮助和支持。感谢家人的默默支持，感谢康雁老师、周静姐姐、唐总和兰姐的教诲，感谢单春辉、丁春利、马洪旭在困难时刻的无私帮助。特别感谢 Elmar Driesch 先生、Andreas Muench 先生及 Thorsten Thomsen 先生的帮助和指导，以及 Bjane Stroustrup 先生在创作过程中的宝贵指导。感谢所有参与翻译《C++0x FAQ 中文版》的志愿者们，本书的部分章节参考借鉴了该文档。同时，也感谢网络上的知识分享者们提供的资料。

感谢所有关心我的朋友，我爱你们！

陈良乔

2024 年 5 月于西安

目　录

第 1 篇　叩开 C++世界的大门

第2篇　欢迎来到C++的世界

第 1 篇

叩开 C++世界的大门

本篇首先以一个简单的 C++程序——“你好，C++.exe”为切入点，介绍了 C++程序的创建过程。在读者对 C++程序有一个直观的印象之后，我们介绍了 C++的基本概念以及发展历程和现状，让读者了解什么是 C++以及为什么要学习 C++。最后，提供了 C++的学习方法和学习资料，为后续内容的学习做好铺垫。

第 1 章

C++世界地图

如果我们要前往一个陌生的地方旅行，往往会有许多疑问：这个地方有哪些值得一游的景点？在哪里可以享用美食？又在哪里能找到住宿？这时，一张详尽的旅行地图就能解答这些问题。同样，对于即将踏入 C++世界的我们，心中也充满了疑问：C++是什么？它从何而来？它能做什么？我如何编写我的第一个 C++程序？面对这些疑问，我们同样需要一张 C++的“地图”。这张地图不仅能解答这些问题，还能帮助我们清晰地认识 C++的世界。

通过这张 C++的“地图”，我们可以更深入地了解 C++：探索其中的精彩之处，发现有趣的故事，学习有用的知识，积累宝贵的经验，同时警惕那些需要小心的陷阱。这张 C++的“地图”将引导我们畅游整个 C++的世界。

还等什么？让我们带上这张地图，立刻启程！

1.1 我们的第一个 C++程序

在本节中我们来完成自己的第一个 C++程序。

1.1.1 下载并安装 Visual Studio 社区版

在浏览器中访问 Visual Studio 社区版的官方下载网站，选择 Visual Studio 2022 的社区版本，单击“免费下载”按钮，即可获取 Visual Studio 的安装程序 VisualStudioSetup.exe。

双击刚刚下载的安装程序以启动它，在安装程序的主界面上，从“工作负荷”选项卡中选择“使用 C++的桌面开发”选项，然后单击“安装”按钮，安装程序将开始下载并进行安装，如图 1-1 所示。

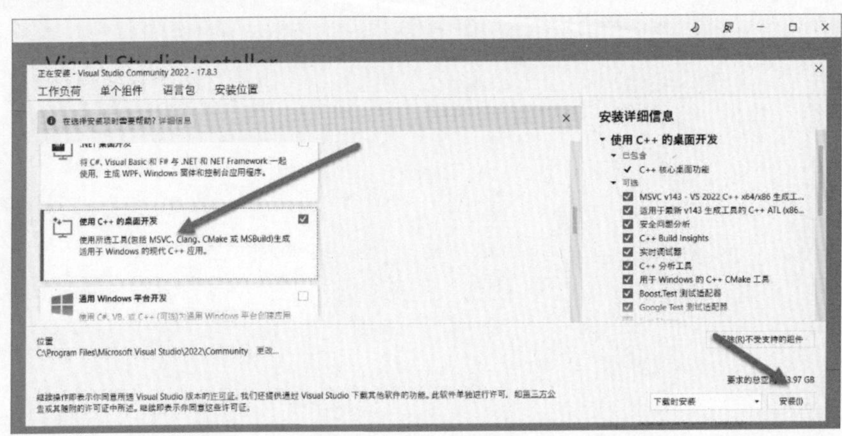

图 1-1　选择“使用 C++的桌面开发”选项

1.1.2 创建“你好，C++”项目

在 Visual Studio 安装完成后，单击“启动”按钮，打开 Visual Studio 的主界面。在 Visual Studio 中，单击“文件”菜单，然后选择“新建”→“项目”命令，打开如图 1-2 所示的“创建新项目”对话框。在项目模板列表中，选择带有“C++”“Windows”和“控制台”标记的“控制台应用”模板，然后单击“下一步”按钮。

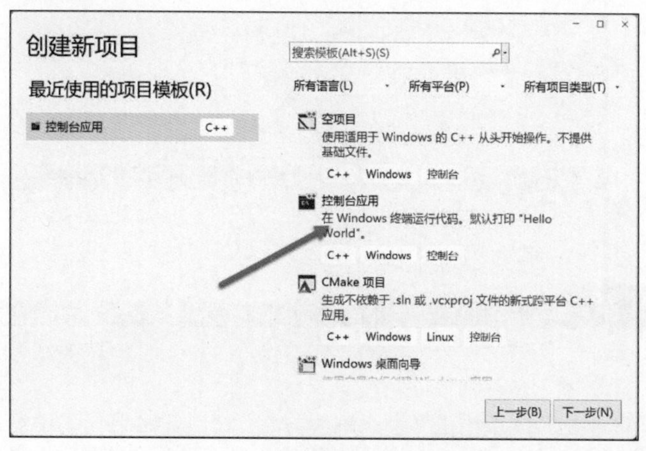

图 1-2 “创建新项目”对话框

在“配置新项目”对话框的“项目名称”编辑框中输入“你好，C++”作为项目的名称，然后单击“创建” 按钮以完成项目的创建，如图 1-3 所示。

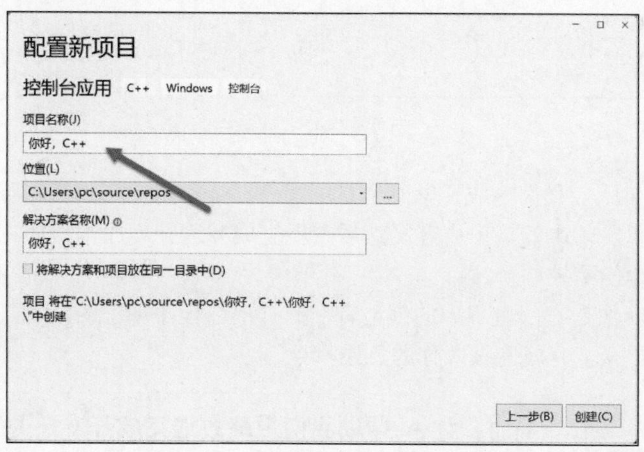

图 1-3 “配置新项目”对话框

Visual Studio 会根据设置创建“你好，C++”项目。默认情况下，我们之前选择的控制台应用模板会为“你好，C++”应用提供一个源代码框架，我们只需要在其中添加或修改代码，即可实现程序的功能。

1.1.3 编辑代码，生成并运行 C++程序

在编辑器中，将默认生成的代码文件修改为如图 1-4 所示的效果。

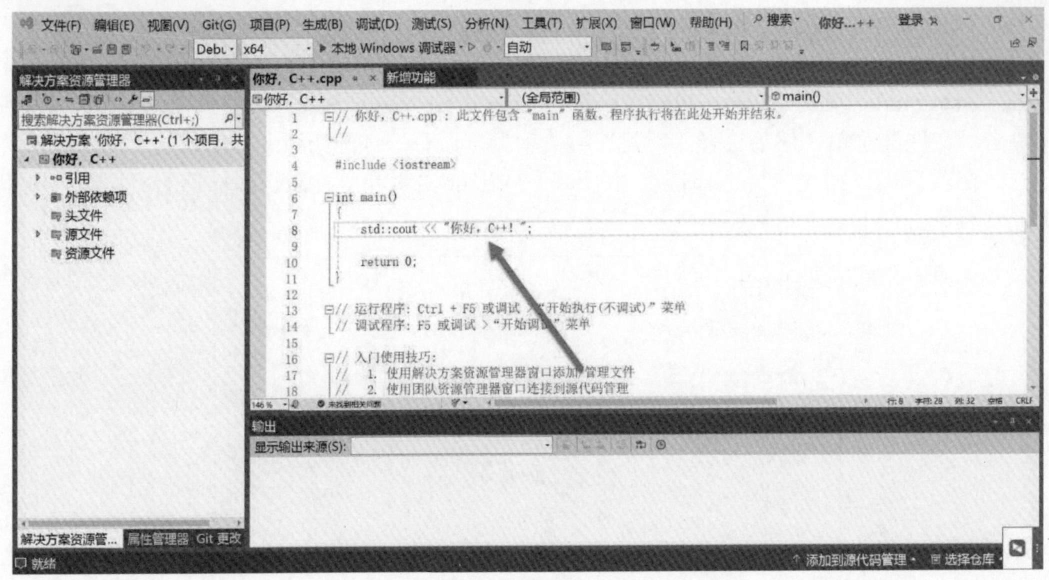

图 1-4　编辑代码

编辑完成后，单击“生成”菜单中的“生成解决方案”命令。如果代码中没有错误，Visual Studio 将生成第一个 C++程序“你好，C++.exe”。

接着，单击“调试”菜单中的“开始执行(不调试)”命令，Visual Studio 随即将打开控制台窗口并运行我们的第一个 C++程序，控制台窗口中将输出“你好，C++！”字样，如图 1-5 所示。

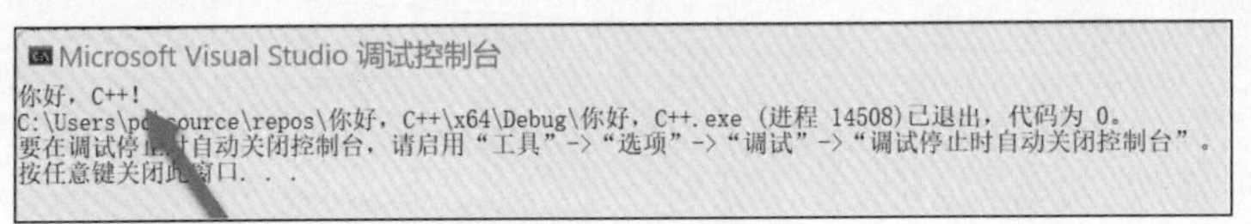

图 1-5　生成结果

经过几个简单的步骤，我们完成了第一个 C++程序，是不是有点小激动呢？我们可以重复上面的过程，随意修改代码文件中的输出内容，然后重新生成并运行程序。程序将根据我们在代码文件中定义的内容，将其输出到控制台窗口。

想象一下，我们就像是 C++世界中的创造者，拥有塑造程序形态的能力。你想让 C++程序如何表现，只需在代码中定义，它就能按照你的意愿执行。

知识拓展　让 AI 帮助我们更高效地完成开发任务

随着人工智能（Artificial Intelligence，AI）技术的广泛应用，Visual Studio 也集成了 AI 助手，以提高我们的开发效率。GitHub Copilot 和 IntelliCode 是 Visual Studio 中两个强大的 AI 工具，它们可以帮助我们快速、准确地编写代码，深入理解代码库，并执行其他开发任务，如编写单元测试、调试和代码分析等。

GitHub Copilot 扩展：这个工具通过基于提供的上下文生成代码行或代码块，为开发过程提供了 AI 增强的辅助。它使用在数十亿行开源代码上训练的 AI 模型，在编辑器中实时提供自动完成式的代码建议。在编写代码时，我们可以通过输入代码、编写函数签名，或使用自然语言注释描述所需的功能，来获取GitHub Copilot的建议。这些建议可以直接插入代码文件中，从而加快编码速度并减少错误。

IntelliCode：它利用代码上下文和从成千上万个公共开源项目中学习到的模式，为IntelliSense提供AI驱动的增强功能。这包括智能建议、上下文感知的代码完成、整行完成和API使用示例。IntelliCode通过分析当前代码上下文和模式，动态地将最相关的建议排在完成列表的顶部，并用星形图标标注，帮助我们更快地编写出准确的代码。图1-6展示了Visual Studio中IntelliCode的功能。

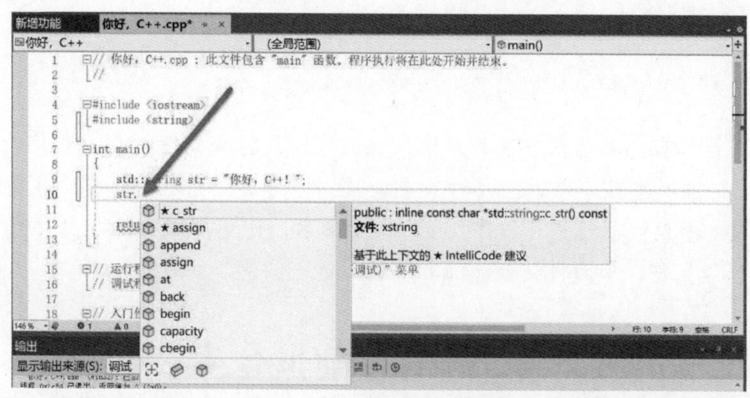

图1-6 IntelliCode的功能

1.2 C++是什么

通过前面1.1节的学习，我们已经完成了第一个C++程序的创建。但C++到底是什么呢？这是每个初次踏入C++世界的新手都会提出的问题。

在百科全书中，C++被定义为："一种静态数据类型检查的、支持多种编程范式（如面向过程和面向对象）的通用程序设计语言"。虽然"静态数据类型"和"面向对象"等术语可能现在还不太理解，但至少我们知道了C++是一种语言，更确切地说，是一种用于程序设计的高级计算机语言。

就像自然语言用于表达我们的思想一样，C++作为一门程序设计语言，也是用来表达我们的思想的。只不过，它的接收对象是计算机，因此有着不同的语法和表达方式。学习英语可以让我们与外国人交流，同样，掌握了C++，我们就可以与计算机交流，让它帮助我们完成各种任务。

既然C++是一种语言，它自然有其语法规则、基本词汇和句型结构，也可以组织成段落和篇章。用自然语言描述事物是写作，而用程序设计语言描述事物则是编程。我们可以将C++视作一种新的语言来学习，不仅为了掌握编程技能，也为了与计算机进行有效的沟通。

知识拓展 编程是怎么回事

语言是用来描述和表达现实世界的，C++作为一门编程语言，其作用也不例外。在自然语言中，我们使用名词来指代事物，如"陈老师""曾学生"。在C++中，这些名词对应为变量（例如teChen、stZeng）；同时，每个名词都有其属性，如"老师""学生"，在C++中则体现为变量的数据类型（如Teacher、Student）。

为了表达事物之间的关系，我们使用动词，如“指导”，并通过动词将事物连接成句子（例如“老师指导学生”）。在 C++中，动词则体现为函数（如 Guide()），而动词连接的句子则转化为表达式（例如 teChen.Guide(stZeng);）。

将多个句子按照一定的逻辑关系组合起来，就能形成一篇文章。同样，在 C++中，我们利用逻辑控制结构将多个表达式组合起来，就能形成程序。

```
Teacher teChen;                 // 陈老师
Student stZeng;                 // 曾学生
teChen.Guide(stZeng);           // 老师指导学生
// 用 if 条件控制结构组织表达式
if(stZeng.m_nScore >= 60)       // 如果学生的成绩大于或等于 60
{
    stZeng.m_bPass = true;      // 学生及格
}
```

通过将 C++编程语言与自然语言进行对比，我们可以更轻松地理解 C++程序的含义。C++编程本质上是将描述现实世界的自然语言翻译成 C++语言的过程。这提示我们，在编写程序之前，可以先用自然语言描述程序所要处理的事物（通常是某个数据处理过程），然后将其翻译成 C++代码，从而得到最终的 C++程序。

1.3 C++的“前世今生”

读史可以使人明智。

C++作为一门程序设计语言，历史悠久，堪称程序设计语言的“老前辈”。了解 C++的发展历史，不仅能够加深我们对这门语言的认识，更有助于我们理解 C++的本质内涵和文化，从而更有效地学习和掌握这门语言。

让我们开启一段探索之旅，回溯 C++的发展历程，领略这门语言的深厚底蕴。

1.3.1 从 B 到 C

1967 年，著名的计算机科学家丹尼斯·里奇（Dennis Ritchie）加入了美国 AT&T 的贝尔实验室。起初，里奇和他的同事肯·汤普森（Ken Thompson）开始研究 DEC PDP-7 这种早期计算机。他们发现，使用汇编语言在该机器上编程非常困难，因为汇编语言是一种接近计算机底层的低级程序设计语言，它使用助记符代替机器语言的操作码，并用地址符号或标号代替地址码。汇编语言编写的程序需要通过汇编程序转换成机器语言后才能被计算机执行。尽管汇编语言通过助记符和地址符号简化了一定的编程工作，但由于其与计算机底层的接近性，编写的程序难以阅读和理解，开发效率较低。

为了解决这一问题，汤普森设计了一种高级程序语言以替代汇编语言，并命名为 B 语言。然而，B 语言存在设计上的局限，特别是在面对内存限制时。1973 年，里奇对 B 语言进行了改进，创造了具有更强大系统控制能力和更高效率的新语言，命名为 C 语言，象征着它是 B 语言的后继者。

知识拓展 B 语言又是从哪里来的

C 语言来自 B 语言，那么 B 语言是否来自 A 语言呢？B 语言之前并不存在 A 语言，它是汤普森从 BCPL 简化而来的。BCPL 是剑桥大学 CPL 的简化版本，即 Basic CPL。关于 B 语言的名字由来，传言有两个版本。一说“B”是作者为了纪念自己的妻子，因为他妻子名字 Bonnie 的第一个字母是 B。另有说法称，B 指代 BCPL。

1978 年，里奇与另一位杰出的计算机科学家布莱恩·克尼汉（Brian Kernighan）合作出版了 *The C Programming Language* 一书。该书的出版标志着 C 语言开始在全球范围内广泛应用，这个版本的 C 语言被称为 K&R C。1989 年，C 语言被美国国家标准学会（American National Standards Institute，ANSI）标准化，标准编号为 ISO/IEC 9899:1989，而非 ANSI X3.159—1989。

尽管 K&R C 发布后 C 语言不断引入新特性，但直到 20 世纪 90 年代末，C 语言的标准才有了重大更新，即 ISO 9899:1999，这个版本通常被称为 C99，并于 1999 年发布。ANSI 在 2000 年 3 月采纳了这个新标准。

1.3.2 从 C 到 C++

语言的发展是一个逐步递进的过程。1979 年 4 月，来自贝尔实验室的 Bjarne Stroustrup 博士接受了一项任务——尝试分析 UNIX 的内核。由于当时缺乏合适的工具，内核的模块化工作进展缓慢。同年 10 月，Stroustrup 博士设计了一个名为 Cpre 的预处理程序，该工具用于在源程序文件被最终编译之前进行预处理。Cpre 为 C 语言引入了类似 Simula 语言的类机制，这种机制通过抽象和封装将数据和操作封装成类（这一概念将在本书的第 6 章中详细介绍）。

在这个过程中，Stroustrup 博士萌生了创建一门新语言的想法。贝尔实验室对此表示出了浓厚的兴趣，并支持他组织开发团队进行研究。最初，这门新语言被称为 C with Classes，后来更名为 C++。当时，C 语言已经在程序设计语言中占据主导地位，而 C++面临的挑战是如何在运行时间、代码和数据紧凑性方面与 C 语言相媲美，同时避免应用领域的限制。

为了应对这些挑战，C++继承了 C 语言的优点，并借鉴了其他语言的特性，例如从 Simula 借鉴了类的概念，从 Algol 68 借鉴了操作符重载和引用等。这一系列的借鉴使得 C++融合了多种语言的优势，完成了从 C 到 C++的演变。

C++经历了长期的发展。2000 年左右，随着标准模板库（STL）的引入和泛型编程的发展，C++达到了一个新的高峰。2011 年，C++11 标准的发布带来了易用性和性能上的显著改进，包括线程库等现代软件开发所需的特性。

许多程序员从 C 语言转向 C++学习，C 语言的基础知识和编程经验在 C++中依然适用。然而，C++的独特之处在于其面向对象的特性和标准模板库。C++的这两个“+”号代表了它超越 C 语言的面向对象特性和强大的 STL。对于有 C 语言背景的程序员来说，在学习 C++时，应该在复用 C 语言知识的同时，重点学习和理解面向对象编程和 STL，以掌握 C++的精髓。

1.3.3 更简单、更高效：C++23 让 C++续写传奇

技术在不断进步，C++也在不断发展。自从 Stroustrup 博士发明并实现 C++语言以来，在面向对象语言迅速发展的时代背景下，C++凭借其面向对象的特性、对 C 语言的良好兼容性以及接近 C 语言的性能效率，在工业界占据了重要地位，被誉为程序设计语言中的无冕之王。随着时间的推移，C++不断引入新特性，例如 STL 和 Boost 程序库的出现，以及泛型程序设计的流行，这些都使得 C++成为 TIOBE 编程语言排行榜上的常客，并成为业界最流行的程序设计语言之一。

然而，随着硬件技术的发展，尤其是多核技术的出现，以及 Java、C#等新语言的涌现，C++面临了挑战，其在某些应用领域的影响力有所减弱。特别是在微软推出.NET Framework 之后，C++的地位不断下滑，被后来居上的 C#抢了风头。很多钟情于 C++的程序员不禁感叹：“C++老矣，尚能编否？”尽管如此，C++在操作系统编程、游戏开发、电信金融业务、服务器端开发等领域仍具有

不可替代的优势，并且许多关键系统和应用程序仍在使用 C++开发和维护。

为了应对现代程序设计语言的发展和业界需求，C++积极吸收现代编程语言的成果，推出了 C++11、C++14、C++17、C++20 以及 C++23 等一系列新标准。

C++11 是自 1998 年 C++首次被 ISO 标准化以来变化最大的一个新标准。随后的标准主要在以下两个方面对 C++进行了革命性的改进和增强。

- 易用性：C++曾以其语法的复杂性而著称，但新标准通过引入如 auto 类型推断、Lambda 表达式等特性，显著提高了 C++的易用性。特别是 C++23 中引入的范围 for 循环，简化了迭代器或索引的使用。
- 性能：C++一直以其高性能著称，新标准通过增加新的语法特性、改写标准库等手段进一步提升性能。C++23 标准引入了模块支持，提高了编译速度。对右值引用和移动语义的完全支持减少了资源浪费，标准库的大规模改写提升了性能表现。并行计算的全面支持，如线程和互斥量，使得 C++能够充分利用多核 CPU 的计算资源。

C++23 及其之前的新标准，在增强性能的同时改善了易用性，使 C++成为一门既快速又易于使用的程序设计语言。这些新特性为 C++注入了新的活力，预示着 C++的持续复兴和繁荣。

1.4 三分天下：C++世界版图

C++语言的发展过程，不仅是一个特性不断增加、内容不断丰富的过程，更是一个在应用领域不断攻城略地的过程。在其 40 余年的发展过程中，C++在多个应用领域得到了广泛的应用和发展。无论是在最初的 UNIX/Linux 操作系统上，还是在 Windows 操作系统上，甚至是在最近兴起的嵌入式系统中，C++都具有不可替代的地位，如图 1-7 所示。

图 1-7 C++世界“三分天下”

1.4.1 Windows 系统下的 C++开发

自 1985 年 Windows 1.0 发布以来，C++与 Windows 操作系统结下了不解之缘。不仅 Windows 操作系统的底层是使用 C/C++开发的，而且 Windows 操作系统上运行的大多数大型软件也都是使用 C++开发的。可以说，Windows 操作系统中流淌着 C++的血液。虽然现在 Windows 操作系统上的程序设计语言种类繁多，但 C++凭借其自身得天独厚的优势和深厚的历史积淀，在 Windows 平台上仍然拥有不可撼动的地位。

1. 得天独厚的优势

Windows 操作系统本身是用 C/C++开发的，这使得 C++与 Windows 之间有着天然的亲近关系，因此调用 Windows API 时，C++具有独特的优势。API 是指 Application Programming Interface（应用程序编程接口），通常是操作系统或编程框架预先定义的一些函数，便于程序员调用系统所提供的功能。因此，在开发与 Windows 操作系统相关的程序时，往往会优先考虑选择 C++语言。

2. 历史的积淀

由于历史的原因，许多运行在 Windows 操作系统上的应用程序都是使用 C++开发的，这些应用程序现在依然需要继续维护和升级。因此，C++在 Windows 操作系统上有着先发优势。

1.4.2　UNIX/Linux 系统下的 C++开发

如果说在 Windows 操作系统下 C++还有其他的竞争者，那么在 UNIX/Linux 操作系统下，C++几乎是开发语言的不二选择。

作为程序设计语言，C++在 UNIX/Linux 操作系统下的优势非常明显。首先，UNIX/Linux 操作系统本身是用 C/C++语言开发的，这使得操作系统本身对 C++开发非常友好。另外，UNIX/Linux 操作系统上的大多数应用都是服务器端的，这些应用强调高性能和高安全性，而这恰恰是 C++语言的强项。大多数 UNIX/Linux 上的应用都是使用 C/C++开发的。例如，著名的网络 Web 服务器 Apache、数据库服务器 MySQL 等。因此，如果在 UNIX/Linux 操作系统上开发应用，既要求高性能又要求高开发效率，C++无疑是首选的开发语言。

1.4.3　嵌入式系统下的 C++开发

随着各类数码产品的普及，嵌入式系统开发已成为一个热门领域。嵌入式系统的硬件限制对开发语言提出了特殊要求。例如，由于执行单元的指令集有限，需要使用语法简洁的开发语言；内存容量较小，要求开发语言能够有效管理内存；CPU 主频较低，要求生成的代码高效且占用空间小；同时，为了提升开发效率，通常倾向于采用高级语言。

C/C++语言凭借其特性，很好地满足了这些要求。C/C++的语法相对简单，易于在嵌入式系统上实现；它们接近硬件层面，允许精细的内存管理；编译后的可执行代码体积小、执行效率高；作为高级语言，C/C++也保证了开发效率。

因此，C/C++已成为嵌入式系统开发中的主流选择之一，尽管不是“唯一选择”，但它们的适用性和效率在该领域内是无可比拟的。

1.5　如何学好 C++

既然 C++如此强大，那么我们如何学好 C++呢？

几乎每个 C++初学者都会问及这个问题。然而，这个问题并没有一个标准答案。笔者暂且作为一个 C++世界的“导游”，为读者介绍一些知识和经验，让读者少走弯路，沿着正确的方向前进，享受 C++学习之旅的乐趣。只要把握好“多读多写多思考”的原则，至于具体的学习方法，则需要读者自己去寻找。

1.5.1 “多读多写多思考”是学好 C++的唯一途径

C++是一门实践性很强的技术，我们不可能仅靠看几本书就学好 C++。记得当年学习英语的时候，老师总是强调“多听多说多读多写”的重要性。对于编程语言而言，虽然没有“听”和“说”，但是“多读”和“多写”同样适用，再加上“多思考”，这是学好 C++的唯一途径。

1. 多读

多读，就是多阅读和学习别人的优秀代码，特别是一些优秀的开源软件（例如文本编辑器程序 Notepad++、FTP 文件传输程序 FileZilla 等）的源代码。通过阅读这些源代码，不仅可以学习到具体的语言知识和开发技巧，还可以领悟其设计思想和编程风格等。正所谓“熟读唐诗三百首，不会作诗也会吟”。向高手学习，是成为高手的捷径。

2. 多写

多写，就是多进行开发实践。编程是一门技艺，源于实践，也必须回到实践中去。纸上谈兵是无法学好编程的。多写包括很多方面，例如在开发环境中完成书本上的范例程序，重新实现网络上的例程，开发一些小程序等。多读只是学习别人的知识和经验，多写才能将这些知识和经验转化为自己的。同时，通过多写可以在实践中发现许多在“多读”过程中隐藏的问题，使我们的认知和理解更加深刻。通过自己编写程序和调试程序，可以获得宝贵的第一手开发经验，培养自己的动手能力，从而成为一名真正的程序员。

3. 多思考

遵循“多读多写”的原则，固然可以帮助我们成长为一名出色的开发程序员，但要成为一名专业的软件工程师，这还远远不够。

“多读多写”主要提升了我们的代码实现能力，但专业软件工程师的角色远不止于此。我们必须具备系统设计的能力，能够对问题进行深入的抽象、分析，并设计出有效的算法来解决问题。而“多思考”则是培养这种设计能力的关键。

简单来说，优秀程序的每个组成部分——无论是类还是函数——都是为了解决特定问题而精心设计的。面对优秀的代码，我们需要深入思考：它解决了什么问题？为何要采取这种设计？是否有更佳的解决方案？通过这样的思考，我们才能真正理解优秀代码的精髓，并在遇到类似问题时，能够借鉴并创造出同样出色的代码。

在这个过程中，我们也应该认识到，没有任何一门程序设计语言是仅靠阅读一两本参考书就能掌握的，正如没有人仅通过阅读《小说概论》就能学会写小说一样。我们需要不断地阅读、学习、思考他人的优秀代码，并且不断地亲自动手实践，坚持不懈地编码，才能真正掌握一门程序设计语言。

1.5.2 和百度等搜索引擎做朋友

在开发实践中，与其说程序是编出来的，倒不如说是“搜”出来的。在开发过程中遇到问题时，搜索引擎成为我们得力的助手。

如果遇到 C++的语法细节问题，可以通过百度等搜索引擎来查找相关的教程和指南；当对某个函数的用法感到困惑时，搜索官方文档或社区讨论可以帮助我们理解其用法；面对常见的开发任务，例如文件操作，搜索现有的示例代码可以为我们提供解决问题的思路；甚至在遇到棘手的问题时，通过搜索是否有其他人遇到过类似问题及其解决方案，也能为我们提供极大的帮助。

网络是一个资源丰富的宝库，而搜索引擎则是我们挖掘这些资源的工具。善于利用搜索引擎，与它们建立良好的“伙伴关系”，可以帮助我们更有效地学习和应用 C++。不过，也要注意辨别搜索结果的质量，优先选择权威的资源和社区。

此外，除利用搜索引擎外，我们还可以参与技术论坛、订阅专业博客、阅读最新的技术文章、观看教学视频等，这些都是扩展我们知识面和技能的宝贵途径。

1.5.3　使用配备 GPT-4 的 Microsoft Copilot 这一 AI 小助手

在利用百度搜索时，我们经常需要从数以万计的搜索结果中筛选出所需的答案，这无疑显得有些烦琐。而使用 Copilot，则仿佛身边拥有了一位博学多识的小助手，随时待命解答疑惑。在编程中遇到的任何难题，都可以通过简单的聊天形式向 Copilot 提问，它会即刻提供答案，从而避免了我们从海量搜索结果中苦苦寻找答案的烦恼。

例如，在开发中需要确定上个月的起始日期，但对此功能如何实现尚无头绪时，我们可以直接咨询 Copilot，它会即时提供解决方案及相应代码，供我们直接使用。善用 Copilot 这一助手能够显著提升开发效率，如图 1-8 所示。

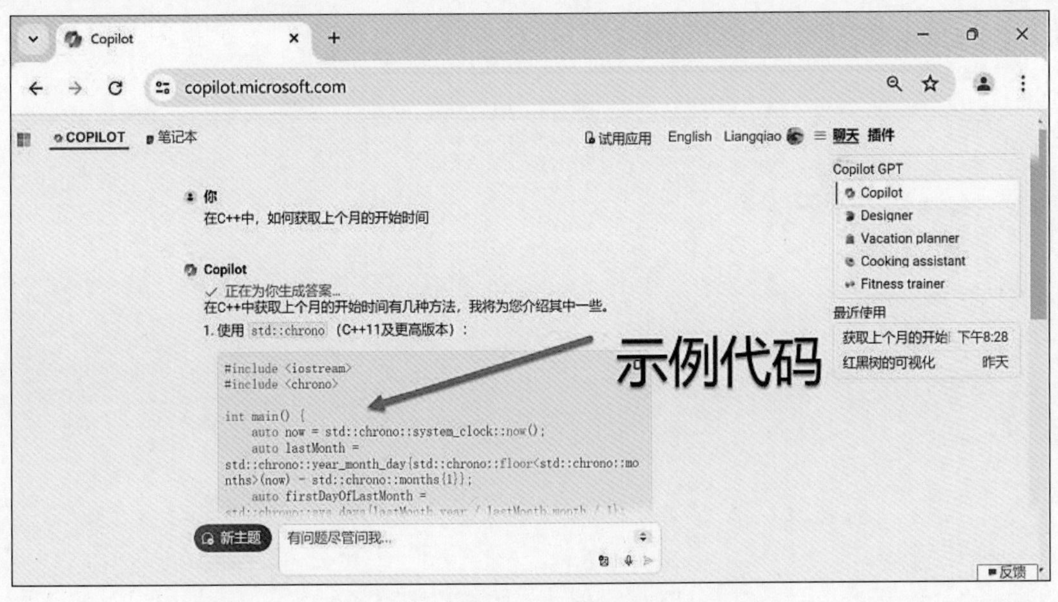

图 1-8　Microsoft Copilot 小助手

1.5.4　C++词典 cplusplus.com

学习英语，少不了一本英语词典。同样，学习 C++语言，也离不开一本 C++词典。

cplusplus.com 就是一本 C++词典。它涵盖了 C++的基础知识（包括 C++概述、发展历史及常见问题解答等）、技术文档（介绍 C++的特性和提供教程）、标准库索引（详细阐述了标准库中关键的类、函数和对象，并附有简明的示例）以及论坛等资源。在学习过程中，我们经常需要查阅特定库函数的用法或类的成员函数等信息，这些内容在 cplusplus.com 上都能找到最权威的解释，并附有简洁的示例，使用方法清晰易懂。因此，拥有了 cplusplus.com，便仿佛手握一本万能的参考书，轻松解决学习中的各种问题。

1.6 本章练习

1. 在计算机上，下载并安装 Visual Studio 社区版，然后创建一个 C++控制台项目，编写程序代码，让程序编译运行后在屏幕上输出“你好，C++！”的字样。

2. 访问 Microsoft Copilot(https://copilot.microsoft.com/)，学会利用网络和 AI 助手解决编程过程中遇到的各种问题。

第 2 章

与 C++的第一次亲密接触

在浏览了 C++“三分天下”的世界版图之后，我们对这门强大的语言有了初步的认识，可以说已经迈出了踏入 C++世界的第一步。但如何更深入地探索这个世界，完全融入 C++的编程领域呢？是直接开始编写 C++程序，还是应该采取其他学习策略？

正当我们犹豫不决时，注意到前方有一群人聚集在一起，似乎在讨论着什么。我们好奇地挤进人群，发现原来是一段 C++程序正在“自我介绍”，吸引了一群初学者的注意和好奇。

这个场景提醒我们，学习 C++的过程不仅是编写代码，更是理解代码背后的逻辑和原理。与他人交流，观察和分析示例程序，都是深化我们对 C++理解的有效途径。

2.1　一个 C++程序的自白

“大家好，欢迎来到奇妙的 C++世界。我是你们的向导——一个简单而经典的 C++程序，我的名字叫‘你好，C++.exe’。虽然我结构简单，但几乎每个 C++初学者的第一次编程体验都是通过我这样的程序开始的。

在深入了解之前，你们可能会觉得 C++程序很神秘：C++程序是如何创建的？它们由哪些部分组成？源文件又是什么？C++程序是如何执行的？但我要告诉你们，C++程序并不神秘。就像人类一样，每个 C++程序都有自己的‘父母’——开发者，有自己的‘五官四肢’——组成部分，以及自己的‘生命过程’——从编写到执行的旅程。

什么？你们觉得这不可思议？别急，让我慢慢为你们揭开 C++程序的神秘面纱，带你们一步步了解 C++的世界。”

2.1.1　C++程序=预处理指令+程序代码+注释

大家是否还记得在前面的章节中，我们一步步地编写出了一个 C++程序？尽管只是一个简短的程序，由几行代码组成，功能简单，但却具备 C++程序的基本要素：预处理指令、程序代码和注释，如图 2-1 所示。

通常，这些基本组成部分被整合在一个以.cpp 为扩展名的文本文件中，我们称之为 C++源文件。

这个源文件详细记录了程序的结构和功能，定义了程序的存在和行为。

源文件的编写者是赋予程序形态和功能的设计师。通过修改这个源文件，设计师可以调整程序的特性，改变程序的功能，使程序能够适应不同的需求，完成多样化的任务。

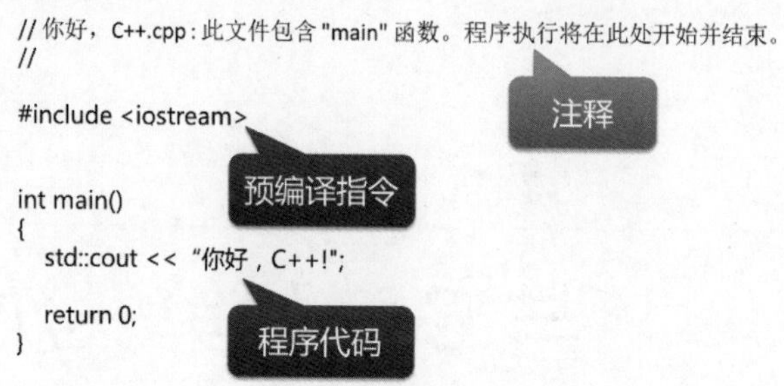

图 2-1 C++程序=预处理指令+程序代码+注释

下面一起来看程序的源文件，深入了解构成程序的“五官和四肢”。

1. 预处理指令

在 C++的源文件中，以“#”开始的行被称为预处理指令。这些指令的作用是指示编译器在正式编译之前对源文件进行特定的预处理操作，如插入文件、替换宏定义等，从而生成最终参与编译的源文件。

例如，在源文件“你好，C++.cpp”中，就包含一条预处理指令：

```
#include <iostream>
```

其中，#include 指令用于将指定的文件插入该指令所在的位置，作为整个源文件的一部分。因为这样的文件通常插入到源文件的头部，所以被称为头文件（header file）。这里插入了 iostream 这个头文件，是因为我们在程序中需要用到其中定义的 cout 来完成字符串的屏幕输出（关于 C++的输入输出，可以参考 2.2 节的介绍）。

> **知识拓展 #include 指令后面的文件名表示方式**
>
> #include 指令后的文件名有两种表示方式：使用双引号（""）和使用尖括号（<>）。这两种方式的区别在于，如果使用双引号来包含文件名，预处理器在处理该指令时将首先在当前目录（即源文件所在的目录）下搜索该文件，如果不存在，则继续在项目的包含目录下搜索（包括项目的默认头文件目录，如 Visual Studio 安装目录下的\VC\include 文件夹，以及在项目属性中设置的项目附加头文件目录）；而如果使用尖括号包含文件名，预处理器会直接在项目的包含目录下搜索该文件。因此，通常我们使用双引号来插入当前项目目录下的头文件（例如我们自己创建的头），而使用尖括号来插入各种项目包含目录下的库头文件（例如这里的 iostream）。

2. 程序代码

程序代码主体由若干 C++语句构成（通常以分号结束的一行代码就是一条语句），可以说语句是构成程序的基本单位。在源文件“你好，C++.cpp”中，第一条 C++语句是：

```
int main()
```

这条语句连同它后面花括号内的内容，共同构成了 main()函数，也称为主函数。函数是 C++程序中最基本的组织单元，它把若干语句组织到一起共同实现某个特定的功能。如果说一条语句相当于人体的一个细胞，那么函数就相当于由若干细胞构成、拥有一定功能的器官。一个 C++程序必须有一个主函数，而且只能有一个主函数。当 C++程序开始执行时，首先进入主函数，然后逐条执行其中的语句，直到其中的语句执行完毕后退出主函数，程序执行也就宣告结束了。可以说，主函数定义了一个 C++程序的一生。

知识拓展　为什么一个 C++程序必须有且只有一个 main()函数

当我们双击执行一个程序时，程序的进程首先会创建一个主线程。随后，这个主线程会按照约定启动运行时库，该运行时库接着调用预先定义好的 main()函数，从而开始执行用户编写的代码。main()函数作为主线程的入口点，在一个 C++程序中是必需的，且只能有一个。同时，一个线程不能拥有多个执行入口点。在 C++中，全局符号（包括变量和函数）必须唯一定义。作为全局函数的 main()，同样必须唯一。

接下来的是主函数中的一条语句：

```
std::cout<<"你好，C++!";
```

cout 是定义在头文件 iostream 中的一个输出流对象，它是 C++标准库预定义的对象，通常用于将文字或数字输出到屏幕上。前面使用#include 预处理指令包含 iostream 头文件就是为了在代码中使用这个对象。关于输入/输出流会在后面的章节中进行更详细的介绍，这里只要知道这条语句可以将“你好，C++!”这串文字输出到屏幕上即可。

这里需要注意的是，代码中使用的所有标点符号（例如，前面的尖括号，这条语句中的双引号、分号等）必须是英文格式的。有些中英文符号虽然看起来非常相似，但它们在代码中的含义和作用是不同的，很容易被初学者混淆，从而引起编译错误。这一点尤其值得初学者注意，以避免不必要的编程障碍。

程序的最后一条语句是：

```
return 0;
```

它表示程序成功执行完毕并返回（return）。通常，我们返回一个 0 值表示程序正常结束。如果在程序的执行过程中出现错误，可以返回一个非零值表示错误信息。程序的调用者可以通过这个返回值来判断程序是否成功执行。到这里，主函数中的语句执行完毕，程序的执行流程也就随之结束。

3. 注释

注释是源代码中的重要部分，编写者通过它们帮助代码的阅读者（包括后期维护人员和编写者自己）更好地理解代码。虽然注释不会参与编译，但它们可以显著提高代码的可读性和可维护性。例如：

```
// 你好，C++.cpp : 此文件包含 main 函数。程序执行将在此处开始并结束
```

这是一条单行注释，它解释了文件的主要功能和执行流程。

在 C++中，注释分为以下两种形式。

- 单行注释：使用 // 表示，// 之后直到行尾的所有内容都属于注释。单行注释通常用于对

代码作简短的解释。

- 块注释：使用 /* 和 */ 作为注释块的起止，这对符号之间的所有内容都属于注释。块注释适用于多行的详细解释。例如：

```
/*
这是一段注释
*/
```

在功能上，注释可以分为以下两种类型。

- 序言性注释：通常位于程序源文件的开始，提供程序的文件名、用途、编写时间、维护历史等信息。
- 解释性注释：用于解释代码段的功能或实现方式。

例如，我们可以在源文件的第一行加上一个序言性注释来解释这个源文件的功能：

```
// 你好，C++.cpp ：在屏幕上输出“你好，C++！”字符串
```

序言性注释被广泛用于大型项目中。通常，每个项目都有自己定义的序言性注释格式，用来向代码的阅读者说明一些必要的信息。下面是从一个实际项目中摘录的一段序言性注释，它说明了源文件的名字、作用、文件的修改历史等信息，帮助阅读者更好地理解代码。读者可以以此为模板，编写适合自己的序言性注释。

```
//////////////////////////////////////////////////////////////////////////
// AppDataView.cpp : implementation file
//
//CAppDataView
//  This view is designed to display the App Data
//
// Version: 2.1
// Date: September 2001
// Author: Chen Liangqiao
// Email: chenlq@live.com
// Copyright (c) 2002. All Rights Reserved.
//
//   History:
/*
27.09.2001      Chen Liangqiao
                  Added OnCreate(), OnUpdate():
                     Added usage of mesh tracer layers
                     Added bugfix for Graphics zoom error
30.10.2001      Chen Liangqiao
                  Changed order of MPR View only in _TORCHTONAV
08.11.2001      Wen Bin
                     Added EUpdateReason, used for UpdateAllView(),
                     Added voxel trafo
                     Changed the control panel due to new CTestCtrl
*/
//////////////////////////////////////////////////////////////////////////
```

与序言性注释多位于源文件开始部分不同，解释性注释多分散于源代码的各个部分，用来向代码阅读者解释代码的含义，说明一些必要的问题等。例如，我们可以在前面例子中的程序代码之前加上一行注释：

```
//在屏幕上输出“你好，C++！”字符串
std::cout << "你好，C++!";
```

这句解释性注释用来向代码阅读者说明其下代码的功能是将字符串“你好，C++！”输出到屏幕上。

动手实践　什么是好的注释

虽然程序的注释并不影响程序功能的实现，编译器也不会阅读注释，但好的注释可以显著增加程序代码的可读性，使程序更易于维护。谁都不愿意维护一份没有注释的代码，那无异于阅读天书。那么，什么样的注释才算是好的注释呢？

首先，该注释的地方一定要注释。

注释是对代码的“提示和说明”，旨在帮助代码的阅读者更好地理解代码。当我们认为代码不能被“一目了然”，或者需要特别说明时，就应该添加注释。例如：

```
// 判断某个浮点数是否近似整数
bool is_int(double d)
{
        // 用浮点数d减去其整数部分(int)d，获得其小数部分
        double s = d - (int)d;

        // 判断小数部分是否在误差范围内
        if(s > 0.000001)
            return false;
        else
            return true;
}
```

这里的注释恰当地对较难理解的代码进行了解释（如果没有注释，不易理解 double s = d - (int)d;这行代码的含义），提高了代码的可读性。

其次，不该注释的地方最好不要加注释。

注释只是对代码的“提示和说明”，如果代码本身已经能够很好地做到“望文生义”，就没有必要“画蛇添足”地加以注释。另外，需要注意的是，注释应为简短的说明性文字，而不是详尽的文档。程序的注释不可喧宾夺主，注释过多会让人眼花缭乱，反而降低了代码的可读性。例如，下面代码中的注释就不太合适：

```
// 判断某个浮点数是否近似整数
// 其参数表示输入的浮点数 d
// 其返回值是一个表示是否近似的 bool 值
bool is_int(double d)
{
        // 用浮点数减去其整数部分，获得其小数部分
        // 其中，d表示浮点数，(int)d表示浮点数的整数部分
        double s = d - (int)d;

        // 判断小数部分是否在误差范围内
        if(s > 0.000001)
            return false; // 若小数部分大于误差范围，则表示浮点数不近似整数，返回 false
        else
            return true; // 若小数部分小于误差范围，则表示浮点数近似整数，返回 true
}
```

这段代码对一些浅显易懂的语句也进行了详尽的解释，注释的内容远超过了代码的内容，这样不但不会增加代码的可读性，反而会让代码淹没在复杂的注释中，降低了代码的可读性。这样的注释实属画蛇添足。

另外，应该养成良好的代码注释习惯。编写代码时添加必要的注释，修改代码时一并修改相应的注释，删除无用的注释，以保证注释与代码的一致性。

注释应当准确、易懂，避免二义性。错误的注释不但无益，反而有害。

注释的位置应与被描述的代码相邻，可以放在代码的上方或右方，不可放在下方。例如：

```
// 在屏幕上输出"你好，C++!"字符串
// 对下方的代码进行注释
std::cout<<"你好，C++! ";



int n = 1024; // 循环次数，对左侧的代码进行注释
```

如果代码比较长，特别是有多重嵌套时，应当在某些段落的结束处加以注释，以便查看嵌套结构的起始和结束位置。例如，一个多重循环的代码及其注释如下：

```
for ( int i = 0; i < 100; ++i )
{
   for ( int j = 0; j < 100; ++j )
   {
        // 算法处理...
   }    // j 循环结束
}       // i 循环结束
```

通过这些实践，我们可以确保注释的有效性和代码的可维护性。

程序代码不仅是写给编译器看的，更是写给程序员自己或他人看的。对于编译器而言，代码中有无注释并不重要，但对于阅读代码的程序员来说，合适的注释可以显著提高代码的可读性，使代码更易于理解，从而更易于维护。因此，注释是C++程序代码中不可或缺的一部分。程序代码中是否包含恰当的注释，也成为衡量一个程序员水平的重要标准之一。

预处理指令、程序代码与注释共同构成了程序的“五官与四肢”。然而，此时的程序还只是一个后缀为.cpp 的文本文件。要将其转化为最终的可执行文件，例如.exe 文件，我们还需要依靠编译器和链接器——它们就像是程序的“父母”，负责将原始文本转化为可执行的程序。

2.1.2 程序的“父母”：编译器和链接器

虽然程序是在 Visual Studio 这个开发环境中创建的，但真正将程序从源代码文件“你好，C++.cpp”转换为可执行程序“你好，C++.exe”的，是 Visual Studio 内置的 C++编译器 cl.exe 和链接器 link.exe。它们才是程序真正的创造者，是程序的“父母”。

为了便于人们编写、阅读和维护，我们的源文件是使用 C++这种高级程序设计语言编写的。然而，计算机并不理解这种高级语言，也就无法直接执行高级语言编写的源文件。因此，需要一个翻译过程，将源文件中的 C++高级语言翻译成计算机可以理解和执行的机器语言。程序的“父亲”编译器实际上是一个翻译官。他的工作就是将用 C++这种高级语言编写的源文件（.cpp）翻译成计算机可以理解的目标文件（.obj），这个过程称为编译。

在 Visual Studio 中，程序的“父亲”名为 cl.exe。用户可以在 Windows 的“开始”菜单中找到 Developer Command Prompt for VS 2022 并单击，然后在打开的命令提示符窗口中通过 cl 命令调用编译器，将 C++源文件编译成目标文件。例如，使用以下命令将程序的源文件“你好，C++.cpp”编译成目标文件“你好，C++.obj”：

```
cl /c /EHsc 你好，C++.cpp
```

其中，cl 是调用编译器的指令，/c 表示只编译不链接，/EHsc 指定异常处理模型，而“你好，C++.cpp”是要编译的源文件名。经过编译器的处理，得到的是一个中间的目标文件“你好，C++.obj”，它还不能直接执行。

接下来，需要链接器将这个目标文件和 Visual Studio 提供的标准库目标文件(例如 msvcrt.lib 等)整合成最终的可执行文件。这个过程称为链接。在命令提示符窗口中，可以使用以下命令让链接器完成链接过程：

```
link 你好，C++.obj
```

当然，编译和链接的工作也可以由编译器 cl.exe 一次性完成，命令如下：

```
cl /EHsc 你好，C++.cpp
```

经过编译器和链接器的共同努力，程序从一个源文件“你好，C++.cpp”变成了一个可执行文件“你好，C++.exe”，就像一个新生儿一样来到了这个世界。整个过程如图 2-2 所示。

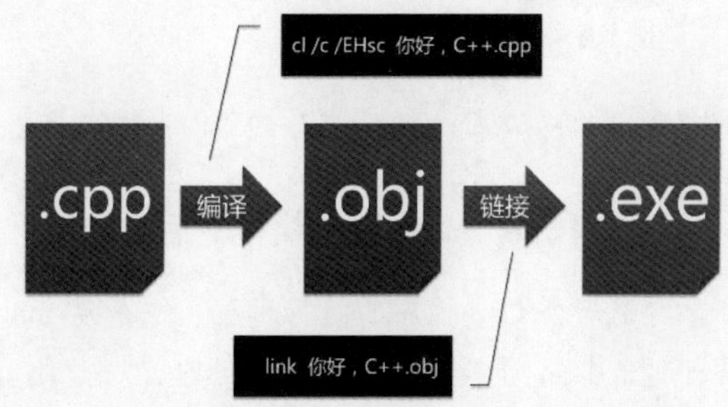

图 2-2　编译和链接的过程

2.1.3　C++程序的执行过程

一旦生成可执行文件，就可以给操作系统下达指令让文件开始执行。一个程序的执行是从其主函数（main()）开始的。但在进入主函数执行之前，操作系统会帮我们做很多准备工作。例如，当操作系统接到执行某个程序的指令后，它首先要创建相应的进程并分配私有的进程空间；然后，加载器会把可执行文件的数据段和代码段映射到进程的虚拟内存空间中；接着，操作系统会初始化程序中定义的全局变量等。做好这些准备工作后，程序就可以进入主函数开始执行了。

进入主函数后，程序会按照源代码制定的人生规划逐条执行语句。例如，以下源代码：

```
int main()
{
   std::cout<<"你好，C++!";

   return 0;
}
```

可以看到，进入主函数后，程序执行的第一条语句是：

```
std::cout<<"你好，C++!";
```

这条语句的作用是在命令提示符窗口中输出“你好，C++!”这串文字。程序通过控制命令提示符窗口，显示这串文字，完成了程序员通过这行代码交给它的任务。

紧接着，下一条语句是：

```
return 0;
```

这条简洁的语句标志着主函数的结束，也意味着整个程序执行完毕。return 0; 通常表示程序正常结束，没有错误发生。图 2-3 所示的是“你好，C++.exe”程序短暂而光辉的一生。

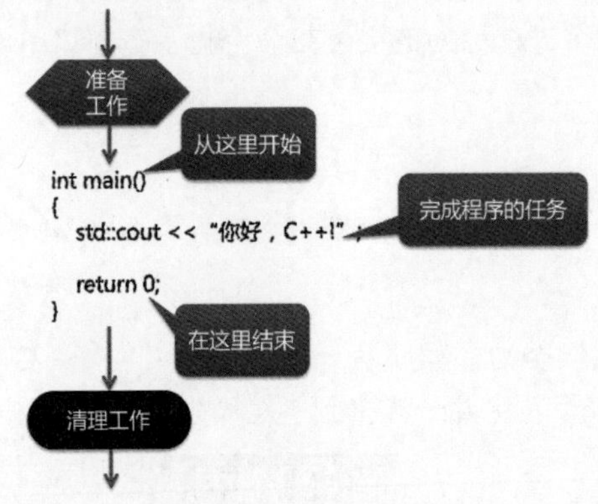

图 2-3 “你好，C++.exe”程序短暂而光辉的一生

知识拓展 C++程序执行背后的故事

在上面的例子中，我们看到了一个 C++程序的执行过程，它是从 main()函数开始逐条语句往下执行的。这个过程看起来非常简单，但在每条语句的背后，还有着更多的故事。

在 Visual Studio 的调试模式下，我们可以通过反汇编视图（使用快捷键 Alt+8 打开）来查看 C++程序中各条语句对应的汇编代码。这种视角让我们能够清晰地看到每条语句是如何被转换成机器指令的，以及程序的各个功能是如何在底层实现的。例如，“你好，C++.exe”程序虽然功能上只是简单地输出一个字符串，但当我们深入探究其内部时，会发现背后进行了许多操作。

在反汇编视图中，“你好，C++.exe”的关键操作可能包括但不限于以下内容：

```
#include <iostream>

int main()
{
// 完成准备工作
00007FF722192250  push       rbp
00007FF722192252  push       rdi
00007FF722192253  sub        rsp,0E8h
00007FF72219225A  lea        rbp,[rsp+20h]
00007FF72219225F  lea        rcx,[__1B4F06E4_你好, C++@cpp (07FF7221A3066h)]
00007FF722192266  call       __CheckForDebuggerJustMyCode (07FF7221913DEh)
    std::cout << "你好, C++! ";
// 完成任务
```

```
00007FF72219226B  lea         rdx,[string "\xc4\xe3\xba\xc3\xa3\xacC++\xa3\xa1"
(07FF72219AC28h)]
00007FF722192272  mov         rcx,qword ptr [__imp_std::cout (07FF7221A1198h)]
// 调用标准库中的操作符来完成输出任务
00007FF722192279  call        std::operator<<<std::char_traits<char> >
(07FF722191087h)

   return 0;
// 返回结果
00007FF72219227E  xor         eax,eax
}
```

当我们启动一个程序后，操作系统会创建一个新的进程来执行它。进程是应用程序的一个实例，拥有自己独立的内存空间（默认堆），作为其私有的虚拟地址空间。通常，一个应用程序的执行对应一个进程，而进程负责管理程序运行时的一切资源，包括资源的分配和调度等。

尽管进程是程序执行的调度单位，但它本身并不直接执行程序代码。具体的执行工作是由进程中的线程完成的。每个进程至少有一个主线程，多线程应用程序还可以包含多个辅助线程。线程共享所属进程的资源，但拥有自己的执行栈和执行路径。

在程序的主线程被创建后，它会进入 main() 函数开始执行。在执行具体的程序代码之前，主线程会进行一些初始化工作，例如保存现场环境、初始化堆、传递程序参数等。尽管 C++程序的源代码可能只有简单的一行，但在汇编层面，这一行代码会被分解成多个步骤来完成。

从汇编视图来看，main() 函数的执行涉及对寄存器的操作和对库函数的调用。例如，进入 main() 函数后，常见的操作是使用 `push rbp` 指令来保存当前的栈基址（在 x86-64 架构中，rbp 通常用作栈基址寄存器）。这个操作确保了 main() 函数在执行完毕后能够返回到正确的位置继续执行。

除寄存器操作（如 push、mov 和 pop 等汇编指令）外，汇编代码还包括通过 call 指令完成的对其他函数的调用。例如，一个输出操作可能通过以下汇编指令实现：

```
call std::operator<<(std::ostream&, const char*)
```

这个 call 指令调用了 C++标准库中的输出流操作符 <<，用于将字符串输出到控制台。

在汇编视图下，我们可以看到每一条 C++语句背后都有其实现细节。理解这些细节有助于我们深入理解每一条语句的工作原理。同样，如果我们发现某条语句的行为与预期不符，而代码层面的分析无法找到原因，那么从汇编层面探究语句背后的实现机制可能会揭示问题的根本所在。

2.1.4　程序的两大任务：描述数据与处理数据

人们编写程序的核心目的在于利用程序解决现实世界的问题。这些问题通常涉及对数据的输入、处理和输出，最终通过结果数据来实现问题的解决。因此，作为辅助人们解决问题的工具，程序的核心任务自然包括对数据的描述和处理。

人们已经用一个简洁的公式定义了程序的本质（见图 2-4）：

数据+算法=程序

在这个公式中，数据是对现实世界中各种事物的抽象和描述。例如，在 C++程序中，我们使用不同的数据类型来抽象现实世界的数据：整数被抽象为 int 类型，小数被抽象为 float 类型等。我们通过定义这些数据类型的变量来表示生活中的具体数据。例如，使用 int 类型定义的变量 nWidth 来描述一个矩形的宽度，使用 string 类型定义的变量 strName 来描述一个人的姓名。此外，我们还可以创建自定义的数据类型来描述更复杂的实体，如创建一个 Human 类型来抽象表示“人”，并用它来定义一个变量，描述一个具体的人。

总之，程序的首要任务之一就是使用数据对现实世界中的事物进行有效的抽象和描述，为进一步的处理和分析奠定基础。

图 2-4　程序的本质

用数据描述现实世界只是程序的初步任务，程序的最终目的是对这些数据进行处理，以获得所需的结果数据。例如，当我们用 nWidth 和 nHeight 描述一个矩形的宽度和高度时，这并非最终目标。我们的目标是计算矩形的面积。为此，我们必须对 nWidth 和 nHeight 进行处理，通过乘法运算（使用“*”运算符）计算它们的乘积，从而得到矩形的面积。这种对数据处理过程的抽象就是所谓的算法。因此，程序的第二个关键任务是描述和实现算法，对数据进行必要的处理以获得期望的结果。

数据和算法是程序不可或缺的两个组成部分，它们贯穿于程序的整个生命周期。即使是简单的程序，如“你好，C++.exe”，也包含了数据和算法的元素。例如，以下语句：

```
std::cout << "你好，C++!";
```

其中，“你好，C++！”是一个字符串数据，表示要输出到屏幕上的内容。整个语句展示了对该数据的处理过程：将其显示在屏幕上。数据和算法总是密不可分，它们共同构成了程序的两大核心任务。

2.2　基本输入/输出流

通过“你好，C++.exe”程序的演示，我们已经知道了一个 C++程序的任务就是描述数据和处理数据。这两大任务的对象都是数据。然而，数据并不能从虚空中产生，C++程序也不可能凭空创造出数据。那么，C++程序中的数据又从何而来呢？

在现实世界中，国与国之间的交流通过外交官来完成。在 C++世界中，也有负责应用程序与外界进行数据交流的“外交官”，它们就是基本输入/输出流对象（iostream）。当一个 C++程序在运行时，负责输入的外交官（istream）会将现实世界中的数据（例如来自键盘的用户输入数据）输入程序中，然后 C++程序才能对这些数据进行处理。当 C++程序生成结果数据后，负责输出的外交官（ostream）则会将结果数据输出（例如输出到屏幕或者文件）。在 C++程序中，我们将这种数据在程序和外部对象（键盘、屏幕等）之间的流动称为流（stream），由 istream 和 ostream 这两位“外交官”负责。正是这两位外交官的协作，完成了 C++程序与外界的数据交流。

2.2.1　标准的输入和输出对象

为了便于使用，C++标准库中已经预先定义了 4 个基本的输入/输出流对象，其中最常用的是负责键盘输入的 cin 对象和负责屏幕输出的 cout 对象。另外，标准库还定义了两个辅助的输出对象，分别是用于输出程序错误信息的 cerr 和用于输出日志信息的 clog。这些对象在标准库中已经预先定义，只需包含头文件<iostream>，我们就可以在程序中直接使用它们来实现程序的基本输入/输出操作，就像前面的示例程序中直接使用 cout 输出“你好，C++！”字符串一样。

cin 和 cout 的使用非常简单，可以使用提取符“>>”从 cin 中提取用户通过键盘输入的数据，实现从键盘到程序的数据输入；也可以使用插入符“<<”向 cout 中插入程序内的数据，实现从程序到屏幕的数据输出。箭头的方向形象地表示了数据流动的方向：输入数据时，数据从 cin 对象流出到程序，所以箭头指向远离 cin 对象的方向；在输出数据时，数据从程序流入 cout 对象，所以箭头指向靠近 cout 对象的方向。例如，可以使用“<<”插入符向 cout 对象中插入数字或者字符串，然后将显示在屏幕上：

```
cout<<1;                    // 向 cout 对象中插入数字 1，这个数据从程序流动到屏幕
cout<<"你好，C++!";         // 向 cout 对象中插入字符串“你好，C++!”
cout<<"1 + 2 = "<<1+2;      // 向 cout 对象中插入字符串“1 + 2 =”以及 1+2 的计算结果
```

第一句中的插入符将数字 1 插入 cout 对象中，从而在屏幕上显示数字 1。同理，第二句会在屏幕上显示一个字符串“你好，C++！”。在最后一条语句中，程序首先计算并得到 1+2 的结果数据 3，然后第一个插入符将“1 + 2 =”这个字符串数据插入 cout 对象，接着第二个插入符将计算结果数据 3 插入 cout 对象。这样，我们在屏幕上看到的最终输出就是“1 + 2 = 3”这样字符串。

对于输入流对象 cin，可以使用提取符“>>”从 cin 输入流中获取用户通过键盘输入的数据，并将其保存到程序内的变量中。例如：

```
    #include <string> // 为了使用 string 类型，引入<string>头文件
    using namesapce std;   // 使用 std 命名空间

    //…

     // 用于保存用户输入数据的变量
    string strName;    // string 类型的变量，用于保存用户输入的字符串
    int nAge = 0;      // int 类型的变量，用于保存用户输入的整数

    // 从 cin 对象中提取用户输入的字符串数据和整数数据
    // 例如，在键盘输入"Liangqiao(空格)28(回车)"
    // cin 会读取其中的"Liangqiao"和"28"这两项数据
    // 并分别保存到 strName 和 nAge 这两个变量中
    cin>>strName>>nAge;
```

在这里，我们首先定义了两个变量 strName 和 nAge，分别用于保存用户输入的字符串数据和整数数据。然后，利用提取符“>>”从 cin 对象中提取用户通过键盘输入的数据。当程序执行到这里时，会暂停下来等待用户输入，一旦用户完成输入并按 Enter 键，“>>”就会从 cin 对象中提取用户输入的数据，并分别保存到相应的变量中，这样就完成了数据从键盘到应用程序的输入。

下面来看一个输入和输出配合使用的实例。

```
// 引入定义输入/输出流对象的头文件
#include <iostream>
// 使用 std 命名空间
using namespace std;

int main()
```

```
{
// 在屏幕上输出提示信息
// 在字符串的后面，我们还输出了一个特殊的控制符 endl
// 它的作用是表示一行的结束（end of line），它会让输出换行
// 并刷新输出缓冲区，让用户可以立即看到输出
cout << "请输入两个整数（例如，19 82）：" <<endl;

// 用于保存输入数据的变量
int n1, n2;
// 从 cin 提取用户输入的两个整数，输入时，整数之间以空格间隔
cin >> n1 >> n2;

// 对数据进行处理
// 计算两个整数的和，并将结果保存到 nRes 变量中
int nRes = n1 + n2;

// 将两个整数的和输出到屏幕上
cout << n1 << " + " << n2          // 两个整数相加
    << " = " << nRes << endl;      // 计算结果

    return 0;
}
```

利用 cin 和 cout，这段代码实现了一个整数加法计算程序。它可以接受用户输入的数据（两个整数），然后对数据进行处理（加法运算），并将结果（nRes）输出，从而圆满解决了计算两个整数之和的问题。

2.2.2 输出格式控制

在输出数据时，除简单地输出数据外，在不同的应用场景下，我们往往对数据输出的格式也有着不同的要求。例如，输出一个 double 类型的小数，如果是学生成绩，通常保留一位小数就足够了；但如果是人民币汇率，至少需要保留三位小数。为了控制输出格式，C++提供了很多控制符，例如前面代码中使用的 endl 就是一个控制换行的控制符。

这些控制符可以使用“<<”直接插入输出流对象 cout 中，以实现对输出格式的控制。这些控制符大多定义在头文件<iomanip>中，因此，如果想在代码中使用它们来控制输出格式，需要先使用预处理指令#include 引入这个头文件。

表 2-1 列出了 C++中常用的格式控制符。

表2-1 常用的输出流格式控制符

操 纵 符	作 用
dec	采用十进制显示数值数据，这是输出流对象的默认设置
hex	采用十六进制显示数值数据，例如，十进制数值 54321 会被输出显示为十六进制的 d431。如果同时在输出流中插入一个 showbase 控制符，还可以同时输出十六进制数值的 0x 前缀
oct	采用八进制显示数值数据，同样的十进制数值 54321，在这种模式下会被输出显示为八进制的 152061
endl	插入换行符，并刷新输出流缓冲区
setprecision(n)	设置浮点数的输出精度为 n。默认情况下，精度指的是浮点数中小数点前后所有数字的个数。如果同时在输出流中插入了 fixed 控制符，那么精度指的就是小数点后的数字的个数
setw(n)	设置输出的每个数据的显示宽度

综合运用这些控制符，可以满足一些特殊的输出格式要求。例如，如果要求以“保留小数点后

两位有效数字”的格式输出小数 1.23456，并在输出后换行，可以使用如下代码实现：

```
cout<<fixed<<setprecision(2)<<1.23456<<endl;
```

在这里，首先向 cout 对象插入一个 fixed 控制符，表示以固定的小数位数输出小数数值。然后，通过 setprecision()设置需要保留的小数点后的有效数字位数，这样就可以达到“保留小数点后两位有效数字”的输出格式要求了。

除对数值数据输出格式的控制之外，很多时候我们还需要对字符串的输出格式进行控制，从而让程序的输出更加美观。与在输出流中插入控制符控制数值数据的输出格式类似，我们也可以通过在字符串中加入一些用于格式控制的转义字符来实现对字符串输出格式的控制。这里所谓的转义字符，就是在某些字符前加上“\”符号构成的特殊字符，这些字符不再表达它们原本的含义，转而表达的是对格式的控制或其他特殊意义。常用的格式控制转义字符包括：“\n”表示换行，将输出位置移动到下一行的开头；“\t”表示制表符，通常用于输出等宽的空白间隔，相当于一个 Tab 键的空格数。例如，下面的代码实现了换行显示：

```
cout<<"分多行\n 显示一个字符串"<<endl;
```

程序执行后，将在屏幕上看到“\n”把一个字符串分成两行显示：

```
分多行
显示一个字符串
```

综合使用 C++语言提供的这些输出流控制符和格式控制转义字符，可以实现灵活多样的自定义格式化输出，从而满足对输出格式的个性化要求。

2.2.3　读/写文件

除使用硬件设备（键盘、屏幕等）与程序进行输入/输出外，程序通常还需要对文件进行读写，以实现数据的输入/输出。具体来说，这包括从文件读取数据到应用程序进行处理（数据输入），以及将处理得到的结果数据写入文件进行保存（数据输出）。C++标准库提供了 ifstream（输入文件流）和 ofstream（输出文件流），分别用于从文件中读取数据和将数据写入文件。它们定义在<fstream>头文件中，如果想在程序中使用它们来读写文件，需要先包含（或引入）这个头文件。

需要注意的是，本节涉及 C++中较高级的内容，如类、对象以及成员函数等。如果在阅读时遇到困难，可以先跳过这部分内容，等掌握了后面的必要知识再回头学习，会更容易理解。

使用文件流时，首先需要创建它们的实例对象。如果要将数据输出到文件，创建 ofstream 对象；如果要从文件读取数据，创建 ifstream 对象。通过在创建对象时提供文件名，这些对象就可以打开或者创建相应的文件，并与之关联。接下来就可以操作这些对象，从中读取或者写入数据。

文件流（读写文件）的操作与使用 cin 和 cout 非常类似。使用插入符“<<”将数据写入 ofstream 对象，将程序中的数据输出到关联的文件；使用提取符“>>”从 ifstream 对象中提取数据，把关联文件中的数据读入程序。例如，可以读取文件中的内容，然后将新的内容写入该文件：

```
#include <iostream>
// 包含文件输入/输出需要的头文件
#include <fstream>

using namespace std;
```

```
// 主函数
int main()
{
    // 定义变量，保存程序中的数据
    int nYear, nMonth, nDate;
    // 创建输入文件流对象 fin，并尝试打开 Data.txt 文件
    // 这个文件应该位于与.exe 文件相同的目录下
    // 才能直接使用文件名打开，否则应该使用完整的文件路径
    ifstream fin("Data.txt");
    // 判断 Data.txt 文件是否成功打开
    // 如果成功打开文件，则从文件中读取内容
    if( fin.is_open() )
    {
        // 用提取符“>>”从文件输入流对象 fin 中读取文件中的数据，并保存到相应的变量中
        // 文件中的内容应该是以空格间隔的三个整数，例如 1981 9 22
        fin>>nYear>>nMonth>>nDate;
        // 将读取的数据显示到屏幕上
        cout<<"文件中记录的日期是："
           <<nYear<<"-"<<nMonth<<"-"<<nDate<<endl;
        // 读取完成后，关闭文件
        fin.close();
    }
    else
    {
        // 如果文件打开失败，则提示错误信息
        cout<<"无法打开文件并进行读取。"<<endl;
    }

    // 提示用户输入新的数据并将其写入文件
    cout<<"请输入新日期（例如，1982 10 3）："<<endl;
    // 获取用户通过键盘输入的数据并保存到相应的变量中
    cin>>nYear>>nMonth>>nDate;

    // 创建输出文件流对象 fout，并尝试打开 Data.txt 文件
    // 如果这个文件不存在，则创建一个新文件并打开
    ofstream fout("Data.txt");
    // 如果成功打开 Data.txt 文件，则将用户输入的数据写入文件中
    if( fout.is_open() )
    {
        // 利用插入符“<<”将数据插入文件输出流对象 fout 中
        // 也就是将数据写入与之关联的 Data.txt 文件中
        // 为了便于将来的读取，这里输出的数据以空格作为分隔符
```

```
        fout<<nYear<<" "<<nMonth<<" "<<nDate;
        // 写入完成后，关闭文件
        fout.close();
    }
    else
    {
        // 如果无法打开文件，则提示错误信息
        cout<<"无法打开文件并进行写入。"<<endl;
    }

    return 0;
}
```

在这段程序中，首先创建了一个输入文件流 ifstream 的对象 fin，并利用它的构造函数将其关联到一个文本文件 Data.txt。所谓构造函数，就是在对象创建时所执行的函数。这里，使用 Data.txt 文件名作为构造函数的参数，实际上就是打开这个文件并使用它创建 fin 对象。除此之外，还可以使用 fin 提供的 open()成员函数来打开一个文件。当创建 fin 对象之后，为了提高程序的健壮性，在进行读取操作之前，我们通常会使用该对象的 is_open()成员函数判断是否成功打开文件。只有在文件成功打开后，才能进行下一步的读取操作。当使用 fin 成功打开一个文件之后，就可以利用提取符“>>”从 fin 中提取各种数据，即从 Data.txt 文件中读取数据。例如，如果文件中的内容如下：

```
1981 9 22
```

对应地，程序中用于读取的代码如下：

```
fin>>nYear>>nMonth>>nDate;
```

默认情况下，提取符“>>”会以空格为分隔符，逐个从文件中读取数据并将其保存到相应的数据变量中。代码执行完毕后，文件中的 1981、9 和 22 这三个数值就分别被读取并保存到程序中的 nYear、nMonth 和 nDate 这三个变量中，实现从文件到程序的数据输入。在文件读取完毕之后，需要用 close()成员函数关闭文件。

同样，为了将数据写入文件，需要创建一个输出文件流 ofstream 的对象 fout，同时通过它的构造函数或 open()函数打开一个文件，将这个文件和 fout 对象关联起来。然后，通过插入符“<<”将需要输出的数据插入 fout 对象，也就是将数据写入与之关联的文件。输出完成后，用 close()函数关闭文件，这样就实现了从程序到文件的数据输出。整个过程如图 2-5 所示。

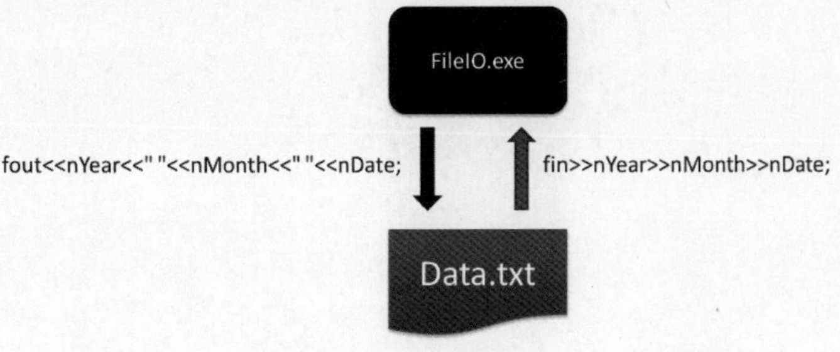

图 2-5 文件读/写

这里介绍的只是文件输入/输出的最基本操作，包括打开文件、进行文本读写、关闭文件等，这些已经基本上能够满足日常功能开发的需要。然而，C++标准库提供了更为丰富的文件读写功能，例如读/写二进制文件、调整移动读写位置等，以支持更复杂的文件处理需求。

2.3 本章练习

1. 编写一个 BMI 指数计算程序，接收用户输入的身高（米）和体重（千克），计算并输出 BMI 指数（BMI 指数的计算公式为：BMI=体重（千克）/身高（米）的平方）。

2. 编写一个成绩录入程序，接收用户输入的学生姓名和成绩，并将其保存到 data.txt 文件中。

第2篇

欢迎来到 C++的世界

本篇以一个工资程序的不断成长完善为主线，为了表达工资程序需要处理的数据，我们介绍了C++中的各种数据类型；为了对数据进行处理，我们介绍了各种运算符，以及顺序、条件和循环三种控制结构；为了更好地组织和管理数据处理流程，我们介绍了函数；为了让程序更具备可扩展性，我们介绍了面向对象的思想和类机制。随着学习的不断深入，工资程序不断得到优化和完善。在这个过程中，我们不仅会学到 C++知识，还会学到如何运用这些知识。

第 3 章

C++世界众生相

通过“你好，C++.exe”程序的演示，与 C++完成了第一次亲密接触后，读者是不是迫不及待地想要一试身手，开始编写 C++程序呢？程序的两大任务是描述数据和处理数据。本章面临的第一个问题就是：如何在 C++中描述数据。

3.1　C++中的数据类型

编程就是使用程序设计语言来描述和表达现实世界。现实世界中有很多客观存在的事物，例如计算机、人、汽车等。我们总是用各种数据来描述这些事物的不同属性，例如，用一个字符串 "ChenLiangqiao" 来描述某个人的名字，用一个数字 175 来描述他的身高。而其中的某些数据往往可以归结为同一类型，例如，描述人的身高和计算机屏幕尺寸的数据都是数值数据，而描述人的名字和汽车车牌号的数据都是字符串数据。对应地，在 C++中，为了描述这些数据，我们将相同类型的数据抽象成某一数据类型，然后使用这一数据类型定义的变量来表达某个具体的数据。例如，我们将现实世界中的各种整数（表示身高的 175，表示屏幕尺寸的 21）抽象成 C++中的 int 数据类型，然后用 int 定义的变量来描述某个具体的整数数据。例如，我们可以定义一个 int 类型的变量 nHeight 来表示某个人的身高，定义另一个 int 类型的变量 nSize 来表示某个屏幕的尺寸。

相同的数据类型（int）可以定义多个不同的变量（nHeight、nSize）分别用于表示多个不同的具体事物（身高、尺寸）。反过来，表示不同事物的多个变量（nHeight、nSize）也可以是同一种数据类型（int）。这就像现实世界中的百家姓一样，姓陈（int）的可以有很多人（nHeight、nSize），很多人（nHeight、nSize）也可以姓陈（int）。一个数据的数据类型决定了这个数据是哪一家的人，而既然是同一家人，那么这一家人就会有一些相同的特征，例如它们占据相同的内存字节数，所表示的数据范围都相同，等等，如图 3-1 所示。

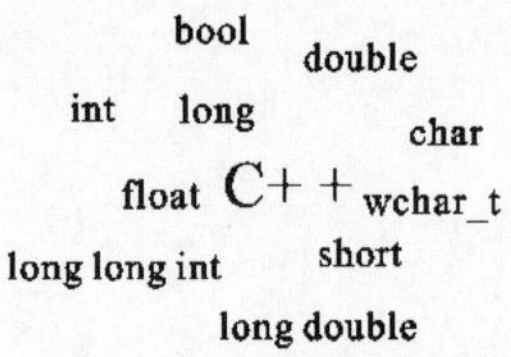

图 3-1　C++的和谐大家庭

在 C++中，按照所能够表达的数据的复杂程度，数据类型可分为基本数据类型和构造数据类型。

1. 基本数据类型

在现实世界中有很多简单的数据，例如数字、字符等。为了表达这些简单数据，C++将这些数据分门别类地抽象成多种基本数据类型。例如，表示人身高的 175、表示屏幕尺寸的 21 都是整数，C++将这些整数抽象成 int 数据类型；表示选择题选项的 A、B、C、D 都是字符，C++将字符抽象成 char 数据类型。基本数据类型构成了 C++中最基础的数据结构，它们具有自描述性，即类型名称直接反映了其存储的数据种类，并且这些类型是不可分割的，是 C++数据类型体系中的最简单形式。

2. 构造数据类型

现实世界的复杂性意味着，仅使用 C++提供的基本数据类型往往不足以完全描述它。例如，一个矩形具有长度和宽度两个属性，这无法通过单一的基本数据类型来表达。然而，正如复杂事物可以分解为多个简单事物一样，C++提供了结构体（struct）和类（class）等构造机制，允许将多个基本数据类型组合起来，以创建更复杂的数据类型。

这些构造类型可以捕捉到现实世界实体的多个方面。例如，我们可以将两个 int 类型的基本数据组合起来，形成一个新的数据类型 Rect，用以描述矩形的复杂性。在 C++中，我们使用 struct 关键字来定义这样的构造数据类型：

```
// 创建描述矩形的数据结构 Rect
struct Rect
{
    int m_nHeight;     // 表示矩形的高
    int m_nWidth;      // 表示矩形的宽
};

// 使用 Rect 构造数据类型定义一个表示矩形的变量 r
Rect  r;
r.m_nHeight = 4;       // 让矩形的高为 4
r.m_nWidth = 3;        // 让矩形的宽为 3
```

一个构造数据类型可以分解成若干“成员”。每个成员可以是基本数据类型，或者另一个构造数据类型。如果我们将基本数据类型看作化学中的原子，那么构造数据类型就可以看作由这些原子（如 int）组合而成的分子（如 Rect）。

3.2　变量和常量

在 C++中，存在着各种各样的数据项。从本质上讲，它们都是存储在内存中的值。根据它们在程序执行过程中的特性，可以区分为变量和常量两种类型。

变量是那些在程序运行过程中可能会发生变化的数据项。例如，表示一个人体重的值可能从 60 变化到 65。变量允许在程序中被重新赋值，以反映状态的变化。

常量则是那些在程序的整个运行过程中始终保持不变的数据项。例如，圆周率 π 的近似值 3.14159 是一个常量，它在程序的任何时刻都不会改变。常量用于表示那些不应该被修改的值，提供了一种确保数据不变的机制。

3.2.1 变量的定义与初始化

为了保存数据，首先需要为它开辟合适的内存空间。同时，我们往往还需要对数据进行多次读写访问。为了便于访问这些数据，我们需要给这些内存空间起一个名字，这就是变量名。通过变量名，我们可以访问它所代表的数据。如果我们想要表达现实世界中的某个具体可变的数据，可以使用该数据所对应的数据类型，并按照如下的语法格式来定义一个变量：

```
数据类型说明符  变量名;
// 同时定义相同类型的多个变量
// 不推荐的形式，多个变量容易让人混淆，代码缺乏可读性
数据类型说明符  变量名 1,变量名 2,变量名 n;
```

变量定义由数据类型说明符和变量名两部分构成。数据类型是对变量类型的说明，用于指定这个变量是整型、浮点型还是自定义数据类型等，因而它决定了这个变量的一些基本特征，例如占用的内存字节数、取值范围等。变量名是用来标记变量的符号，相当于变量的名字一样，我们可以通过变量名对变量所表示的数据进行读写访问。

例如，我们想要在程序中表示一个人的可变化的体重数据 60，而 60 是整数，与之对应的 C++数据类型是 int，所以我们选择 int 作为变量的数据类型。又因为这个变量表示的是人的体重，所以选择 nWeight（n 表示这是一个整数，Weight 表示这是体重数据）作为变量名：

```
// 定义一个 int 类型的变量 nWeight，用来表示体重
int nWeight;
```

完成这样的变量定义后，就相当于为即将保存的 60 数据开辟了 4 字节的内存空间（因为 int 类型的变量在内存中占据 4 字节的空间）。同时指定了这个变量的名字是 nWeight，因此可以通过 nWeight 这个变量名将 60 这个数据保存到内存中，也可以对其进行读写访问：

```
// 通过 nWeight 写入数据
// 将 60 这个体重数据保存到内存中
nWeight = 60;
// 通过 nWeight 读取数据
// 将 nWeight 变量代表的体重数据 60 显示到屏幕上
cout<<"体重："<<nWeight<<endl;
// 通过变量名将体重数据修改为 65
nWeight = 65;
// 输出修改后的体重数据
cout<<"修改后的体重："<<nWeight<<endl;
```

定义变量时，应该注意以下几点。

- 不能使用 C++关键字作为变量名，例如常见的 bool、for、do、case 等关键字都不能作为变量名。另外，变量名不能以数字开始。以下是一些错误的变量定义示例：

```
int  case;          // 错误：case 是关键字
int 2member;        // 错误：变量名以数字开始
```

- 允许在一个数据类型说明符后同时定义多个相同类型的变量。各变量名之间用逗号（这里的逗号必须是英文逗号，即半角逗号）间隔。例如：

```
// 同时定义三个 int 类型的变量
// 分别表示学生的 ID（nStuID）、年龄（nAge）和身高（nHeight）
int nStuID,nAge,nHeight;
```

- 数据类型说明符与变量名之间至少要有一个空格间隔。

- 最后一个变量名之后必须以分号“;”结尾，表示语句的结束。
- 变量定义必须放在变量使用之前。换句话说，就是变量必须先定义后使用。

动手实践　变量定义应尽可能地靠近变量使用的位置

我们明白，变量在被定义之后才能使用，也就是说，在使用变量之前必须先进行定义。但是，“使用之前”具体到什么程度才合适呢？是提前一行代码还是一百行代码呢？对于这个问题，我们并没有一个标准的答案，但我们应遵循一个原则：变量的定义应尽可能地接近其使用的位置。

如果变量的定义位置与实际使用位置距离太远，可能会引发一些问题。例如，程序可能在中途退出，导致已定义的变量未被利用而浪费；或者在中间阶段被错误地使用，给程序带来难以发现的问题。另一方面，如果两者相距太远，我们在使用变量时可能难以找到其定义的位置，从而无法方便地获取该变量的数据类型等基本信息，影响我们对变量的使用。因此，为了避免这些可能出现的问题，一种简单有效的方法是尽可能推迟变量的定义，使其尽可能地靠近实际使用的位置。

在定义变量时，除要确定变量的数据类型外，另一个关键任务就是为变量取一个恰当的名称。就像一个人拥有一个好名字能够轻易地给人留下良好且深刻的印象一样，一个好的变量名同样至关重要。一个合适的变量名可以自我解释，包含与变量相关的信息，使得其他人更容易理解其用途，从而提高代码的可读性。那么，如何为变量取一个合适的名字呢？请比较以下 4 个变量名：

```
// 记录学生数量的变量
int nStuNum;
int N;
int theNumberofStudent;
int xssl;
```

这 4 个变量均用于表示学生数量。若询问哪个变量名最为适宜，显然，大多数人会倾向于第一个变量名，因其直观地表明了它是一个用于存储学生数量的整型（int）变量。相比之下，其他变量名各有瑕疵：第 2 个变量名过短，难以明确其具体含义；第 3 个变量名过于冗长，导致书写烦琐；第 4 个变量名采用汉语拼音首字母缩写，使人难以理解。

好的变量名应当能够恰当地表达变量的含义，无须额外的注释或文档，使代码易于阅读，实现“望文生义”的效果。为变量命名时，通常应遵循一定的命名规则，目前广泛采用的是微软公司推荐的“匈牙利命名法”。依据匈牙利命名法，变量名主要由以下三部分组成：

变量名＝属性＋类型＋对象描述

其中，属性通常用来对这个变量的一些附加信息进行说明。例如，我们通常用 m_前缀表示这个变量是某个类的成员（member）变量，而使用 g_前缀表示这是一个全局（global）变量。类型表示这个变量的数据类型，通常用各种数据类型的缩写表示，例如我们通常用 n 表示 int 类型，用 f 表示 float 类型等。对象描述就是对这个变量含义的说明，通常是一个名词。将这三个部分组合起来，就构成了一个完整的变量名，可以表达丰富的关于这个变量的信息。例如，某个变量的名字是 m_unAge，一看变量名就知道这个变量表达的意义是：这是某个类的成员变量（m_），它的数据类型是 unsigned int（un），而它用于描述这个类的年龄（Age）属性。

知识拓展　匈牙利命名法中的"匈牙利"是怎么来的

匈牙利命名法由来自匈牙利的程序员 Charles Simonyi 首创。Simonyi 后来在微软公司工作了多年，由于这种命名法能够用较少的字符精确地描述变量的主要信息，因此得到了微软的认可，并在公司内部得到广泛应用。借助微软在软件行业中的强大影响力，匈牙利命名法通过微软的多个产品和文档逐渐传播至全球，成为一种广受欢迎的变量命名标准。对于许多程序员来说，无论他们使用哪种编程语言，都或多或少会接触到这种命名方法。

这种命名法之所以被称为"匈牙利命名法"，是为了向其发明者 Charles Simonyi 的祖国匈牙利致敬。

匈牙利命名法通过在变量名中包含丰富的信息，能够在一定程度上提高代码的可读性。然而，这种方法也有其明显的缺点——烦琐。一些情况下，过长的前缀可能会使变量名变得复杂，增加了理解和维护的负担。这种烦琐性也是它没有被全世界所有程序员普遍采用的原因之一。

世界上并没有所谓的"最好"的命名规则。在实践中，我们可以根据业界的一些通用规则，并结合项目的具体需求来制定一种命名规则。这种规则应当能够获得项目团队成员的广泛认可，并在整个项目中得到一致的执行。"最合适"的规则，考虑到团队的偏好和项目的特点，往往就是"最好"的规则。

经过实践的检验，业界流行的一些共性命名规则主要包括以下几点。

1. 简单易懂

变量名应当直观，方便拼读，可望文而生义。变量名最好采用英文单词或组合，便于记忆和阅读。切忌使用汉语拼音来命名，因为这样的变量名，只有编写代码的人才能看懂。程序中的英文单词不宜太过复杂，用词应当尽量做到地道、准确。例如，把表示"当前数值"的变量命名为 fNowVal，虽然能够表达变量的含义，但是远没有 fCurVal 地道。

2. 最短的长度，最大的信息量

通常，编译器对变量名的长度没有限制。一般来说，长名字能更好地表达变量的含义，所以 C++ 中的变量名长达十几个字符也不足为奇。既然没有限制，那么变量的名字是不是越长越好呢？不见得。只要能够完整地表达变量的含义，变量名应该越简单越好。例如，同样是表示最大值，变量名 max 就要比 maxValueUntilOverflow 好用，因为它用最短的长度表达了最大的信息量。

3. 作用范围越大，变量名越长

关于变量名的长度，有一条简单的规则可供参考：变量名的长度通常与其作用域的大小成正比。所谓作用域，是指某个标识符（如变量名或函数名）在代码中起作用的范围。简而言之，如果一个变量的作用域较广，那么在该作用域内可能存在的变量数量也较多，为了避免命名冲突并便于区分，变量名应当相对较长。相反，如果作用域较小，则可以使用较短的变量名。例如，在函数内部，可以使用简单的字母 n 作为局部变量名；而对于全局变量，若仍使用 n 作为名称就可能不太适宜，因为全局变量的作用域覆盖了整个程序，更易于与其他变量名冲突。

4. 变量名由名词构成

变量表示的是现实世界中的一个具体事物，其本质是一个数据实体，所以变量名的核心应该是

一个名词，因而它应当使用单独的一个“名词”或者“形容词+名词”的组合形式。例如：

```
float fWeight;          // 名词，表示某个人的体重
float fLastWeight;      // 形容词 + 名词，表示上一次的体重
float fCurWeight;       // 形容词 + 名词，表示当前体重
```

5. 不要使用数字编号

尽量避免变量名中出现数字编号，如 Value1、Value2 等，除非逻辑上的确需要编号。

6. 常量大写

常量是某一类特殊的变量，它的特殊性在于它的数值在程序执行期间不可修改。在命名上，通常使用大写字母作为常量名，如果常量名由多个单词组成，一般使用下画线进行分隔。例如：

```
const float PI = 3.14159;  // 用 const 关键字定义一个 float 类型的常量 PI
const int MAX_LEN = 1024;  // 用下画线分隔常量名
```

7. 使用约定俗成的前缀

约定俗成的一些变量名前缀可以很好地解释变量的某些属性，让变量的含义一目了然。例如，变量名加前缀 s_，表示静态（static）变量；变量名加前缀 g_，表示全局（global）变量；变量名加前缀 m_，表示成员（member）变量。

当完成变量的定义后，系统会为这个变量分配内存空间，使我们能够通过变量名对这块内存进行读写访问，将数据保存到内存或者从内存读取数据。然而，在真正使用变量之前，我们往往还需要对其进行合理的初始化。这是因为，如果变量定义后未进行初始化，则系统会给定一个不确定的随机值作为其初始值。根据编译器和目标平台的不同，这个随机值会有所差异，可能导致同一程序在不同平台上的行为不一致，从而带来程序的移植性问题。如果不小心使用了这个随机值进行操作，可能会导致程序运行结果出错，甚至导致程序崩溃，那就是一场灾难了。相反，通过变量初始化，我们可以为变量赋予一个合理的初始值，有效地避免上述问题。因此，在学习 C++时，应养成“在定义变量的同时进行初始化”的良好习惯。

那么，我们应该如何进行变量的初始化呢？

第一种方式，在定义变量的同时，使用“=”赋值符将合适的初始值赋给这个变量。例如：

```
// 定义一个 int 类型的变量 nHeight,并利用“=”将其值初始化为 175
int nHeight = 175;
```

第二种方式，在定义变量时，在变量名之后使用初始化列表“()”给出初始值，系统会使用这个初始值来创建变量并完成初始化工作。例如：

```
// 通过“()”将其值初始化为 175
int nHeight(175);
```

除以上两种方式外，在最新的 C++标准 C++23 中，我们还可以利用一对花括号“{}”表示的初始化列表（initializer list）在定义变量时完成变量的初始化工作。例如：

```
//通过初始化列表将其值初始化为 175
int nHeight{175};
```

动手实践 为什么要使用初始化列表

到这里，大家很自然地会提出这样一个问题：C++中已经有“=”和“()”可以完成变量的初始化了，为什么还要使用初始化列表“{}”来进行变量的初始化？

C++11 标准引入的初始化列表特性，不仅统一了变量初始化的形式，还带来了一个额外的好处：它有助于防止在变量初始化过程中可能出现的数据类型截断和精度丢失问题。

数据类型截断指的是在将一个精度较高的数据类型（如 double）赋值给一个精度较低的数据类型（如 int）时，隐式地丢弃超出目标类型范围的数值部分。这种截断可能会导致数据精度的损失。例如：

```
int x = 9.22;    // 一个 double 类型的数据 9.22 被截断成 int 类型的数据 9
```

在编译上面的代码时，尽管小数部分 0.22 被丢失，但编译器通常不会给出任何错误或者警告信息。然而，在 C++11 中，如果使用初始化列表“{}”来进行初始化，编译器会对这种数据类型截断发出警告，提示用户数据精度的丢失。例如：

```
// 警告：用 double 类型的数据初始化 int 类型的变量会产生类型截断，丢失数据精度
int x1 = {9.22};

// 正确：虽然 9 是一个 int 类型的数据，但是可以使用 char 类型精确地表达
// 因而不会导致数据类型截断而丢失精度的错误
char x2{9};
```

在 C++中，如果一个初始值可以被精确地表达为目标类型，则不存在数据类型截断的问题。但请注意，从 double 类型到 int 类型的转换通常会导致精度丢失，即使是从 9.0 转换到 9。

初始化列表对于类型转换的处理时增强了 C++静态类型系统的安全性。传统的初始化类型安全检查依赖于程序员，但在 C++11 中，通过初始化列表由编译器实施，这样可以减轻程序员的负担，提高代码的安全性。因此，在可能的情况下，推荐使用初始化列表来完成变量的初始化。

需要指出的是，不能使用初始化列表对 auto 类型进行初始化。Auto 类型是一种特殊的数据类型，相当于一种数据类型的占位符。作为数据类型定义变量时，不具体地指定变量的数据类型，而是在编译时根据其初始值自动推断它的数据类型。在稍后的 3.5.2 节中，将详细介绍这一内容。这样变量的类型会被编译器检测为初始化值的类型，而不是初始化列表中初始值的类型。

3.2.2 常量

与变量用于表示程序中可能改变的数据不同，C++中使用常量来表示那些一旦定义就不变的数据。常量包括直接使用的数值、字符、字符串以及使用 const 关键字声明的变量。通常情况下，常量是一次性读取的，因此它们不需要名称，也无须事先定义就可以直接使用。由于常量值一旦设置就不能更改，它们经常用于为变量赋值或参与运算。例如：

```
// 用常量 180 对变量 nHeight 赋值
nHeight = 180;
// 直接使用常量 3.14159 进行计算
fArea = fR * fR * 3.14159;
```

这里的 180 和 3.14159 就是两个常量，分别用来对变量 nHeight 进行赋值和参与乘法运算。这

样的常量只能使用一次，当完成赋值操作和乘法运算后，这两个常量也就不再被引用了。

C++中的常量主要包括数值常量（整型常数、浮点型常数等）、字符常量以及字符串常量。

1. 数值常量

1）整型常数

整型常数是以文字形式出现的整数。整型常数的表示形式最常见的是十进制，也可以根据需要采用八进制或十六进制表示。在程序中，我们可以根据数字的前缀来区分各种进制的整数。

- 十进制整数：没有前缀，例如 0、123、–1 等。
- 八进制整数：以 0 为前缀，数字只包含 0~7（不包含 8 和 9），例如 0123、–022 等。
- 十六进制整数：以 0x 或 0X 为前缀，数字包含 0~9 十个数字，还包括 A~F 六个英文字母（大小写均可），例如 0x123、–0X2A 等。

在程序中，我们可以直接使用以下三种方式来表示某个整数数值：

```
nHeight = 175;    // 十进制常数
nHeight = 0257;   // 八进制常数
nHeight = 0xAF;   // 十六进制常数
```

上面的代码分别采用不同进制形式的常数对一个变量赋值。虽然这些常数的表现形式不同，但它们所代表的数值都是 175。

2）浮点型常数

浮点型常数是以文字形式出现的浮点数，也就是我们通常所说的小数。浮点数有两种表示形式：小数形式和指数形式。小数形式就是我们通常使用的小数书写形式，由数字和小数点构成，如 1.0、0.1、.123 等。而指数形式则是用科学记数法，将一个浮点数表示为一个小数与 10 的多少次方的乘积的形式。当一个浮点数较大或者较小时，使用指数形式表示浮点数更加方便。例如，1.3e9 表示 1.3×10^{9}，也就是 1300000000，0.123E-4 表示 0.123×10^{-4} 等。

2. 字符常量

字符常量就是程序中使用的单个字符，如“a”“A”“!”等。在 C++中，我们使用单引号（''）来表示一个字符常量。例如：

```
// 用一个字符常量对变量 aMark 赋值
char aMark = 'A';
// 输出一个字符常量‘!’
cout<<'!'<<endl;
```

除上述常见的可在屏幕上显示的字符外，C++还允许使用一类特殊的字符常量。这些字符无法通过键盘直接输入，也不能直接输出显示到屏幕上，但是可以用来表示一些特殊的控制意义，例如计算机响铃（\a）、换行（\n）、回车（\r）等。这些字符都以“\”开始，表示将“\”符号后的字符转换成其他的含义，所以这些字符也被称为转义字符。表 3-1 列出了 C++中常用的转义字符。

表3-1　C++中常用的转义字符

转义字符	意　义
'\a'	响铃，用 cout 直接输出该字符时，屏幕无显示，但计算机喇叭会发出“滴”声，常用来提示用户程序完成某项操作

（续表）

转义字符	意　　义
'\n'	换行（n 是 line 的简写），如果在一个字符串中有这个字符，则转义字符后的字符串将换行输出
'\t'	制表符（t 是 table 的简写），如果一个字符串中有这个字符，则其后的输出位置将横向移动一个 Tab 的位置
'\r'	回车（r 是 return 的简写）
'\\'	转义字符“\”本身
'\"'	双引号
'\''	单引号。以上这三个转义字符组合起来，可以输出一些含有特殊符号的字符串。例如，我们想输出“这些字符都以‘\’开始” 这样一个字符串，就需要使用这些转义字符来输出其中的特殊符号：cout<<"这些字符都以\"\\\"开始"<<endl;

转义字符的使用方法与可显示字符相似，可以把转义字符放到一个字符串中，让它完成相应的控制功能，也可以单独输出某个转义字符，例如：

```
// 将“\n”放到一个字符串中，它将控制这个字符串输出为两行
// 恭喜！
// 任务完成！
cout<<"恭喜！\n任务完成！"<<endl;
// 直接输出“\a”转义字符，发出一个计算机响铃，提示用户任务完成
cout<<'\a'<<endl;
```

3. 字符串常量

字符串常量就是由一对双引号（" "）作为起止符的字符序列，如"你好，C++!"。注意，因为双引号是字符串的界限符，所以想在字符串中使用双引号，就要使用转义字符来表示。另外，值得提醒的是，这里的双引号必须是英文的字符（""），即半角字符。因为英文双引号（" "）在形式上与中文双引号（“”）非常相似，所以常常被初学者误用而导致错误。例如：

```
// 使用字符串常量对变量赋值
strName = "ZengMei";
// 输出字符串常量
// 在输出一些特殊符号（例如双引号、斜杠等）时，我们必须使用相应的转义字符
// 这里使用了转义字符“\"”来输出字符串中的双引号，最终输出结果如下
// 你的名字是："ZengMei"
cout<<"你的名字是：\"ZengMei\""<<endl;
```

知识拓展　原生字符串（raw string）标识

在字符串常量中，我们可以使用反斜杠（\）这个转义字符来引入一些特殊字符，实现特殊的输出目的。然而，这却给正则表达式的书写带来了麻烦，因为在正则表达式中，反斜杠被用于表示字符的特殊符号，并且使用非常频繁。如果想在正则表达式中表示反斜杠这个字符，我们不得不使用两个反斜杠来表示一个反斜杠字符。例如，我们要表达“被反斜杠（\）分隔开的两个单词”这样一个模式（\zeng\\\mei），在 C++代码中就成了如下形式：

```
string s = "\\zeng\\\\\\mei";   // 这样的表示很不直观，且容易出错
```

我们注意到，在正则表达式中，反斜杠字符被表达为两个反斜杠的组合。为了表示一个反斜杠，我们必须在正则表达式中使用两个反斜杠来表示。第一个反斜杠表示这是一个转义

字符，第二个反斜杠才表示真正的反斜杠。这样的表达方式会让字符串变得非常复杂烦琐，很不直观，即使是经验丰富的程序员也很容易出错。

为了解决这个问题，C++的最新标准引入了原生字符串的机制，并使用原生字符串标识符 R 来表示一个原生字符串。在原生字符串中，每个字符都代表其最原始的字符意义，所见即所得。换句话说，也就是反斜杠（\）不再具有转义字符的作用，一个反斜杠仅用一个反斜杠字符就可以表示。因而，上述例子可以简化为：

```
string s = R"(\zeng\\mei)";          // 使用 R"()"表示的原生字符串
```

原生字符串的 R"(...)"记法相比普通字符串的"..."记法稍显冗长，但它的意义在于可以让字符串中的转义规则无效，所写即所得，所见即所得。当我们需要在字符串中频繁地表示各种特殊符号（如反斜杠、引号等）时，原生字符串将非常简便，而这一点点书写上的冗长也是值得的。

无论是数值常量还是字符串常量，它们都像 C++世界的“雷锋”，只做好事而不留名字。然而，这也带来了一个麻烦：当我们在程序中需要重复多次使用某个常量时，就不得不一遍又一遍地在代码中书写相同的常量。例如，要编写一个有关圆面积和周长的计算程序，无疑会多次用到 3.14159 这个浮点常数：

```
float fR = 19.82;  // 半径
// 用常数 3.14159 计算面积
float fArea = 3.14159 * fR * fR;
// 用常数 3.14159 计算周长
float fGirth = 2 * 3.14159 * fR;
```

这样的代码不仅在书写时非常困难（多次重复书写同一个小数，难以保证正确性和一致性），而且在后期维护时也非常麻烦（如果需要改变这个常数，就必须修改所有用到这个常数的地方）。这些问题都是因为常量在程序中无名无份，每次直接使用所致。解决办法是给常量取一个名字，这样我们可以通过这个名字方便地多次重复使用同一个常量。在 C++中，有以下两种给常数命名的方法：

（1）用#define 预处理指令将数值或字符串定义为宏，然后用宏来代替常量的直接使用。

（2）用 const 关键字将一个变量修饰成常变量，然后用该常变量来代替常量的直接使用。

首先我们看如何使用宏来代替常量。所谓宏，就是将某个无明确意义的数值（例如，3.14159，大家都知道是圆周率，但不加说明，可能就会认为只是某个奇怪的数字）定义为一个有明确意义的标识符（例如，PI，所有人都会认为是圆周率）。然后，在代码中可以使用这个有意义的标识符来代替无明确意义的数值，从而提高代码的可读性和可维护性。在 C++中，可以使用如下#define 预处理指令来定义一个宏：

```
#define 宏名称 宏值
```

其中，“宏名称”就是要定义的宏，通常用一个大写的、有意义的名称来表示。“宏值”是这个宏所代表的内容，可以是一个常数、一个字符串，甚至是一个更加复杂的语句。例如，可以使用下面的语句将 3.14159 定义为一个宏 PI：

```
// 将 3.14159 定义成宏 PI
#define PI 3.14159
```

有了常数3.14159所对应的宏PI之后，我们可以在代码中直接使用PI来代替3.14159进行相应的计算。例如，上面的代码可以简化为：

```
// 将 3.14159 定义成宏 PI
#define PI 3.14159

float fR = 19.82;  // 半径
// 用 PI 计算面积
float fArea = PI * fR * fR;
// 用 PI 计算周长
float fGirth = 2 * PI * fR;
```

这里，使用PI代替原本应该使用的3.14159同样可以完成计算。那么，宏是如何做到这一点的呢？宏PI并不是真正地具有了它所代表的3.14159这个常数的值，它本质上只是一种替换。在编译器对代码进行编译之前，会将代码中所有出现的PI替换为它所代表的内容，换言之，上面代码中的PI会被替换为3.14159，最终参与编译的代码实际上仍旧是：

```
// 宏 PI 被替换为常数 3.14159 计算面积
float fArea = 3.14159 * fR * fR;
// 宏 PI 被替换为常数 3.14159 计算周长
float fGirth = 2 * 3.14159 * fR;
```

从这里可以看到，宏的使用并没有减少代码中常数出现的次数，但是它用一种巧妙的方法减少了重复输入某个常数的烦琐操作，同时避免了可能发生的书写错误。

动手实践 使用宏提高代码的可读性与可维护性

除减少代码重复和避免书写错误外，宏的使用还会给我们带来以下额外好处。

1. 让代码更简洁明了，更具可读性

一个意义明确的宏名称往往比一个复杂而无意义的常数数字包含更丰富的信息，可以提高代码的可读性和可维护性；同时，使用宏可以比使用常数更简单，使代码更简洁。对比下面两段代码：

代码段1：

```
// 不使用宏的代码
for( int i = 0; i < 1024; ++i )
{
   // ...
}
```

代码段2：

```
// 使用宏的代码
#define MIN 0
#define MAX 1024

for( int i = MIN; i < MAX; ++i )
{
   // ...
}
```

通过对比我们可以发现，虽然两段代码实现的功能是一样的，但是代码阅读者获取的信息却

不大相同。第一段代码只是表示这个循环在 0 和 1024 之间，至于为什么在 0 和 1024 之间，只能让代码阅读者自己猜测。第二段代码则通过宏的使用明确地告诉了我们这个循环是在最小值和最大值之间进行的，这样可以从代码本身获得更丰富的信息，提高了代码的可读性。

2. 让代码更加易于维护

如果我们在代码中直接多次使用某个常数数字，而恰好这个数字需要修改，那么我们不得不修改代码中所有使用这个数字的地方。而如果将这个常数定义成宏，并在代码中使用宏来代替这个常数，当我们需要修改这个常数时，只需要修改宏的定义就可以了，而无须修改代码中所有使用这个宏的地方。例如，将 3.14159 这个常数定义成 PI 这个宏并用它参与计算，当我们需要降低精度，使用 3.14 进行计算时，只需修改 PI 的定义，将 3.14 定义成 PI 即可：

```
// 修改 PI 的定义
#define PI 3.14
// 使用 3.14 作为圆周率计算面积
float fArea = PI * fR * fR;
```

除使用#define 定义的宏表示常数外，C++还提供了 const 关键字，使用它可以将一个变量修饰成一个数值不可修改的常变量，也可以用来表示程序中的常数。

const 关键字的使用非常简单，只需要在定义变量时，在数据类型前或后加上 const 关键字即可：

```
const 数据类型 常变量名 = 常量值;
```

这里的 const 关键字会告诉编译器，这个变量的数值不可修改（或者更严格地说，不可以通过这个变量名直接修改它所表示的数值，但可以通过其他方式间接地修改是），这使得这个变量具备了一个常数的基本特征：不可修改。因此，经过 const 关键字修饰后，这个变量就成为一个常变量，可以用来表示程序中的各种常数。需要特别注意的是，因为常变量的值在定义后便不可以修改，所以必须在定义常变量的同时完成它的赋值。例如：

```
// 定义常变量 PI
const double PI = 3.14159;
...

// 用常量 PI 计算面积
float fArea = PI * fR * fR;
// 用常量 PI 计算周长
float fGirth = 2 * PI * fR;
```

而在定义之后，如果试图通过这个常变量名来修改它所表示的值，则会导致编译错误，这样可以确保变量的数值不会被意外修改。例如，如果想在程序中降低 PI 的精度，下面这种偷工减料的方式是行不通的：

```
// 错误：不能修改 const 常变量的值
PI = 3.141;
```

既然宏和 const 关键字都可以用来定义常数，那么在两者之间应如何选择呢？表示常数时，到底使用宏还是使用 const 关键字？我们的回答是：应该更多地选择使用 const 关键字。例如，要在程序中表示 3.14159 这个常数，可以采用以下两种方式：

```
// 宏方式
#define PI 3.14159
```

```
// const 方式
const double PI = 3.14159;
```

这两种方式在语法上都是合法的，并且在使用上也没有太大区别。但是第二种方式比第一种方式更好，因为如果使用#define 将这个常数定义成宏 PI，PI 会在代码的编译之前被预处理器替换成 3.14159 这个常数本身。这样会导致以下几个问题：首先，宏不会被编译器进行数据类型检查，可能导致类型不匹配的错误；其次，宏的名称不会出现程序的符号表中，这可能给代码后期的调试带来麻烦。在调试过程中，可能会遇到一个数字，却不知道它从何而来，这就是我们常说的 Magic Number（像拥有魔力一样，从天而降的数字）。而使用 const 将这个常数表示成一个常变量，它拥有明确的数据类型，编译器可以对其进行数据类型检查，从而避免错误的发生。同时，这个常变量名也会出现在程序的符号表中，便于程序的调试和理解。所以，我们总是优先使用 const 关键字修饰的常变量来表示程序中的常数。

3.3 数值数据类型

从每天早上醒来的那一刻起，我们就开始不断地与数字打交道：从清晨闹钟响起的 6 点 30 分，到乘坐编号为 800 的公交车上班；从新闻报道的房价跌至每平方米 100 元，到回家时购买的西红柿 3.5 元一斤，我们的日常生活与数字息息相关。程序作为现实世界的一种抽象和表达方式，自然也需要能够处理和表达这些数字。为此，C++提供了多种数值数据类型，从表示整数的 int 类型到表示小数的 float 类型，从表示数值范围较小的 short 类型到数值范围较大的 double 类型。凭借这些数据类型，我们可以在程序中定义变量来精确地表达和操作现实世界中的数字信息。

3.3.1 整数类型

在现实世界中，最常见的数字应该是各种大大小小的整数了，而在 C++中，我们用整型数值类型来表示现实世界中的整数。根据这些数据类型所占用的内存资源的多少和取值范围的不同，整型数值类型又被分为以下 4 种。

1. 整数类型

整数类型（简称整型）的说明符为 int（integer），在内存中占 4 字节，其取值范围为 -2147483648~2147483647。这个范围基本涵盖包含了常见的整数，能够满足我们在程序中表示整数的大部分需求。因为 int 是 CPU 原生支持的整数类型，所以处理起来最快。因此，int 是我们最为常用的整数数值类型。

> **特别注意　数据类型的字节数可能因编译器和操作系统的不同而有所变化**
>
> 数据类型的字节数确实可能因编译器和操作系统的不同而有所变化。通常所说的数据类型所占用的内存字节数，是在特定环境下的典型值，例如在 32 位操作系统和使用 32 位编译器的情况下。
>
> 然而，在其他环境下，如 64 位操作系统或使用不同编译器时，这些数据类型所占用的字节数可能会有所不同。例如，在 64 位系统上，指针和其他一些数据类型可能会占用更多的字节。

> 为了确定特定环境下某种数据类型所占用的确切字节数，推荐使用 sizeof 运算符来动态计算。sizeof 是 C++中的一个关键字，用于在编译时确定类型或对象所占用的内存大小。具体使用方法可以参考后文对 sizeof 的介绍。

2. 短整型

有时，我们只需要表达一个相对比较小范围内的整数，例如学生的成绩，最小为 0，最大为 100。如果仍然使用 int 这种取值范围比较大的数据类型来表示，就显得有点浪费资源了。现在正处于倡导节约型社会的时代，C++世界也不例外。为了表示这种取值范围相对较小的整数，C++提供了短整型数据类型，其类型说明符为 short 或 short int，所占内存字节数只有 int 类型的一半，即 2 字节。相应地，其取值范围也缩小为-32768~32767，足以表达生活中常见的整型数值。然而，相对于 int 类型，short 类型的处理速度要慢一些。考虑到现代计算机中的内存成本相对较低，所以我们往往为了性能而牺牲空间，较多使用 int 类型而不是使用 short 类型。

3. 长整型

我们有时会遇到整数取值范围不确定的情况，这些数值可能很小，也可能非常大，达到数千亿。在这种情况下，为了确保程序的健壮性，我们通常希望使用平台支持的最大整型数值类型，以避免因超出取值范围而导致的溢出错误。C++中提供了长整型（long 或 long int），以适应这种需求。

在 32 位系统中，长整型通常占用 4 字节，其取值范围与普通的整型（int）相同。然而，在 64 位系统中，长整型占用 8 字节，取值范围显著扩大，从-9223372036854775808 到 9223372036854775807，这一范围足以满足绝大多数应用场景对整数大小的需求。

4. 长长整型

在 C++中，为了表示一些特别大的整数值，如星系中星球的总数，我们使用取值范围更大的长长整型（long long 或 long long int）。这种类型在内存中占用 8 字节，其取值范围非常大，足以应对包括天文计算在内的特殊科学计算需求。

此外，C++还允许我们使用关键字 unsigned 或 signed 来修饰这些整型数据类型，从而构成无符号或有符号的整型数据类型。这两个关键字指明了数值在内存中的第一位是用于表示正负符号还是用于表示数值本身。默认情况下，我们提到的整型数据类型都是有符号的。如果要使用无符号版本，只需在相应的类型说明符前加上 unsigned 关键字即可。

```
int a;             // 默认为有符号 int 类型
signed short b;    // 有符号 short 类型
unsigned long c;   // 无符号 long 类型
```

各种无符号类型和相应的有符号类型占用的内存空间是相同的。但由于无符号类型省去了符号位，因此不能表示负数。相应地，它所能表示的正数范围会扩大到原来的两倍。当我们事先知道要表示的整数不会出现负数时，可以使用 unsigned 关键字修饰某个整型数值类型，使其成为一个无符号的数据类型，从而扩展其在正数上的取值范围。

表 3-2 列出了在典型的 32 位平台上，C++中各种整型数值数据类型、取值范围、位数和使用规则。

表3-2 整型数值类型

数据类型	位数	取值范围	使用规则
int	32	-2147483648 ~ 2147483647	最常用的，也是处理速度最快的整数类型，用来表示常见的整数数值
signed int	32	-2147483648 ~ 2147483647	在使用上等同于 int 类型，所以很少使用，基本上都是直接使用 int 类型
unsigned int	32	0 ~ 4294967295	无符号的 int 类型，只能表示正整数。当要表示的整数只有正数值的时候，可以使用无符号数据类型
short int	16	-32768 ~ 32767	通常简写为 short，用以表示范围较小的整数以节省内存资源，但处理速度有所降低
signed short int	16	-32768 ~ 32767	—
unsigned short int	16	0 ~ 65535	—
long int	32	-2147483648 ~ 2147483647	通常简写为 long，它代表当前平台上 CPU 原生支持的最大整数数据类型。在 32 位平台上，long 和 int 的取值范围是相同的，只是在 64 位操作系统上两者有差别，这一点在开发跨平台的应用程序时需要注意
signed long int	32	-2147483648 ~ 2147483647	—
unsigned long int	32	0 ~ 4294967295	—
long int	64	-9223372036854775808 ~ 9223372036854775807	比 long 还要大的整数类型，我们无须关心它到底有多少位，只需要知道，当要存储极大的数值时，就可以使用它

知识拓展：使用 sizeof 牌体重计为数据类型量“体重”

在现实世界中，人们根据体重来决定穿多大尺寸的衣服。同样地，C++中的各种数据类型也都有一个“体重”，即它们占用的内存字节数。了解数据类型的“体重”非常重要，因为它决定了程序运行时所需的内存资源。

为什么我们需要知道数据类型的“体重”？当我们通过指针直接操作内存时，需要知道数据类型所占用的内存字节数，以便为这些数据分配合适的内存资源。例如，如果我们想动态地申请一段内存来保存 1024 个 long 类型的数据，就需要根据每个 long 类型数据占用的内存字节数来计算一共需要申请多少字节的内存资源来存放这些数据。虽然大多数情况下 long 类型的字节数是 4 字节，但我们不能在程序中直接使用数字 4，因为这个数字可能会因平台而异。为了提高程序的可维护性和可移植性，我们需要在代码中动态地获得数据类型在当前平台上的字节数，并计算出所需的内存资源总数。

C++提供了 sizeof 牌体重计（运算符），它可以帮助我们轻松地获取数据类型或变量（包括数组）实际占用的内存字节数。例如，在使用 memset()函数清零某个数组时，可以使用 sizeof 牌体重计来计算这个数组的字节数：

```
#include <cstring> // 包含memset()函数所在的头文件
// ...
// 定义数组
int res[1024];
```

```
// 用 sizeof 计算 res 占用的字节数
memset(res,0,sizeof(res));
```

其中，第一个参数是数组名，也就是数组的首地址；第二个参数是初始值，通常是 0；第三个参数是用 sizeof 运算符计算出来的 res 数组所占用的字节数。幸亏有 sizeof 运算符，不然这里要写成更复杂的 1024*4。

sizeof 牌体重计不仅可以获得内建数据类型（例如 int、long 和 double 等）的“体重”，还可以获取自定义结构体或类所占用的字节数（包含因字节对齐而添加的字节数）。例如：

```
// 定义一个结构体
struct Human
{
    char name[3];     // 3 字节
    // char pad;      // 这里因字节对齐，编译器补齐 1 字节
    int nAge;         // 4 字节
};
// 声明一个结构体变量
Human huChen;
// 输出结构体的字节数为 8，包含因字节对齐而添加的 1 字节，即 3+1+4=8
cout<<"Human 结构体占用的字节数是: "<<sizeof(Human)<<endl;
// 输出结构体变量的字节数，与结构体的字节数相同
cout<<"Human 对象占用的字节数是: "<<sizeof(huChen)<<endl;
```

sizeof 牌体重计如图 3-2 所示，它可以应用在任何需要知道某个数据类型或者变量（包括数组）所占用内存空间的地方。例如，使用 memset()函数对数组进行清零操作；根据某个基本数据类型占用的字节数来判断当前硬件平台是 32 位还是 64 位等，以此来避免人为地指定数据类型的字节数可能带来的可维护性和可移植性问题。

图 3-2 sizeof 牌体重计

3.3.2 浮点数类型

现实生活中的数字，除表示公共汽车路数的“800 路”这种整数外，更常见的是表示西红柿价格的“3.5 元/斤”这种小数。在 C++中，我们使用浮点数类型来表示小数。根据取值范围的不同，C++中的浮点数类型可以分为单精度型、双精度型和长双精度型三种。

1. 单精度浮点型

单精度浮点型的类型说明符为 float。单精度浮点型占 4 字节的内存空间，其取值范围为-3.4E+38

~+3.4E+38。需要注意的是，因为浮点型（包括后面的 double 和 long double 类型）无法精确地表示零值，所以其取值范围实际上并不连续，在中间接近零值的地方，被分为正负两部分。由于受到计算机存储浮点数机制的限制，使用 float 类型表示浮点数时，可以保证精确到小数点前后至少 6 位有效数字，最多可以达到 7 位有效数字。例如：

```
float fPrice = 3.5;     // 用 float 类型的变量 fPrice 表示西红柿 3.5 元/斤
```

知识拓展　为什么小数在 C++中被称为浮点数

在 C++中，我们将小数称为浮点数，而将表示小数的数据类型称为浮点数类型。大家可能会问：为什么小数被称为浮点数？其中的“浮”又是什么意思呢？

这一切都与小数在 C++中的表达方式有关系。所谓浮点，是相对于定点而言的。例如，我们要在 C++中表达这样两个小数：

```
100000000000.0
0.000000000001
```

如果采用定点（小数点固定）表达方式，需要保存成如下形式：

```
100000000000.000000000000
000000000000.000000000001
```

采用这种方式，我们不得不将每一位数据都原原本本地保存下来，这其中的某些数据对于小数的数值和精度都毫无意义，反而浪费了宝贵的存储资源。为了解决这个问题，C++采用了一种新的保存方式：将数字表示成指数形式，保存每个数字的有效数字和指数。按照这种方式，上面的两个数可以保存成如下形式：

```
小数 1 指数  11（小数点往左移动了 11 位）
小数 1 指数 -12（小数点往右移动了 12 位）
```

通过小数点位置的移动，我们只需要保存小数的有效数字和小数点移动的位置，就可以以更加简洁的方式保存整个数字。因为这种表达方式中的小数点是浮动（float）的，所以小数也被称为浮点数。

2. 双精度浮点型

双精度浮点型的类型说明符为 double。双精度浮点型占 8 字节的内存空间，是单精度浮点型的两（double）倍，所以双精度浮点型不仅取值范围更大，可以达到-1.7E+308～1.7E+308，同时其精度也更高，可以精确到小数点前后 15 位有效数字，最多可以达到 16 位。例如：

```
double fD = 0.0000003;   // 用 double 类型的变量表示支原体细胞的直径
```

3. 长双精度浮点型

长双精度浮点型的类型说明符为 long double。长双精度浮点型占 12 字节的内存空间，其数值范围可以达到天文数字级别的-1.2E+4932～1.2E+4932。因此，这种类型更多地用于科学计算中，日常开发较少用到。

表 3-3 列出了在典型的 32 位平台上，浮点型数值的数据类型、位数、有效数字位数、取值范围和使用规则。

表3-3 浮点型数值类型

数据类型	位 数	有效数字	取值范围	使 用 规 则
float	32	6~7位	−3.4E+38~3.4E+38	如果要表示的浮点数数值不是特别大，精度要求也不是很高，例如我们日常生活中遇到的各种小数，就可以使用float类型来表示，不仅可以满足精度需要，还可以节省内存空间，提高性能
double	64	15~16位	−1.7E+308~1.7E+308	如果要表示的浮点数数值比较大，或精度要求比较高，可以使用double类型来表示，虽然占用了更多内存空间，但是可以保证取值范围和数据精度
long double	96	18~19位	−1.2E+4932~1.2E+4932	如果要表示天文数字，就用它

知识拓展 如何产生随机数

所谓随机数，通俗地讲，是由计算机通过一定的随机数算法生成的数字，按照某种规律分布（如均匀分布或正态分布）在某个指定范围内。在程序设计中，随机数被广泛应用于测试、游戏、仿真以及安全等领域。因此，掌握各种随机数的生成方式成为我们使用C++进行开发的一个必备技能。

在C++中，生成随机数需要使用随机引擎（engine）对象和分布（distribution）对象两部分共同完成。分布对象负责定义随机数的取值范围和分布。例如，使用uniform_int_distribution分布表示引擎生成的随机数字均匀分布在指定范围内；而使用normal_distribution分布则表示随机数字按正态分布方式生成。引擎对象根据分布对象的要求生成相应的随机数字。一旦确定了程序中随机数生成所需要的引擎对象和分布对象，就可以通过引擎对象调用分布对象的函数获取所需要的随机数。例如，生成网站登录验证码就需要使用随机数：

```
// 引入随机数引擎和分布所在的头文件
#include <random>
#include <iostream>

// 使用std命名空间
using namespace std;

int main()
{
    // 定义一个默认的随机数引擎
    default_random_engine reng;
    // 构建一个从0到25的平均分布
    uniform_int_distribution<int>  uni_dist(0,25);

    // 使用random_device设置随机数引擎的种子
    // 以防止每次运行都产生相同的伪随机数序列
    random_device  rnd_device;
    reng.seed(rnd_device());
```

```
    // 验证码一共 4 位
    const int n = 4;
    char code[n]; // 保存验证码的字符数组
    // 提示输入验证码
    cout<<"请输入下面的验证码："<<endl;
    // 利用 for 循环产生 4 个验证码字母字符
    for (int i = 0; i < n; ++i)
    {
        // uni_dist(reng)表示让 reng 引擎按照 uni_dist 分布，
        // 产生取值在 0 到 25 的呈均匀分布的随机数
        // 然后在'A'的基础上向后偏移，就得到了随机的验证码字母字符
        code[i] = 'A' + uni_dist(reng);

        // 输出验证码字母字符
        cout<<code[i];
    }

    // ...

    return 0;
}
```

在这段代码中，首先引入了 C++标准库中关于随机数的头文件<random>，然后定义相应的随机数引擎对象（reng）和分布对象（uni_dist）。在定义分布对象时，我们以构造函数参数的形式确定了随机数的取值范围。有了它们，就可以用引擎对象 reng 作为参数，调用 uni_dist 分布对象这个函数对象，最后得到的就是我们需要的在 0~25 范围内均匀分布的随机数。在这里，我们还利用了 ASCII 表中字母字符呈现连续分布的特性，在字符'A'的基础上，加上一个 0~25 的随机数，就可以得到了我们最终想要的随机的字母字符。需要注意的是，在生成随机数之前，必须用引擎对象的 seed()函数设置随机种子，否则每次运行生成的随机数序列都将相同，失去了随机性的意义。

另外，该程序仅利用随机数生成了验证码字符。接下来，我们需要接收用户的输入，并将它与当前的验证码进行比较，以判断用户输入是否正确。这部分工作可以作为学习后续内容（如各种控制结构、字符串处理等）的练习，读者可以自己动手完成。相信读者很快就能实现这一功能。

3.4 布尔类型

在日常生活中，我们经常需要表示不同类型的数据。例如，我们可能需要使用 int 类型的变量来表示 800 路公交车的编号；使用 float 类型的变量来表示西红柿每斤 3.5 元的价格。除此之外，有时我们需要表示逻辑状态，例如：

“这次的 C++考试你过了没有？”

“他到底爱不爱我？”

这些问题中的“过了没有”和“爱不爱”都涉及逻辑判断。与数值数据类型不同，逻辑状态具有“非此即彼”的特性。例如，考试结果只能是“过了”或“没过”，没有其他选项。为了表示这种逻辑状态，在 C++中我们使用布尔类型（bool）。

布尔类型的变量只能被赋予两个值：true 表示真或肯定的状态，false 表示假或否定的状态。C++

标准并没有规定布尔类型的长度，但在 Visual C++中，布尔类型通常占用 1 字节。以下是布尔类型使用的一个简单示例：

```
// 布尔类型变量 bPass，表示考试是否通过
// 赋值为 true，表示考试通过
bool bPass = true;
```

与 int 等数值类型数据主要用于计算不同，布尔类型的数据主要用来保存逻辑判断的结果，或者在条件结构或者循环结构中（这些将在稍后的第 4 章详细介绍），用于控制程序的执行流程。例如：

```
cout<<"请输入你的分数："<<endl;
// 用于保存输入分数的 int 类型变量
int nScore = 0;
// 输入分数
cin>>nScore;
// 保存考试通过与否的 bool 类型变量
// 默认状态为 false，表示没有通过
bool bPass = false;
// 用条件结构进行逻辑判断
// 判断输入的分数是否大于或等于 60
if(nScore >= 60)
{
// 保存逻辑判断的结果
// 如果输入的分数大于或等于 60，则赋值为 true
// 表示考试通过，否则继续保留其初始值 false，表示没有通过
bPass = true;
}
// 在条件结构中，根据 bPass 的取值不同
// 对程序的执行路径进行控制
if(bPass)
{
    // 如果 bPass 的值为 true，则输出考试通过
    cout<<"恭喜，你通过了考试。"<<endl;
}
else
{
    // 如果 bPass 的值为 false，则输出考试未通过
    cout<<"很遗憾，你没有通过考试。"<<endl;
}
```

在示例代码中，bPass 这个布尔类型的变量用于存储一个逻辑判断的结果：它记录了输入分数 nScore 是否大于或等于 60。如果 nScore 大于或等于 60，bPass 被赋值为 true，表示考试通过；如果 nScore 小于 60，则 bPass 保持其初始值 false，表示考试未通过。bPass 变量因此保存了对 nScore 是否满足特定条件的逻辑判断结果。

布尔类型的变量不仅用于存储逻辑判断的结果，它们更多地用于控制程序的执行流程，特别是在条件语句或循环结构中。例如，在上述代码中的 if 条件语句里，bPass 作为条件判断的依据：如果 bPass 为 true，则程序会输出“考试通过”的提示；如果为 false，则输出“考试未通过”的提示。这样，基于 bPass 变量的值，程序能够选择不同的执行路径，产生相应的输出结果。

动手实践　杜绝布尔类型和整型的隐式转换

布尔类型变量在 C++中只有两个可能的值：true 和 false。然而，当布尔变量用于需要数值的环境时，它们会被隐式转换为整数值：false 转换为 0，而 true 转换为 1。这种隐式转换同样适用于将数值赋给布尔变量：数值 0 转换为 false，任何非 0 数值转换为 true。以下是

这种隐式转换的示例：

```
bool a = 4;        // 4 被转换为 true，a 的值为 true
int b = a;         // a 被转换为 1，b 的值为 1
int c = a + b;     // a 被转换为 1 参与运算，c 的值为 2
```

这种隐式转换可能非常隐蔽，某些编译器甚至不会发出警告。隐蔽的行为可能导致难以察觉的错误。因此，我们应该避免使用数值给布尔变量赋值，或者避免在算术运算中使用布尔变量，以防止这种隐式转换带来的潜在问题。

3.5 字符串类型

“你的车牌号是多少？”

“陕 A-82103”。

我们知道，程序设计语言本质上是用来抽象、描述和表达现实世界的。面对现实世界中的各种数值数据（例如表示公交车路线的 800 路，表示西红柿价格的 3.5 元/斤），我们可以用之前介绍的数值数据类型定义变量（int nNo，float fPrice）来抽象和表达。

除此之外，现实世界中还有文字数据，如车牌号“陕 A-82103”。为了抽象和表达这类数据，C++提供了字符类型（char）和字符串类型（string）两种数据类型。字符类型用于表达单个字符，例如“A”“0”等，而字符串类型则用于表示由多个字符组成的序列。

3.5.1 字符类型

在学习英语的时候，我们总是从 ABC 单个字母开始学习，然后将其串联起来形成一句完整的话。同样地，在 C++中，要表达一个比较复杂的文字数据，我们也需要从构成字符串的单个字符开始学习。在 C++中，我们用字符类型来抽象和表达单个常见的字符，其类型说明符是 char。示例如下：

```
// 定义字符类型变量 cA，并用字符常量'A'对其进行赋值
char cA = 'A';    // cA 变量表示大写字母字符'A'
char cB;
cB = '-';         // cB 变量表示符号字符'-'
// 输出字符'A'
cout<<cA<<endl;
```

虽然字符类型的变量在赋值和输出时总是以字符形式出现，但从本质上讲，它可以被视为一种占用内存空间更少、取值范围更小的整数数据类型。字符类型只占用 1 字节的内存空间，相应地，其取值范围缩小为-128~127。当我们需要表达一个取值比较小的整数时，为了节省内存资源，也可以使用 char 类型。与整数数据类型类似，字符类型也可以通过 signed 或 unsigned 关键字修饰，形成有符号或无符号的字符类型。这使得 char 类型也可以参与算术运算。例如：

```
// 将大写字母字符 'A' 对应的 ASCII 码值赋值给字符类型变量 c
// 等价于 char c = 'A';
char c = 65;
// 变量 t 表示不可见的控制字符 '\t'，表示输出一个 Tab 制表符
char t = '\t';
// 循环输出 26 个大写字母字符
for(int i = 0; i < 26; ++i)
```

```
{
    // 输出 c 所代表的字符
    cout<<c<<t;
    // 字符类型变量加 1，使其成为 ASCII 表中的下一个字符
    c = c + 1;
}
```

知识拓展　使用 wchar_t 表示中文字符

由于 C++中的 char 类型主要用于表示 ASCII 字符集中的字符，其取值范围有限，通常只能涵盖基本的英文字母和控制字符。然而，对于更广泛的字符集，如中文字符，char 类型则不足以应对。

为了解决这一问题，C++引入了 wchar_t 类型，它是一个宽字符类型，占用 2 字节的内存空间，可以表示更广泛的字符集，包括中文字符。以下是使用 wchar_t 类型输出中文字符的示例：

```
#include <iostream>
#include <locale>

using namespace std;

int main()
{
    // 使用 wchar_t 类型定义的变量 cChs 保存中文字符 '陕'
    wchar_t cChs = L'陕';
    locale::global(locale("")); // 设置程序的本地化环境为中文
    // 设置 wcout 输出对象的区域并输出中文字符
    wcout.imbue ( locale() );
    // 使用 wcout 输出流对象输出中文字符
    wcout<<cChs<<endl;

    return 0;
}
```

使用 wchar_t 类型时，需要注意以下几点：

- 代码文件应使用 UTF-8 编码格式保存，以确保正确处理中文字符。
- 宽字符常量或字符串常量需要使用 L 前缀，这表示它们采用宽字符集（通常是 Unicode 字符集）进行编码。例如，L'陕'表示一个宽字符常量。
- 如果不使用 L 前缀，则字符或字符串常量将使用多字节字符集进行编码，适用于 char 类型。

3.5.2　字符串类型

在 C++中，使用 char 类型的变量可以表示单个字符。要表示由多个字符组成的字符串，我们可以使用字符数组。字符数组是一种将多个 char 类型元素组织成序列的数据结构。为了标识字符串的结束，我们在数组的末尾添加一个空字符 '\0'。

以下是使用字符数组表示字符串的示例：

```
// 定义一个字符数组，用以保存字符串
char msg[32];
```

```
// 将各个字符依次保存到数组相应位置上
msg[0] = 'G';  // 第一个字符，保存到数组的第一个位置，后面的以此类推
msg[1] = 'o';
msg[2] = 'o';
msg[3] = 'd';
// 在最后的位置保存一个 '\0' 字符，表示字符串结束
msg[4] = '\0';
// 输出 msg 数组中的字符串
cout<<msg<<endl;
```

尽管使用字符数组是一种简单直接的方法，但它存在一些使用上的不便。因此，在 C++中，我们更倾向于使用标准模板库（STL）中的 string 类型来表示字符串。string 类型不仅封装了字符数组，还提供了许多方便的字符串操作功能，如获取字符串长度、查找特定字符等。

以下是使用 string 类型的示例程序：

```
#include <iostream>
#include <string>   // string 类型所在的头文件

using namespace std;

int main()
{
        // 定义一个 string 类型的变量 str，保存字符串数据
        string str = "你好，C++!";

        // 用 cout 输出 string 类型的字符串变量
        cout<<str<<endl;

        return 0;
}
```

string 类型不仅包装了字符数组，可以存储字符串中的各个字符，还提供了很多与字符串相关的操作，例如可以获得一个字符串的长度，或者在字符串中查找某个特定的字符等，极大地方便了对字符串的处理。例如：

```
// 定义一个字符串变量，用于保存用户输入的用户名
string strName = "";

cout<<"请输入用户名："<<endl;
// 获取用户输入的字符串，并保存到 strName 变量中
cin>>strName;
// 通过 string 类型的 length()函数获取 strName 的长度
// 判断其长度是否小于 6（字符串中是否少于 6 个字符）
if(strName.length() < 6)
{
    // 如果小于，则显示错误提示
    cout<<"错误：用户名至少包含 6 个字符。"<<endl;
}
```

在上面这段代码中，我们首先定义了一个 string 类型的变量 strName，用以保存用户输入的用户名字符串，然后用 cin 获取用户输入的字符串并保存到 strName 变量中。接着利用 string 类型的 length()函数获取字符串的长度，也就是 strName 中的字符个数。最后用 if 条件结构将其与我们要求的字符串长度 6 进行比较，如果不符合条件，则显示错误提示。

知识拓展 auto 类型变量——根据初始值推断真实的数据类型

在前面的章节中，我们介绍了C++中的多种数据类型：有表示整数的int类型，也有表示小数的float类型；有表示单个字符的char类型，也有表示字符串的string类型。这些意义不同、用途各异的数据类型为我们定义变量来表示现实世界中的数据提供了丰富的选择。然而，这些数据类型在使用上有一个共同的要求，那就是在定义变量表示数据时，我们必须事先知道所要表示的数据是什么类型，到底是一个小数还是一串字符，然后才能据此确定到底是该使用float还是string来定义变量。

不过，在开发实践中，有时我们并不能轻易确定一个变量应该具有的数据类型。例如，将某个复杂表达式作为初始值赋给一个新定义的变量时，我们往往很难确定这个表达式的数据类型，从而无法确定变量应有的数据类型。为了解决这个问题，C++的最新标准提供了auto关键字，使用它作为某个变量定义的数据类型，编译器会根据这个变量的初始值，自动推断出这个变量合理的数据类型，而无须人为指定。例如：

```
auto x = 1;        // 使用整数 1 对变量 x 进行初始化，x 被推断为 int 类型
auto y = 1.982;    // 使用小数 1.982 对变量 y 进行初始化，y 被推断为 double 类型

Handler GetHandler();
// 使用 GetHandler()函数的返回值对变量 handler 进行初始化
// handler 被推断为 Handler 类型
auto handler = GetHandler();
```

这里，我们在定义变量x时，并没有指定其具体的数据类型，而是使用auto作为代替。因此，编译器在编译这段代码时，会根据1这个初始值自动推断x的实际数据类型为int。同理，使用小数1.982进行初始化的变量y会被编译器自动推断为double类型；而最后的一个变量handler会被初始化为GetHandler()函数的返回值，其数据类型会被推断为Handler类型。虽然auto关键字会根据初始值自动推断变量的数据类型，但它的使用并不会增加额外的编译时间。使用auto关键字的好处显而易见，就像商场的免费大促销一样，这样的优惠谁不喜欢呢？

实际上，可以把auto关键字看作是变量定义中的数据类型占位符，它取代了原来应指定具体数据类型的位置。在编译时，编译器会根据变量的初始值推断出变量应有的具体数据类型，然后用该具体数据类型替换掉auto关键字，使其成为一个普通的带有具体数据类型的变量定义。使用auto关键字定义变量的形式与一般的变量定义形式并无差异，唯一的差别在于，使用auto关键字定义变量时必须有初始值：

```
auto 变量名 = 初始值表达式;  // 赋值形式
// 或
auto 变量名{初始值表达式}; // 初始化列表形式
```

这样，编译器将根据初始值表达式计算结果的数据类型推断出变量的数据类型。

通常情况下，当我们难以准确地确定变量的数据类型，或者这个变量的数据类型书写复杂时，就可以使用auto作为变量的数据类型来定义变量，交由编译器根据变量的初始值推断出该变量的真正数据类型。相比人脑做推断这种“苦力活”，计算机要比人脑快多了。这样做不仅省去了我们自己推断数据类型的麻烦，避免了可能的人为错误，还达到了简化代码的目的。例如：

```
template <typename T>
// 数据类型 vector<T>之后的"&"符号，表示其后所定义的变量是一个引用
// 引用是 C++中一种访问数据的特殊方式，在稍后的 7.1 节中将详细介绍
void printall(const vector<T>& v)
{
   // 根据 v.begin()的返回值类型自动推断变量 it 的数据类型
   for (auto it = v.begin(); it != v.end(); ++it)
       cout << *it << endl;
}
```

为了在程序表达同样的意义，如果没有 auto 关键字的帮忙，我们将不得不写成下面这种烦琐的代码形式：

```
template <typename T>
void printall(const vector<T>& v)
{
   for (typename vector<T>::const_iterator it = v.begin(); it != v.end(); ++it)
       cout << *it << endl;
}
```

除简化代码外，auto 关键字有时甚至能够帮助我们完成一些在 C++11 之前不可能完成的任务，成为一种必需。例如，在模板函数中，当一个变量的数据类型依赖于模板参数时，如果不使用 auto 关键字，根本无法确定变量的数据类型，因为我们无法提前预知用户使用何种数据类型作为模板参数来调用这个模板函数，从而无法确定这个变量的数据类型。但是使用 auto 关键字之后，一切难题都将迎刃而解。例如：

```
template <typename T,typename U>
void mul(const T& t,const U& u)
{
    // ...
    // 使用 auto 关键字，编译器将根据 t 和 u 的实际数据类型
    // 自动推断变量 tmp 的数据类型
    auto tmp = t*u;
    // ...
}
```

在这里，变量 tmp 的数据类型应该与模板参数 T 和 U 相乘结果的数据类型相同，也就是依赖于 T 和 U 的数据类型。对于程序员来说，在编写这个模板函数时，模板参数 T 和 U 的类型尚未确定，这样变量 tmp 的类型也就无法确定。所以，我们用 auto 关键字作为占位符，占据数据类型的位置，而真正的数据类型留待编译器在最终编译的时候，根据具体给定的模板参数 T 和 U 的类型进行推断来确定。这样，就把一件原来不可能的事情变成了可能。

使用 auto 关键字可以根据变量的初始值自动推断其数据类型，极大地方便了复杂数据类型变量的定义。不过，这种方式好是好，却有一个缺点，那就是每次推断得到的数据类型只能在定义变量时使用一次，无法保留下来继续多次使用。好不容易推断得到的数据类型只能使用一次，显得有点不够"低碳环保"。有时，我们需要推断得到的数据能够保留下来，并可以重复使用，用于定义多个相同类型的变量。为了弥补这个缺点，C++还提供了 decltype 关键字。它的使用语法形式如下：

```
typedef decltype(表达式) 用户数据类型;
```

其中，decltype（表达式）表示这个表达式的推断数据类型（declared type），也就是这个表达

式计算结果的数据类型。而 typedef 是将这个推断得到的数据类型定义为用户自定义的数据类型。换句话说，typedef 为这个推断数据类型取了一个名字，使得我们可以把它作为一个新的数据类型，用在定义变量、创建对象等任何需要数据类型的地方。例如，我们可以用 decltype 关键字来改写上面的示例程序：

```
template <typename T,typename U>
void mul(const T& t,const U& u)
{
    // ...
    // 用 decltype 得到 t*u 的数据类型
    // 并用 typedef 关键字将其定义成一个新的数据类型 M
    typedef decltype(t*u) M;
    // 用这个新的数据类型 M 定义指针变量（表示变量或函数地址的变量），创建 M 类型对象
    M* tmp = nullptr;
    tmp = new M;       // ...
}
```

auto 和 decltype 的作用有些相似，都可以推断某个表达式的具体数据类型。但是，两者的使用还是稍有差别。如果我们只想根据初始值确定一个变量合适的数据类型，那么 auto 是最佳选择。只有当我们需要推断某个表达式的数据类型，并将其作为一种新的数据类型重复使用（例如定义多个相同类型的变量）或者单独使用（例如作为函数的返回值类型）时，才真正需要用到 decltype。

3.6 数　组

学习了前面的基本数据类型之后，我们现在可以定义单个变量来表示单个数据。例如，用 int 类型定义变量 nBusNo 来表示公交车的 800 路，用 float 类型定义变量 fPrice 来表示西红柿每斤 3.5 元。然而，除单个孤立的数据外，现实世界中还有另一类数据：批量数据。例如，一个公司中所有员工的工资，这些数据的数据类型相同（都是 int 类型），性质相同（都表示员工的工资），数量庞大（成千上万员工的工资），并且往往形成一个有意义的数据集合（所有员工的工资）。针对这类批量数据，单独地定义一个个变量显然是行不通的。为此，C++提供了数组这种构造型数据类型来存储批量数据，它将这些数据组织起来形成一个数据序列，极大地方便了对批量数据的处理。

3.6.1 数组的声明与初始化

在 C++中，定义数组的方法与定义变量非常相似。不同之处在于变量名变成了数组名，并且在数组名之后使用方括号“[]”来指定数组中数据元素的个数。其具体语法形式如下：

```
数据类型 数组名[个数常量][个数常量]…;
```

其中，数据类型表示这一系列批量数据的类型。例如，我们要定义一个可以保存多名员工工资的数组，而每名员工的工资数据都可以用 int 类型数据表示，那么整个数组的数据类型就是 int 类型；数组名通常是一个表明数组中数据含义的标识符。在这里，数组中的数据都是员工的工资，所以我们可以用 arrSalary 作为数组名。其中，arr 前缀表示这是一个数组（array），而 Salary 则表示数组中的数据都是工资数据；数组名后方括号中的常数表示这一系列批量数据的个数。例如，这个公司有 100 名员工，我们需要在数组中保存 100 名员工的工资数据，那么这个常数自然就是 100。需要注意

的是，这个常数必须大于 0，并且必须是常数。根据上面的介绍，我们可以这样定义一个用来保存100 名员工的工资数据的数组：

```
// 保存 100 名员工的工资数据的数组
int arrSalary[100];
```

在定义数组的同时，也可以利用“{}”对数组进行初始化。例如：

```
// 定义数组并进行初始化
int nArray[5] = { 1, 2, 3, 4, 5 };
```

这行代码在定义一个长度为 5 的整型数组 nArray 的同时，用“{}”把 1、2、3、4、5 分别赋值给数组中的 5 个元素，以此来完成数组的初始化。当然，如果不需要对数组中的所有数据都赋初始值，也可以仅对数组的前面部分元素赋值，而剩余的未指定初始值的数据会被赋值为 0 或该数据类型的默认初始值。例如：

```
// 给定数组中前 6 个元素的初始值，剩下 94 个数据被赋值为 0
int nBigArray[100] = { -10, 23, 542, 33, 543, 87 };
```

虽然我们可以利用“{}”在定义数组的同时对数组元素赋初始值，但由于数组的数据元素往往较多，使用“{}”为所有数组元素赋值并不现实。更多情况下，我们利用“{}”将数组中的所有元素都赋值为 0，以完成数组使用前的清零操作。例如：

```
// 将 nBigArray 数组中的所有元素赋值为 0
int nBigArray[1024] = {};
```

知识拓展 多维数组

数组定义中的方括号“[ ]”用于确定数组的维数。在数组名后有几个“[ ]”就表示这是几维数组，一个数组的维数通常代表了数据的分类次数。例如，我们要用一个数组来保存一个学校所有学生的成绩，首先可以把所有学生的成绩按年级分成 3 个年级，然后每个年级再按班级分成 10 个班级，而每个班级又有 30 名学生。这样，经过 3 次分类，我们就可以用一个三维数组来保存一个学校所有学生的成绩：

```
// 记录学生成绩的三维数组
int arrScore[3][10][30];
// 一年级一班第一名学生的成绩是 90 分
arrScore[0][0][0] = 90;
```

3.6.2 数组的使用

定义好数组后，就相当于拥有了多个变量。要访问数组中的各个数据，我们可以通过在数组名后的方括号中给定数组下标来实现。数组下标表示要访问的数据在数组中的位置。需要注意的是，这个下标从 0 开始记数。例如，在前面定义的记录员工工资的 arrSalary 数组中，第一个数据是老板的工资，就可以通过如下方式来读写访问第一个数据：

```
// 数组中第一个数据表示老板的工资，用下标 0 表示数组的第一个数据
// 赋值为 1，表示老板的工资为 1
arrSalary[0] = 1;
// 读取数组中的第一个数据，输出老板的工资
cout<<"老板的工资是:"<<arrSalary[0]<<endl;
```

我们可以看到，通过在数组名之后的方括号中给定 0 这个下标，可以像读写普通变量一样来读

写数组中的第一个数据。以此类推，要想访问数组中的第二个数据，数组下标就应该是 1，要想访问第 n 个数据，数组下标就应该是 n−1。例如：

```
// 数组中的第二个数据表示老板娘的工资，给定下标 1 访问
arrSalary[1] = 9999;
// 往后依次是各个员工的工资
arrSalary[2] = 2000;
// ...
```

在使用数组下标时，需要注意的是，下标必须大于或等于 0 且小于数组定义时的个数。简单来说，一个长度为 n 的数组，其下标的取值范围是[0，n−1]。如果下标的取值超出这个范围，就会访问到数组以外的内存区域，导致数组访问越界错误。轻则造成数据读写错误，重则可能导致程序崩溃。并且，这种错误极具隐蔽性，往往很难发现。因此，在使用数组时，必须时刻注意防止数组访问越界。数组下标与数组中数据元素的对应关系如图 3-3 所示。

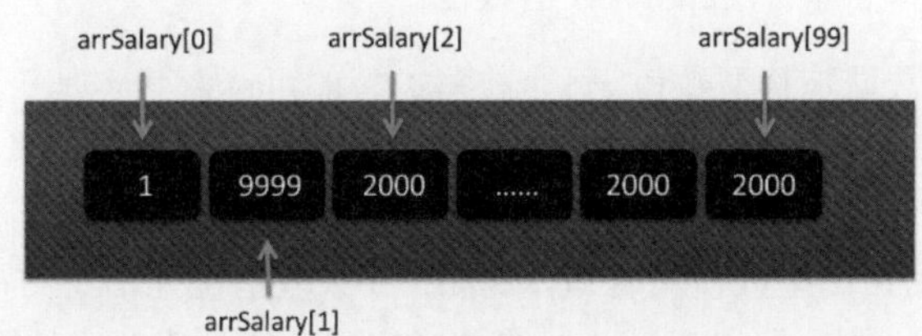

图 3-3 数组中的数据元素与下标的对应关系

通过下标对数组中的元素进行读写访问，就像使用单独的变量一样简单。有了数组的帮忙，在描述大量性质相同的数据时，无须单独定义多个相同类型的变量，只需定义一个能容纳所需数据的数组。然后，通过不同的下标访问不同的数据，就像同时拥有多个单独的变量一样方便。

3.7 枚举类型

除之前介绍的数值数据和文字数据外，在现实世界中常常遇到这样的数据：一道单选题的答案只能是 A、B、C、D 四个选项中的某一个；红绿灯的颜色只能是红色、绿色和黄色中的一种；一个人的性别只能是男性或者女性。这些数据都只有有限的几种可能值，且值也只能是这个范围中的某一个。为了抽象和表达这种特殊数据，C++提供了枚举（enum）机制。

使用 C++的枚举机制，可以通过列举某种数据的所有可能取值来定义一种新的数据类型，这种数据类型通常被称为枚举类型。当使用枚举类型来定义变量时，该变量的取值就限定在枚举类型所列举的可能取值范围内。定义枚举类型的语法格式如下：

```
enum 枚举类型名
{
    // 可能的枚举值列表
}; // 注意，这里必须以分号表示结束
```

其中，enum 是定义枚举类型的关键字；枚举类型名是要创建的新数据类型的名称。完成枚举类型的定义后，我们可以将它作为数据类型来定义变量。在枚举类型的定义中，可以逐个列出该枚举类型的所有可能值。例如，可以将描述交通灯颜色的数据抽象成一个枚举类型：

```
// 交通灯颜色
```

```
enum TrafficLight
{
    RED,      // 红
    GERRN,    // 绿
    YELLOW    // 黄
};
```

有了这样的 TrafficLight 枚举类型的定义，我们就可以将它作为数据类型来定义一个变量，用以表示交通灯的颜色：

```
// 定义一个变量 light 表示交通灯的颜色
// 将枚举值 RED 赋值给它，表示当前交通灯是红色的
TrafficLight light = RED;
```

因为枚举类型所表达数据的特殊性，所以我们在应用枚举类型时需要注意以下几点。

1. 枚举类型中的枚举值有对应的默认整数值

本质上，枚举类型的数据是整型数值，每个枚举类型的可选值其实是一个整数值。默认情况下，第一个枚举值对应的是整数值为 0，第二个枚举值对应的是整数值是 1，以此类推。例如，上面 TrafficLight 枚举类型中的 RED 可选值其实就是整数值 0，而 GREEN 对应 1，YELLOW 自然就对应 2。如果认为某些枚举值默认的整数值不合适，例如，在某些情况下，我们希望某个枚举值拥有特殊的整数值来表示特殊含义，那么可以在定义时单独指定各个枚举值对应的整数值。例如：

```
// 单独指定各个枚举值对应的整数值
enum TrafficLight
{
    RED = 1,      // 指定对应的整数值，不再是从 0 开始
    GERRN,        // 2
    YELLOW = 0    // 指定对应的整数值为 0，表示特殊含义
};
```

经过人为地指定枚举值对应的数值后，RED 对应的整数值变为 1，其后的 GREEN 增加 1，变为 2。对于最后的 YELLOW，因为其特殊意义，人为指定其整数值为 0。

2. 枚举类型变量的赋值

如果变量是枚举类型，那么只能使用该枚举类型中的某个枚举值对其进行赋值。例如：

```
// 红灯
TrafficLight light = RED;
// 变为绿灯
light = GREEN;
// 如果使用枚举值外的数据对其进行赋值，就会导致编译错误
// 也就是使这个值是某个枚举值对应的整数值
light = 1;
```

换句话说，如果希望把某个变量的取值范围限定在几个可选值之内，则可以把该变量定义为枚举类型变量。

3. 枚举值是常量，定义后不可改变其对应的整数值

在定义枚举类型时，已经确定了枚举值及其对应的整数值。这些整数值要么是默认值，要么是指定的特殊数值。一旦定义完成，各个枚举值的整数值就成为常量，必须按照常量对待，不能再对其进行赋值或修改。也就是说，在完成定义后，不能改变任何枚举值对应的整数值。例如，下面的

语句是错误的：

```
RED = 4;  // 尝试改变枚举值，导致编译错误
```

枚举类型实际上定义了一组整型常量。在上面的例子中，我们可以使用 3 个整型常量来表示交通信号灯的 3 种颜色。然而，枚举类型允许我们使用描述性的名称来表示有限范围内的整数值，而不是直接使用含义不明确的整数值。这种做法有助于确保变量接受合法且易于理解的预期值，使得代码含义明确，更具可读性，也更易于维护。因此，当需要表达的数据“只有有限的几种可能值”时，我们应该优先选择使用枚举类型。

知识拓展　带作用域的枚举类

虽然枚举类型可以方便地定义某个范围内的枚举值，但由于传统的枚举类型本质上是一个 int 类型的整数，因此在使用中常常会遇到各种各样的问题。例如，传统枚举类型的所有枚举值在其定义后的整个代码范围内都可以使用，而这可能会造成名字污染或冲突，使得后续代码无法再将该枚举值名称用作他途。此外，传统枚举类型无法指定底层数据类型，这可能会造成内存资源的浪费，并且使得枚举类型无法进行前向声明。所谓前向声明，是指在某个元素（函数或者类）尚未定义时，为了提前使用它而进行的声明，向编译器表明源文件中将会有这个元素的定义，从而可以安心使用，具体的定义会稍后提供。

为了解决传统枚举类型存在的这些问题，C++的最新标准引入了新的作用域枚举类，它允许指定底层数据类型。定义作用域枚举类的语法形式与定义传统枚举类型的语法形式十分相似：

```
enum class 枚举类名: 数据类型
{
    // 可能的枚举值列表
};
```

枚举类的定义以 enum class 开始，后面跟着枚举类名，其后可以用冒号“:”指定枚举类的底层数据类型。枚举类的底层数据类型必须是有符号或无符号的整型数，如果不指定，其默认的数据类型是 int 类型。例如：

```
// 定义一个枚举类 TrafficLight
// 并指定其底层数据类型为 char 类型
enum class TrafficLight : char
{
        RED = 1, // 红
        GERRN,   // 绿
        YELLOW   // 黄
};
```

虽然枚举类的定义与传统的枚举类型的定义十分相似，但由于两者内在机制的不同，它们已经是两个完全不同的概念。枚举类具有作用域，其枚举值只在其作用域内可见，这有效地解决了可能由枚举值引起的名字污染问题。例如：

```
// 枚举值 RED 属于 TrafficLight 作用域
// 所以我们必须在其前面加上 TrafficLight 才能访问
TrafficLight light = TrafficLight::RED;
// 定义一个名为 RED 的变量，虽然与枚举值 RED 同名
// 但是两者不会产生冲突，也就是枚举值 RED 的定义不会引起名字污染
bool RED = true;
```

枚举类除解决名字污染的问题外，还有另一个显著的优势：它允许开发者指定底层数据类型，这使得前向声明成为可能。此外，根据枚举值的数量选择合适的底层数据类型，也可以在一定程度上避免资源浪费。例如：

```
// 使用前向声明，只是声明了枚举类的名字
// 没有定义具体的枚举值
enum class TrafficLight : char;
// 使用前向声明的枚举类
void foo(TrafficLight* light)
{
        // ...
}
// ...
// 补充完枚举类的定义
enum class TrafficLight : char
{
    RED = 1, // 红色
    // ...
};
```

在这段代码中，完成了枚举类 TrafficLight 的前向声明后，就可以直接使用它了。最后，只需要补充具体的定义即可。另外，在这里指定了枚举值的底层数据类型为 char，这比默认的 int 更加节省资源。

从上面的例子可以看出，枚举类的使用有效地解决了传统枚举类型在使用中遇到的各种问题，所以，在今后的编程实践中，我们应该优先选择使用枚举类。

3.8 用结构体类型描述复杂的事物

利用 C++提供的基本数据类型定义的变量通常只能表达简单事物。例如，我们可以用 int 定义 nAge 变量来表示一个人的年龄，用 string 定义 strName 变量来表示一个人的姓名。然而，现实世界极其复杂，仅使用基本数据类型定义的变量无法充分描述这个复杂的现实世界。例如，仅用单一的基本数据类型无法描述人这样复杂的事物，因为人不仅具有姓名，还有身高、年龄、性别等多个属性需要描述。

我们认识到，即使是最复杂的事物，也是由多个简单事物构成的。既然我们可以使用基本数据类型来描述简单事物，那么将这些基本数据类型组合起来，形成一个可以描述同一事物多个不同属性的构造型数据类型，就可以用来描述复杂事物了。正是基于这样的想法，C++提供了结构体机制。

3.8.1 结构体的定义

在 C++中，struct 关键字来将多个基本数据类型打包成结构体类型，其语法格式如下：

```
struct 结构体名
{
    数据类型 1     成员名 1;
    数据类型 2     成员名 2;
    //…
    数据类型 n     成员名 n;
};
```

其中，struct 关键字表示要创建一个结构体；结构体名是所创建结构体的名字，通常使用结构体描述所代表事物的名词作为结构体的名字。例如，如果我们要创建一个用于描述“人”这个复杂事物的结构体，那么结构体的名字可以使用 Human。在结构体定义的内部，可以使用多个不同数据类型的变量来表示复杂事物的各个属性。例如，我们可以用 string 类型的 m_strName 变量来描述人的姓名，用 bool 类型的 m_bMale 变量来描述人的性别，等等。因为这些变量共同组成了结构体，所以它们也被称为结构体的成员变量。

例如，我们可以按照如下方式来定义表示“人”这个复杂事物的 Human 结构体：

```
// 定义结构体 Human 描述人这种复杂事物
struct Human
{
    string    m_strName;        // 姓名
    bool      m_bMale;          // 性别
    int       m_nAge;           // 年龄
    int       m_nHeight;        // 身高
    float     m_fWeight;        // 体重
};
```

通过将描述一个复杂事物的多个属性的变量打包在一个结构体中后，我们就可以用这个结构体定义变量来描述这个复杂事物（见图 3-4）：

```
// 定义一个 Human 结构体变量描述“陈良乔”这个人
// 这个结构体包含陈良乔的姓名、性别和年龄等信息
Human chenlq;
```

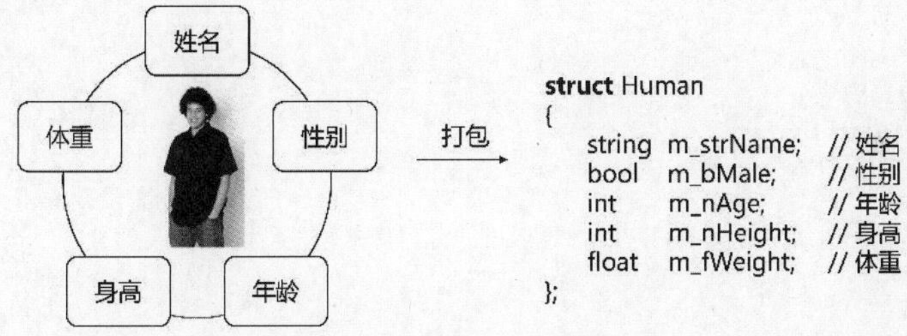

图 3-4　将复杂事物打包成结构体

3.8.2　结构体的使用

结构体由多个基本数据类型组成，相应地，结构体变量自然包含结构体中定义的所有成员变量。一旦定义了一个结构体变量，我们就拥有了它的所有成员变量。进一步地，我们可以使用点操作符“.”来访问结构体变量中的各个成员变量，利用它们来描述一个具体事物的各个属性。

例如，使用前面定义的 Human 结构体来创建一个变量，以描述“一个名叫陈良乔，年龄 43 岁，身高 170 厘米，体重 61.5 千克的男人”这一复杂事物：

```
// 定义一个 Human 类型变量 chenlq
// 用来描述人这种复杂事物
Human chenlq;
// 这个人的姓名是“陈良乔”
chenlq.m_strName = "陈良乔";
// 年龄 43 岁
chenlq.m_nAge = 43;
// 身高 170 厘米
chenlq.m_nHeight = 170;
```

```
// 体重 61.5 千克
chenlq.m_fWeight = 61.5;
// 男人
chenlq.m_bMale = true;
```

这里我们注意到，如果想用结构体变量来描述一个复杂事物，只需要用“.”符号引用这个结构体变量中的各个成员变量，然后分别将这个复杂事物的各个属性对应地赋值给相应的成员变量即可。例如，我们要表示这个人的姓名是“陈良乔”，只需要将这个字符串数据赋值给“.”引出的 m_strName 成员变量。这个成员变量正是在 chenlq 结构体变量中表示姓名的成员变量。其他属性的处理以此类推。

需要注意的是，使用“.”操作符引用的结构体成员变量，与直接使用一个独立变量并没有太大差别，我们可以像对待普通变量一样对它进行读写操作。例如：

```
// 对结构体中的 m_strName 成员变量进行读写操作
// 写操作：为成员变量赋值
chenlq.m_strName = "陈良乔";
// 读操作：输出成员变量
cout<<"这个人的姓名是："<<chenlq.m_strName<<endl;
```

有了结构体机制，我们就可以描述更加复杂的事物，解决更加复杂的问题。在前面的例子中，我们创建了一个数组 arrSalary 来保存员工的工资。现在，我们希望程序还能处理员工的姓名、性别、年龄等附加的人事信息。如果没有结构体的帮助，我们不得不创建多个数组来分别保存这些附加信息，代码应该是这样的：

```
// 定义员工数据个数
const int NUM = 100;
// 定义保存姓名数据的数组
string arrName[NUM];
// 定义保存年龄数据的数组
int arrAge[NUM];
// 定义保存性别数据的数组
bool arrMale[NUM];
// 定义保存工资数据的数组
int arrSalary[NUM];
```

以上代码虽然能够解决问题，但有一个显著的缺点，就是描述同一个事物的各种数据是相互分割独立的，丢失了它们之间的紧密联系。如果各个数组不是按照相同的顺序保存员工的各项数据，想要知道名字为“陈良乔”这名员工的工资，就成了一件不可能完成的任务。

而有了结构体，我们可以把描述同一名员工的所有相关信息，包括姓名、性别、年龄和工资等多个属性，打包成一个结构体类型。然后，用这个结构体类型来定义保存员工数据的数组，这样不仅代码简单，而且上面那些不可能完成的任务也可以轻松完成：

```
// 将描述“员工”这个复杂事物多个属性的变量打包成一个结构体
struct Employee
{
    string    m_strName;        // 姓名
    bool      m_bMale;          // 性别
    int       m_nAge;           // 年龄
    int       m_nSalary;        // 工资
};

//...
// 员工工资数据个数
const int NUM = 100;
```

```
// 定义保存员工数据的数组
Employee arrEmp[NUM];
// 利用 for 循环结构遍历数组，找到名为“陈良乔”的员工的工资
// for 循环结构参考后文 4.3.3 节的介绍
for(int i = 0;i < NUM; ++i)
{
    // 如果数组中某个元素的 m_strName 成员变量的值是“陈良乔”
    if("陈良乔" == arrEmp[i].m_strName)
    {
        // 输出此元素的名字和工资
        cout<<arrEmp[i].m_strName
        <<"的工资是"<<arrEmp[i].m_nSalary<<endl;
    }
}
```

在这段代码中，通过使用结构体，我们将描述员工信息的多个变量打包成一个 Employee 结构体。仅用一个 Employee 类型的数组就代替了原来的 4 个数组，这正体现了结构体在 C++中的作用——将有联系的多个简单事物打包成一个复杂事物，化繁为简。

3.9　指向内存位置的指针

一天，两个变量在街上遇到了：

“老兄，你家住哪儿啊？改天找你玩儿去。”

“哦，我家在静态存储区的 0x0049A024 号，你家呢？”

“我家在动态存储区的 0x0022FF0C 号。有空来我家玩儿啊。”

在前面的章节中，我们学会了用 int 等数值数据类型定义变量表达各种数字数据，用 char 等字符数据类型定义变量表达文字数据，我们甚至还可以用结构体将多个基本数据类型组合形成新的数据类型，然后用它定义变量以表达更加复杂的事物。除这些现实世界中常见的数据外，在程序设计中，我们还有另外一种数据经常需要处理，那就是变量或者函数在内存中的地址数据。例如，上面对话中的 0x0049A024 和 0x0022FF0C 就是两个变量在内存中的地址。而就像对话中所说的那样，我们可以通过变量在内存中的地址便捷地对其进行读写操作，因而内存地址数据在 C++中经常被用到。在 C++中，表示内存地址数据的变量被称为指针变量，简称指针。

指针是 C++从 C 语言中继承过来的，它提供了一种简便、高效地直接访问内存的方式。特别是当要访问的数据量比较大时，例如某个占用内存比较多的结构体变量，通过指针直接访问变量所在的内存，要比通过移动复制变量来对其进行访问要快得多，可以起到四两拨千斤的效果。合理正确地使用指针，可以写出更加紧凑、高效的代码。但是需要注意的是，如果指针使用不当，就很容易产生严重的错误，并且这些错误还具有一定的隐蔽性，极难发现与修正，因而它也成为程序员们痛苦的根源。爱恨交织，是程序员们对指针的最大感受，而学好指针，用好指针，也成为每个 C++程序员的必修课。

3.9.1　内存空间的访问形式

指针专门用来表示内存地址，它的使用与内存访问密切相关。为了更好地理解指针，我们先来看看 C++中内存空间的访问方式。

在 C++程序中，有两种途径可以对内存进行访问。一种是通过变量名间接访问。为了保存数据，

我们通常会先定义变量。定义变量意味着系统会分配一定的内存空间用于存储数据，而变量名则成为这块内存区域的标识。通过变量名，我们可以间接地访问到这块内存区域，在其中进行数据的读取或者写入。

另一种方式是直接通过这些数据所在内存的地址，即通过指针来访问这个地址上的数据。

这两种都是 C++中访问内存的方式，只是一个是间接的，一个是直接的。打个比喻，我们可以将数据和内存的关系想象成送包裹的场景。按照第一种方式，我们会说:“送到亚美大厦(变量名)”。而按照第二种方式，我们会说：“送到科技路 81 号（内存地址）”。虽然这两种方式的表达不同，但实际上说的是同一件事。

在典型的 32 位计算机平台上，可以把内存空间看成由许多连续的小房间构成，每个房间就是一个小存储单元，大小是一个字节（byte）。数据们就住在这些房间里。有的数据比较小，例如一个 char 类型的字符，只需要一个房间就够了。而有的数据比较大，就需要占用多个房间。例如一个 int 类型的整数，其大小是 4 字节，因此需要 4 个房间来存储。为了方便找到住在这些房间中的数据，房间按照某种规则进行了编号，这个编号就是我们通常所说的内存地址。这些编号通常用一个十六进制数表示，例如上面例子中的 0x0049A024 和 0x0022FF0C，如图 3-5 所示。

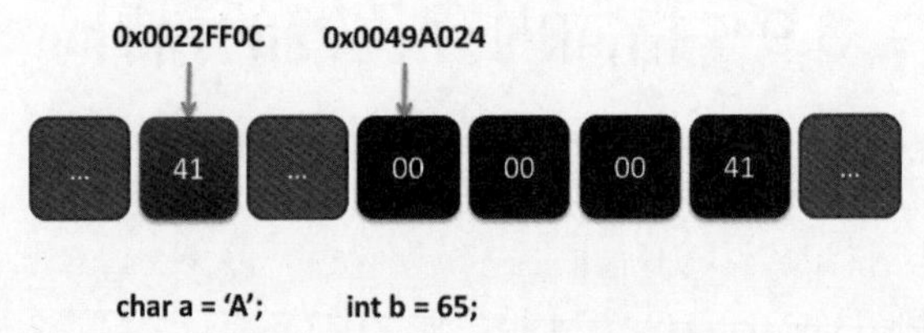

图 3-5　住在内存中的数据

一旦知道某个数据所在的房间编号，就可以直接通过这个编号对相应房间中的数据进行读写操作。就像上面的例子中把包裹直接送到科技路 81 号一样，我们也可以把数据直接存储到 0x0022FF0C 标识的内存位置。

3.9.2 指针变量的定义

指针作为一种表示内存地址的特殊变量，其定义形式也有一定的特殊性：

```
数据类型* 指针变量名;
```

其中，数据类型指的是指针所表示地址上存储的数据的类型。例如，如果我们要定义一个指针来表示某个 int 类型数据的地址，那么指针定义中的数据类型就是 int。这个数据类型由指针所指向的数据决定，可以是 int、string 和 double 等基本数据类型，也可以是自定义的结构体等复杂数据类型。简而言之，指针所指向的数据是什么类型，就用这种类型作为指针变量定义时的数据类型。数据类型之后的“*”符号表示定义的是一个指针变量，而“指针变量名”则是给这个指针指定的名字。例如：

```
// 定义指针变量 p，它可以记录某个 int 类型数据的地址
int* p;
// 定义指针变量 pEmp，它可以记录某个 Employee 类型数据的地址
Employee* pEmp
```

知识拓展　最佳实践：选择合适的定义指针变量的方式

实际上，下面两种定义指针变量的形式都是合乎 C++语法的：

```
int* p;
int *p;
```

这两种形式都可以通过编译，并表示相同的语法含义。然而，这两种形式所反映的编程风格和所强调的意义稍有不同。

int* p 强调的是“p 为一个指向 int 类型整数的指针”，这里可以把 int*视为一种特殊的数据类型，而整个语句强调的是 p 是这种数据类型（int*）的一个变量。

int *p 是把*p 当作一个整体，强调的是“这个指针指向的是一个 int 类型的整数”，而 p 就是指向这个整数的指针。

这两种形式没有对错之分，可根据个人编程风格来选择。本书推荐第一种形式，因为它把指针视为一种数据类型，使得定义指针变量的语句更加清晰明了，可读性更强。

需要注意的是，当我们用第一种形式在一条语句中定义多个指针变量时，可能会产生混淆，例如：

```
// p 是一个 int 类型的指针变量，而 q 实际上是一个 int 类型的变量
// 可能会让人误认为 p 和 q 都是 int 类型的指针
int* p, q;
// 以下形式更清楚一些：*p 是一个整数，p 是指向这个整数的指针，q 也是一个整数
int *p, q;
// 定义两个指向 int 类型数据的指针 p 和 q
int *p, *q;
```

在开发实践中，有一条编码规范：一条语句只完成一件事情。按照这条规范，我们可以通过分开定义 p 和 q 来很好地避免上述问题。

如果确实需要定义多个相同类型的指针变量，也可以使用 typedef 关键字将指针类型定义为新的数据类型，然后用这个新的数据类型来定义多个指针变量：

```
// 将 Employee 指针类型定义成新的数据类型 EMPointer
typedef Employee* EMPointer;
// 用 EMPointer 类型定义多个指针变量，这些变量都是 Employee*类型
EMPointer pCAO,pCBO,pCCO,pCDO;
```

3.9.3　指针的赋值和使用

在定义一个指针变量之后，指针变量的初始值通常是一个随机值。它可能所指向某个无关紧要的数据，也可能指向重要的数据或者程序代码。如果直接使用这些未初始化的指针，后果可能是不可预期的。虽然有时可能啥事儿都没有，但也可能因此引发严重的问题。因此，在使用指针之前，务必对其赋值以进行初始化，将其指向某个有意义且合法内存位置。对指针变量进行赋值的语法格式如下：

```
指针变量 = 内存地址;
```

可以看到，对指针变量的赋值实际上是将这个指针指向某一内存地址，而该内存地址上存放的就是指针想要指向的数据。数据通常是用变量来表示的，因此获得变量的内存地址相当于获得数据所在的内存地址，从而可以用这个地址给指针变量赋值。在 C++中，我们可以利用“&”取地址运

算符，将该运算符放在某个变量的前面，以获得该变量的内存地址。例如：

```
// 定义一个整型变量，用以表示整数 1003
int N = 1003;
// 定义整型指针变量 pN，用&符号取得整型变量 N 的地址
// 并将其赋值给整型指针变量 pN
int* pN = &N;
```

这里，我们用“&”符号取得整型变量 N 的内存地址，即存储 1003 这个整数所在的内存地址，然后将这个地址赋值给整型指针变量 pN，也就是将指针 pN 指向存储 1003 这个数据的内存地址，如图 3-6 所示。

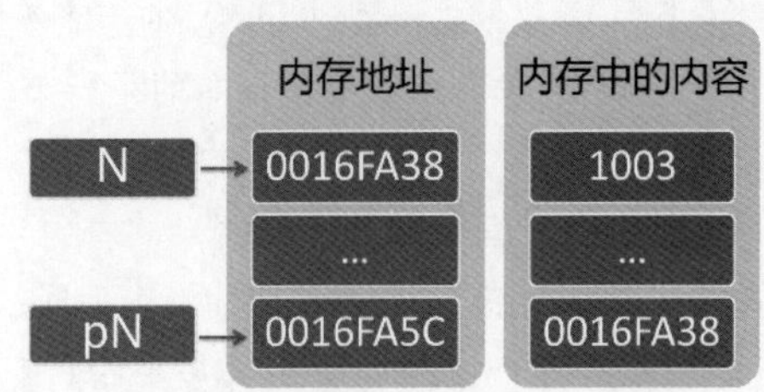

图 3-6　指针和指针所指向的数据

指针的初始化赋值最好是在定义指针时同时进行。例如，在上面的例子中，我们可以在定义指针 pN 的同时获取变量 N 的内存地址并赋值给该指针，从而使得指针在一开始就有一个合理的初始值，避免未初始化的指针被错误地使用。如果在定义指针时确实没有合理的初始值，我们可以将其赋值为 nullptr（C++ 11 标准中引入的关键字），表示这个指针没有指向任何内存地址，是一个空指针（null pointer），此时指针还不能使用。例如：

```
// 定义一个指针变量 pN，赋值为 nullptr，表示它没有指向任何内存位置
// 这里只是定义变量，后面才会对其进行赋值
int* pN = nullptr;

// ...

// 判断 pN 是否指向某个数据
// 如果 pN 的值不是以 nullptr 作为初始值，就表示它被重新赋值指向某个数据
if(nullptr != pN)
{
    // 使用 pN 指针访问它所指向的数据
    cout << "指针 pN 所指向的数据是："<<*pN<<endl;
}
```

我们可以用“&”运算符获得一个变量（数据）的内存地址，反过来，也可以用“*”运算符表示一个内存地址上的变量（数据）。“*”被称为指针运算符，或称为解析运算符。它所执行的是与“&”运算符完全相反的操作。如果把“*”放在一个指针变量的前面，就可以取得这个指针所指向的内存地址中的数据。例如：

```
// 输出 pN 指向的内存地址 0x0016FA38
cout<<pN<<endl;
// 通过“*”运算符获取 pN 所指向的内存地址中的数据 1003 并输出
// 等同于 cout<<N<<endl;
cout<<*pN<<endl;
// 通过指针修改它所指向地址中存储的数据
// 等同于 N = 1982;
*pN = 1982;
```

```
// 输出修改后的数据 1982
cout<<*pN<<endl;
```

通过“*”运算符可以取得 pN 这个指针所指向的数据变量 N，虽然 N 和*pN 的形式不同，但是它们都代表内存中的同一份数据，都可以对这个数据进行读写操作，并且是等效的。

特别地，如果一个指针指向的是一个结构体类型的变量，与结构体变量使用“.”符号引用成员变量不同的是，如果是指向结构体的指针，则应该使用“->”符号引用成员变量。这个符号很像一个指针。例如：

```
// 定义一个结构体变量
Employee  Zengmei;
// 定义一个指针变量，用“&”运算符取得变量 Zengmei 的地址，并对赋值给结构指针变量
// 也就是将指针 pZengmei 指向这个结构体变量 Zengmei
Employee* pZengmei = &Zengmei;
// 用->运算符引用这个结构体指针变量的成员变量
pZengmei->m_strName = "Zengmei";
pZengmei->m_nAge = 28;
```

动手实践　尽量避免把两个指针指向同一个变量

当指针变量被正确赋值指向某个变量后，它就会成为一个有效的内存地址，也可以用它对另一个指针赋值。这样，两个指针指向相同的内存地址，指向同一份数据。例如：

```
// 定义一个整型变量
int a = 1982;
// 得到变量 a 的内存地址并赋值给指针 pa
int* pa = &a;
// 使用 pa 对另一个指针 pb 赋值
int* pb = pa;
```

在这里，我们用已经指向变量 a 的指针 pa 对指针 pb 赋值，这样 pa 和 pb 的值相同，都是变量 a 的地址，也就是说，两个指针指向了同一个变量。

需要特别说明的是，虽然两个指针指向同一个变量在语法上是合法的，但在实际开发中应当尽量避免。因为稍有不慎，这种代码就会给人带来困扰。继续上面的例子：

```
// 输出 pa 指向的数据，当前为 1982
cout<<*pa<<endl;
// 通过 pb 修改它所指向的数据，修改为 1003
*pb = 1003;
// 再次输出 pa 指向的数据，已经变为 1003
cout<<*pa<<endl;
```

如果我们只看这段程序的输出，一定会感到奇怪：为什么没有通过 pa 进行任何修改，前后两次输出的内容却不同？结合前面的代码就会明白，pa 和 pb 指向的是同一个变量 a。当我们通过指针 pb 修改变量 a 后，再通过 pa 来获得变量 a 的数据，自然就是更新过后的数据了。表面上看，似乎没有通过 pa 对变量 a 进行修改，但实际上，pb 早已暗渡陈仓，将变量 a 的数据修改了。在程序中，最忌讳这种“偷偷摸摸”的行为，因为一旦这种行为导致程序运行错误，将很难被发现。因此，应尽量避免两个指针指向同一个变量，就如同一个人最好不要取两个名字一样。

3.10 本章练习

1. 编写一个C++程序，接收用户输入的字符串，计算并输出字符串的长度。

2. 编写一个数组求和程序，接收用户输入的整数个数 n 和 n 个整数，将这些整数存储在一个数组中，然后计算并输出数组中所有整数之和。

3. 编写一个图书管理程序，定义一个包含书名、作者和出版年份的结构体 Book。程序应接收用户输入的若干图书信息，并将这些信息存储在一个 Book 类型的数组中，然后输出所有图书的信息。

4. 编写一个C++程序，接收用户输入的整数个数 n，然后使用 new 操作符动态分配内存来创建一个整数数组。程序应接收用户输入的 n 个整数，并将它们存储在数组中。最后，程序应输出数组中所有整数的和。

第 4 章

将语句编织成程序

在学习了 C++中的各种数据类型后，我们已经知道如何使用这些数据类型来定义变量，以描述现实世界中的各种事物。现在，我们可以大致编写出一个工资统计程序，如下：

```
// 工资统计程序
int main()
{

    // 表示员工个数的常量 NUM
    const int NUM = 100;
    // 保存所有工资的数组
   int arrSalary[NUM] = {};
   // 保存平均工资的变量
   float fSalaryAver = 0.0;

   // 对工资进行处理

   return 0;
}
```

然而，我们现在只知道如何用数据类型定义变量来表示现实世界中的数据，对于如何处理这些数据以解决问题还不清楚。我们不知道如何方便地输入这 100 个工资数据，更不知道如何计算这些工资数据的平均值。程序有两个任务——描述数据和处理数据。现在我们已经完成了第一个任务，也就是用各种类型的变量描述现实世界中的数据。接下来，我们看看在 C++中如何完成第二个任务——处理数据，从而获得结果并最终解决问题。

4.1　用运算符对数据进行运算

对数据的处理最常见的方式是进行运算，以获得某个结果。就像在现实世界中，我们对 1 和 2 进行加法运算得到结果 3 一样，在 C++中，我们可以用两个 int 类型的变量 a 和 b 来表示 1 和 2。那么，如何对 a 和 b 进行加法运算得到结果 3 呢？本节将实现这一过程。

4.1.1 用表达式表达设计意图

在计算数学题时，如果想知道两个数的和，我们通常会先用加法运算符“+”连接两个加数，列出加法算式，然后计算整个算式得到最终的和。例如：

$$1 + 2 = 3$$

在 C++中也是如此，如果想对数据进行处理并获得运算结果，就需要用一个式子将数据的运算处理过程描述出来，因为这个式子表达了我们对这些数据的处理意图，所以这个式子也被称为表达式。当程序在执行计算一个表达式时，会按照这个表达式所描述的运算过程对数据进行运算，最终获得整个表达式的运算结果。

在 C++中，一个表达式由运算符（operator，也可称为操作符）、操作数和标点符号（必须是英文的半角字符）三部分组成，其作用是描述对数据的运算过程。注意：在 C++中，操作符具有更广义的含义，用于运算的操作符，我们按照习惯称之为运算符。

表达式的核心是运算符和操作数。操作数是参与运算的数据，可以是变量表示的数据，也可以是直接表示的常数。而连接这些操作数表达运算意图的各种符号就是运算符，例如表示加法运算意图的“+”，表示乘法运算意图的“*”等。操作数是运算符的处理对象，而运算符则表达了对所连接的操作数的处理方式。例如，在一个加法运算表达式“a + 5”中，变量 a 和常数 5 是这个表达式的操作数，而连接这两个操作数的是加法运算符“+”，表示将它所连接的两个操作数 a 和 5 进行加法运算以得到结果。如果这个表达式是某个更复杂的表达式的一部分，那么这个结果将作为这个表达式的值，继续参与运算，直到最终得出整个表达式的值。例如：

```
// 定义需要用到的变量
int a,b,c;
// a、5 是操作数，=是运算符，它描述的是一个赋值运算：将常数 5 赋值给变量 a
a = 5;
// b、a、5 是操作数，=、+都是运算符
// 它描述的计算过程是：先计算变量 a 和常数 5 的和，然后将其赋值给变量 b
b = a + 5;
// a、b、c 是操作数，=、*、-是运算符，()是标点符号——用于改变运算的优先级，也可以认为是一种运算符
// 它描述的计算过程是：首先计算变量 b 和变量 a 的差，然后将其与变量 a 相乘计算积
// 最后将积赋值给变量 c
c = a * (b - a);
```

运算过程如图 4-1 所示。

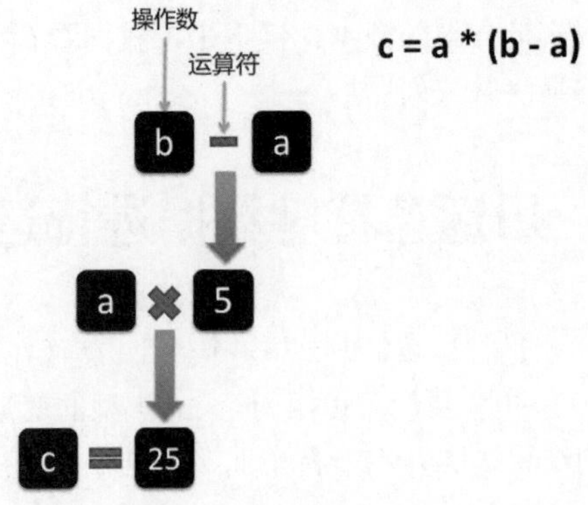

图 4-1 表达式的运算过程

表达式中的运算符决定了整个表达式中操作数的个数。大多数运算符需要两个操作数，例如加法运算符“+”就需要一个加数和一个被加数。这种需要两个操作数的运算符称为二元运算符，如常见的加、减、乘、除运算符。还有一些运算符需要一个或者三个操作数，分别称为一元运算符和三元运算符。C++提供了丰富的运算符，用于表达数据之间复杂的运算关系，如表示加、减、乘、除的算术运算符，也有表示大小关系的关系运算符等。接下来我们将分别了解如何运用这些运算符来处理数据。

4.1.2　算术运算符

在开发实践中，最常用的就是用于数学计算的算术运算符。C++提供了以下几种算术运算符：

- +（加）：计算两个数的和。
- -（减）：计算两个数的差。
- *（乘）：计算两个数的积。
- /（除）：计算两个数的商。
- %（取余）：计算两个数的余数。

这些算术运算符的用法与数学中相应运算符相同，意义也是一致的。运用这些算术运算符可以方便地表达对数据的算术运算。例如：

```
1 + 2;   // 对 1 和 2 这两个操作数进行加法运算，表达式的值为 3
4 * 5;   // 对 4 和 5 这两个操作数进行乘法运算，表达式的值为 20
10 % 7;  // 对 10 除以 7 取余，表达式的值为 3
```

另外，C++程序中对数值数据的加 1 和减 1 运算非常普遍。为了提高编码效率，C++提供了可以快捷完成此运算的++（自增）和--（自减）运算符。它们都是一元运算符，可以放在单个操作数的前面或后面，分别称为前置运算符或后置运算符，用于执行对操作数的加 1 或减 1 运算。例如，我们通常用++和--运算符来实现一些递增和递减的运算：

```
int nIndex = 0;
// ...
// nIndex 自身加 1，其值递增为 1，等同于 nIndex = nIndex + 1
++nIndex;
```

动手实践　使用前置自增运算符代替后置自增运算符

虽然前置和后置自增运算符的作用都是对操作数进行加 1 运算，但当这两种运算符的结果要继续用来参与运算时，它们的效果却是不同的。请观察下面这段代码：

```
int a = 1;     // 定义整型变量 a，并给 a 赋初值 1
cout<<++a;     // 利用前置的自增运算符对 a 加 1，输出为 2，这时 a 的值为 2
cout<<a++;     // 利用后置的自增运算符对 a 加 1，输出还是 2，但是 a 的值为 3
```

第二条语句的输出为 2，这是因为当使用前置自增运算符时，a 首先进行自增运算，其数值变为 2，然后输出 a 的值，自然就是 2 了。然而，第三句输出也为 2，可能会让人感到困惑，为什么 a 同样执行了自增运算，输出还是 2 呢？这是因为这里使用了后置自增运算符，输出语句首先要输出 a 的当前值 2，然后 a 进行自增运算，其值才会变为 3。前置运算符是先计算后输出，而后置运算符则是先输出后计算，计算顺序的不同导致了这个结果。

既然这两种运算符的行为如此容易引起混淆，那么在实际运用时该如何选择呢？可以记住一条编程经验：优先使用前置自增运算符代替后置自增运算符。这样做可以带来如下好处。

1. 前置运算符的效率优于后置运算符

在C++的底层实现中，后置运算符实际上是通过前置运算符实现的。使用后置运算符时，底层会额外处理转换操作，增加了额外的转换开销。因此，使用前置运算符在一定程度上可以提高代码的执行效率。

2. 前置运算符减少困惑，增加代码的可读性

后置运算符有时会让人“丈二和尚摸不着头脑”。例如：

```
int a = 1;
int b = a++ + 1; // 变量 b 的值到底是 2 还是 3 呢
```

这段代码执行完成后，b 的值是 2，而不是 3。这是因为后置自增运算符会先使用 a 的当前值 1 进行计算，得到结果 2，将这个结果赋值给 b，然后自己增加 1 变为 2。代码虽然简单，却难以让人“一眼就看出来”，有时甚至会让人错误地认为 b 的值是 3。如果使用前置运算符，代码写成：

```
b = ++a + 1; // 先执行 a 的自增运算变为 2，然后执行加 1 运算，结果为 3，再把 3 赋值给 b
```

则一眼就可以看出 b 的值是 3，整个代码结果一目了然。

前置自增运算符不仅可以提高代码的执行效率，还能增加代码的可读性，因此建议优先选择使用前置自增运算符，前置自减运算符也适用同样的原则。

4.1.3 赋值运算符

有了算术运算符，就可以计算出数据的算术运算结果。但是，有了运算结果后，还需要把结果保存下来以备后用。这时，赋值运算符就起到了将结果数据存储到变量中的作用。在 C++中，最简单的赋值运算符是“=”。它是一个二元运算符，其右侧通常是某个常数或表达式，而左侧是一个变量。赋值运算符的作用是将右侧的值（如果是表达式，则先计算表达式的值）赋值给左侧的变量，从而实现数据的存储。例如：

```
int a, b, c;
// 将 1 赋值给变量 a，a 的值变成 1，存储数据 1
a = 1;
// 连续赋值，首先执行“c = 1”表达式，将 c 赋值为 1
// 然后“c = 1”这个表达式的值为 1，继续赋值给 b
// b 的值也变为 1，继续赋值给 a，最后 a、b、c 都被赋值为 1
a = b = c = 1;
// 先计算“b + 1”，该表达式的结果值为 2
// 然后继续将其赋值给 a，a 的值变成 2，把该表达式的计算结果存储到 a 中
a = b + 1;
```

另外，赋值运算符左侧的变量有时也会参与右侧表达式的运算。在这种情况下，将先以左侧变量的当前值参与右侧表达式的运算，再将运算结果赋值给左侧的变量。例如：

```
// 先用 a 的当前值 2 进行“a+10”的计算，得到结果 12
// 再将该结果赋值给 a，a 的值就变为 12
a = a + 10;
```

```
// 先用 a 的当前值 12 进行右侧表达式的计算，得到结果 24
// 再将结果保存到 a 中，a 的值变为 24
a = a * (b + 1);
```

在 C++中，像这种变量既参与计算又保存结果的赋值运算非常普遍。为了简化代码，C++将这些表达式中负责计算的运算符与赋值运算符结合起来，形成了带计算功能的复合赋值运算符。例如，算术运算符与赋值运算符组合，例如+=、–=、*=、/=、%=；位运算运算符与赋值运算符组合，例如<<=、>>=、&=、^=、|=。

这些复合的赋值运算符同样是二元运算符，它们首先将两侧的操作数按照复合运算符中的算术或位运算符进行计算，这时参与计算的是变量的当前值，得到计算结果后再赋值给左侧的变量，从而在计算的同时完成了赋值。利用复合赋值运算符，上面的代码可以简化为：

```
a += 10;      // 等价于表达式“a = a + 10”，以此实现对 a 的递增操作
a *= b + 1;  // 等价于表达式“a = a * (b + 1)”
```

4.1.4　关系运算符

在 C++中，除使用算术运算符对数据进行加减乘除的算术运算外，有时候还需要对数据之间的大小关系进行判断，即对两个数据进行比较，得出它们之间的大小关系。在现实世界中，这种大小关系的比较非常常见。例如，这家摊位上的西红柿 5 元一斤，而另外一家相同的西红柿只卖 3 元一斤，通过比较 5 和 3，就知道第二家的西红柿更便宜。程序是用来抽象和描述现实世界的，为了在程序中表达这种大小关系的比较，C++专门提供了关系运算符，包括“>”（大于）、“>=”（大于或等于）、“<”（小于）、“<=”（小于或等于）、“==”（等于）、“!=”（不等于）。

动手实践　注意“==”和“=”的区别

“==”和“=”这两个运算符在形式上非常相似，但它们所表达的意义截然不同：

“==”是判断两个值是否相等的关系运算符。

“=”是将其右边的值赋值给左边的变量的赋值运算符。

因为它们在形式上的相似性，如果不注意，很容易将“==”误写作“=”，或者将“=”误写作“==”，从而导致代码无法正确地表达设计者的意图，最终导致程序错误。更让人头疼的是，编译器无法发现这种隐秘的语义错误，即使在代码中出现了误用，编译器也不会给出错提示信息，这使得防范这种错误更加困难。例如：

```
int a;
// 程序员原本的意图是把 1 赋值给 a
// 结果却将“=”误写成了“==”
// 这样代码的含义变成了将 a 和 1 进行相等比较
a == 1;

// 程序员原本的意图是将 a 和 1 进行相等比较
// 结果却将“==”误写成了“=”，导致代码的含义变成了把 1 赋值给 a
if(a = 1)
{
    cout<<"a 等于 1"<<endl;
}
```

从这段代码的实际意义上来看，整个都是在胡言乱语，但从代码的执行结果上来看，却

与我们的设计预期相符，成功地输出了“a 等于 1”。同时，编译器也不会报告任何出错提示信息，使得这一错误更具隐秘性。

要杜绝第一种误用，只有靠我们在书写代码时多加注意。另外，如果是给变量赋初始值，最好是在定义变量的时候同时进行。例如：

```
// 定义变量的同时赋初始值
// 在这种形式下，编译器会帮助我们发现“int a == 1;”这样的错误
int a = 1;
```

对于第二种误用，同样需要我们在书写代码时小心谨慎。此外，有一种特殊情况是，当我们将变量与某个常量进行比较时，最好将常量放在等号的左边。这样，因为不能对常量进行赋值，即使我们将“==”误写成了“=”，编译器也会帮助我们发现这种误用。例如：

```
// 将常量 1 与变量 a 进行相等比较
// 如果误写作“if( 1 = a )”，就成了对常量 1 进行赋值
// 而常量是不能被赋值的，编译器会报告一个错误信息，帮助我们发现这种误用
if( 1 == a)
{
    cout<<"a 等于 1"<<endl;
}
```

关系运算符是二元运算符，其作用是对两个操作数进行关系运算，比较两个操作数的大小或者是否相等，其运算结果是布尔类型的 true 或者 false。如果两个操作数的大小关系符合运算符所表达的大小关系，则表达式的运算结果为 true，反之则为 false。例如：

```
// 两个摊位上的西红柿价格
int a = 5;
int b = 3;
// 对 a 和 b 的值进行小于比较，但 a 的值大于 b 的值，不符合关系运算符“<”的含义
// 所以表达式“a < b”的运算结果值为 false，然后把这个结果值赋值给变量 bCheap
// bCheap 的值为 false，表示 a 并不比 b 便宜
bool bCheap = a < b;
```

在 C++中，我们通常使用关系运算符来判断某个条件是否成立，然后配合稍后将要学到的条件结构，决定代码的执行路径，对数据进行不同的处理，以获得不同的执行结果。例如，我们要表示网吧禁止未满十八岁的未成年人进入：

```
int nAge = 0;
cout<<"请输入你的年龄：";
// 用户输入年龄
cin>>nAge;
// 用关系运算符“>=”判断输入的年龄是否大于或等于 18
// 判断是否为成年人
if(nAge >= 18)
{
     // nAge 的值大于或等于 18
     cout<<"欢迎来到红树林网吧"<<endl;
}
else   // nAge 的值小于 18
{
     cout<<"很抱歉，未成年人不能进入"<<endl;
}
```

在这段代码中，我们首先让用户输入年龄并将其保存到 nAge 变量中，然后在 if 条件结构中，用“>=”关系运算符将其与 18 进行比较。如果 nAge 的值大于或等于 18，则“nAge >= 18”表达式

的值为 true，表示是成年人，代码会进入 if 后面的语句执行，输出欢迎信息。反之，则表示是未成年人，代码会进入 else 后面的代码执行，将其拒之门外。

动手实践　不要使用“==”判断两个浮点数是否相等

考虑下面这段代码的输出是什么：

```
float a = 0.1;
if(a*10 == 1.0)
{
    cout<<"0.1*10 等于 1.0"<<endl;
}
else
{
    cout<<"0.1*10 不等于 1.0"<<endl;
}
```

如果告诉你这段代码的输出是“0.1*10 不等于 1.0”，会不会让你大跌眼镜？虽然有点意外，但这就是事实。这是因为在 C++中，除一些特殊的浮点数（例如 0.5、0.25 等）外，我们无法精确地表达大多数浮点数，所以比较两个浮点数是否相等，其结果是不确定的。虽然从表面上来看，a 的值为 0.1，a*10 等于 1.0 是确定无疑的，但是因为浮点数 a 无法精确地表达 0.1 这个值，存在一个十分微小的误差。当经过一定的运算后，这个误差可能会累积到一个可被察觉的程度，这时再用“==”将其与理论结果进行比较时，其结果有可能是相等，也有可能是不相等。而至于到底是哪一个，则取决于计算机硬件和编译器优化设置。这段代码在某台计算机上输出的结果可能是“0.1*10 不等于 1.0”，但在另一台计算机上输出的结果却可能是“0.1*10 等于 1.0”。所以，为了保证代码行为的一致性，不要在代码中使用“==”比较两个浮点数是否相等。

如果确实需要在代码中比较两个浮点数是否相等，又该怎么办呢？最简单的方法是设定一个允许的误差值（根据我们的精度要求而定），当两个浮点数之差的绝对值在这个误差范围内时，就认为这两个浮点数相等；反之，则认为这两个浮点数不相等。例如，上面的代码修改如下，以保证代码行为的一致性。

```
float a = 0.1;
// 相等的误差范围
const float fEpsilon = 0.0001;
// 判断两个浮点数之差的绝对值（用 fabs()函数取得）是否在误差范围内
// 如果在，则认为两个浮点数相等
if(fabs(a*10 - 1.0) < fEpsilon)
{
   cout<<"0.1*10 等于 1.0"<<endl;
}
else // 反之，则认为两个浮点数不相等
{
   cout<<"0.1*10 不等于 1.0"<<endl;
}
```

经过这样的改写，这段浮点数相等比较的代码在任何计算机上都可以得出一致且正确的结果。

4.1.5 逻辑运算符

在处理复杂事务时，我们往往需要根据多个条件来决定是否执行某项操作。例如，网吧门口贴着这样一张告示：

“只有年满十八岁而且兜里有钱的人才可以进入网吧。”

这里的“而且”，实际上就是对“年满十八岁”和“兜里有钱”这两个条件进行“与”的逻辑运算，只有这两个条件同时满足，才符合条件，才能够执行“进入网吧”的操作。像“而且”这种对两个条件进行逻辑运算的动词，在C++中，我们用逻辑运算符来表达。

C++提供的逻辑运算符包括以下三种。

- !（非）：计算操作数的逻辑非。
- &&（与）：计算两个操作数的逻辑与。
- ||（或）：计算两个操作数的逻辑或。

其中，“!”是一元运算符，只能放在单个 bool 类型的操作数之前，对其进行“非”运算（即“取反”运算），获得与之相反的逻辑值。例如：

```
bool bFlag = true;     // 定义一个bool类型的变量bFlag并赋值为true
// 对操作数bFlag进行“非”逻辑运算，整个表达式的结果为false
// 与操作数bFlag的值相反
!bFlag;
```

“&&”和“||”都是二元运算符，它们连接两个布尔类型的操作数，并对其进行逻辑运算，所获得的布尔类型的结果值作为整个表达式的值。“&&”的作用是计算两个操作数的逻辑“与”，也就是只有当两个操作数的值都为true时，整个表达式的逻辑值才为true，否则为false。“||”的作用是计算两个操作数的逻辑“或”，只要两个操作数中有一个为true，整个表达式的逻辑值才为true，否则为false。

在具体的编程实践中，逻辑运算符常常和关系运算符配合使用，在条件结构中用于表达比较复杂的条件逻辑判断。例如，我们要根据学生的语文和数学成绩综合评定学生的考核等级，规则是：如果语文和数学成绩都在60分以上，则为“合格”；在“合格”的基础上，只要其中有一门成绩在85分以上，就是“优秀”。在C++中，可使用以下代码表达这个复杂的逻辑判断：

```
cout<<"请输入学生的语文、数学成绩(例如，82 96)：";
// 定义变量保存输入的数据
int nChs = 0;   // 语文成绩
int nMath = 0;  // 数学成绩
// 输入数据，并保存到变量中
cin>>nChs>>nMath;

// 对变量进行逻辑判断并评定等级
// 首先判断两个分数是否都在60分以上，达到“合格”的标准
// 这里用“&&”表示，(nChs >= 60)和(nMath >= 60)必须同时为true
// 整个表达式的逻辑值才为true，条件才会满足
if((nChs >= 60)&&(nMath >= 60))
{
    // 在“合格”的基础上，判断是否有一门成绩在85分以上，达到“优秀”的标准
    // 这里用“||”表示，只要(nChs >= 85)和(nMath >= 85)中有一个值为true
    // 整个表达式的逻辑值就为true，条件满足
    if((nChs >= 85)||(nMath >= 85))
    {
        cout<<"优秀"<<endl;
```

```
        }
        else // 如果没有达到“优秀”的标准，那就是“合格”
        {
            cout<<"合格"<<endl;
        }
    }
    else // 如果没有达到“合格”标准，那就是“不合格”
    {
        cout<<"不合格"<<endl;
    }
```

在这里，我们使用逻辑“与”（&&）运算符对表达式 **nChs >= 60** 和 **nMath >= 60** 进行逻辑“与”运算。即只有当这两个表达式的结果都为 true 时，最终结果才为 true。换句话说，要达到“合格”的标准，即“语文和数学成绩都在 60 分以上”，变量 nChs 和 nMath 的值都必须大于或等于 60。只有满足这个逻辑条件，程序才会进一步判断学生是否达到“优秀”。如果 nChs 和 nMath 中的任何一个值小于 60，程序就会进入 else 分支，输出“不合格”的提示。

在用逻辑“或”（||）运算符 对“优秀”条件进行判断时，只要表达式 **nChs >= 85** 或 **nMath >= 85** 中的任意一个为 true，最终结果就为 true。换句话说，只要 nChs 和 nMath 中的任意一个成绩大于或等于 85，就达到了“优秀”的标准。

动手实践　注意“&&”和“||”运算符的“逻辑短路”机制

“&&”和“||”这两个运算符用来对多个表达式进行逻辑运算并取得最终结果。在进行运算时，如果凭借前面部分表达式的值已经可以确定整个表达式的最终结果，C++将不再对后面剩下的表达式进行运算，而是直接“抄近路”返回已经得到的整个表达式的值。这种机制被称为“逻辑短路”。

这样的解释有点抽象。接下来，以上面的例子为例，来看“短路机制”到底是怎么“抄近路”的。

```
    if((nChs >= 60)&&(nMath >= 60))
```

在这个条件判断中，我们用“&&”运算符对 **nChs >= 60** 和 **nMath >= 60** 进行“与”运算，如果 nChs 的值小于 60，即第一个条件表达式 **nChs >= 60** 的值为 false，无论后面的 **nMath >= 60** 表达式的值为 true 或者 false，我们都能够确定整个表达式的值为 false。因此，C++将用 false 作为整个表达式的逻辑值，跳过对后面 **nMath >= 60** 的判断，直接结束对整个表达式的计算。为了减少计算，提高效率，C++直接跳过对第二个关系表达式的计算，抄了近路。

在使用“||”进行“或”运算时，同样存在这种“逻辑短路”。例如：

```
if((nChs >= 85)||(nMath >= 85))
```

在用“||”运算符进行逻辑“或”运算中，如果 nChs 的值大于或等于 85，则第一个关系表达式 **nChs >= 85** 的值为 true，从而可以确定整个表达式的值为 true。C++同样会跳过对第二个关系表达式 **nMath >= 85** 的运算，直接用 true 作为整个表达式的逻辑值，结束整个表达式的运算。

除减少不必要的计算，提高效率外，“逻辑短路”机制的更大意义在于，在某些情况下（后一个条件判断依赖于前一个条件的成立），它可以减少逻辑判断的层次。例如，假设我们需要某个结构体指针的成员变量作为条件，首先需要判断这个结构体指针是否有效，然后才能对指针的成员变量进行判断。如果没有“逻辑短路”机制，我们的代码可能需要写成：

```
Human* p = nullptr;
// ...
if(nullptr != p)// 先判断指针是否有效
{
    // 再判断指针的成员变量是否符合条件
    // 第二个条件判断依赖于第一个条件的成立
    if(p->m_nAge >= 18)
    {
        // ...
    }
}
```

而如果利用“逻辑短路”机制，我们可以将条件判断简化为：

```
Human* p = nullptr;
// ...
if((nullptr != p) && (p->m_nAge >= 18))
{
    // ...
}
```

在这个简化的版本中，条件判断会先检查指针 p 是否为空指针，只有当第一个条件满足时，才会继续向下判断它的成员变量是否满足条件。这种方法在实现相同条件判断的同时，减少了逻辑判断的层次，简化了代码。这正是“逻辑短路”机制的主要运用场景。

4.1.6 运算符之间的优先顺序

在表达比较复杂的条件判断时，在一个表达式中可能会有多个运算符。例如，当我们判断要不要买某个西瓜时，不仅要判断它的总价（单价 8.2 元/斤，一共 10.3 斤）是否小于 100 元（因为我们的预算只有这么多），还需要确认西瓜是否有坏掉的地方。要表达这样的复杂条件判断，我们需要使用之前学过的算术运算符、关系运算符和逻辑运算符：

```
bool bBad = false;         // 是否有坏掉的地方
float fPrice = 8.2;        // 单价
float fWeight = 10.3;      // 重量
// 判断总价是否小于 100 元且是否坏掉
if(fPrice * fWeight < 100 && !bBad)
{
    cout<<"买西瓜"<<endl;
}
else
{
    cout<<"算了，不买了"<<endl;
}
```

在表达式 **fPrice * fWeight < 100 && !bBad** 中，有算术运算符“*”，关系运算符“<”，还有逻辑运算符“!”和“&&”。这么多运算符在同一个表达式中，应该从哪个运算开始呢？这个表达式的最终结果又是什么？

要想搞清楚表达式的运算顺序，我们需要先了解各个运算符之间的优先级。只有按照正确的计算顺序进行计算，才能得出正确的结果。在 C++中，各个运算符的优先级如表 4-1 所示。

表4-1　运算符的优先级

优先级	运 算 符	说　　明
1	()	括号是所有运算符中的领导，具有最高的优先级。如果括号内部还有括号，则内部括号的优先级更高
2	！、+（正号）、-（负号）、++、--	这些都是一元运算符，往往是对操作数进行计算得到结果后，继续参与下一个计算 注意，这里的+、-指的是改变数值正负属性的符号，而不是加减运算的符号
3	*、/、%	乘、除、取余运算
4	+、-	加、减运算
5	>、>=、<、<=、==、!=	关系运算
6	&&	逻辑“与”运算
7	||	逻辑“或”运算
8	=、+=、*=、/=、%=	赋值运算

表达式的计算顺序规则是：总是优先计算优先级较高的运算符；同一优先级的运算符，则按照从左到右的顺序进行计算。在了解了各运算符的优先级及表达式的计算规则后，就可以计算上面这个复杂表达式的结果了。在这个表达式中，优先级最高的运算符是对 bBad 变量进行逻辑“非”运算符（“!”），所以它优先进行运算，得到如下的中间结果：

```
fPrice * fWeight < 100 && true  // bBad的值为false，取非运算后的结果是true
```

在这个中间结果表达式中，优先级最高的是计算总价的乘法算术运算符“*”，接着对其进行计算，得到一个中间结果：

```
84.46 < 100 && true  // fPrice*fWeight的结果是84.46
```

经过前面两步的计算，整个表达式就清晰多了。在剩下的两个运算符中，比较大小的关系运算符“<”的优先级较高，应该得到优先计算，得到的中间结果是：

```
true && true
```

现在，剩下唯一的逻辑与运算符“&&”，最终结果一目了然。对两个 true 值进行逻辑与运算，表达式的最终结果是 true。计算机在对表达式进行计算时，是按照各个运算符的优先级确定的计算顺序进行的。反过来，这就要求我们在设计表达式的时候，同样必须遵守运算符的优先顺序，按照这个顺序来设计表达式。否则，实际的计算顺序跟我们设想的计算顺序不同，得到的计算结果自然跟我们的设想大相径庭。从这个意义上讲，熟悉和掌握运算符的优先级十分有必要。

动手实践　合理使用括号标示表达式的计算顺序

从上面的例子我们可以得知，过于复杂的表达式计算起来非常麻烦。虽然表达式是由计算机负责计算的，我们不用担心计算机怕麻烦，但表达式是由程序员设计的，并且要给他人阅读。设计过于复杂的表达式很容易出错，而且代码的可读性也非常差。因此，我们应尽量避免在同一表达式中混合使用多个运算符，尽量保持表达式的短小精悍。必要时，可以将复杂的表达式拆分成多个较小的表达式，分别计算，得到中间结果，最后将中间结果组合起来，得到最终结果。例如，我们可以把上面的复杂表达式拆分成两个较小的表达式，分别判断是否有坏掉的地方以及总价是否小于 100 元，然后将这两个中间结果进行“与”运算，得到最终结果：

```
// 将复杂表达式拆分成两个较小的表达式
bool bFresh = !bBad;                   // 表示是否新鲜
float fTotal = fPrice * fWeight;       // 计算总价
bool bMoney = fTotal < 100;            // 判断总价是否小于 100 元
// 对中间结果进行比较
if( bFresh && bMoney)
// ...
```

经过这样的拆分，每个表达式的计算都清楚明了，减少了出错的可能，同时提升了可读性。然而，这也带来不便之处，那就是代码变得过于烦琐。既想得到拆分表达式带来的清楚明了的好处，又想避免代码烦琐的不便，那就需要使用“()”。

“()”的优先级是所有运算符中最高的，使用它，可以按照设计者的意图明确表达式中的计算顺序。例如，可以改写上面的表达式，用括号来表达我们希望的计算顺序，使表达的意义更加清晰：

```
// ...
if(((fPrice * fWeight) < 100) && (!bBad))
// ...
```

使用括号后，整个表达式的计算顺序变得一目了然：按照括号确定的计算顺序，首先计算最里层的(fPrice * fWeight)得到中间结果 84.46，然后计算(84.46 < 100)得到中间结果 true，接着计算(!bBad)得到中间结果 true，最后计算 true && true 得到最终结果 true。使用括号后，计算顺序跟默认顺序相同，但是却增加了代码的可读性，让我们对计算顺序一目了然，同时也避免了让代码变得过于烦琐。另外，在一些特殊情况下，需要改变表达式的默认计算顺序时，括号成为一种必要的手段。

总结起来，使用括号()之后，我们可以自由地控制表达式的计算顺序，这样再也不用担心记不住运算符的优先级了。

4.1.7 将表达式组织成语句

学习 C++编程，实际上就是学习如何使用 C++这门特殊的语言来描述和表达现实世界，就如同我们学习英语是为了用英语来描述和表达现实世界一样。在前面的章节中，我们学习了运算符，学习了由运算符连接操作数而构成的各种表达式。然而，这些表达式只是这门语言中的“短语”，它们可以表达一定的意义，但却是不完整的：

```
// 短语式的表达式
a          // 一个单独的变量，什么都不做
3 + 2      // 用算术运算符“+”计算 3 和 2 的和
```

这些表达式可以被执行，但它们并不改变程序的状态，也没有将计算结果保留下来，所以没有实际意义。就像在英语中我们需要给短语加上主谓宾才能构成一个完整的句子一样，在 C++中，我们同样需要把一些表达零散意义的表达式组合起来，最后加一个英文分号表示结束，以此来形成一条语句，用以完成某个相对独立而完整的功能。例如，把上面两个表达式通过赋值运算符组合起来，就形成了一条完整的赋值语句：

```
// 赋值语句
```

```
a = 3 + 2;
```

形成语句后，表达了完整的意义：用算术运算符“+”计算 3 和 2 的和，然后将其赋值给变量 a。

在 C++中，语句和表达式没有进行严格的区分。很多时候，一个表达式加上一个分号就可以直接形成一条语句。语句强调它所要完成的功能，而表达式关注它所描述的运算和最终的结果。在此之前，我们已经接触过两种常见的语句类型：变量定义语句和赋值语句。

知识拓展　使用“{}”表示的语句块

当连续的多条语句属于同一个控制结构时，可以用一对花括号“{}”将这些语句括起来，从而形成一个语句块，共同表达一个相对独立的程序逻辑。在使用上，语句块与单独的语句并没有太大区别，但是它的意义在于，它可以将多条语句打包成一个语句块，从而可以在 for 循环等控制结构中执行多条语句。例如，在 for 循环结构中，我们可以这样累加 1~100 的所有整数的和：

```
int nTotal = 0;
for(int i = 1; i <= 100; ++i)
      nTotal += i;
```

这个累加只需要一条语句就可以完成，自然可以把这条语句紧随在 for 循环语句之后。但是，如果我们只需要累加这个区间中所有偶数的和，就需要加上条件判断语句，就不是单独一条语句就可以完成了。我们必须用“{}”将所有判断偶数、累加偶数的语句打包成一个语句块，然后放在 for 循环结构内才行：

```
for(int i = 1; i <= 100; ++i)
{ // for 循环语句块的开始
     if(0 == i%2)        // 判断语句
         nTotal += i;    // 累计语句
} // for 循环语句块的结束
```

除打包语句外，语句块的另一个重要作用是定义作用域的边界。关于作用域的详细讨论可以参考后文的 7.3.3 节。

4.2　条件选择语句

“老师，我这次四级考试过了没有？”

如果老师被问到这个问题，他会如何回答？他会根据不同的条件选择不同的回答：如果考试成绩大于或等于 60，那就回答：“恭喜你，你通过了这次考试”；否则回答“很遗憾，你没有通过这次考试”。

这就是现实世界中的条件选择——根据不同的条件做出不同的回应。那么，在 C++程序中，我们又该如何表达这种条件选择呢？

4.2.1　if 语句：如果……那么……

在现实世界中，我们总是用“如果……那么……”的句式来表达条件选择。对应地，C++也提供了 if（如果）关键字来实现类似的条件选择结构，其语法格式如下：

```
if ( 条件表达式 )
{
    语句 1;
}
else
{
    语句 2;
}
```

在执行 if 条件选择语句时，C++首先会计算条件表达式的值，然后根据其结果选择执行不同的代码分支。如果条件表达式的值为 true，那么执行语句 1；否则，进入 else 分支执行语句 2。通过使用条件选择语句，可根据条件表达式的不同值改变程序的执行路径，在语句 1 和语句 2 中实现不同的功能，从而达到“根据不同的条件执行不同的动作”的目的。if 语句的执行过程如图 4-2 所示。

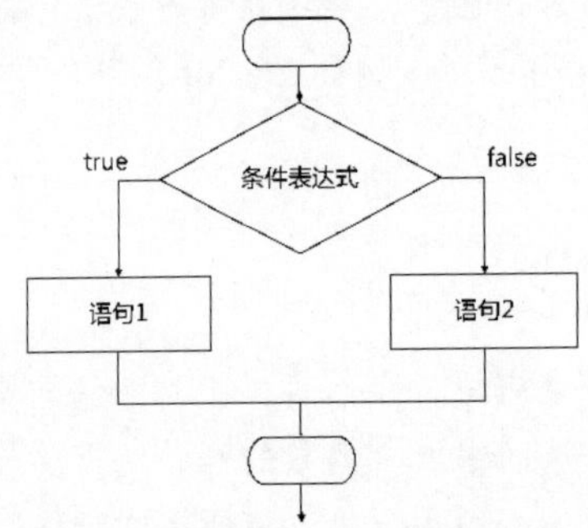

图 4-2　条件选择结构的执行流程

现在，使用 if 语句来解决上述“四级考试过了没有”的问题：

```
// 定义保存考试成绩的变量
int nScore = 0;
cout<<"请输入你的考试成绩：";
// 输入考试成绩
cin>>nScore;
// 对条件表达式进行计算，判断考试成绩是否符合条件（大于或等于 60）
// 如果 nScore 的值大于或等于 60，则符合条件
// 若条件表达式“nScore >= 60”的值为 true
// 则直接进入 if 分支执行，输出考试通过的提示
if(nScore >= 60)
{
    // 执行符合条件的动作
    cout<<"恭喜你，你通过了这次考试"<<endl;
}
else // 如果不符合条件，条件表达式的值为 false，则进入 else 分支执行
{
    // 执行不符合条件的动作
    cout<<"很遗憾，你没有通过这次考试"<<endl;
}
```

在这里，首先让用户输入考试成绩，然后在 if 语句的条件表达式 **nScore >= 60** 中，将其与一个标准值进行比较，即判断考试成绩是否符合条件。如果考试成绩大于或等于 60，则条件表达式的值为 true，这意味着符合条件，程序会进入 if 分支执行，输出考试通过的提示语。反之，如果考试成绩小于 60，条件不满足，则条件表达式的值为 false，程序进入 else 分支执行，输出考试没有通过的提示语。这样，程序根据不同的条件（nScore 是否大于或等于 60）做出了不同的动作（输出不同的提示语）。

if 语句的形式虽然简单，但在使用上有如下几个需要注意的地方。

1. 如果没有必要，if 语句中的 else 分支可以省略

很多时候，我们只关心条件为 true 的情况，只对符合条件的情况进行处理，这时可以省略 else 分支，仅保留 if 对条件表达式进行判断以及其后的语句 1 对符合条件的情况进行处理。例如，我们只对通过考试的人进行提示，而对于没有通过考试的人，则直接忽略。用 if 语句表达出来就是：

```
// 省略 else 分支，只对符合条件的情况进行处理
if( nScore >= 60 )
{
    cout<<"恭喜你，你通过了这次考试"<<endl;
}
```

2. if 语句可以嵌套以表达多层次的条件判断

在一个 if 语句中可以嵌套另一个 if 语句，表示在某个前提条件下进行进一步的条件判断，从而表达多层次的条件判断。例如，要比较输入的 v1 和 v2 两个数的大小关系，我们需要先判断两者是否相等，在不相等的前提下，再继续判断两者之间的大小关系，用嵌套的 if 语句表达如下：

```
cout << "请输入两个整数:" << endl;
int v1, v2;
// 获取用户输入的数字
cin >> v1 >> v2;
if( v1 != v2 )          // 判断 v1 和 v2 是否相等，如果不相等，则继续判断大小
{
    // 第二级 if 语句
    // 如果不相等，则继续判断 v1 是否大于 v2
    if( v1 > v2 )       // 大于
    {
        cout<<" v1 > v2 "<<endl;
    }
    else                // 小于
    {
        cout<<" v1 < v2 "<<endl;
    }
}
else                    // v1 和 v2 相等
{
    cout<<" v1 == v2 "<<endl;
}
```

在这段代码中，首先判断 v1 和 v2 是否相等。如果满足“不相等”这个前提条件，则继续判断 v1 是否大于 v2。通过这两层判断，就可以准确地得到 v1 和 v2 的大小关系。

3. if 语句可以并列

如果同一层次的条件有多种情况可以使用并列的条件选择语句来实现。其语法格式如下：

```
if ( 条件表达式 1 )
{
    语句 1;
}
else if ( 条件表达式 2 )
{
    语句 2;
}
// ...
```

```
else if ( 条件表达式n )
{
    语句n;
}
else
{
    语句n+1;
}
```

在执行时，首先计算条件表达式 1 的值，如果其值为 true，则进入其分支执行语句 1，然后结束整个并列条件选择语句的执行；如果其值为 false，则继续向下计算条件表达式 2 的值。如果条件表达式 2 的值为 true，则进入其分支执行语句 2，然后结束整个语句，如果其值为 false，则继续向下进行同样的计算过程。直到最后，如果所有的条件分支都无法满足，则进入最后的 else 分支执行并结束整个语句。例如，前面用嵌套的 if 语句实现的比较 v1 和 v2 的大小，实际上是三种相互并列的情况：要么是大于，要么是小于，要么是等于。因此，同样可以用并列的条件结构来实现：

```
if(v1 > v2)        // 首先判断 v1 是否大于 v2
{
    cout<<" v1 > v2"<<endl;
}
else if(v1 < v2)  // 如果第一个条件不满足，再判断 v1 是否小于 v2
{
    cout<<" v1 < v2"<<endl;
}
else               // 如果 v1 既不大于 v2，也不小于 v2，那就必然是等于 v2
{
    cout<<" v1 == v2"<<endl;
}
```

这里需要注意的是，并列条件语句在执行时，会逐个依次计算其中各个并列的条件表达式，直到某个条件表达式为 true，然后进入其分支执行并结束整个语句。因此，我们总是把条件满足概率比较高的条件判断放在比较靠前的位置，希望 if 语句一开始就遇到满足条件的分支，以避免对那些不易满足的条件判断的无用计算。

另外，并列条件选择语句只会执行其中的某一个分支。如果多个条件表达式都为 true，则只会执行从上到下遇到的第一个条件表达式为 true 的分支。例如：

```
int nScore = 85;
if(nScore >= 60) // 第一个条件表达式为 true，进入执行并直接结束整个语句
{
    cout<<"恭喜你，你通过了这次考试"<<endl;
}
// 因为第一个分支已经执行并结束了整个语句
// 所以即使第二个条件表达式为 true，也不会被执行
else if(nScore >= 85)
{
    cout<<"厉害，你的成绩是优秀"<<endl;
}
```

因此，在使用并列条件选择语句时，应避免条件范围的相互重复覆盖，不要让多个条件表达式同时为 true，以免造成程序逻辑上的混乱。

知识拓展 用“?:”条件运算符来表达条件判断，简化代码

条件运算符可以让一个表达式根据不同的条件拥有不同的值。条件运算符是 C++中唯一一

个三元运算符，其语法格式如下：

```
条件表达式 ? 表达式1 : 表达式2
```

与条件语句类似，在执行时，条件运算符首先计算条件表达式的值。如果其值为 true，就会接着计算表达式 1 的值，并将其作为整个表达式的最终结果值。反之，则会计算表达式 2 的值，并将其作为整个表达式的最终结果值。

利用条件运算符，我们可以简便地实现一些简单的条件选择功能（要同时对条件成立和不成立的情况进行处理，且处理的过程比较简单），从而简化代码。例如，我们要从两个数中选出较大的一个，使用 if 条件语句进行大小比较，代码如下：

```
int a,b;
// 输入a, b…
// 变量m用于保存较大的数
int m = 0;
if(a > b)
{
    m = a;
}
else
{
    m = b;
}
```

而使用条件运算符，以上条件选择可以使用一条语句来实现：

```
int a,b;
// 输入a, b…
int m = (a > b) ? a : b;
```

在执行(a>b)?a:b 时，会先计算(a>b)的值。如果 a 的值比较大，即条件表达式的值为 true，则会以第二个操作数 a 作为整个表达式的值，然后赋值给 m。这样，m 就成了两个数中较大的一个。反之，如果 b 的值比较大，则条件表达式的值为 false，会以第三个操作数 b 作为整个表达式的值，最后赋值给 m，此时 m 仍然是两个数中较大的一个。由此可见，短短的一条语句就实现了原来需要整个 if 条件语句才能实现的功能。简化代码是条件运算符最主要的作用。

4.2.2　表达并列条件选择的 switch 语句：如果……如果……如果……

在现实世界中，还有这样一类特殊的条件选择：

如果明天是晴天，我就穿 T 恤；
如果明天是阴天，我就穿衬衣；
如果明天是雨天，我就穿外套。

之所以称之为条件选择，是因为它根据不同的情况执行了不同的动作。而之所以说它特殊，是因为这些不同情况（晴天、阴天、雨天）都属于同一条件（天气情况）。只要是条件判断，就可以用 if 语句将其表达出来。利用前面介绍过的 if…else if…并列条件选择语句，我们可以将这个看天穿衣的场景表达如下：

```
// 用并列条件选择实现的看天穿衣
#include <iostream>
```

```
using namespace std;

// 枚举可能的天气情况
enum Weather
{
    SUNNY = 1,    // 晴天，指定其值为 1
    CLOUDY,       // 阴天，其值递增为 2
    RAINY,        // 雨天，其值递增为 3
};

int main()
{
    cout<<"请输入明天的天气(1-晴天;2-阴天;3-雨天)：";
    int nW = 0;
    // 获取用户输入的天气情况
    cin>>nW;

// 对天气情况进行判断
if(SUNNY == nW) // 如果是晴天
{
    // 输出晴天该穿的衣服
    cout<<"晴天穿 T 恤"<<endl;
}
else
   if(CLOUDY == nW) // 如果是阴天
   {
      cout<<"阴天穿衬衣"<<endl;
   }
   else
      if(RAINY == nW) // 如果是雨天
      {
         cout<<"雨天穿外套"<<endl;
      }
      else
      {
         cout<<"不知道明天是什么天气，你爱穿什么穿什么吧"<<endl;
      }

    return 0;
}
```

使用并列条件选择语句虽然能够表达这种并列选择场景，但需要书写多个 if…else if…分支和多个相似的条件表达式，显得有些烦琐。为了简化代码并使这种并列条件选择表达得更加清晰，C++提供了专门的 switch 语句来代替复杂的并列条件选择语句，其语法格式如下：

```
switch( 条件量 )
{
    case 常量值 1:
    {
        语句 1;
    }
        break;
   case 常量值 2:
   {
       语句 2;
   }
       break;
  //...
  case 常量值 n:
  {
      语句 n;
  }
```

```
        break;
    default:
    {
        默认语句;
    }
}
```

其中，条件量是要进行判断的条件，它可以是某个变量，例如表示天气状况的变量 nW，也可以是更加复杂的表达式。多个常量值是条件量可能的取值，例如，这里的条件量 nW 的可能取值包括 SUNNY（晴天）、CLOUDY（阴天）或者 RAINY（雨天）。在执行时，switch 语句首先计算条件量的值，然后将这个值依次与各个 case 分支的常量值进行比较。如果两者相等，则进入相应的 case 分支执行，直到遇到 break 关键字，结束整个 switch 语句的执行；如果两者不相等，则继续判断后面的 case 分支。如果直到最后都没有遇到与条件量相等的常量值，则执行表示默认情况的 default 分支，完成整个 switch 语句的执行。

default 分支用于处理所有不符合 case 分支条件的缺省情况，该分支是可选的。如果不需要处理缺省情况，则可以省略 default 分支。如果没有 default 分支，并且没有匹配的 case 分支，程序将不执行任何语句而直接结束 switch 语句，如图 4-3 所示。

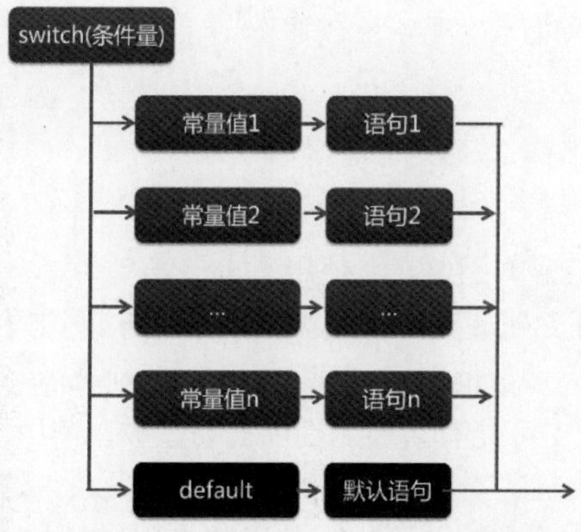

图 4-3　switch 语句的执行流程

有了 switch 语句，我们就可以用它替换 if…else if…的并列条件选择语句，将“看天穿衣”的并列条件选择简化为：

```
// 用 switch 语句实现的并列条件选择
// 以表示天气状况的 nW 作为条件量，根据不同的天气穿不同的衣服
switch(nW)
{
    case SUNNY:   // 以表示晴天的 SUNNY 作为常量值，进行对晴天状况的处理
        cout<<"晴天穿 T 恤"<<endl;
    break;          // 完成对晴天状况的处理，用 break 结束整个 switch 语句
    case CLOUDY: // 处理阴天
        cout<<"阴天穿衬衣"<<endl;
    break;
    case RAINY:  // 处理雨天
        cout<<"雨天穿外套"<<endl;
    break;
    default:        // 对例外情况进行默认的处理
        cout<<"不知道这是什么天气，你爱穿什么就穿什么吧"<<endl;
}
```

在这里，我们用表示天气状况的变量 nW 作为条件量，并用标识各种天气状况的枚举值作为各个 case 分支的常量值。在执行时，switch 语句会将保存了天气状况的条件量 nW 自上而下地与各个 case 分支的常量值进行相等比较，相当于并列条件选择语句中的 **if(SUNNY == nW)** 这样的条件判断。这种相等比较会自上而下依次进行，直到遇到两者相等的分支，然而执行对应的代码，遇到 break 关键字后，结束整个 switch 语句的执行。这样，switch 语句实现的逻辑判断与之前用 if…else if…并列条件选择语句实现的完全一致，而代码更加简洁，各种情况通过 case 分支单独列出，逻辑也更加清晰。因此，在处理这种针对同一条件的不同情况时，我们应该优先选择使用 switch 语句。

在使用 switch 语句时需要特别注意的是，每个 case 分支末尾都应有一个 break 关键字。它的作用是跳出当前的 case 分支，结束整个 switch 语句的执行。在上面的例子中，如果用户输入的 nW 是 1，表示明天是晴天。因为 SUNNY 分支的值与 nW 相等，那么 switch 语句会进入 **case SUNNY** 分支执行，因而输出为：

```
晴天穿 T 恤
```

接着遇到 break 关键字，就会忽略后面的其他 case 分支而直接结束整个 switch 语句的执行。如果没有 break 关键字，程序将继续顺序执行后续的 case 分支，直到遇到 break 关键字或者执行完所有 case 分支。如果没有 break 关键字，那么用户输入 1，输出可能会变成：

```
晴天穿 T 恤
阴天穿衬衣
雨天穿外套
不知道这是什么天气，你爱穿什么穿什么吧
```

可以看看，整个流程都乱套了！因此，在使用 switch 语句时，一定要注意在每个 case 分支末尾加上 break 关键字，以表示该分支处理完毕，结束整个 switch 语句的执行。

当然，也有例外情况。在大多数情况下，我们需要在每个 case 分支后加上 break 关键字，而在某些特殊情况下，多个 case 分支可能有共同的功能需要完成，其中一个 case 分支的功能是另一个 case 分支功能的一部分，两个 case 分支有包含与被包含的关系，这时也可以有意地去掉分支中的 break 关键字，并将其放在靠上的位置，从而实现共用被包含分支中的代码。例如，在 KFC 点餐时，有汉堡套餐和鸡翅套餐可供选择。汉堡套餐只是一个汉堡，而鸡翅套餐是在汉堡套餐的基础上再加一对鸡翅。在这种情况下，两个 case 分支（汉堡套餐和鸡翅套餐）具有公共功能（一个汉堡），形成了包含与被包含的关系（鸡翅套餐包含汉堡套餐，而汉堡套餐被鸡翅套餐包含）。在这种情况下，可以省略包含 case 分支（鸡翅套餐）中的 break 关键字，并将其放在相对靠上的位置，以实现共用公共功能的代码：

```
cout<<"请选择您需要的套餐(1-汉堡套餐;2-鸡翅套餐)"<<endl;
int nOrder = 0;
cin>>nOrder; // 获取用户选择

switch(nOrder)
{
    case 2:  // 将包含 case 分支放在靠上的位置
        cout<<"一对鸡翅"<<endl;      // 完成独有的功能
             // 注意，这里省略了 case 分支末尾的 break 关键字
    case 1:  // 将被包含 case 分支置于靠下的位置
        cout<<"一个汉堡"<<endl;      // 完成公共功能
        break;    // 保留 break 关键字，结束 switch 语句
    default:
        cout<<"无法识别的选项，请重新选择"<<endl;
}
```

在这个例子中，我们有意省略了第一个 case 分支的 break 关键字。当输入 1 表示选择汉堡套餐时，switch 语句会进入 case 1 分支执行，输出"一个汉堡"后，遇到末尾的 break 关键字，从而结束整个 switch 语句的执行。最终，得到的汉堡套餐内容如下：

```
一个汉堡
```

而当输入 2 表示选择鸡翅套餐时 ，switch 语句首先进入 case 2 分支执行，输出"一对鸡翅"后，因为这里没有 break 关键字，所以程序会继续向下进入 case 1 分支执行，输出"一个汉堡"，然后程序才遇到 break 关键字，结束整个 switch 语句的执行。最终，得到的鸡翅套餐内容如下：

```
一对鸡翅
一个汉堡
```

虽然我们省略了某些 case 分支末尾的 break 关键字，但这并没有造成逻辑上的错误，反而实现了共用公共功能代码的效果。

在使用 switch 语句时，还需要注意以下几点：

（1）switch 关键字后括号中的条件量必须是整型的数值变量或表达式，或者是能够转换为整型的其他类型，例如字符类型或者枚举类型等。

（2）因为 switch 的条件量是整型，为了与之比较，所以 case 之后的常量值也必须是整型。这些常数值通常是表示各种情况的枚举值，例如上面例子中的 SUNNY、CLOUDY 等，也可以直接是常量数字，如上面例子中的 1 和 2，甚至可以是只有常量参与运算的表达式。

（3）各个 case 分支的常量值不能相等，即不能出现两个相同条件的 case 分支。

4.3　循环控制语句

在现实世界中，有这样一类现象：

只要油箱中的当前油量小于油箱容量的 100 升，就一直往油箱中加油；

一直不断地为祖国辛勤工作，只要我还活着；

公司有 100 名员工，每个人的工资都增加 1000 元。

这些现象虽然各不相同，但它们都有一个共同的特点，那就是在某个条件（如当前油量小于油箱容量、只要我还活着）下，或者某个范围（如所有 100 名员工）内，这些动作（往油箱中加油、辛勤工作、增加 1000 元工资）都会循环往复，重复多次出现。为了表达这类循环现象，C++提供了循环控制结构。又因为这些循环现象各有特点，为了准确而简便地表达它们，C++针对性地分别提供了 while、do…while…以及 for 语句来描述和表达这些循环现象。

4.3.1　while 循环：只要……就一直……

对于前面的第一个循环现象，我们可以用"只要……就一直……"这样的句式来描述。在现实世界中，这种循环现象非常普遍：

只要天还没黑，就一直在工地干活；

只要硬盘还有剩余空间，就一直往硬盘上存储文件。

在自然语言中，我们用"只要……就一直……"这样的句式来表达在某个条件下某个动作循环多次发生的现象。与之对应地，在 C++中，我们用 while 循环结构来表达这种循环现象。其语法格式如下：

```
while( 条件表达式 )
{
    循环体语句;
}
```

在条件表达式中，我们对某个条件进行判断，得到表示条件成立与否的 true 或者 false 值，以此来表达这个循环是在“某个条件”下进行的。而 while 结构中的循环体语句则表示会被循环执行的动作。例如，我们将“只要油箱中的当前油量小于油箱容量 100 升，就一直往油箱中加油”这个循环现象用 while 结构表达出来就是：

```
// 当前油量
int nL = 0;
// ...
// 循环条件：当前油量小于油箱容积
while(nL < 100)
{
    nL += 1; // 循环动作：往油箱中加油
}
```

在执行时，while 语句首先会计算条件表达式（nL < 100）的值，也就是判断循环条件（当前油量小于油箱容量 100 升）是否满足。如果其值为 true，表示循环条件满足，则进入循环执行循环体内的语句，完成循环动作（往油箱中加油）；反之，则表示循环条件不再满足，从而直接结束整个 while 语句的执行。当循环体语句执行完一次后，会再次计算条件表达式的值，判断循环条件是否仍然满足。如果满足，则继续进入循环执行循环体语句，开始第二次循环。如此不断循环往复，直到条件表达式的值为 false，循环条件不再满足，整个循环才结束。可以把 while 理解成自然语言中的“只要”，即只要循环条件满足，就不断执行循环体语句。当循环条件不再满足时，就结束 while 循环语句。while 循环语句的执行流程如图 4-4 所示。

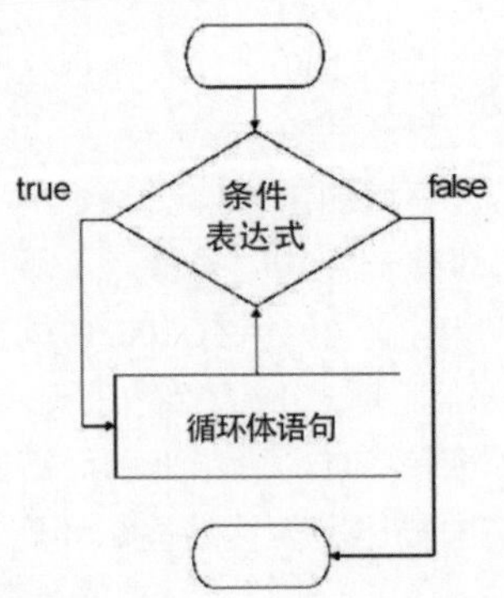

图 4-4　while 循环的执行流程

知识拓展　单步调试执行程序，查看代码的执行过程

while 循环语句的执行过程比之前介绍的 if 条件语句复杂得多，再加上后面我们将要学习的 break 和 continue 对执行过程的控制，使得 while 循环语句的执行过程更加复杂。稍不留意，就可能导致代码的实际执行过程与我们的设计不符，从而使程序执行得到错误的结果。在这种情况下，我们可以利用 Visual Studio 提供的单步调试运行功能，查看 while 循环语句真实的执行过程，从而找到与设计预期不符的地方，进而改正错误，使程序按照正确的过程执行，得到正确的执行结果。

所谓单步调试执行，就是在调试状态下，按照程序的执行流程，逐条地依次执行每一条语句。在这个过程中，我们可以清楚地看到程序的执行过程——哪一条语句先执行，哪一条语句后执行，哪一条语句被跳过而没有执行。以此判断代码的执行过程是否与设计预期相符。

同时，在这个过程中，我们还可以利用 Visual Studio 提供的“观察”“变量”等工具窗口，查看各个变量的当前数值，以此判断执行结果是否与设计预期相符。如果发现执行过程或者执行结果与设计预期不符，这就意味着当前执行的代码可能是程序中出现问题的地方。当程序执行出现问题，也就是出现 BUG 的时候，我们通常使用这种方式来寻找出现问题的代码位置并进行修正，而这个过程也被称为 DEBUG。

要想使用单步调试执行来查看某段代码的执行过程，我们可以先将输入焦点定位在这段代码的开始位置，然后按 F9 快捷键在当前代码行设置一个断点。所谓断点，就是在程序调试执行的过程中，暂停执行的代码位置。设置断点后，按 F5 快捷键调试执行程序，程序执行到之前设置的断点位置就会暂停下来。这时我们可以利用 F10 快捷键，按一次键就向下执行一条语句，从而可以看到整个代码的执行过程。利用这种方式，我们也可以查看 while 语句的执行过程，从而对 while 语句的执行过程有一个更直观的认识。

4.3.2 do…while 循环：一直……只要……

前面介绍的 while 语句表达的“只要……就一直……”循环现象，是“先判断循环条件后执行循环动作”。然而在现实世界中，还有另一类循环现象。例如：

一直不断地为祖国辛勤工作，只要我还活着；

一直接受用户输入数据，只要用户输入不为 0。

这类循环现象刚好与 while 语句表达的循环现象相反，总是先执行循环动作（如辛勤工作、输入数据），然后再判断循环条件（如我还活着，输入不为 0）。在自然语言中，我们可以用“一直……只要……”这样的句式来表达这种现象，正好是“只要……就一直……”的倒置。对应地，在 C++ 中，我们通过将 while 语句倒置形成 do…while…语句来表达这种循环现象。其语法格式如下：

```
do
{
    循环体语句;
}
while ( 条件表达式 );
```

在执行时，do…while 循环语句首先会执行一次循环体语句，然后利用条件表达式对循环条件进行判断。如果条件表达式的值为 true，则意味着循环条件仍然满足，循环体语句会再执行，开始下一次循环；反之，则意味着循环条件不再满足，直接结束整个循环。do…while 循环语句的执行流程如图 4-5 所示。

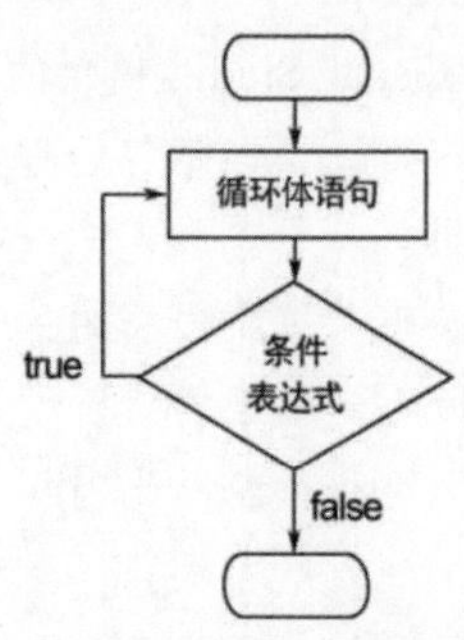

图 4-5　do…while 循环结构的执行流程

下面来看一个实际的例子。在生活中，精打细算的妈妈们总是乐于统计每月的收支情况。用自然语言描述这一统计过程，可以是：持续输入收支数目，并将它们累加到总收支中，直到没有更多的收支数目。因此，“只要还有剩余的收支数目”就构成了 do…while 循环的条件。我们将输入的收支数目设为 0 来表示没有更多的收支数目，换句话说，循环条件变为“当收支数目不为 0 时”。

“输入收支数目并将其累加到总收支总”就是这个 do…while 循环要反复执行的动作。这是一个典型的“一直……只要……”循环现象。用 do…while 循环结构将其表达出来，示例代码如下：

```
// 每月收支统计程序
#include <iostream>
using namespace std;

int main()
{
    // 输出用户提示
    cout << "======每月收支统计程序======" << endl;
    cout << "请输入你本月的收入(正数)和支出(负数)，0 表示输入结束。" << endl;

    // 收支数目
    int nInput = 0;
    // 收支总数
    int nTotal = 0;
    // 第一次循环，无条件执行循环动作
    // 其后的循环，在循环条件满足的情况下才能执行
    do
    {
        // 接受用户输入的收支数目并保存到 nInput
        cin>>nInput;
        // 对收支进行统计，将其和加到收支总数 nTotal 中
        nTotal += nInput;
    } while( 0 != nInput );  // 对循环条件进行判断，以决定是否进行下一次循环

    // 输出统计结果
    cout << "你本月的结余是：" << nTotal << endl;

    return 0;
}
```

在执行时，do…while…循环首先无条件执行一次循环体，然后再进行条件判断 **while(0 != nInput)**，即判断收支数目 nInput 是否为 0（判断循环条件是否依然满足），以决定是否进入下一次循环。这时的 nInput 已经是用户第一次输入的收支数目了。如果为 0，则表示后面没有收支数据了，**0 != nInput** 的值为 false，循环条件不再满足，直接结束整个 do…while…循环。反之，则继

续进行下一次循环，接受用户输入并将其累加到总收支中，然后再次判断循环条件是否依然满足，以决定是否进行下一次循环。这个过程会不断循环往复，直到用户输入 nInput 为 0，循环条件不再满足为止。整个过程只需要输入各个收支数目，程序会循环接收这些数据并进行累加统计，最终得到结果。这比使用计算器省事多了。赶紧把这个统计程序献给老妈吧，肯定会得到老妈的一番奖赏。

while 和 do…while 都是用来表达循环现象的结构，且很多时候，两可以相互转换。两者的区别在于，while 语句是先判断循环条件后执行循环动作，而 do…while…语句则是先执行循环动作后判断循环条件。这意味着，do…while…语句的第一次循环可以无条件地执行，因此更加适合那些第一次循环没有初始条件限制的循环现象。例如在收支统计程序中，第一次输入收支数目时，任何时候、任何情况下都可以，没有初始条件限制。而 while 语句的每一次循环动作都要在循环条件满足的前提下执行，所以更适合表达哪些每次循环都有前提条件的循环现象。例如，在给汽车加油时，每次我们都需要先判断油箱是否已满，无论是第一次还是最后一次。

4.3.3　for 循环：在某个范围内……每个都……

在现实世界中，常常有这样一类特殊的循环现象：

在公司 100 名员工范围内，每名员工都增加 10000 元工资;

在 1~100 这个范围内，每个数字都累加到总和中。

说这些是循环现象，是因为它们的动作（增加工资，累加到总和）会循环往复地执行。而说它们特殊，是因为这些动作总是在某个范围内（100 名员工范围内，1~100 范围内）针对其中的每一个元素（每一名员工的工资，每一个数字）执行。在自然语言中，我们可以用“某个范围内……每个都……”这种句式来表达这类在某个范围内进行的循环现象。因为这类循环现象非常普遍，为了更方便地表达这类循环现象，C++专门提供了 for 循环结构语句。在 C++中，for 循环结构的语法格式如下：

```
for( 初始化语句;条件判断语句;更改语句 )
{
    循环体语句;
}
```

for 循环语句用于表达在某个范围内的循环现象。因此，它通常包含一个循环变量（在某些情况下也可以成为循环索引），这个循环变量像一个游标一样在循环范围内移动，从而依次访问循环范围内的各个元素。for 关键字之后的三条语句就是对这个循环变量进行操作，使其按照某种规律在循环范围内移动，从而遍历整个范围。

1. 初始化语句

初始化语句在进入 for 循环语句时被执行一次，主要用于定义并初始化循环变量，将其定位到循环范围的起始位置。也就是说，它确定了循环范围的起点。例如，**`int i = 1`** 就是一个典型的初始化语句，它定义了循环变量 i 并将其赋值为 1，表示循环从 1 开始。

2. 条件判断语句

每次循环开始时，条件判断语句都会被执行一次。如果其值为 true，则会继续执行循环体的语句。反之，则直接结束整个 for 循环。因此，条件判断语句主要用于检查循环变量的值是否在循环范围的结束位置之内。如果在循环范围之内，条件判断语句的值为 true，for 循环将开始下一次循环，并继续执行循环体内的语句。如果循环变量的值超出了循环范围，条件判断语句的值为 false，for 循环将终止。例如，**i <= 100** 是一个典型的条件判断语句，它在每次循环开始之前判断循环变量 i 是否小于等于 100，以决定是否开始继续执行循环。

3. 更改语句

更改语句（也成为迭代语句）在每次循环体语句执行结束后被执行，主要用于修改循环变量的值，使其按照某种规律，逐渐从循环起点变化到循环终点。在这个过程中，我们可以根据不断变化的循环变量的值访问循环范围内的每个元素，这一过程通常称为遍历。例如，++i 是一个典型的更改语句，它使循环变量 i 在每次循环后增加 1，使其向循环范围的结束位置移动一步。这样，循环变量 i 就可以从循环起点 1 递增到循环终点 100，使我们能够访问循环范围内的每个元素。

动手实践 注意循环条件的处理，避免形成死循环

所谓死循环，是指循环没有结束的机会，会一次又一次地永远执行下去。任何循环都必须在一定条件下结束，可能是条件判断语句的值变为 false，也可能是在循环内部满足某个条件后使用 break 关键字结束循环。总之，循环必须有结束的机会，否则就会变成死循环，导致循环语句后面的代码无法执行，程序自然也得不到正确的结果。例如，在前面的例子中，**0 != nInput** 这个条件判断语句的值有机会变成 false，即当用户输入的 nInput 的值为 0 时。因此，这个循环有机会结束，而不会成为死循环。

循环的结束往往由条件判断语句决定，所以我们在处理条件判断语句时要格外小心。如果处理不当，可能导致条件判断语句的值始终是 true，从而使循环永远无法结束，形成死循环。例如：

```
// 条件判断语句处理不当形成的死循环
// 缺失了变更语句，但仍能通过编译了
for(int i = 0; i < 10000;)
{
    cout<<"I LOVE YOU!"<<endl;
}
```

这段程序的本意是想说一万遍“I LOVE YOU!”来装情圣，但却忘记在更改语句中对循环变量 i 进行更新。这样，循环变量 i 的值始终保持为 0，而条件判断语句 **i<10000** 的值始终为 true，循环因此永远无法结束，形成了死循环，导致程序喋喋不休地说“I LOVE YOU!”，自然被人当成傻瓜了。如果不想从情圣变成傻瓜，就要正确处理循环的条件判断语句，尽量避免死循环的出现。

for 关键字之后的三个语句用于处理循环条件，而循环体语句则定义了循环的具体操作。在执行时，for 循环首先执行一次初始化语句，然后进行条件判断。如果其值为 true，则意味着满足循环条件，程序会继续执行循环体语句。完成循环体语句后，接着执行更改语句，用于修改循环变量的值。随后，再次进行条判断，以确定循环条件是否仍然满足。如果满足，则开始下一次循环。这个过程会不断重复，直到条件判断的结果值为 false，即不再满足循环条件。for 循环的执行过程如图 4-6 所示。

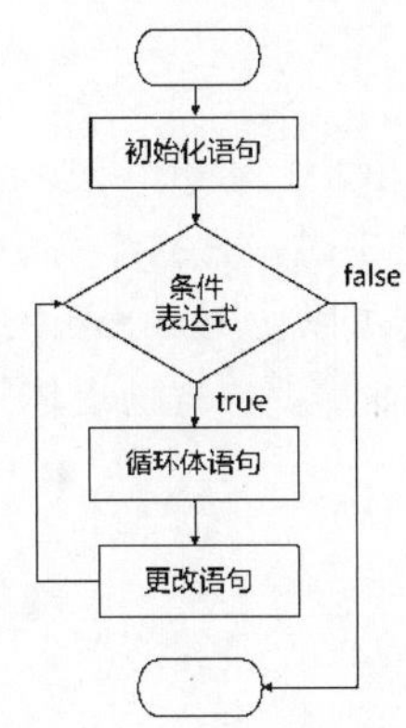

图 4-6　for 循环的执行流程

在整个循环过程中，循环变量的值会按照特定的规律从循环的起始位置递增或递减到循环的结束位置。这意味着，在每次循环中，循环变量的值会不断变化。利用变化的变量值，我们可以访问循环范围内的各个数据。例如，**nTotal += i；**是一个典型的循环体语句，每次循环时，它会将循环变量值 i 加到 nTotal 中，而循环变量 i 的值又是从 1（**int i = 1**）~100（**i <= 100**）逐渐递增的（**++i**）。因此，nTotal 依次加上了 1、2、3、…、99、100，最终得到的就是从 1~100 所有整数的和。

根据我们对 for 循环各个部分的分析，可以得出计算 1~100 所有整数之和的 for 循环：

```
// 计算 1~100 所有整数的和
// 记录和值
int nTotal = 0;
// 使用 for 循环，将 1~100 的整数逐个与 nTotal 相加
for( int i = 1 ;  // 循环起点
    i <= 100 ;    // 循环终点
    ++i )         // 循环变量值的变化规律
{
    // 将整数累加
    nTotal += i;
}
cout<<"1 到 100 之间所有整数的和是"<<nTotal<<endl;
```

4.3.4　循环控制：break 和 continue

虽然循环通常会按部就班地重复执行，但也可能遇到意外情况，这些情况会打破循环的正常流程。例如：

工作例子：一直不断地为祖国辛勤工作，只要我还活着。然而，如果生病了，只好提前退休。

工资调整的例子：公司有 100 名员工，除年龄超过 50 岁的人外，其余每个人的工资都增加 10000 元；

在这些例子中，“生病”和“年龄超过 50 岁”这两个因素打破了原来的循环，属于循环中的特殊情况。这些特殊情况需要特殊处理：有的需要提前终止循环（例如生病退休），有的需要跳过当前轮次的循环（不增加工资）而开始下一轮次的循环。为了处理循环中的特殊情况，C++提供了两个关键字：break 和 continue。

1. break

在介绍 switch 并列条件选择语句时，我们已经介绍过 break 关键字，它的作用是结束整个 switch 语句。与之类似，当 break 用在循环结构中时，它的作用是结束当前所在的循环语句，继续执行该循环语句之后的下一条语句。因此，我们可以使用 break 实现因特殊情况而提前结束循环。例如，用 break 来实现因“生病”这一特殊情况而需要“提前退休”（退出循环）：

```
// 是否活着
bool bAlive = true;
// 是否生病
bool bSick = false;

while(bAlive)      // 判断是否活着
{
     if(bSick)     // 判断是否生病
     {
          cout<<"生病了提前退休"<<endl;
          break;   // 因为生病这一特殊情况而提前结束循环
     }

     cout<<"为祖国辛勤工作"<<endl;
// 改变循环控制条件 bAlive
}
// ...
```

在执行循环体语句时，首先用 if 条件语句判断是否发生了特殊情况，例如是否生病了。如果发生特殊情况，bSick 的值会变为 true，程序将进入 if 条件语句内部执行。当遇到 break 关键字时，程序执行会跳出当前循环提，即结束当前循环体的执行。这样，if 条件语句负责判断是否发生了特殊情况，而 break 关键字则负责在特殊情况发生时提前结束循环。两者结合起来，就可以有效地实现因发生特殊情况而需要提前结束循环。

我们再来看一个实际的例子。仍以之前的收支统计程序为例，我们可以用 break 关键字将其改写为：

```
int nTotal = 0;
int nInput = 0;
do
{
    cout << "请输入你的收入或支出：";
    cin>>nInput;
    // 对输入的数据进行判断
    // 如果是 0 这种例外情况，表示输入结束，用 break 关键字结束整个循环
    if( 0 == nInput )
        break;
    // 正常情况，将输入的收支金额加总，再加到收支总额中
    nTotal += nInput;
} while ( true ); // 用 true 作为循环条件，表示循环会在内部因特殊情况而提前结束循环
```

在这里，我们使用 true 作为 do…while…循环语句的条件判断语句，但这并不是一个死循环，因为它有结束循环的条件。当用户输入的 nInput 为 0 时，程序会进入 **`if( 0 == nInput )`** 条件语句执行，遇到其中的 break 关键字就会结束整个循环，从而避免成为死循环。同时，它也表达了对“输入的收支金额为 0”这一特殊情况的处理：结束整个循环。经过这样的改写后，循环语句可以无限地接受用户的输入，但当用户想结束输入时，只需输入满足 **`0 == nInput`** 这一特殊情况，即执行 break 语句即可结束整个循环。

2. continue

break 关键字用于在某种条件下结束整个循环，而 continue 关键字则用于在某种条件下结束本轮次循环体的执行（即跳过 continue 关键字之后的本轮次循环体尚未执行的语句），然后直接继续下一轮次的循环，并不会结束整个循环。如果使用的是 while 或 do…while…循环，会直接判断循环条件是否满足以开始下一轮次的循环；如果使用的是 for 循环，则会接着执行更改循环变量的语句，然后判断循环条件是否满足以开始下一轮次的循环。继续使用前面的收支统计例子，如果用户只想统计大于或等于 10000 元的收入和支出，可以用 continue 关键字将程序改写如下：

```
// 收支统计程序
int nTotal = 0;
int nInput = 0;
do
{
    cout << "请输入你的收入或支出：";
    cin>>nInput;

    // 如果小于 10000 元，则不用统计在内
    if( (nInput > -10000) && (nInput < 10000) )
    {
        continue; // 跳过本轮次循环尚未执行的循环体内的语句，即不进行统计
    }
     // 对输入的收支额度进行统计
     nTotal += nInput;
} while ( 0 != nInput );
```

在这个收支统计程序中，当 nInput 接收用户输入的数据后，我们用 if 条件语句判断输入的金额是否小于 10000 元。如果小于 10000 元，则表示该金额不用统计，此时会执行 if 条件语句中的 continue 语句，跳过后面的累加统计语句 **nTotal += nInput;**，直接跳转到条件表达式 **0 != nInput** 的计算，以判断是否需要开始执行下一轮次的循环。这样，就有效地处理了对“收支额度小于 10000”这类情况的特殊处理：结束本次轮次的循环，不将该金额统计在内。

总结来说，break 和 continue 常常和条件判断语句一起使用。条件判断语句负责判断是否出现特定情况，而 break 和 continue 则用于处理特定情况：break 用于跳出当前循环语句的整个循环，即立刻结束当前循环控制语句；而 continue 只跳出本轮次的循环，直接准备开始执行下一轮次的循环。图 4-7 展示了 break 和 continue 之间的区别。

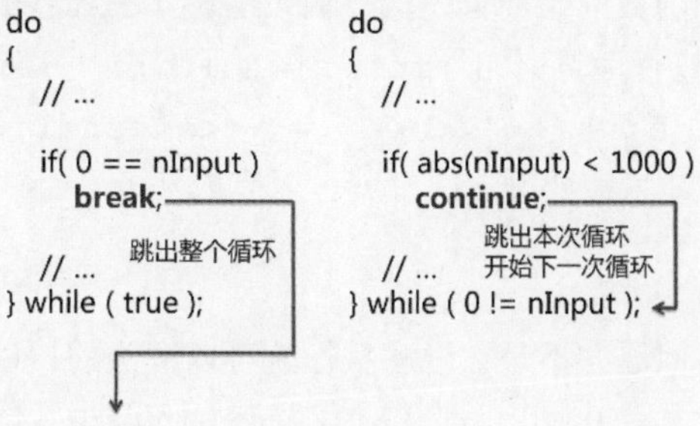

图 4-7　break 和 continue 之间的区别

4.4 从语句到程序

了解了各种表达式和语句之后，相当于掌握了写作文时需要用到的词语和句子。但是，仅有词语和句子无法构成一篇有意义的文章。要完成一篇文章，首先需要确定这篇文章的结构，是先分述再总述，还是逐层递进论述。确定好结构后，再按照结构的要求将词语和句子安排到合适的位置，才能写出一篇有意义的文章。编写程序就像写文章一样，同样需要先确定程序的流程控制结构，再将那些零散的语句串联起来，描述一个完整的处理事务过程，从而将多条零散的语句组织成一个可以完成一定功能的完整程序。

4.4.1 用三种流程控制结构将多条语句串联成程序

按照处理事务的不同流程，C++中主要有下面三种程序流程控制结构。

1. 顺序结构

顺序结构是C++中最简单也是最常用的一种流程控制结构。在执行时，该结构会按照自上而下的顺序，依次逐条执行程序的语句。在整个过程中，执行顺序不会发生改变。所以，它通常用于组织那些只需一步步顺序执行就可以完成任务的语句。例如，一个简单的加法计算过程，从输入到计算再到输出，只需按照顺序依次执行就可以完成。因此，我们使用顺序结构将那些分别负责输入、计算和输出的语句组织起来，从而形成一个简单的加法计算程序：

```
// 顺序结构组织的加法计算程序
int main()
{
    cout<<"请输入两个整数："<<endl;

    int a,b;
    cin>>a>>b;          // 输入
    int c = a + b;      // 计算
    cout<<a<<" + "<<b<<" = "<<c<<endl;  // 输出

    return 0;
}
```

在执行时，从进入 main()函数开始，首先执行输入语句（**cin>>a>>b;**），获得用户输入的两个数值 a 和 b。然后依次往下执行运算语句（**int c = a + b;**），获得运算结果并保存到变量 c，接下来执行输出语句（**cout<<a<<" + "<<b<<" = "<<c<<endl;**），将运算结果输出。这样，通过顺序结构组织的各条语句，只需要顺序执行就可以完成任务。

2. 选择结构

现实世界是复杂的，很多问题并不是按顺序执行就可以解决的。以前文的求两个数之和的程序为例，如果要求输入的数必须大于 0，也就是说只有大于 0 的两个数才能计算它们的和。这时，需要先判断输入的数是否大于 0。如果满足条件，就计算两个数的和；如果不满足条件，就提示用户输入的数不满足条件，无法计算。为了表达这种根据不同条件拥有不同处理的方法，C++提供了选择结构。选择结构依靠 if 等条件语句来实现，它可以根据不同条件做出判断，选择不同的执行路径，实现不同的处理过程。例如：

```
// 用选择结构实现的加法计算程序
int a,b;
cin>>a>>b;
// 选择结构，根据不同条件，执行的路径也不同
if( a > 0 && b > 0 )
{
    // 如果用户输入的数据满足条件
    // 则计算结果并输出
    int c = a + b;
    cout<<a<<" + "<<b<<" = "<<c<<endl;
}
else
{
    // 如果用户输入的数据不满足条件
    // 则提示用户输入错误
    cout<<"请输入两个大于 0 的数。"<<endl;
}
```

利用选择结构，我们将处理满足条件的语句组织到 if 分支中，将处理不满足条件的语句组织到 else 分支中。这样，程序在执行时就会根据满足条件与否来执行不同的代码，实现“根据不同条件拥有不同处理方法”的逻辑。

3. 循环结构

还是引用前文的例子，再来看另一种更复杂的情形：要求输入 100 个数，然后计算它们的总和。如果采用前面介绍的顺序结构，就要定义 100 个变量，用 100 条输入语句来接收数据，同时还需要 100 个计算加法的语句将它们累加起来。显然，这么烦琐的计算过程是无法接受的，那么有什么方法可以简化这个计算过程呢？

人们发现这类计算过程有一个规律：多次输入加法计算的代码是相似的，输入都是从 cin 获取数据并存储到某个变量中，而加法计算都是将输入的数据累加到一个存储总和的变量中。正因为如此，在完成一次输入和加法计算后，可以利用相同的代码完成第二次输入和加法计算。这样，整个计算过程就成了一个输入和加法计算不断重复的过程。为了表达这类计算过程，C++提供了循环结构。循环结构依靠 for 等循环语句来实现，我们将那些需要重复多次执行的语句放入循环体，从而在循环过程中重复执行。在这里，负责输入（**cin>>n;**）和累加计算（**nTotal += n;**）的语句需要重复执行，所以我们将它们放入 for 循环的循环体内，然后在 for 循环中确定循环的起点和终点，以此串联成一个可以输入并计算 100 个数之和的程序：

```
// 用循环结构实现的连续加法计算程序
// 声明用于存储总和的变量
int nTotal = 0;
// for 循环实现的循环结构
for(int i = 0; i < 100; ++i)
{
    int n = 0;
    cin>>n;         // 输入语句
    nTotal += n;  // 累加计算语句
}
// 输出结果
```

```
cout<<"你输入的 100 个数的总和是："<<nTotal<<endl;
```

在执行 for 循环时，会连续 100 次执行循环体内的输入语句和累加语句，这样就避免了使用顺序结构在这种程序逻辑时的烦琐。

顺序结构、选择结构和循环结构是三种最基本的程序控制结构。这三种结构不仅可以单独使用，更多时候，我们是将多种控制结构组合起来使用，以表达更加复杂的计算过程。例如，在上面的例子中，如果我们只想计算输入的所有正数的和，就可以在循环结构中嵌入一个选择结构，用循环结构来组织那些需要反复多次执行的操作，而每次循环执行时，都先用选择结构对数据进行筛选，只有符合条件的数才进行累加计算。循环结构和选择结构的嵌套可以表达这一更加复杂的计算过程：

```
// 循环结构和选择结构的嵌套
// 循环结构，执行重复操作
for(int i = 0; i < 100; ++i)
{
    int n = 0;
    cin>>n;
    // 选择结构，筛选数据
    if( n > 0)
    {
        nTotal += n;
    }
}
```

通过这三种控制结构的组合，可以描述任何复杂的程序执行流程。换句话说，无论什么样的程序执行流程，都可以归结为这三种结构或这三种结构的组合。正是这三种控制结构将零散的、用于实现简单操作的语句组织起来，表达具体的运算过程，最终形成实现特定功能的程序。

4.4.2 工资程序成长记：用数组处理批量数据，用循环结构执行重复操作

刚看过《你好，C++》一书的前几章，我们的“程序员”小陈就觉得自己的 C++已经掌握得很不错了。现在他知道了如何选择数据类型定义或声明变量来存储数据，也知道了如何用运算符连接变量以实现对数据的处理，更知道了如何使用三种程序控制结构将语句串联成实现具体功能的程序。很快，他就应聘到了一家软件公司，成为了一名 C++程序员。

上班第一天，老板就给他分配了一项重要任务：“小陈，今天虽然是你上班的第一天，但公司现在有项重要任务需要你去完成。你应该知道，我们公司是一家拥有近十万名员工的大型企业。现在需要一个程序来对员工的工资进行统计和查询。统计就是需要知道所有员工的最低工资、最高工资和平均工资。查询就是需要根据员工的序号查询到员工的工资。你的 C++水平那么高，完成这样一个工资程序应该没有问题吧？”

“没，没，一点问题都没有。”小陈回答道，但心中越发忐忑。到目前为止，虽然看了几天《你好，C++》一书，但他还从来没有写过如此复杂的 C++程序，心中实在没底，只好硬着头皮先答应下来，打算回去再仔细研究。

等到小陈再次仔细地阅读《你好，C++》一书后，他惊喜地发现，完成这个工资程序所需要的知识在书中早有论述：要对多个相同性质的批量数据（将近十万个工资数据）进行管理，可以采用数组；要多次重复执行某个操作（输入和查询工资数据），可以使用循环结构来组织语句；要根据不同条件执行不同的操作（如果输入特殊的数值-1，表示工资查询结束；如果输入的序号超出序号

范围，就要提示用户重新输入；如果输入的序号在序号范围内，就输出相应序号员工的工资），可以使用选择结构来实现不同的程序执行路径。

经过简单的分析，小陈发现这个程序从整体而言是一个顺序结构：先输入数据，然后对数据进行查询；而每一个步骤又是一个循环结构：利用 for 循环多次输入数据，利用 while 循环多次查询数据；同时在循环结构中，又会嵌套选择结构，根据用户输入的不同数据执行不同的操作。按照这样的分析结果，小陈很快设计出了下面的工资程序：

```
// 工资统计程序 V1.0
#include <iostream>
#include <climits>    // 为了使用整数最值宏 INT_MAX，INT_MIN

using namespace std;

int main()
{
    // 定义数组的最大数据元素量
    // 表示这个程序最多可以处理 100000 个工资数据
    const int MAX = 100000;
    // 定义数组并初始化，这个数组可以包含 100000 个 int 类型的工资数据
    int arrSalary[MAX] = {0};

    // 定义记录工资总值、最小值和最大值的变量
    // 因为 min 和 max 用于记录最小值和最大值
    // 所以我们分别将其初始化为 int 类型数据的最大值和最小值
    int nTotal = 0;
    int min = INT_MAX;
    int max = INT_MIN;


    // 输入的有效工资数据个数，计算平均工资和查询工资时需要用到
    int nCount = 0;
    // 利用 for 循环结构，重复执行输入操作，完成多个工资数据的输入
    for(int i = 0; i < MAX; ++i)
    {
        // 提示用户输入
        cout<<"请输入"<<i<<"号员工的工资（-1 表示输入结束）："<<endl;
        // 将输入的数据保存到 arrSalary 数组的第 i 个数据元素
        cin>>arrSalary[i];

        // 利用条件结构，检查是否输入了表示结束的特殊值
        if(-1 == arrSalary[i] )
        {
            // 输入结束，输出统计结果
            cout<<"工资输入结束，一共输入了"<<nCount<<"个工资数据。"<<endl;
            // 如果输入的数据个数不为 0，输出统计信息
            if(0 != nCount)
            {
                cout<<"其中，"<<endl;
                cout<<"最大值是："<<max<<endl;
```

```
                cout<<"最小值是："<<min<<endl;
                // 计算平均工资
                float fAver = (float)nTotal/nCount;


                cout<<"平均工资是："<<fAver<<endl;
            }

            // 输入结束，用 break 关键字结束整个输入循环
            break;
        }

        // 如果是正常输入，则进行常规处理
        ++nCount;     // 工资数据个数加 1
        // 累加工资总额
        nTotal += arrSalary[i];

        // 更新工资的最大值和最小值
        if(arrSalary[i] < min) // 如果新输入的数值比已知的最小值 min 小
        {
            min = arrSalary[i]; // 则用新输入的值取代旧的最小值
        }

        if(arrSalary[i] > max) // 如果新输入的数值比已知的最大值 max 大
        {
            max = arrSalary[i]; // 用新输入的值取代旧的最大值
        }
    }

    // 输入过程结束，开始查询过程
    // 如果数据个数为 0，表示没有输入数据，不再进行查询而直接结束程序
    if(0 == nCount)
    {
        cout<<"没有工资数据，无法进行查询。感谢使用！"<<endl;
        return 0; // 直接结束程序
    }

    // 拥有工资数据，构造无限循环进行工资查询，在循环中根据条件退出循环
    while(true)
    {
        // 输入的员工序号
        int n = 0;
        // 提示用户输入
        cout<<"请输入要查询的员工序号（0-"<<nCount-1
            <<"，-1 表示结束查询）:"<<endl;

        // 获取用户输入的员工序号并保存到 n
        cin>>n;
        // 用条件选择结构，对用户输入进行检查
        if(-1 == n) // 是否输入了表示结束的特殊值
```

```
        {
            // 查询结束，用 break 关键字结束整个查询循环
            cout<<"查询完毕，感谢使用！"<<endl;
            break;
        }
        else if(n < 0 || n >= nCount) // 如果输入的序号超出了序号范围
        {
            // 提示用户输入错误
            cout<<"输入的序号"<<n<<"超出了序号范围 0-"
                <<nCount-1<<"，请重新输入。"<<endl;
            // 输入的序号超出范围， 用 continue 结束本次循环，
            // 开始下一次循环
            continue;
        }

        // 输入合法，输出用户查询的员工工资
        cout<<"员工序号:"<<n<<endl;
        // 这里用输入的员工序号作为数组下标，直接得到对应位置上的工资数据
        cout<<"员工工资:"<<arrSalary[n]<<endl;
    }

    return 0;
}
```

经过几次简单的试用，小陈对工资统计程序感到相当满意。他迅速将程序提交给老板审核。老板试用后发现，这个工资程序不仅能够处理大量工资数据，进行统计和查询，而且提供了非常清晰的用户操作提示，甚至初学者也能轻松上手。老板非常高兴，对小陈说：“干得不错，下个月，涨工资，啊哈哈哈……”

听到这句话，小陈心中暗自欣喜，暗想幸亏手头有一本《你好，C++》，问题才能够如此顺利地解决。看来这真是一本既简单又实用的 C++参考书，下班回去之后一定接着往下看……

4.5　本章练习

1. 编写一个正负数判断程序。使用条件运算符（三元运算符“?:”）判断用户输入的整数是正数、负数还是零。程序应接收用户输入的整数，然后输出相应的判断结果。

2. 编写一个成绩评级程序。接收用户输入的一个整数成绩，根据成绩范围使用 if…else if 语句判断成绩等级。成绩等级划分如下。

（1）90 分及以上：优秀。
（2）80~89 分：良好。
（3）70~79 分：中等。
（4）60~69 分：及格。
（5）60 分以下：不及格。

程序应输出用户输入的成绩分数和相应的等级。

3. 编写一个求和程序。接收用户输入的一个正整数 n，使用 for 循环计算并输出 1~n 的所有整数的和。

4. 编写一个猜数字游戏程序，程序随机生成一个 1~100 的整数作为答案。用户有 5 次机会猜测这个数。程序应根据用户每次的猜测给出提示（例如“猜大了”“猜小了”或“猜对了”），并在用户猜对或用完 5 次机会后结束游戏。

第 5 章

用函数封装程序功能

在完成功能完备的工资程序 V1.0 后，我们对深入探索 C++充满了信心。现在，我们已经能够使用各种数据类型来定义或声明变量来存储所涉及的数据，运用运算符对这些数据进行运算，并通过程序流程控制结构来处理数据，最终得到结果——这正是编程的核心。

然而，随着问题复杂性的增加，程序代码也变得越来越复杂。如果将所有代码都集中在 main()函数中，会导致主函数过于庞大且难以管理，就像一个杂乱无章、堆满物品的仓库，难以有效管理。

幸运的是，聪明的仓库管理员已经提供了解决方案：将物品分门别类地装入不同箱子，并在箱子上贴上标签，从而实现有序管理。同样，我们也可以将复杂的程序代码按照功能划分，分别装进不同的“箱子”中。这种做法不仅使程序结构更加清晰，而且也便于开发和维护。

在程序设计中，这些“箱子”就是我们要介绍的“函数”。通过把代码逻辑封装进函数，我们可以提高代码的可读性和可维护性，就像仓库管理员通过箱子实现物品的有效分类和标签化管理一样。

5.1 函数就是一个大“箱子”

随着程序复杂性的增加，我们可以采用“分而治之”的策略，根据功能将程序划分为不同的模块，每个模块的代码最终形成独立的函数。这种模块化的方法类似于仓库管理，通过将同类物品归类到相同的箱子中，从而实现对整个仓库的有效管理。

在程序设计中，我们将完成特定功能的代码组织到一起，创建函数，然后通过这些函数的组合来实现更复杂的功能。例如，泡方便面的过程可以分解为洗锅、烧水、泡面和洗碗等步骤，每个步骤可以用一个独立的函数来实现。在主函数中，通过调用这些函数来组织完成整个泡面过程，使得主函数结构简单、清晰。

使用函数封装功能的优势在于代码复用。一个函数可以被不同模块多次调用，例如，洗锅函数可以同时服务于泡面和煮饭的过程。这样，我们只需编写一次洗锅函数，就能在多个场景中重复使用，节省了开发时间和努力。

图 5-1 展示了如何通过函数调用组织程序流程，使得程序结构更加直观。

接下来，我们将探讨如何在 C++中定义和使用函数，以实现代码的模块化和复用。

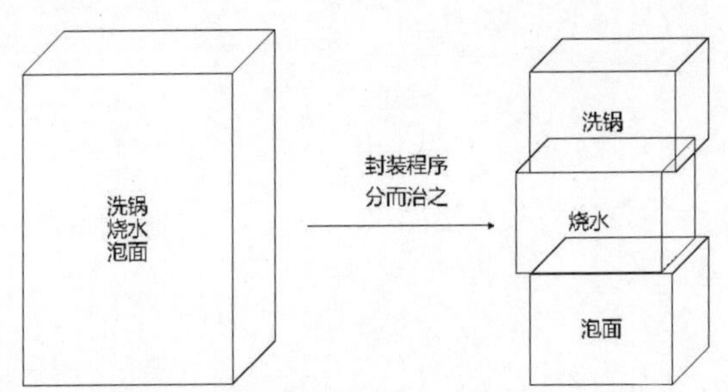

图 5-1　将程序封装到箱子中，分而治之

5.1.1　函数的声明和定义

要想使用变量来表达程序中的数据，我们必须先声明和定义变量，然后才能使用。同样地，要想使用函数来表达程序中的计算过程，同样需要先声明和定义函数。在 C++中，声明一个函数的语法格式如下：

```
返回值类型标识符 函数名(形式参数表);
```

例如，下面的代码就声明了一个 Add()函数，用来计算两个整数的和：

```
int Add(int a, int b);
```

对照声明函数的语法格式，下面具体来看这个函数声明中的各个部分。

1. 返回值类型标识符

函数执行完成后，通常会向调用者提供一个数据，这个数据代表了函数的执行结果或具有其他含义。返回数据的类型由函数的返回值类型标识符定义。例如，名为 Add()的函数用于计算两个整数的和，并需要将这个和（结果数据）作为 int 类型的数值返回给调用者。因此，在函数声明中，我们会指定其返回值类型为 int，以表明该函数将返回一个整数类型的加法运算的结果。

如果一个函数仅执行某些操作而不需要返回任何结果数据，我们可以使用 void 作为其返回值类型。void 表示该函数不返回任何数据。例如，一个用于显示消息的函数可能只需要执行打印操作，而不需要向调用者返回任何值，此时就可以声明该函数的返回类型为 void。

2. 函数名

函数名用于唯一标识一个函数的名称，它的功能类似于贴在箱子上的标签，允许我们通过名称来识别和调用函数以执行其包含的代码。函数命名应遵循与变量命名相同的规则，但重点在于表达函数的操作或目的。

变量命名倾向于描述“它是什么”，而函数命名则更侧重于描述“它做什么”。因此，函数名通常选用动词或动词短语，以清晰表达函数的主要行为。例如，如果一个函数的目的是执行两个数值的加法运算，我们可能会选择一个动词“Add”来命名这个函数，因为它直接描述了函数执行的操作。

3. 形式参数表

在调用函数时，我们通常需要在函数之间交换数据，这包括向函数传入数据或从函数接收数据。这种数据交换通过函数的参数来实现。形式参数表是对这些参数的具体描述，它规定了参数的数量、数据类型和名称。形式参数表的语法格式如下：

```
数据类型 1 参数名 1，数据类型 2 参数名 2…
```

以 Add()加法函数为例，其声明中函数名后的括号内包含的 int a, int b 即为形式参数表。这表明该函数需要两个 int 类型的参数，分别命名为 a 和 b。这样的设计是因为函数需要接收两个整数作为加数。为了向函数传递所需的数据，形式参数表中定义了两个 int 类型的参数，为了区分它们，分别命名为 a 和 b。

在使用函数的形式参数表时，需要注意以下几个要点。

（1）形式参数要有明确的数据类型。

函数参数的定义与变量的定义类似，总是先写参数的数据类型，再写参数的名字。例如，上面例子中的 int a，表示我们要向函数内传递一个 int 类型的数据，所以就用 int 作为相应参数的数据类型，而 a 是参数的名字。若要向函数传递多个数据时，可以在形式参数表中定义多个参数，各个参数之间用逗号分隔。例如，上面例子中的 **int a，int b** 定义了两个参数 a 和 b。在形式参数表中，每个参数必须有明确的数据类型说明。即使多个参数的数据类型相同，也不能使用同一个数据类型说明符来定义多个参数。例如，在上面的例子中，虽然参数 a 和 b 的数据类型相同，但是形式参数表不能写成 **int a, b**，这一点与定义变量是不用的。

动手实践　用 const 对参数进行修饰，防止参数被意外修改

就像在定义一些值固定不变的变量时，我们使用 const 关键字作为修饰词来防止其值被错误修改一样，如果某个参数的值在整个函数执行过程中是固定不变的，例如那些只负责向函数内部传入数据的参数，同样可以使用 const 关键字对其进行修饰，这可以防止该参数在函数执行过程中被意外地修改，从而避免错误的发生。例如：

```
// 用 const 关键字保护参数值不被修改
int Add(const int a, const int b)
{
    // 错误：尝试修改使用 const 修饰的参数
    a = 1982;
    b = 1003;

    return a + b;
}
```

在这里，Add()函数的两个参数仅用于向函数内传入数据，在函数执行过程中，其值不应被修改。因此，我们在函数声明中加上 const 关键字对其进行修饰，表示这是一个只读的传入参数。如果我们在函数中尝试修改这个参数，编译器将会给出相应的出错提示信息，从而防止参数值被意外修改，避免错误的发生。

（2）形式参数可以有默认值。

在定义变量时可以给定变量的初始值，同样地，在定义参数时也可以给定参数一个初始值。拥有初始值的参数在调用可以省略具体的数值而使用这个初始值作为默认值。例如，可以编写一个函数来判断某个分数是否及格。及格与否是当前分数与及格分数进行比较的结果，这就意味着这个函数需要两个参数，一个向函数内传递当前分数，而另一个负责传递及格分数。在绝大多数情况下，及格分数为 60，因此可以用 60 作为这个参数的默认值（即初始值）：

```
// 判断某个分数是否超过及格分数，默认及格分数为 60
bool IsPassed( int nScore,int nPass = 60 );
```

使用参数默认值可以给函数的调用带来很大的灵活性。在大多数情况下，如果参数使用默认值，则可以在调用函数时省略拥有默认值的参数，直接使用其余参数对函数进行调用。这时，被省略的值的参数就会采用在声明时指定的默认值。而在某些特殊情况下，又可以用其他的具体数值作为参数对函数进行调用，这时的参数值将不再是函数声明中的默认值（即初始值），而是函数调用时给定的具体数值。例如：

```
int nScore = 82;  // 当前成绩
// 使用参数的默认值
// 这时，被省略掉的 nPass 参数的值是函数声明中的默认值 60
// 也就相当于调用的是 IsPassed(nSocre ,60)
IsPassed(nSocre);
// 成绩不理想，调低及格分数。不使用参数的默认值，用具体数值来调用函数
// 这时 nPass 参数的值就是函数调用时给定的数值 56
IsPassed(nSocre, 56);
```

需要注意的是，拥有默认值的参数应该位于形式参数表的末尾位置，不能在形式参数表的开始或者中间位置定义拥有默认值的参数，例如：

```
bool max( int a = 0, int b );  // 错误的形式，默认参数不能在形式参数表的开始位置
bool max( int a, int b = 0 );  // 正确的形式，默认参数在形式参数表的末尾位置
```

（3）没有形式参数时可以用 void 代替。

一个函数的形式参数不是必需的。当一个函数只是单纯地完成某个操作，不需要通过函数参数与调用者之间进行数据传递时，形式参数表就显得多余。这时既可以将形式参数表留空，也可以用 void 代替形式参数表，以表明这个函数没有形式参数表。例如：

```
// 将形式参数表留空
void DoSomeThing();
// 或者使用 void 代替形式参数表
void DoAnotherThing(void);
```

虽然这两种形式都可以表示函数没有参数，但在调用时存在一定的差别：如果将形式参数表留空，在调用时可以用任意实际参数调用这个函数。在形式上，好像函数调用使用了参数，但实际上这些参数没有任何作用；而如果用 void 作为函数的形式参数，那么在调用时参数只能为空。例如：

```
// 正确：以字符串为参数来调用形式参数表留空的函数
DoSomeThing("cook");
// 正确：以整数为参数来调用形式参数表留空的同一函数
DoSomeThing(1982);

// 错误：以整数为参数来调用以 void 为形式参数的函数
DoAnotherThing(1982);
```

将函数的形式参数表留空或者使用 void 代替，都可以达到函数无参数的目的。只是使用 void 作为形式参数时，这种意图更加明确和明显，不仅在函数声明中用 void 明确表示这是一个无参数的函数，而且在调用函数时也不能使用任何参数。因此，如果我们想要明确地表达某个函数没有参数，最好使用 void。

完成函数的声明是创建函数的第一步，这相当于为函数命名并定义其接口，即指明函数的功能（通过函数名表示）、所需的数据（通过形式参数表指定）以及执行完毕后返回的数据类型（返回值类型）。这一步为函数的实现奠定了基础，但函数的具体行为尚未定义。

关键的第二步是实现函数的定义，即在函数体内编写具体的代码来处理数据并实现函数的功能。函数定义通常紧跟在声明之后，其基本语法格式如下：

```
返回值类型标识符 函数名(形式参数表)
{
    // 函数定义
}
```

函数的定义是在函数声明之后，通过一对花括号{}括起来的代码块来实现，这部分代码被称作函数体。在函数体内，我们使用传入的参数执行具体的操作，以实现函数的功能。完成操作后，我们通常使用 return 关键字将结果数据返回给调用者。例如，可以这样来具体定义前文 Add()函数的函数体，对两个数进行相加并返回它们的计算结果。

```
// 计算两个数的和
int Add( int a, int b )     // 函数声明
{
    // 函数定义
    // 将以参数传入的数据相加，即在函数体内实现对数据的具体操作或处理
    int nRes = a + b;
    // 用 return 关键字把函数的执行结果返回给函数的调用者
    return nRes;
}
```

在这段代码中，函数声明之后用花括号括起来的一段代码就是 Add()函数的函数体。这个函数体只有两条语句，第一句 **int nRes = a + b;** 是计算通过参数 a 和 b 传递进来的两个数之和，并将计算结果保存到变量 nRes 中，实现了该函数加（Add）的功能；第二句是 **return nRes;**，也就是通过 return 关键字将 nRes 中保存的结果返回给该函数的调用者。这样，该函数体就实现了计算两个数之和的功能。

这里的 return 关键字是 C++中常用的一个关键字，表示“返回”的意思。当函数执行到 return 关键字时，函数将立即结束执行并返回，即使 return 后面还有代码（这些也不会被执行）。如果函数有返回值，return 还负责将结果返回给函数的调用者。return 返回的结果类型必须和函数声明中的返回值类型一致。根据程序的执行情况，同一个函数可以有多个 return 语句，用于在不同情况下返回不同的结果。当然，对于不需要返回结果的函数，可以省略 return 语句，函数体在执行完所有代码后自动把程序的执行权返回给调用者。

动手实践　声明和定义相分离

在实际开发实践中，某个源文件中定义的函数往往会在另一个源文件中被调用。另外，对于一些函数库（例如 DirectX）而言，我们希望他人能够调用函数库中的函数，但又不希望将函数的实现细节暴露给调用者。这时，我们通常采取的方法是：只向函数的调用者提供函数的声明，而调用者根据函数的声明就知道如何调用该函数。至于函数的具体实现，则放在其他源文件中（即函数具体实现的文件中），或者是通过动态链接库文件（例如.dll 文件）或静态链接库文件（例如.lib 文件）的形式提供给函数的调用者。

一个程序的所有源代码文件通常被分成两类：一类主要记录函数或者类的声明，供给他人或者程序中其他文件使用，这类文件被称为头文件（header file），通常以.h 为文件名后缀（或称为文件扩展名）；另外一类则用来定义函数和类，实现函数和类的具体功能，这类文件

被称为源文件（source file），多以.cpp为文件名后缀。这样，一个函数的声明和定义被分别放在两个文件中，实现了接口和实现的分离。

5.1.2 函数调用机制

在之前的学习中，我们频繁提及“调用函数”这一概念。调用函数指的是将程序的执行权从当前执行点（如主函数）移交给目标函数，并传递必要的参数。在被调用的函数内部，程序执行相应的代码以生成结果，随后将控制权和结果返回给调用者（通常以返回值的形式），完成整个函数调用过程。简而言之，调用函数即运行函数内的代码，实现其预定功能。

在掌握如何编写自己的函数之前，理解函数调用的机制至关重要。全球开发者社区已积累了大量具有不同功能的现成函数，我们可以直接调用这些函数来执行常见的开发任务。例如，调用标准库中的 strcpy()函数可以直接复制字符串，这不仅复用了他人的工作成果，避免了重复开发，还提升了开发效率。这些经过实践检验的函数因其可靠的实现质量，有助于提升代码的稳定性。

在实际开发中，可调用的现成函数来源广泛，包括编译器提供的标准库函数、操作系统 API 以及第三方库（例如 OpenGL），如图 5-2 所示。

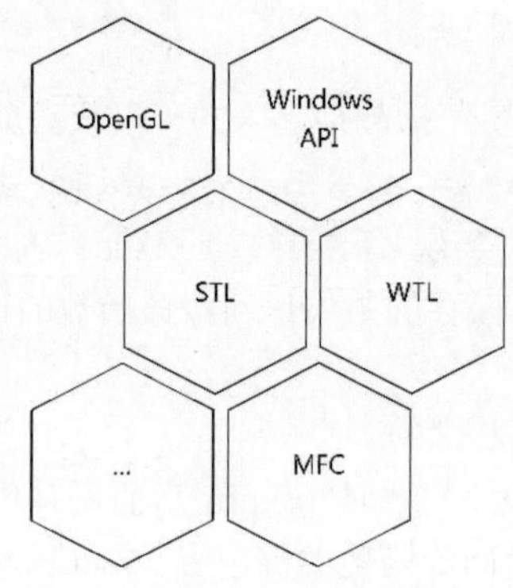

图 5-2 函数库

有了他人提供的函数，我们可以直接调用这些函数来完成特定的功能。调用函数的基本形式如下：

```
返回值变量 = 函数名(参数);
```

这是一个简单的函数调用语句。其中，返回值变量用于保存函数执行完毕后的返回值。如果函数的返回值类型为 void，或者我们不需要保存函数的返回值，那么这个变量及其后面的“=”可以省略。整个函数调用语句的核心是“函数名()”这一形式，用于表示对函数的调用。如果我们想调用某个函数，可以在其函数名之后加上一对圆括号“()”。如果这个函数的声明中有形式参数，则需要按照函数声明中的参数类型和顺序，将实际参数依次放到函数名之后的括号中，并用逗号隔开，以形成函数调用的实际参数。通过这种形式，我们可以实现对函数的调用。例如：

```
// 用 1 和 2 作为实际参数，实现对 Add()函数的调用
// 返回值保存到 nRes 中
int nRes = Add(1, 2);
```

这行代码实现了对 Add()函数的调用，其含义是以 1 和 2 这两个数值作为实际参数调用 Add()函数。然后程序进入 Add()函数执行具体的计算，执行完毕后，将执行结果保存到 nRes 变量中。这

样，我们只需要简单地调用 Add()函数，就能得到了 1 和 2 两个数相加的结果 3。具体的运算过程可以交给 Add()函数处理，无须我们操心。

特别注意　对函数的调用应该在函数的声明或定义之后

值得特别指出的是，函数的调用必须在函数的声明或者定义之后进行，否则会出现“找不到标识符”的编译错误。这是因为函数的声明或定义确定了函数的调用方式（函数名和参数），编译器必须先知道这些信息，然后才能知道如何调用这个函数。这意味着，在调用一个函数之前，必须先声明或定义该函数。如果这个函数是某个函数库提供的，则在调用之前需要使用#include 预处理指令包含这个函数所在的头文件（因为头文件中有这个函数的声明）。例如，如果我们想要使用标准函数库中的 strcpy()函数，就需要在源文件中包含它的声明所在的<cstring>头文件。这正是要在某些源文件开始部分使用#include 预处理指令包含头文件的根本原因。

既然是函数调用，就涉及主调函数和被调函数的关系。我们称调用其他函数的函数为主调函数，而被调用的函数为被调函数。函数调用的实质就是把主调函数的一部分工作交给被调函数来完成。那么，函数调用的过程究竟是怎样的呢？在程序执行过程中，如果遇到了对其他函数的调用，首先会暂停主调函数的执行，保存执行现场，并把参数传递给被调函数。接着，将执行控制权交给被调函数，开始执行被调函数的代码。当被调函数执行完毕或者遇到 return 关键字时，被调函数将结果返回给主调函数，恢复之前保存的执行现场，并将执行控制权交还给主调函数，让主调函数继续执行后续的程序代码。下面我们来看一个实际的例子：

```
// 定义一个加法函数
// 将函数定义在被调用的具体位置之前，函数的声明和定义同时完成
int Add(int a, int b)
{
    int nRes = a + b;
    return nRes;
}

// 在主函数中调用加法函数
// 这时的 main() 主函数就是 Add() 函数的主调函数，Add() 函数就是被调函数
int main()
{
    // 准备函数调用的实际参数
    int a = 1;
    int b = 2;
    // 以 a 和 b 作为实际参数调用 Add() 加法函数
    int nRes = Add(a, b);
    cout<<a<<" + "<<b<<" = "<<nRes<<endl;

    return 0;
}
```

这段代码展示了 main()函数如何调用实现加法运算的 Add()函数。程序执行时，从 main()函数开始，首先定义了 a 和 b 两个变量并对其赋值，然后以 a 和 b 为实际参数调用 Add()函数来计算这两个数的和。虽然从表面上我们看不到函数调用的实现细节，但在背后，它却执行了一系列复杂的操作：

```
;Add() 函数
int Add(int a,int b)
{
```

```
    ;保存现场…
    009813DB  push       edi
    009813DC  lea        edi,[ebp-0CCh]
    009813E2  mov        ecx,33h
    009813E7  mov        eax,0CCCCCCCCh
    009813EC  rep stos    dword ptr es:[edi]
    ;执行函数体内的代码，计算两个数之和
    int nRes = a + b;
    009813EE  mov        eax,dword ptr [a]
    009813F1  add        eax,dword ptr [b]
    ;将结果保存到 nRes
    int nRes = a + b;
    009813F4  mov        dword ptr [nRes],eax
    ;将结果 nRes 移动（MOV）到 eax 寄存器，函数返回
    return nRes;
    009813F7  mov        eax,dword ptr [nRes]
}

;…

;主函数
;准备实际参数
int a = 1;
0098142E  mov        dword ptr [a],1
int b = 2;
00981435  mov        dword ptr [b],2
;开始函数调用
int nRes = Add(a,b);
;将实际参数压入（PUSH）调用栈，向函数内传递数据
0098143C  mov        eax,dword ptr [b]
0098143F  push       eax
00981440  mov        ecx,dword ptr [a]
00981443  push       ecx
;调用（CALL）Add 函数，程序跳转到 Add 函数所在的地址开始执行
00981444  call       Add (0981087h)
00981449  add        esp,8
;将 eax 寄存器中存放的结果移动（MOVC）到 nRes，获得函数执行后的结果值
0098144C  mov        dword ptr [nRes],eax
;…
```

在执行函数调用表达式 Add(a,b)时，首先会将两个实际参数 a 和 b 压入（PUSH）调用栈，以传递到函数内部。接下来，使用 CALL 指令调用一个函数，也就是跳转到被调用函数所在的代码地址，开始执行被调函数 Add()。进入 Add()函数之前，首先保存调用的现场环境，然后执行被调函数体内的具体代码。采用 **DWORD ptr [a]指令**的形式可以从调用栈中取出（MOV）之前压入的实际参数，这样就实现了从主调函数传递数据给被调函数的过程。随后 Add()函数开始执行具体的运算过程，得到的结果会保存到 nRes 中。最后，使用 return 关键字将计算结果 nRes 返回给主调函数，也就是将计算结果移动到 eax 寄存器，作为返回给主调函数 Add(a,b)的值。被调函数返回后，首先会恢复之前保存的执行现场，把程序的执行控制权重新交还给主函数。主函数继续执行，将函数调用表达式 Add(a,b)的值 3 赋给 nRes 变量，最后将计算结果输出。整个调用过程如图 5-3 所示。

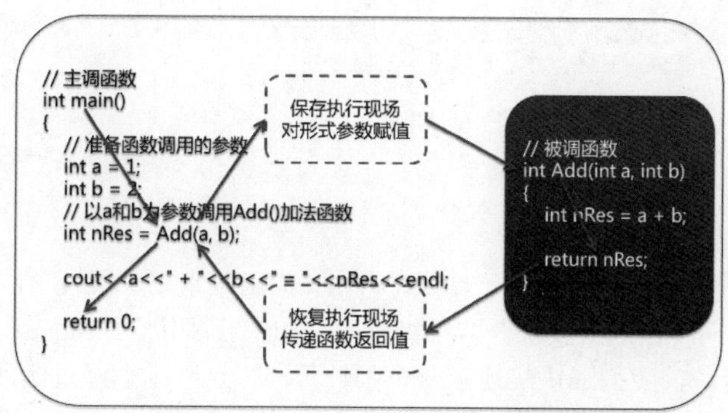

图 5-3　函数调用的执行流程

在图 5-3 中，箭头的方向代表整个程序的执行流程，虚线框包围的部分是系统为了实现函数调用而额外做的幕后工作。

在 C++中，除调用自己定义的函数来实现某些功能外，更多的时候，我们是直接调用一些函数库中已经定义好的函数，以高效、高质量地完成一些常见的编程任务，例如文件读写、字符串处理等。下面的例子展示了如何调用 Windows 操作系统提供的 GetLocalTime()函数（需要安装 Windows SDK）来获取系统时间，从而方便快捷地实现一个闹钟程序：

```
// Alarm.cpp 闹钟程序
#include <iostream>
// 为了调用 GetLocalTime()和 Sleep()函数
// 首先用预处理指令来包含上述 2 个函数声明所在的<Windows.h>头文件
#include <Windows.h>

using namespace std;

// 自己定义的闹铃函数
void Alarm()
{
    // 输出 10 个'\a'字符，计算机响铃 10 次，代表闹钟响了
    for(int i = 0; i < 10; ++i)
    {
        cout<<'\a';
    }
}

int main()
{
    // 构造闹钟循环，不断获取当前时间并判断是否到了设定时间
    while(true)
    {
        SYSTEMTIME stLocal;
        // 直接调用 GetLocalTime()函数以获取系统时间
        GetLocalTime(&stLocal);

        // 判断是否到了设定时间 8 点
        if(8 == stLocal.wHour)
        {
            // 调用自己定义的函数，实现闹铃
            Alarm();
            // 已经闹铃，结束闹钟循环
            break;
        }
```

```
            // 如果尚未到达设定时间，调用 Sleep()函数
            // 程序执行暂停 1 秒钟，然后开始下一次循环
            Sleep(1000);
        }

        return 0;
}
```

在 main()函数中，我们既调用了自己定义的 Alarm()函数来完成闹铃功能，又调用了 Windows 操作系统提供的 GetLocalTime()函数来获取系统时间，同时还调用了 Sleep()函数来暂停程序的执行。通过综合运用这几个函数，我们很快实现了一个闹钟程序。这些函数经过实践检验，我们可以放心使用。由此可见，合理地利用各种函数库提供的现有函数，可以极大地提高开发效率和质量。

需要注意的是，同一个函数的主调与被调的身份是相对的。在许多情况下，一个被调函数同时也是主调函数，它在被某个函数调用同，也会调用其他函数来完成更具体的功能。例如，“泡面”函数会调用“烧水”函数，而“烧水”函数又会调用“洗锅”函数等。通过这种逐层向下分解任务的方法，最终将一个较大的任务拆解成一个个小任务，直到某个函数能够独立解决为止。这种“逐层向下分解”的思想在 C++语言中表现为函数的嵌套调用，即第一个函数可以调用第二个函数，而第二个函数又可以调用第三个函数，以此类推，直到功能实现为止。

为了更好地理解函数的嵌套调用，下面来看一个计算平方和的示例程序。

```
// 计算平方的函数
int Power( int n )
{
    return n*n;
}
// 计算平方和的函数
int PowerSum( int a, int b )
{
    return Power(a) + Power(b);
}

// 计算平方和的主函数
int main()
{
    // 调用求平方和的函数
    int nRes = PowerSum(2,3);
    // ...

    return 0;
}
```

在数学中，求两个数的平方和通常采用“自底向上”的方法，即先分别计算两个数的平方，再将它们相加。相对地，在程序设计中，我们采用“自顶向下”的方法来解决问题。以计算两个数的平方和为例，我们首先定义一个 PowerSum()函数，其作用是计算并返回两个数的平方和。

问题被分解为两个子问题：计算单个数的平方以及将两个平方值相加。其中，加法运算直接使用“+”运算符完成。计算平方的部分，我们进一步抽象为 Power()函数，这样 PowerSum(a, b)就可以表示为 Power(a) + Power(b)。

接下来，我们实现 Power()函数。根据数学定义，一个数的平方就是该数自身乘以自身（n×n）。至此，我们已经实现了计算平方的功能，无须进一步分解。

在程序的具体执行过程中，main()函数调用 PowerSum()函数，而 PowerSum()函数内部则嵌套调用 Power()函数。通过这种方式，原本复杂的问题被细化和分解为更简单的子问题，并逐个解决。这

一过程体现了“自顶向下，逐步求精”的设计思想。

知识拓展 自顶向下，逐步求精

在开发实践中，一个程序要完成的任务往往是很复杂的。当无法在一个函数中完成这些复杂任务时，可以考虑采取“分而治之”的原则，将较大的任务分解为多个较小的任务。如果分解后的小任务仍然十分复杂，则可以继续向下分解，直到任务简单到可以在一个函数内完成为止。这种“自顶向下”逐层将任务分解的方式，在程序代码中体现为函数的嵌套调用。就像盖一座大楼，首先要将大楼分成很多层，每层又分成多个套间，而每一套间又分成多个房间。这种将大问题逐渐分解的程序设计方法被称为“自顶向下，逐步求精”的设计方法。也就是说，在编写程序时，应先考虑整体结构，然后不断细化，最终完成整个任务。

“自顶向下，逐步求精”的设计思想是结构化程序设计的精髓，这种方法符合人类解决复杂问题的普遍规律，能够显著提高软件开发的效率。同时，采用先全局后局部、先整体后细节、先抽象后具体的“逐步求精”过程开发出来的程序具有清晰的层次结构，更容易阅读和理解，也更易于实现和维护，如图 5-4 所示。

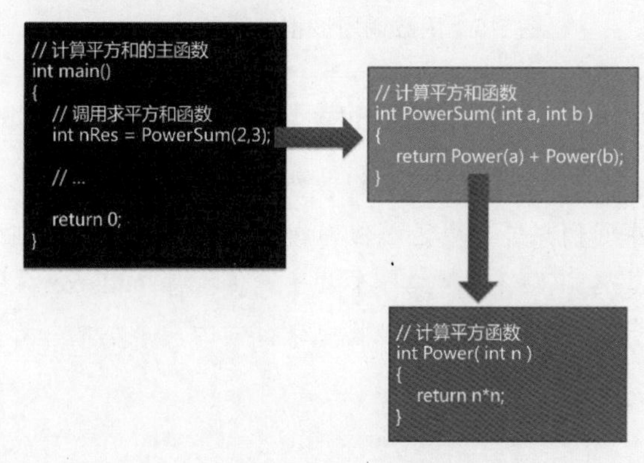

图 5-4 平方和程序的函数嵌套调用

5.1.3 函数参数的传递

我们知道，函数是用来完成某个功能的相对独立的一段代码。在完成这个功能时，函数通常需要外部数据的支持，这时就需要在调用函数时向它传递所需的数据，被调函数才能完成任务并获得结果。例如，当调用一个加法函数时，需要向它传递两个数作为加数和被加数，在函数内部才能对这两个数进行加法计算获得结果。在定义一个函数时，如果这个函数需要与外部进行数据交换，就需要在函数定义中加入形式参数表，以确定函数的调用者向函数传递的数据个数和具体的数据类型。例如，可以这样定义一个需要两个 int 类型加数的加法函数：

```
// 声明并定义 Add() 函数
// 形式参数表确定了这个函数需要两个 int 类型的参数
int Add( int a, int b )
{
   return a + b;
}
```

从 Add()函数的声明中可以知道，这个函数需要两个 int 类型的数据作为参数，因此在调用时，必须提供两个 int 类型的数作为实际参数对其进行调用：

```
// 以 int 类型的数 1 和 2 作为实际参数来调用 Add()函数
// 也就是向这个函数传递 1 和 2 这两个数
int nRes = Add(1, 2);
```

在函数定义函数时，形式参数表中给出的参数称为形式参数，例如这里的 a 和 b；而在函数调用时，函数名之后括号中给出的参数称为实际参数，例如这里的 1 和 2。在执行函数调用时，系统会将实际参数一一对应地赋值给函数声明中的各个形式参数。例如，在执行 Add(1,2)函数调用时，这里 1 和 2 两个实际参数会分别被赋值给 Add()函数的两个形式参数 a 和 b。也就是说，在程序进入 Add()函数内部执行时，a 和 b 两个变量的值一开始就是 1 和 2，也就意味着，通过形式参数，我们将数据 1 和 2 从函数的调用者传递到 Add()函数内部，如图 5-5 所示。

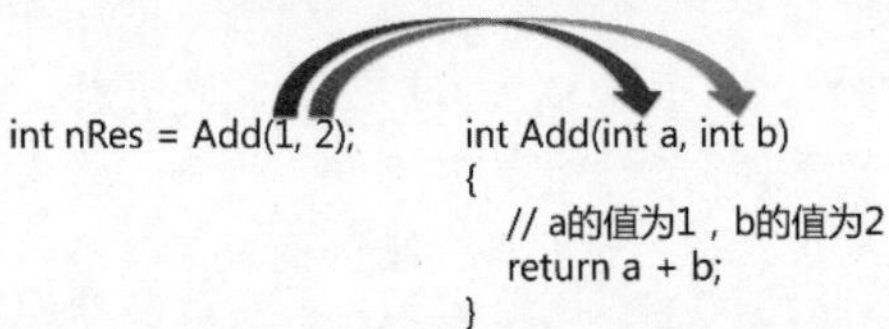

图 5-5 函数调用过程中的参数传递

知识拓展 访问主函数的参数，接收命令行传递的数据

要向普通函数传递数据，我们可以通过函数参数的形式来实现。然而，主函数 main()不会被其他函数调用。如果我们想要向主函数传递数据，则需要借助在执行程序时的命令行参数。例如，如果我们想传递两个加数给一个加法计算程序 add.exe 并让它计算结果，可以以如下命令形式来执行这个程序，它会接收命令行中的两个加数并计算出结果：

```
F:\code>add.exe 3 5 (回车)
3 + 5 = 8 (输出结果)
```

为了实现这一功能，我们需要在 main()主函数中添加两个参数：一个 int 类型的 argc 和一个字符串指针数组类型的 argv。当我们在命令行执行程序时，操作系统会根据命令行指令对这两个参数赋值。第一个参数 argc 就是命令行中指令的个数，包括程序名本身。在此例中，就 **add.exe 3 5** 这个命令行指令而言，argc 的值是 3。第二个参数 argv 实际上是一个字符串指针数组，其中的各个字符串指针依次指向命令行中的各个参数字符串，包括程序名。因此，argv[0]指向的就是"add.exe"这个字符串，而 argv[1]指向的是"3"这个字符串，以此类推。明白这些规则后，我们可以在主函数中通过访问这两个参数来接收从命令行传递进来的数据：

```
#include <iostream>

using namespace std;

int main(int argc, char* argv[])
{
    // 根据参数的个数（argc），判断指令是否正确
    // 如果不正确，则提示正确的使用方法
    if(3 != argc)  // 通过 argc 得到参数个数
```

```
    {
        // 通过 argv[0]得到程序的名字
        cout<<"用法: "<<argv[0]<<" num1 num2"<<endl;
        return -1; // 命令行参数不合法，返回一个错误值
    }

    // 如果参数正确，则通过 argv 访问命令行传递的数据
    // 通过 atoi()函数
    // 分别将 argv[1]和 argv[2]指向的字符串"3"和"5"转换为数字 3 和 5
    int a = atoi(argv[1]);
    int b = atoi(argv[2]);
    // 利用转换后的数据计算结果
    int res = a + b;
    // 输出结果
    // 这里，将命令行参数当作字符串来访问，直接输出
    cout<<argv[1]<<" + "<<argv[2]<<" = "<<res<<endl;

    return 0;
}
```

在主函数中，首先利用 argc 对命令行参数的个数进行判断，以此来判断程序的执行方式是否正确。然后，从 argv 字符串指针数组中获取程序执行时的各个参数。因为 argv 提供的是命令行参数的字符串，如果参数是数字，还需要利用 atoi()等转换函数将字符串转换成对应的数值数据。在完成命令行参数从字符串到数字的转换之后，我们可以将其用于计算并输出结果。在输出时，我们还可以直接使用 argv 数组中的字符串指针来输出命令行参数。通过主函数的 argc 和 argv 参数，我们可以接收来自命令行的参数，从而在执行程序时，对程序的行为进行控制（提供选项或者数据等），这极大地增加了程序执行的灵活性。

5.1.4 函数的返回值

到这里，我们已经知道了，函数就像一个具有特定功能的箱子。我们把原材料数据通过函数参数放入这个“函数箱子”中，经过一定的处理后，箱子会输出我们想要的结果值。例如，把两个整数传入 Add()函数，经过加法处理后，得到的就是这两个整数之和。通过函数参数，我们可以把原材料数据输入到函数箱子中，那么我们又如何从函数箱子中取出结果值呢？

还记得在声明函数时，我们需要指定函数的返回值类型吗？只要一个函数的返回值类型不是 void，它就具有返回值，而我们就是通过函数的返回值从函数中取得结果值。下面我们仍以 Add()函数为例：

```
int Add( int a, int b )
{
    // 计算结果
    int res = a + b;
    // 利用 return 关键字返回计算结果
    return res;
}

// 调用函数，获得计算结果
int nRes = Add(2,3);
```

在函数内部，首先对通过参数传递进来的原材料数据 2 和 3 进行加法计算，得到结果值为 5。然后，使用 return 关键字结束函数的执行，并将结果值 5 返回。从调用这个函数的外部来看，该结果值就是整个函数调用表达式 Add(2,3)的值。因此，我们可以把这个值赋给 nRes 变量，nRes 变量

的值就变为 5。也就是说，我们通过返回值从 Add()函数中获得了结果值 5。换句话说，函数调用表达式的值就是从函数箱子中取出的结果值，该结果值的数据类型就是函数返回值的数据类型。

既然整个函数调用表达式可以看作从函数得到的结果值，且拥有特定的数据类型，那么除可以用它对变量进行赋值外，还可以将其应用到任何可以使用此类型数值的地方参与计算。例如，函数调用表达式可以用在条件语句中表示某个复杂条件是否成立：

```
// IsFinished()函数的返回值是 bool 类型
// 调用它，就可以把它看作是一个 bool 类型的数据，可以直接将它的返回值与 true 进行逻辑运算
if( true == IsFinished())
{
    // ...
}
```

另外，对于调用返回值为 bool 类型的函数的表达式，可以把它视为一个 bool 类型的数据，从而上面的代码还可以改写成下面这种更简洁的形式：

```
// 直接判断 IsFinished()函数的返回值是否为 true
// 如果我们要判断 IsFinished()函数的返回值是否为 false
// 则可以使用 if( !IsFinished() )的形式
if( IsFinished() )
{
    // ...
}
```

除此之外，函数调用表达式还可以作为另一个函数调用的参数，即直接作为参数参与另一个函数调用。例如：

```
// 函数调用表达式 Power(2)和 Power(3)的返回值是整型数值
// 直接用作 Add()函数的整型参数参与其调用
int nRes = Add( Power(2), Power(3) );
```

在执行计算时，首先会分别得到 Power(2)和 Power(3)这两个函数调用的返回值 4 和 9。然后，以这两个数据作为参数调用 Add()函数，得到最终结果 13。需要注意的是，把函数调用表达式的返回值作为参数直接参与另一个函数的调用，这种方式虽然可以让代码更加简洁，但在一定程度上降低了代码的可读性。因此，应有选择性地使用这种方式，避免形成过于复杂的表达式，以便在代码简洁性与可读性之间取得平衡。

5.1.5 函数的递归调用

在函数调用中，允许在一个函数内部调用另一个函数，以实现某部分功能。例如，在 main()函数中，我们可能会调用 PowerSum()来计算两个数的平方和。PowerSum()可能会进一步调用 Power()和 Add()函数来分别计算平方和加法，从而得到最终结果。

在 C++中，除在不同函数间进行调用外，还存在一种特殊的调用方式——递归调用。递归调用发生在一个函数在其内部调用自己。这种调用形式创建了一个自我循环，直到满足特定的终止条件。当递归调用的终止条件被满足时，函数将停止调用自己并逐层返回，直到最初的调用完成。

递归调用虽然在形式上较为复杂，但它在解决可分解为相似子问题的问题时具有天然优势。这些问题通常涉及重复执行相似操作，直到达到已知结果。

例如，统计字符串中某个字符出现次数的任务。传统方法可能使用 for 循环遍历字符串同时比对字符。而递归方法则将问题分解为：在字符串的当前位置查找字符，如果找到，最终结果次数即

为当前找到的次数加上在剩余字符串中找到的次数。这可以用表达式“1 + CountChar(pos+1, c)”表示，其中“1”代表当前位置字符出现的次数，“CountChar(pos+1, c)”代表在剩余字符串中字符出现的次数。每次递归调用都会更新开始条件并继续搜索，直至满足终止条件——到达字符串末尾。

递归调用的关键在于三个要素：重复执行相同操作、变化的开始条件以及明确的终止条件。当具备这三种情况时，递归法提供了一种优雅且直观的解决方案。

```
// 统计一个字符串中某个字符出现的次数
#include <iostream>
#include <cstring> // 包含字符查找函数 strchr()所在的头文件
using namespace std;

// 用函数的递归调用实现统计字符在字符串中出现的次数
int CountChar(char* str, const char c)
{
    // 从字符串 str 的开始位置查找字符 c
    char* pos = strchr(str,c);

// 如果 strchr()函数的返回值为 nullptr，则意味着在字符串中再也找不到目标字符，满足了递归的终止条件
// 这时即可结束函数的递归调用，直接返回本次的查找结果 0
if(nullptr == pos)
{
    return 0;
}

// 如果没有达到终止条件，则将本次查找结果 1 统计在内
// 并在新的开始位置 pos + 1 开始下一次查找，实现函数的递归调用
return 1 + CountChar(pos + 1,c);

}

int main()
{
    // 字符串
    char str[] = "Thought is a seed";
    char c = 'h'; // 目标字符
    // 调用 CountChar()函数进行统计
    int nCount = CountChar(str,c);
    // 输出结果
    cout<<"字符\'"<<c<<"\'在\""<<str<<"\"中出现了"
              <<nCount<<"次"<<endl;

return 0;
}
```

在执行过程中，当 CountChar()函数在主函数中第一次被调用时，第一个参数 str 指向的字符串是 "Thought is a seed"。进入 CountChar()函数后，strchr()函数会在字符串中找到字符 'h' 出现的位置，并将它保存到字符指针 pos 中。此时，尚不满足终止条件（**nullprt == pos**），因此执行 **return 1 + CountChar(pos+1,c)**，将本次查找结果统计在内，并将递归的开始条件变更为 **pos+1**。这样，第二次递归调用 CountChar()函数时，参数 str 指向的字符串变为 "ought is a seed"。

在第二次进入 CountChar()函数执行时，strchr()函数会找到字符'h'第二次出现的位置。由于递归的终止条件依然未满足，函数继续将本次查找的结果统计在内并修改开始条件，并将 CountChar()函数的 str 参数指向"t is a seed"，然后开始第三次递归调用。

在第三次进入 CountChar()函数执行时，strchr()函数在剩下的字符串中再也找不到目标字符，递归的终止条件得到满足，函数直接返回本次的查找统计结果 0（**return 0;**），不再继续递归调用

CountChar()函数。然后逐层向上返回，最终结束整个函数递归调用的过程，得到最终结果 2，也就是目标字符在字符串中出现的次数。整个过程如图 5-6 所示。

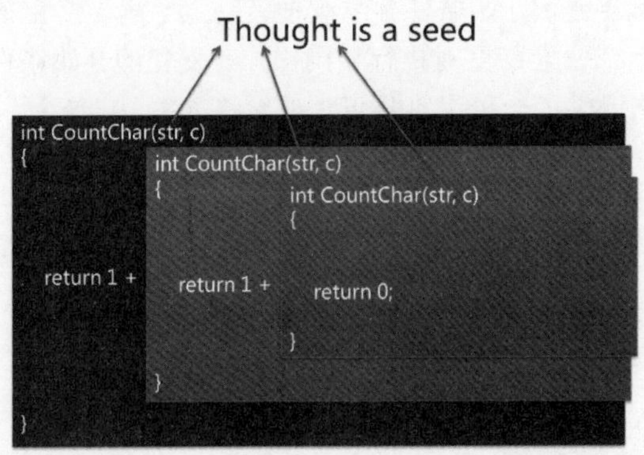

图 5-6 CountChar()函数的递归调用过程

函数的递归调用本质上是将一个大问题不断地分解成多个相似的小问题，通过不断细分，直到小问题被解决，最终解决最初的大问题。例如，在这个例子中，最初的大问题是统计字符串中的目标字符的个数。这个大问题被分解为当前已找到的目标字符数 1 和剩余字符串中目标字符的个数 **CountChar(pos+1,c)**。计算剩余字符串中的目标字符数时，又可以采用同样的策略进一步细分，直至剩余字符串中没有目标字符，无法继续细分为止。从这里可以看出，函数的递归调用实际上是一个循环过程。我们必须确保函数能够达到递归的终止条件，以结束递归。例如，在这里我们不断地调整查找的开始位置，直到最后无法再查找到目标字符（因而满足终止条件）。否则，函数将无限地递归调用下去，最终形成一个无限循环，永远无法得到结果。这是我们在设计递归函数时需要特别注意的。

函数的递归调用通过在一个函数中循环调用自身来实现。从本质上讲，函数的递归调用是一种特殊形式的循环。因此，我们也可以将递归调用改用循环结构来实现。例如，上面的 CountChar()函数可以用循环结构改写为：

```
// 用循环结构来实现在字符串中统计指定字符出现的次数
int CountChar(const char* str,const char c)
{
    int nTotal = 0;   // 记录字符出现的次数
    // 在字符串中查找字符，并对结果进行判断
    // 如果 strchr()返回 nullptr，则表示查找完毕，循环结束
    while(nullptr != (str = strchr(str,c)))
    {
        ++nTotal;       // 将找到的字符统计在内
        ++str;          // 字符串往后移动，开始下一次循环
    }

    return nTotal;
}
```

递归调用虽然在某些情况下可以用循环结构来实现，或者是出于性能上的考虑，但我们仍有充分的理由选择递归来解决问题。总之，递归调用在处理某些难以用循环结构解决的问题时显得尤为有效。

例如，当要从数组中找出连续子数组的最大和值时，使用循环结构来解决这个问题可能会非常复杂且性能低下。相反，递归允许我们将问题分解为更小、更易于管理的子问题。我们可以将数组

分为左右两部分，并递归地寻找最大和值的子数组，无论是在左侧、右侧还是跨越中点的子数组。

递归调用的优势在于它能够将复杂问题分解为相似的子问题，直至达到可以直接解决的规模。这种方法不仅更符合人类的思维方式，而且在很多情况下，递归的性能也会优于循环结构。

此外，递归调用还有助于简化代码逻辑，提高代码的可读性和可维护性。在实际应用中，递归通常是解决分治算法问题的首选方法，如归并排序、快速排序和树的遍历等。

5.2　内联函数

通过前面的学习，我们了解到系统在执行函数调用时会进行一系列额外的操作，如保存和恢复现场环境、参数赋值等。这些操作对于短小且频繁调用的函数来说，可能会导致函数调用的开销超过函数体实际执行的时间，从而影响程序的整体性能。

为了优化这种情况，C++引入了内联函数（inline function）的概念。当一个函数被声明为内联函数时，编译器会尝试将该函数的代码直接嵌入到每个调用点，从而避免函数调用的额外开销。这种做法尤其适用于那些执行速度快且体积小的函数，它们的代码可以被直接展开，以提高程序的执行效率。

5.2.1　用空间换时间的内联函数

内联是 C++对函数的一种特殊修饰，实际上，内联函数可以更形象地被称为内嵌函数。当编译器编译程序时，如果发现某段代码调用的是一个内联函数，那么它不会去调用该函数，而是将该函数的代码直接插入到当前函数调用的位置。这样做虽然会在一定程度上增加程序的体积，但会省去函数调用过程中的那些烦琐的幕后工作，从而提高代码的执行效率，也就是通过增加程序空间来换取了执行时间的减少。

内联函数是对函数的一种修饰，我们只需要在普通函数的定义前加上 inline 关键字，就可以把它修饰为内联函数。其语法格式如下：

```
inline 返回值类型标识符 函数名(形式参数表)
{
    函数体语句;
}
```

例如，前面的 Add()函数会被频繁调用且较为简短，我们可以在其定义前加上 inline 关键字，将其声明为一个内联函数：

```
// 内联的 Add()函数
inline int Add(int a, int b)
{
    return a + b;
}
```

需要注意的是，如果一个函数的声明和定义是分开的，我们必须确保在函数定义之前使用 inline 关键字（为了提高代码的可读性，声明前也最好加上），这样才能使其成为一个内联函数。

当一个函数成为内联函数后，其调用形式与普通函数的调用形式没有任何区别，例如：

```
int main()
{
    // 调用内联函数 Add()
```

```
    int res = Add(2,3);

    return 0;
}
```

编译器在编译这段代码时，因为被调用的 Add()函数是一个内联函数，它将不再进行常规的函数调用。编译器会直接把 Add()函数的代码插入到函数调用的位置，从而省略了中间的函数调用过程，这在一定程度上提高了性能。

5.2.2 内联函数的使用规则

凡事都有利有弊。内联函数虽然能够在一定程度上提升程序性能，但因为内联函数需要在每个调用点插入该函数的代码，这将导致整个程序体积增大。只有在遵循以下内联函数的使用规则时，才能在程序体积和性能之间实现平衡，充分利用内联函数的优势来提高程序的性能。

1. 内联函数要短小精悍

内联函数的本质是将函数代码复制到函数调用的位置，这会增加程序的体积。因此，内联函数应尽量做到短小精悍，一般不要超过 5 行代码。如果将一个比较复杂的函数内联，往往会导致程序的体积迅速膨胀，最后可能得不偿失。

2. 内联函数执行的时间要短

内联函数不仅要简短，其执行时间也应尽可能短，以体现内联函数的优势。如果函数执行的时间远大于函数调用过程中所需的开销（即那些幕后工作所花费的时间），那么通过内联函数节省下来的那一点时间也就无足轻重了。

3. 内联函数应该被多次重复调用

内联函数通过避免函数调用的开销，在频繁调用时可以显著节省时间，从而提高程序性能。然而，这种优化有前提条件。如果一个内联函数仅被调用一次或少数几次，节省的时间可能微乎其微，甚至可以忽略不计。在这种情况下，内联函数可能会增加程序体积，因为它会将函数代码复制到每个调用点，导致代码冗余。

4. inline 关键字只是一种建议

inline 关键字只是对编译器的建议，表明程序员希望将函数内联处理。但是，编译器可以能会忽略这一建议，在某些特定的情况下将函数保持为普通函数，并给出相应的警告。反过来，编译器在优化时也可能将未标记为 inline 的函数进行内联处理，只要编译器“认为”该函数内联会提高代码性能，也就是说，编译器也会自作主张地将函数进行内联处理。因此，inline 关键字只是表示建议，是否内联最终还是由编译器决定。

虽然内联函数可以在一定程度上提高程序的性能，但它并非万能的性能解决方案，也并不是越多越好。当程序存在性能问题时，更应从程序的结构和设计入手寻找解决办法。内联函数可以视为程序优化的辅助手段，偶尔使用效果不错，但并不能完全替代其他性能优化方法。

5.3　重载函数

“嘿，编译器，我需要一个 Add()函数，请帮我找到对应的函数箱子。”

“好的，我这有好几个名为 Add()的函数箱子。它们处理不同类型的数据：有的专门处理整数加法，有的用于浮点数，还有的可以合并字符串。您需要哪一种？”

“我想要一个计算两个整数之和的 Add()函数箱子。”

“明白了。您需要的是一个标签为‘int Add(int a, int b)’的函数箱子。”

“为什么有这么多不同功能的函数都叫 Add()呢？这样不会混淆吗？”

在 C++中，这是通过函数重载实现的。虽然这些 Add()函数的名字相同，但它们处理的数据类型不同，这使得编译器能够根据参数类型区分应该使用哪一个函数。只要每个重载函数的参数列表不同，编译器就能正确地识别并调用正确的函数版本，从而避免混淆。

5.3.1　重载函数的声明

重载（overload）函数是指让具有相似功能的函数拥有相同的函数名。换句话说，就是同一个函数名可以用于功能相似但又各有差异的多个函数。这样做的好处是可以通过相同的函数名表示类似的操作，增强代码的可读性和一致性。有人可能会问，一个函数名表示一个功能不好吗？为什么要用同一个函数名表示多个功能呢？这样不会造成混淆吗？

回到刚才的例子，如果我们想要在程序中实现“加法”，可以定义一个 Add()函数：

```
int Add(int a, int b)
{
    return a + b;
}
```

这个 Add()函数可以计算两个整数之和。然而，我们在程序中可能还需要计算其他类型数据的和，例如两个浮点数之和，而原来的 Add()函数无法用于计算浮点之和。为此，我们不得不实现另一个 AddFloat()函数来完成两个浮点数相加的计算：

```
float AddFloat(float a, float b)
{
   return a + b;
}
```

AddFloat()函数可以暂时解决问题，然而我们可能还会遇到更多种类型数据的相加，于是程序中就可能出现 AddDouble()、AddString()、AddHuman()等一系列用于相加的函数。同样是用于相加这个运算，却有着不同的函数名，这使得我们在调用这些函数时，不得不人为地根据具体情况选择合适的函数。这不仅非常麻烦，而且如果选择错误，还会导致结果出错。函数重载机制就是用来解决这个问题的。该机制允许拥有相似功能的函数使用相同的函数名，而在实际调用时，编译器会根据实际参数的个数和数据类型进行匹配，最终确定调用哪个函数。这样就省去了选择函数的麻烦，避免了人为选择函数可能带来的错误，同时也使代码的形式更加统一。

准确来说，几个同名函数实现的功能相似但参数的个数或类型不同，就构成了函数重载，这些函数被称为重载函数。

接下来，我们将介绍如何使用函数重载来解决上述 Add()函数所遇到的问题：

```
// 定义第一个 Add()函数，使其可以计算两个 int 类型的数据之和
```

```
int Add( int a, int b )
{
    cout<<"int Add( int a, int b )被调用! "<<endl;
    return a + b;
}
// 重载Add()函数，对其重新定义
// 使其可以计算两个double类型的数据之和
double Add( double a, double b )
{
    cout<<" double Add( double a, double b )被调用! "<<endl;
    return a + b;
}

int main()
{
    // 因为参数是整数类型，其类型、个数与int Add( int a, int b )匹配
    // 所以int Add( int a, int b )被调用
    int nSum = Add(2,3);
    cout<<" 2 + 3 = "<<nSum<<endl;

    // 作为参数的小数会被表示成double类型
    // 参数的类型、个数与double Add( double a, double b )匹配
    // 所以double Add( double a, double b )被调用
    double fSum = Add(2.5,10.3);
    cout<<" 2.5 + 10.3 = "<<fSum<<endl;

    return 0;
}
```

实现了函数重载，在实际调用函数时，编译器会根据不同的参数类型和参数个数调用与之匹配的重载函数。虽然在代码中调用的都是 Add()函数，但实际调用的却是重载函数的不同实现版本，从而得到正确的结果：

```
int Add( int a, int b )被调用!
2 + 3 = 5
double Add( double a, double b )被调用!
2.5 + 10.3 = 12.8
```

在这段程序中，根据计算的数据类型的不同，我们对 Add()函数进行了重载，分别实现了 int 类型版本和 double 类型版本。在输出结果中，我们可以清楚地看到，第一次对 Add()函数的调用，实际上执行的是 int 类型版本 int Add(int a, int b)，而第二次调用执行的是 double 类型版本 double Add(double a, double b)。

为什么同样是对 Add()函数的调用，两次执行的却是不同的函数呢？这是因为主函数在第一次调用 Add()函数时，给出的实际参数 2 和 3 的类型为 int 类型，而在 Add()函数的两个重载版本中，只有第一个 int 类型版本与之匹配，不仅参数类型相同，同时参数个数也相同，所以执行第一个 int 类型版本的 Add()函数；而在第二次用 2.5 和 10.3 作为实际参数调用 Add()函数时，因为小数常数在程序中被认定为 double 类型，所以编译器会找到第二个 double 类型版本的 Add()函数与它匹配，所以最终会执行第二个 Add()函数。

函数重载允许我们以统一的代码形式调用功能相近的多个函数，这样可以使代码更加简洁，同时省去选择函数的麻烦。那么，什么时候需要使用函数重载呢？只要发现程序中有多个功能相似的函数，只是处理的数据不同，就可以使用函数重载。换句话说，只要多个函数表达的操作相同而操作的对象不同，就可以使用相同的函数名来表示相同的操作，通过使用不同的参数来表示不同的操

作对象。需要注意的是，不能将不同功能的函数定义为重载函数，虽然这样做在语法上是正确的，但这样做违背了“函数名应准确表达函数功能”的原则，可能导致误用函数。

5.3.2　重载函数的解析

我们知道，编译器通过参数的类型和个数来区分重载函数的不同版本。因此，相同函数名的多个函数，只有在参数类型或个数上存在差异，才可以构成合法的重载函数的不同版本。例如：

```
// 参数类型不同构成合法的函数重载
int max(int a, int b);
float max(float a, float b);
double max(double a, double b);
```

以上三个函数分别接受两个 int、float 和 double 类型的参数，具有不同的参数类型，因此可以构成合法的函数重载。但需要特别注意的是，如果两个函数只是返回值类型不同，则不能构成函数重载，例如：

```
// 只是函数返回值不同，不能构成合法的函数重载
int max(int a, int b);
float max(int a, int b);
```

这是因为函数调用时，返回值并非总是必需的。如果只是单纯调用函数而没有返回值，编译器就无法确定应调用哪一个版本的重载函数。

定义了正确的重载函数后，在调用这些重载函数时，编译器将根据我们在调用时给出的实际参数找到与之匹配的重载函数的正确版本。

首先，编译器会进行严格的参数匹配，包括参数的数据类型和个数。如果编译器发现某个重载函数的参数类型和个数与函数调用时的实际参数相匹配，则优先调用这个重载函数。例如：

```
// 实际参数是两个 int 类型的数据
// 与重载函数 int max(int a,int b)的参数类型和个数相匹配
// 所以 int max(int a,int b)被调用
int nMax = max(1, 2);
```

这里的实际参数 1 和 2 都是 int 类型，参数个数是两个，这与 int max(int a, int b)这个重载函数严格匹配，所以这里调用的是 int 版本的 max()重载函数。

如果编译器无法找到严格匹配的重载函数，它将尝试将参数类型转换为更高精度的类型进行匹配。例如，将 char 类型转换为 int 类型，将 float 类型转换为 double 类型等。如果转换类型后的参数能够找到与之匹配的重载函数，则调用此重载函数。例如：

```
// 调用 int max(int a,int b)
char cMax = max('a','A');
```

这里的实际参数'a'和'A'是 char 类型的，并没有与之匹配的重载函数。编译器会尝试将 char 类型的参数转换为更高精度的 int 类型，因此会找到 int max(int a,int b)与之匹配。结果是实际调用的是 int 类型版本的 max()重载函数。

需要注意的是，参数可以从低精度的数据类型转换为高精度的数据类型进行匹配，但并不意味着高精度的数据类型也可以转换为低精度的数据类型进行匹配。由高精度到低精度的转换不仅会损失数据精度，更重要的是，由于转换过程中可能存在多种选择，例如一个 double 类型的参数既可以转换为 int 类型，也可以转换为 short 类型，这会导致编译器无法确定调用哪个版本的重载函数，从

而无法完成重载。

除理解重载函数的匹配原则外，还需注意带有默认参数值的函数可能会给函数重载带来麻烦。例如，有如下两个重载函数：

```
// 比较两个整型数的大小
int max(int a, int b);
// 比较三个整型数的大小，第三个数的默认值是 0
int max(int a, int b , int c = 0);
```

当我们以 **int nMax = max(1, 2);** 的形式尝试调用这个重载函数时，我们无法从函数调用表达式中确定它到底是只有两个参数，还是拥有三个参数（只不过第三个参数使用了默认参数），这就使得这个调用与两个重载函数都能严格匹配，这时编译器就不知道到底该调用哪个版本的重载函数。因此，在重载函数中，应该尽量避免使用默认参数，以便编译器能够准确无误地找到匹配的重载函数。

5.4 函数设计的基本原则

函数是 C++程序的基本功能单元，就像一块块砖头可以规则地垒成一栋房子，而一个个函数也可以规则地组织成一个程序。在大量使用他人设计好的函数的同时，我们也需要设计大量的函数供自己或他人使用。一个设计良好的函数，其概念清晰，职责明确，使用起来将非常容易，可以在很大程度上提高开发效率。相反，一个设计糟糕的函数，其概念不清，职责不明，不仅难以使用，有时甚至会导致严重的错误。因此，函数设计的好坏成为评价程序员水平高低的重要指标。关于函数的设计，业界已经积累了相当多的经验规则。这些经验规则是每个新入行的程序员都应当了解和遵循的，并且需要在实际开发中灵活应用。

5.4.1 函数声明的设计规则

函数声明定义了函数的接口，可以类比为函数的“标签”，它告诉我们函数封装了什么功能、需要哪些输入数据，以及预期会返回什么样的结果。了解一个函数的声明，基本上就能了解如何使用这个函数。

在实践中，一个函数的易用性很大程度上取决于其接口设计的质量。设计函数时，不仅要确保功能正确实现，还要确保接口的清晰度和可读性。一个清晰明了的接口有助于用户理解函数的用途、参数要求和返回值类型，从而能够正确地使用函数。

如果函数的接口设计不清晰，可能会导致用户错误地使用函数，从而引起程序错误或不符合预期的行为。因此，良好的接口设计对于提升代码的可维护性和可用性至关重要。

在函数接口的设计上，通常应当遵循如下几条规则。

1. 使用“动词+名词”的形式给函数命名

函数是对某个相对独立功能的封装，而功能往往由某个操作和相应的作用对象共同构成。例如，“拷贝字符串”这个功能由“拷贝”这一动作和“字符串”这一对象共同构成。因此，为了更好地表达函数的功能，在给函数命名时，最好使用由函数的主要动作和作用对象组合而成的动宾短语。这样可以做到望文生义，让函数的功能一目了然。例如：

```
// 计算面积
// Get 是动作，Area 是动作的对象
int GetArea(int nW, int nH);
// 拷贝字符串
// cpy 是动作，str 是动作的对象
char* strcpy(char* strDest, const char* strSrc);
```

2. 使用完整清晰的形式参数名，表达参数的含义

函数参数表示函数所作用的对象或需要处理的数据，也就是函数所表示的动作的宾语。因此，使用完整清晰的参数名来明确这个宾语的具体意义是非常重要的。如果某个函数没有参数，最好使用 void 来填充，表示这个函数不需要任何参数。同样的函数，不同的形式参数名可以带来不同的效果，例如：

```
// 参数的含义明确
// 可以清楚地知道第一个参数表示宽度，第二个参数表示高度
// 整个函数的功能就是设置矩形的宽度和高度
void SetRect(int nWidth, int nHeight);
// 参数的含义不明确
// 只能去猜测这两个参数的含义，很难直接调用这个函数设置矩形
void SetRect(int a, int b);
// 推荐的接口设计，没有参数就使用 void 填充
int GetWidth(void);
```

3. 参数的顺序要合理

在某些情况下，表示特定含义的多个参数的顺序已经形成了业界普遍遵循的规则。例如，复制字符串函数总是把目标字符串作为第一个参数，而把源字符串作为第二个参数。这些规则我们应当逐渐熟悉并遵守，而不应该标新立异、自行其是地打破。例如，编写一个设置矩形参数的函数：

```
// 不遵循参数顺序规则的接口设计
void SetRect( int nRight, int nBottom, int nTop, int nLeft);
```

SetRect()函数的函数名很好地表达了这个函数的功能，形式参数名也清楚地表达了各个参数的含义，但由于参数的顺序不符合业界普遍的规则，因此它不是一个好的接口设计。如果该函数交由他人使用，而他人是按照业界的普遍规则来调用该函数，则很可能因为参数顺序的问题而导致函数被错误使用。因此，规范的参数顺序应该是：

```
// 规范的接口参数的顺序——先左上角的 X 和 Y，后右下角的 X 和 Y
void SetRect(int nLeft, int nTop, int nRight, int nBottom);
```

4. 避免函数有太多参数

虽然 C++对函数参数的个数没有限制，但参数个数不宜过多，通常应该控制在 5 个以内。如果参数太多，使用时容易搞错参数类型或顺序，增加了函数的使用难度。如果确实需要向函数传递多个数据，可以使用结构体将多个数据打包，然后通过传递整个结构体来代替传递多个参数。例如：

```
// 创建字体函数
struct Human
{
    string m_strName;  // 姓名
    int m_nAge;        // 年龄
    int m_nHeight;     // 身高
}

// ...
```

```
// 和某个人一起工作
void HealthCheck ( Human man );
```

在这个例子中，我们需要向HealthCheck()函数传递一个人的姓名、年龄、身高等多项数据。如果将这些数据单独传递，HealthCheck()函数就需要多个参数。为了避免函数参数过多，我们将这些需要传递的数据打包成一个 Human 类型的结构体，然后只需传递一个 Human 类型的变量即可代替传递多个参数。

5. 使用合适的返回值

函数的返回值代表从函数返回的结果数据的类型。如果函数需要把结果返回给调用者，则应使用结果数据的类型作为返回值的类型。然而，有时函数不需要返回结果，此时可以使用 void 关键字作为返回值类型。如果函数没有结果数据需要返回，为了提高函数的可用性，我们有时也会给函数赋予一个 bool 类型的返回值，用来表示函数执行成功与否。在这种情况下，返回值的设计应清楚、准确，例如使用特殊的值（0、–1 或 nullptr），或者使用自己定义的错误类型编号等。

优秀的函数遵循的规则可参见图 5-7。

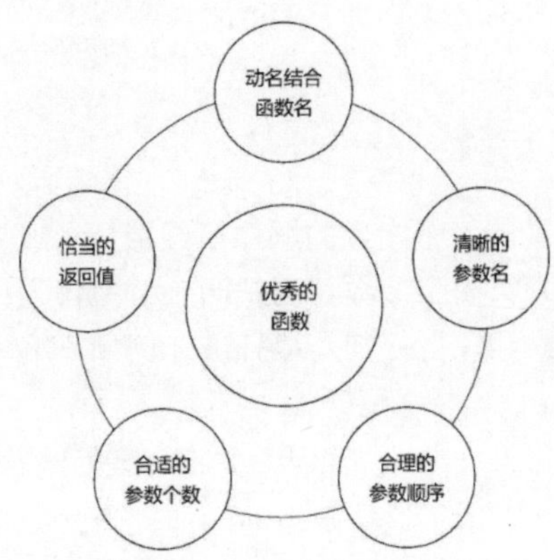

图 5-7　优秀函数的 5 项“修为”

5.4.2　函数体的设计规则

函数接口设计的好坏决定了函数是否易于使用，而函数是否能用，则取决于函数主体的设计与实现。虽然各个函数实现的功能各不相同，函数主体也可能大相径庭，但仍有一些普遍适用的经验规则可供我们学习和参考，以设计出优秀的函数体。

在函数体的“入口处”对参数进行有效性检查是非常重要的。有些函数对参数有特定要求，例如设置年龄的函数，其年龄参数值当然不能为负数。如果我们无法确保函数的使用者每次都能以正确的参数调用该函数，就需要在函数的“入口处”对参数的有效性进行检查，避免因无效的参数而导致更大错误的发生，从而增强程序的健壮性。如果需要对无效的参数进行处理，可以在函数入口使用条件语句，根据参数的有效性提示用户，或者直接返回函数执行失败的信息等。例如：

```
// 设置年龄
bool SetAge( int nAge )
{
    // 在函数入口处对参数的有效性进行检查
    // 如果参数不符合要求，则提示用户重新设置
```

```
    if( nAge < 0 )
    {
        cout<<"设置的年龄不能为负数，请重新设置。"<<endl;
        // 返回 false，表示函数执行失败
        return false;
    }
    // 如果参数符合要求，则继续进行处理
}
```

在这里，我们首先用 if 条件语句在函数入口处对参数的有效性进行检查。如果参数不符合要求，则提示用户重新设置，并返回 false 表示函数执行失败；如果参数符合要求，则继续进行处理。通过对参数的有效性进行检查，可以在很大程度上提高函数功能的正确性，避免如年龄为负数这种不合逻辑的错误发生。

如果只需要对参数的有效性进行检查，而无须对无效的参数进行处理，还可以简单地使用断言（assert）来对参数的有效性进行检查，以防止函数被错误地调用。断言接受一个逻辑判断表达式为参数。如果表达式的值为 true，则断言不起任何作用，函数继续执行。如果表达式的值为 false，断言就会提示我们条件不成立，说明函数的参数不符合要求，需要进行处理。例如，要设计一个除法函数 Divide()，为了避免除数参数的值为 0 这种错误的发生，可以在函数入口处使用断言来检查该参数，并提示函数是否被错误地调用。注意：在 C++ 中，断言是一种用于调试的工具，帮助程序员在开发过程中检测程序中的错误。它的主要作用是在程序运行时验证某些条件是否成立，如果条件不成立，则提示错误信息并终止程序的执行。断言是一种有效的错误检测机制，能够在开发和测试阶段捕捉潜在的程序逻辑错误。

```
#include <assert.h>     // 包含断言头文件
using namespace std;

double Divide( int nDividend, int nDivisor )
{
    // 使用断言判断表示除数的参数 nDivisor 的值是否为 0
    // 如果不为 0，则“0 != nDivisor”表达式的值为 true
    // 断言通过，程序继续执行
    // 如果为 0，则断言条件的值为 false，断言会提示断言条件不成立
    assert( 0 != nDivisor );

    return (double)nDividend/nDivisor;
}

int main()
{
    // 除数为 0，Divide()函数被错误地调用了
    double fRes = Divide( 3, 0 );

    return 0;
}
```

如果我们在主函数中错误地以 0 为除数调用 Divide()函数，当函数执行到断言处时，断言中的条件表达式 **0 != nDivisor** 的值为 false，将触发断言。此时，系统会终止程序的执行，并提示断言发生的位置，以帮助我们找到错误并进行修复。只有所有断言都通过后，才能保证参数的有效性。

需要注意的是，虽然函数入口处的参数合法性检查可以在一定程度上增加程序的健壮性，但“天下没有免费的午餐”，这种检查会消耗一定的程序性能。因此，我们需要在程序的健壮性和性能之间进行权衡。如果程序对健壮性的要求更高，我们应尽可能进行参数合法性检查；反之，如果程序

对性能的要求更高，或者该函数会被频繁调用，则应尽量避免在函数入口处进行参数合法性检查。可以考虑将检查工作前移到函数的调用处，在调用函数之前对参数进行合法性检查，以保证程序健壮性的同时尽可能减少对性能的影响。

知识拓展 静态（编译期）断言——static_assert

除使用 assert 断言在运行时（runtime）对参数的有效性进行检查外，我们还可以使用静态（编译期）断言 static_assert 对某些编译时的条件进行检查。一个静态断言可以接受一个常量条件表达式和一个字符串作为参数：

```
static_assert(常量条件表达式, 字符串);
```

在编译期，编译器会对静态断言中的常量条件表达式进行求值。如果表达式的值为 false，即断言失败，编译器将使用字符串作为错误提示消息输出。例如：

```
static_assert(sizeof(long) >= 8, "编译需要64位平台支持");
```

静态断言在判断某种假设是否成立（例如，判断当前平台是否为 64 位平台）并提供相应的解决方法时十分有用。程序员可以根据静态断言输出的提示信息快速找到问题所在并进行修复。需要注意的是，由于静态断言是在编译期进行求值的，因此它不能用于依赖运行时变量值的假设检验。例如：

```
double Divide( int nDividend, int nDivisor )
{
    // 错误：nDivisor是一个运行时变量，无法用静态断言对其进行检查
    static_assert( 0 != nDivisor,  "除数为0");

    return (double)nDividend/nDivisor;
}
```

在上面的示例代码中，static_assert 试图检查 nDivisor 是否为零，但 nDivisor 是一个运行时变量，因此无法在编译期进行静态断言的验证。静态断言中的条件表达式必须是一个常量表达式，能够在编译期对其进行求值。如果需要对运行时的某些条件进行检验，则应使用运行时 assert 断言。

除在函数的“入口处”对参数进行检查外，在函数体的设计和实现上，我们还应当遵守下面这 4 项原则。

1. 函数的职责应当明确而单一

恋爱中的女孩总是喜欢听对方说“我只爱你一个，你是我的唯一”。C++中，函数也像恋爱中的女孩一样，偏爱“唯一”。我们通常将一个大问题逐渐分解成多个小问题，而函数则专注于解决某一个小问题的。因此，函数的设计应明确而单一。

明确，意味着函数应专门解决某一个具体的问题。这一点通常反映在函数名上，我们往往用动词或动名词来描述函数的职责。例如，print()函数负责打印输出，而 strcmp()函数用于字符串比较。函数名应准确地反映函数的职责。如果我们发现难以用一个简单的动词或动名词来给某个函数命名，可能意味着该函数的职责不够明确，可能需要进一步细化和分解。

单一，指的是函数只实现其名称所指明的那个功能——print()函数只负责打印输出，不会去比

较字符串，而 strcmp()函数只负责比较字符串，不会去输出字符串。一旦发现函数实现了它自己不应该实现的功能，最好的解决办法是将该函数分解成更小的两个函数，使它们各司其职，互不干扰。例如，在一个查找最好成绩的函数中，同时画蛇添足地查找了最差的成绩，虽然看似一个函数实现了两个功能，有“事半功倍”的效果。但是，如果我们只需要最好成绩，那么这个同时查找的最差成绩会无端地消耗了性能而做了无用功，最后的结果是适得其反。面对这种情况，应该将这个函数分解成两个更小的函数，一个专门负责查找最好成绩，而另一个专门负责查找最差成绩。这样，两个函数各司其职，我们需要什么功能就单独调用哪个函数，避免将不同功能混在同一个函数中。

函数职责明确而单一是函数定义中最重要的一条规则。违反这条规则，无异于大声宣布自己脚踏两只船，其下场自然是可想而知的。

2. 函数的代码应当短小而精悍

函数职责的明确而单一决定了函数的代码应当短小而精悍。反过来，如果发现某个函数太过烦琐冗长，就应考虑它是否真正做到了明确而单一。有人担心短小的函数无法实现强大的功能，但实际上，经过良好的分层设计，函数通过调用下一层的函数，可以将复杂的功能分解成多个小功能交由下一级函数实现，从而使短小的函数同样能够实现非常强大的功能。还有人担心，函数数量的增加会导致程序代码量的增加。而事实上，保持函数短小而精悍不仅不会增加程序的代码量，反而可能减少代码量。这是因为短小的函数往往将程序中重复的代码提取成了独立的函数，避免了代码重复，自然就减少了代码量。此外，这种做法也使我们的编程思路更加清晰，从而也提高了程序代码的可读性。

按照一般的实践经验，一个屏幕页面应该能够完整地显示一个函数的所有代码，这样在查看和编辑这个函数时就不需要翻页，让代码阅读更容易，同时减少了错误的发生。如果我们在这个代码量范围内无法实现整个函数的功能，就应考虑该函数的职责是否足够明确而单一，是否可以进一步细分成多个更小的函数。时刻牢记，无论是谁，都讨厌冗长且复杂的函数。

3. 函数应当避免嵌套层次太多

在一些偶像剧中，常常会出现“我爱你，你爱他，他爱我”的三角恋关系。在函数实现中，如果不留意，也容易出现类似的三角调用关系。在 C++程序中，我们通过函数的嵌套调用来将复杂的问题逐渐细化分解，这种做法能够有效简化问题，使我们能逐一解决。但是，我们也应当注意分解的层次。如果分解的原则不明确，层次过深或过于混乱，就可能导致“我调用你，你调用它，而它又调用我”的“三角恋”式调用关系，最终使整个程序陷入嵌套调用的无限循环中。例如：

```
// 函数的嵌套调用
// 函数的前向声明
int GetArea();
int GetWidth();
int GetHeight();

// 函数的嵌套调用形成了无限循环
int GetWidth()
{
    return GetArea()/GetHeight();
}
int GetHeight()
{
    return GetArea()/GetWidth();
}
```

```
int GetArea()
{
    int w = GetWidth();
    int h = GetHeight();

    return w*h;
}
```

在这个例子中，GetArea()函数调用了 GetWidth()函数，而 GetWidth()函数又反过来调用了GetArea()函数，这样就形成了一个嵌套调用循环。这个循环会不断地进行，直到最后系统资源耗尽、程序崩溃为止。事实上，这种方式是间接递归调用。我们知道，如果递归没有出口，就会变成死循环。更让人绝望的是，编译器无法发现这种程序逻辑上的错误，因此不会给出任何提示信息，使得这种错误极具隐蔽性，难以察觉。

函数嵌套过多可能会导致程序结构复杂难懂，无论是编写代码的开发者还是阅读代码的其他人，都可能因此感到困惑。就像复杂的立交桥设计，虽然巧妙，但因其纵横交错而容易使人迷失方向，过度嵌套的函数也因为它们复杂的调用关系和层次结构，让人难以快速把握程序的流程。在编程实践中，我们应该避免函数嵌套过深，以保持代码的清晰性和可维护性。

4. 函数应当避免重复代码

在编程中，面对两个具有部分相似功能的函数时，初学者可能会倾向于使用复制粘贴的方法来快速解决问题。虽然这看似节省了时间，但代码重复往往会成为程序员面临的问题。复制粘贴的代码可能需要进一步修改以适应新的需求，这可能引入新的错误和混乱。此外，如果原始代码中存在错误并需要更新，那么所有复制的代码也必须相应更新，这不仅增加了工作量，而且存在遗漏的风险，可能导致错误在代码中持续存在。

为了避免这种情况，最佳实践是将重复的代码提取到一个单独的函数中。这样，所有需要这段代码的函数都可以调用这个新的函数，从而实现代码复用并减少重复。例如，在打印进货单（PrintIn()函数）和出货单（PrintOut()函数）时，如果两个函数都需要在页眉打印公司名称等内容，我们可以创建一个新的函数来处理这一共同的任务：

```
// 打印进货单
void PrintIn(int nCount)
{
    // 打印页眉
    cout<<"ABC 有限公司"<<endl;
    cout<<"进货单"<<endl;

    // 打印内容
    cout<<"今日进货"<<nCount<<"件"<<endl;
}

// 打印出货单
void PrintOut(int nCount,int nSale)
{
    // 打印页眉
    cout<<"ABC 有限公司"<<endl;
    cout<<"出货单"<<endl;

    // 打印内容
    cout<<"今日出货"<<nCount<<"件"<<endl;
    cout<<"销售额"<<nSale<<"元"<<endl;
}
```

对比这两段代码，我们可以发现，两个函数中负责打印页眉的代码几乎完全一致。面对这种情况，我们可以将这段相似的代码提取成一个独立的函数（PrintHeader()函数）。这个函数会完成两段代码中相同的功能（打印公司名），而对于稍有差异的功能（打印不同的单名），则可以通过参数来加以区分：

```
// 提取到的专门负责打印页眉的 PrintHeader()函数
void PrintHeader(string strType)
{
    // 打印页眉
    cout<<"ABC 有限公司"<<endl;
    // 用参数对函数的行为进行自定义，使函数更具通用性
    cout<<strType<<endl;
}

// 在 PrintIn()和 PrintOut()函数中调用
// 使用 PrintHeader()函数实现页眉的打印
void PrintIn(int nCount)
{
    // 打印页眉
    PrintHeader("进货单");

    //...
}

void PrintOut(int nCount,int nSale)
{
    // 打印页眉
    PrintHeader("出货单");

    // ...
}
```

通过这样的函数提取，不仅避免了直接复制粘贴代码可能带来的诸多问题，同时使得代码的结构更加清晰，易于理解。更重要的是，提取函数后的代码更易于后期维护。如果将来公司的名称发生了变化，或者需要在页眉部分增加新的内容，我们只需要修改 PrintHeader()一个函数即可，而 PrintIn()和 PrintOut()函数无须做任何修改。这种方式比直接复制粘贴更省时省力。

以上这 4 项原则都是实践经验的总结，无数前辈的代码验证了这些经验规则的正确性。简单地讲，它们可以总结成这样一副简单的对联："应明确单一，宜短小精悍；忌嵌套太多，勿重复代码"，如图 5-8 所示。如果能够把这副对联挂在显眼的位置并时常提醒自己，必能保函数平安，程序兴旺。

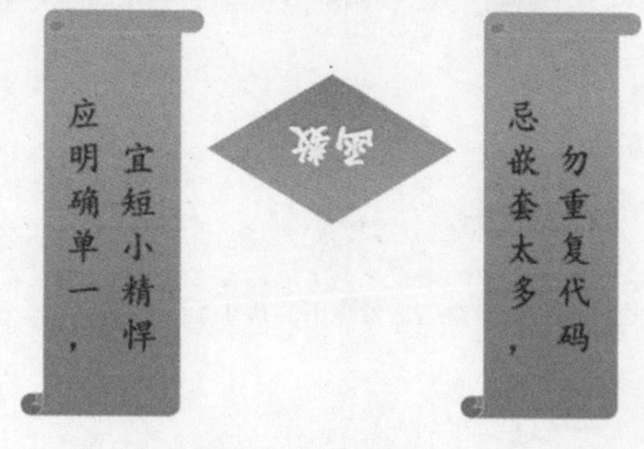

图 5-8　函数倒了

5.4.3 工资程序成长记：函数

自从小陈上次成功开发了工资程序并获得老板的表扬后，关于涨工资的承诺便再无音讯。然而，这一天老板突然召他去办公室，让小陈心中燃起了希望，以为终于要谈涨工资的事了。他急匆匆地赶到办公室，却发现情况似乎并不像他预期的那样。

老板的办公室里气氛紧张，老板满头大汗，显得焦虑不安。小陈一进门，老板就连珠炮般地质问他，抱怨工资程序每次都要重新输入数据，显得非常不满。

小陈的心情瞬间从云端跌落，意识到涨工资的事可能泡汤了。他回想起自己的程序确实存在问题：无法读取和保存工资数据，导致每次使用都要重新输入，造成了不必要的重复劳动。

面对老板的不满，小陈迅速解释说这是一个常见的程序缺陷，也就是 Bug，并承诺会立即修改。虽然没能得到期待中的涨工资的好消息，但小陈拿到了需要修复的程序，准备着手解决问题。

幸运的是，经过几周的努力学习，小陈在 C++方面已有了很大进步，掌握了函数的使用，学会了如何分析问题、划分模块，并用 C++函数解决问题。因此，对于修复这个问题，他充满信心。

小陈对问题进行了分析，将程序分为数据输入、数据处理和数据输出三个主要模块。他计划改进数据输入模块，增加文件读入功能；在数据输出模块中，除屏幕显示外，还要添加将数据写入文件的功能。数据处理模块则需要将计算最大值、最小值和平均值的功能分离出来，以保持函数的单一职责原则。

经过这样的分析，小陈迅速在白板上绘制出了工资程序的模块图，为接下来的编码工作做好了准备，如图 5-9 所示。

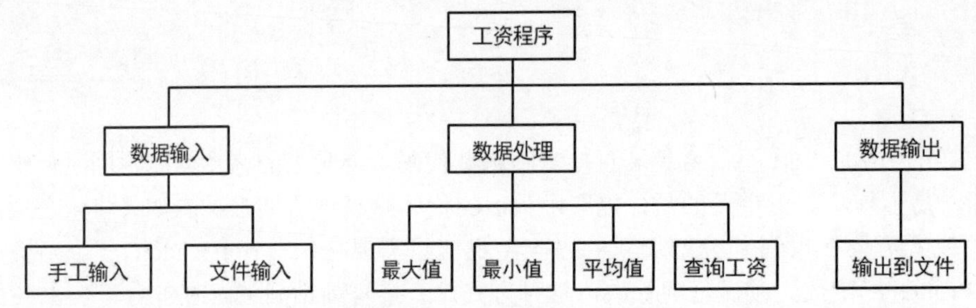

图 5-9 工资程序模块图

有了程序模块图，我们只需要用函数实现每个模块，然后在主函数中按照业务流程对各个子模块进行调用，就可以解决整个问题了。在模块图的指引下，小陈很快就用函数实现了每个模块，并将它们组装成了新的工资程序：

```
// 工资程序 V2.0
#include <iostream>
// 为了读写文件，包含文件流对象头文件
#include <fstream>
#include <string>
#include <climits> // 为了使用 int 类型的最大值和最小值

using namespace std;

// 全局的工资数据文件名，使用一个不可修改的常量字符串表示
const string strFileName = "SalaryData.txt";

// 从数据文件把工资数据读入 arrSalary 数组
```

```
int Read(int* arrSalary, int nCount)
{
    int i = 0;    // 当前工资序号

    // 打开工资数据文件 SalaryData.txt 用于读入数据
    // 这个文件应该在.exe 文件所在的相同目录下
    ifstream in(strFileName);
    if(in.is_open()) // 如果成功打开数据文件
    {
        // 构造一个 while 循环读取文件中的工资数据
        // 如果读取的数据个数 i 小于数组的容量 nCount，则继续读取
        while(i < nCount)
        {
            // 将读取的数据保存到 arrSalary[i]
            in>>arrSalary[i];
            // 对读取结果进行判断，看是否读取到了文件结束
            // 如果到达文件结尾，则用 break 关键字结束读取循环
            if(!(in))
            {
                break;
            }
            ++i;  // 尚未读取完毕，开始下一次读取
        }
        // 读取完毕，关闭文件
        in.close();
    }
    // 输出读取结果，返回读取的数据个数
    cout<<"读取"<<i<<"个工资数据"<<endl;
    return i;
}

// 将 arrSalary 数组中的工资数据写入数据文件
void Write(int* arrSalary, int nCount)
{
    // 创建或打开工资数据文件 SalaryData.txt 用于输出
    // 输出完成后，这个文件将出现在.exe 文件所在的目录下
    ofstream out(strFileName);
    if(out.is_open()) // 如果成功打开数据文件
    {
        // 利用 for 循环将数组中的数据输出到文件中
        for(int i = 0;i < nCount;++i)
        {
            out<<arrSalary[i]<<endl; // 每一行一个数据
        }
        // 输出完毕，关闭文件
        out.close();
    }
}
// 获取工资数组中的最大值
int GetMax(int* arrSalary, int nCount)
{
    int nMax = INT_MIN; // 初始值为 int 类型的最小值
    // 利用 for 循环遍历数组中所有数据元素，逐个进行比较
    for(int i = 0;i < nCount; ++i)
    {
        if(arrSalary[i] > nMax)
            nMax = arrSalary[i];
    }
    // 返回找到的最大值
    return nMax;
```

```
}

// 获取数组中的最小值（请依最大值函数的葫芦自行画出最小值函数的瓢）

// 计算数组中所有数据的平均值
float GetAver(int* arrSalary, int nCount)
{
    // 先遍历数组，计算工资总和
    int nTotal = 0;
    for(int i = 0;i < nCount; ++i)
    {
        nTotal += arrSalary[i];
    }

    // 计算平均值并返回
    if(0 != nCount) // 判断总数是否为 0
        return (float)nTotal/nCount;
    else
        return 0.0f; // 特殊情况返回 0
}
// 手工输入数据
int Input(int* arrSalary, // 工资数组首地址
int nMax,          // 数组能够容纳的数据的个数
int nIndex)        // 数组中已有的数据的个数
{
    // 用数组中已有数据的个数作为输入的起点
    // 因为 i 在 for 循环之后还需要用到，所以我们在 for 循环之前定义并初始化 i
    int i = nIndex;
    for(; i < nMax; ++i) // i 已经初始化，初始化语句留空
    {
        // 提示输入
        cout<<"请输入"<<i<<"号员工的工资（-1 表示输入结束）："<<endl;
        // 将输入的数据保存到数组的 arrSalary[i]数据元素
        int n = 0;
        cin>>n;
        // 检查输入是否合法
        if(cin)
        {
            arrSalary[i] = n;
        }
        else              // 如果输入不符合条件，例如输入了英文字符，则提示用户重新输入
        {
            cout<<"输入错误，请重新输入"<<endl;
            // 清理 cin 的输入标志位以重新输入
            cin.clear();
            // 清空输入缓冲区
            cin.sync();
            --i;          // 将输入序号退后一个
            continue;     // 直接开始下一次循环
        }


        // 检查是否输入特定数字-1（表示输入结束）
        if(-1 == arrSalary[i])
        {
            break; // 结束输入循环
        }
    }

    // 返回当前数组中共有的数据个数
```

```
        return i;
    }

    // 查询工资数据
    void Find(int* arrSalary,int nCount)
    {
        while(true)  // 构造无限循环进行工资查询
        {
            int n = 0;
            // 提示用户输入要查询的员工序号
            cout<<"请输入要查询的员工序号（0-"<<nCount-1
                <<"，-1 表示结束查询）："<<endl;
            // 获取用户输入的员工序号并保存到 n
            cin>>n;


            // 对用户输入进行检查
            if(!cin) // 如果用户输入不符合条件
            {
                cout<<"输入错误，请重新输入"<<endl;
                // 清理 cin 的输入标志位以重新输入
                cin.clear();
                // 清空输入缓冲区
                cin.sync();
                continue;      // 开始下一次查询
            }
            else if(-1 == n) // 检查查询是否结束
            {
                // 查询结束，用 break 结束循环
                cout<<"查询完毕，感谢使用！"<<endl;
                break;
            }
            else if(n < 0 || n >= nCount) // 检查输入是否超出序号范围
            {
                // 输入序号超出范围，用 continue 开始下一次循环
                cout<<"输入的序号"<<n<<"超出了序号范围 0-"
                <<nCount-1<<"，请重新输入。"<<endl;
                // 开始下一次查询
                continue;
            }

            // 输入符合条件，输出用户查询的员工工资
            cout<<"员工序号："<<n<<endl;
            cout<<"员工工资："<<arrSalary[n]<<endl;
        }
    }

    int main()
    {
        // 定义保存员工数据的超大数组
        const int MAX = 100000;
        int arrSalary[MAX] = {0}; // 定义数组并初始化

        // 首先从数据文件读取已经保存的数据
        int nCount = Read(arrSalary,MAX);
        // 然后用手工继续输入工资数据
        nCount = Input(arrSalary,MAX,nCount);

        // 对输入的工资数据进行统计
        cout<<"输入完毕。一共有"<<nCount<<"个工资数据"<<endl;
```

```
    cout<<"最大值："<<GetMax(arrSalary,nCount)<<endl;
    cout<<"最小值："<<GetMin(arrSalary,nCount)<<endl;
    cout<<"平均值："<<GetAver(arrSalary,nCount)<<endl;

    // 查询工资数据
    Find(arrSalary,nCount);

    // 查询结束，将工资数据保存到数据文件，以备下次使用
    Write(arrSalary,nCount);

    return 0;
}
```

在改写工资程序的过程中，小陈采用了面向过程的“自顶向下，逐步求精”设计方法。他首先将整个问题分解为多个子模块，如手工数据输入、文件读取、计算最大值等，然后通过编写多个函数来逐一实现这些模块的功能。在主函数中，小陈按照业务流程将这些函数有序地组织起来，成功地解决了整个问题。

经过小陈的努力，改写后的工资程序得到了老板的高度认可。老板试用后非常满意，并称赞道："干得好！现在的工资程序能够保存输入的数据，避免了重复输入的麻烦，同时还增加了输入检查，有效防止了错误的发生。"听到老板承诺下个月涨工资，小陈感到无比振奋。

这次成功的改写经历，让小陈深刻体会到了函数在解决问题中的重要性。他认识到，通过将复杂问题分解为多个小问题，并逐一解决，可以更有效地应对编程中的挑战。小陈决心继续深入学习C++，相信凭借自己的努力，一定能够在下个月实现工资的增长。

5.5 本章练习

1. 编写一个斐波那契数列程序。该程序接收用户输入的一个正整数 n，使用函数计算并输出斐波那契数列的前 n 项。斐波那契数列是一个整数序列，序列中的每个数字都是前两项数字之和，初始序列的数据项从 0 和 1 开始，即前两项为 0 和 1。

2. 使用重载函数实现不同类型数据的相加。定义一个重载函数 add()，使其能够对不同类型的操作数执行相加运算。程序应支持整数、浮点数和字符串的相加。对于整数和浮点数，直接执行数值相加；对于字符串，执行字符串相加（即拼接）。程序应接收用户输入的两个操作数，并输出相加的结果。

3. 编写一个名为 sumArray 的函数，该函数接收一个整数数组 arr 和一个整数 n 作为参数（其中 n 是数组的长度），并返回数组中所有元素之和。在 main()函数中，用户输入一个整数数组的长度及其数据，并调用 sumArray()函数计算数组之和，然后输出结果。

第 6 章

当 C++爱上面向对象

对于初次接触 C++的编程者来说，C++名称中的两个加号可能会引起好奇。实际上，C++是从 C 语言演变而来的，这两个加号象征着 C++在 C 语言的基础上增加的新特性。C++保留了 C 语言的高效性和灵活性，同时引入了现代编程语言的新特性，如模板和异常处理，并且全面支持面向对象编程（Object-Oriented Programming，OOP）。

在 C++引入的众多新特性中，最为关键的是对面向对象编程思想的支持，这一特性标志着 C++从 C 语言的进化与升华。那么，到底什么是面向对象编程？C++为什么要添加对它的支持？C++又是如何实现对面向对象编程的支持？本章将一一阐述这些内容。

6.1 从结构化程序设计到面向对象程序设计

面向对象程序设计的雏形最早出现在 1960 年代的 Simula 语言中。当时，程序设计领域正面临一场危机：随着软硬件系统的日益复杂，传统的以 C 语言为代表的面向过程的程序设计方法已逐渐难以满足实际需求。面向过程的设计方法在描述整个系统时存在局限，且设计结果往往难以理解，这给软件的实现和后期维护带来了巨大的挑战。项目规模越大，实现难度越高；项目进展越深入，实现难度也越大。人们因此陷入了前所未有的软件危机之中。

为了应对这场软件危机，人们开始寻找能够消灭这一“怪兽”的“银弹”。面向对象程序设计思想正是在这样的背景下应运而生的。它通过强调设计和实现的可扩展性和可重用性，成功地缓解了这场危机。自此，面向对象的程序设计思想在业界广泛传播，并逐渐成为主流。

与此同时，C 语言向 C++的演进恰好发生在这一时期。因此，C++也自然地选择了支持面向对象程序设计思想，以适应软件开发的新趋势。

《人月神话》与银弹

《人月神话》是软件开发领域一本具有深远影响的著作。它诞生于软件危机的背景之下，而正是这本书提出了“银弹”的概念。

在西方的神话传说中，只有被银弹击中心脏，才可以杀死怪兽。在这本书中，作者把那些规模越来越大的、管理与维护越来越困难的软件开发项目比作传说中无法控制的怪兽，并希望有一项技术能够像银弹一样杀死怪兽，彻底地解决软件危机。

其实，面向对象程序设计思想并不是完全意义上的银弹，它不可能解决所有大型软件项目遇到的问题。它提出了一种描述软件的更自然的方式，在一定程度上缓解了软件危机。

6.1.1 “自顶向下，逐步求精”的面向过程程序设计

要了解面向对象思想有什么优点，最简单直接的方式是先看看面向过程思想的缺点。回顾前面学过的例子，我们在解决问题时通常遵循这样的流程：首先提出问题；然后分析问题的处理流程；接着把一个大问题划分为几个小问题；如果细分后的小问题仍然比较复杂，则进一步细分，直到小问题可以简单解决为止；实现每个子模块，解决每个小问题；最后通过主函数按业务流程的顺序调用这些子模块，最终解决整个大问题，如图 6-1 所示。我们把这种从问题出发，自顶向下、逐步求精的开发思想称为“面向过程程序设计思想”，它主要描述了解决问题的“过程”。

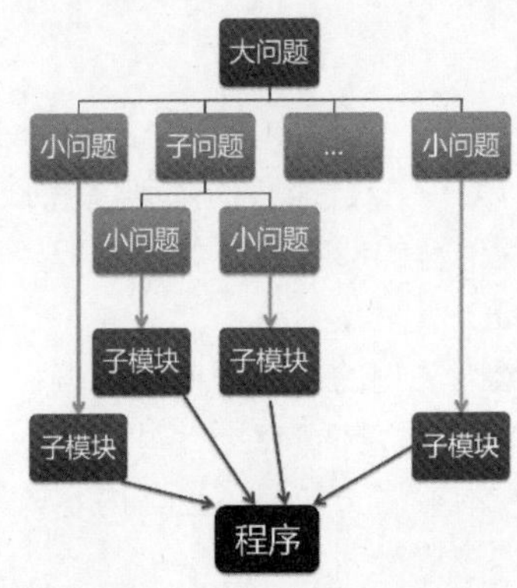

图 6-1 面向过程程序设计的流程

面向过程程序设计思想诞生于 20 世纪 60 年代，鼎盛于 20 世纪 80 年代，是当时最为流行的程序设计思想。它的流行有其内在原因，与当时其他程序设计思想相比，面向过程程序设计有着明显的优势。

1. 程序仅由三种基本结构组成

正如第 4 章所介绍的程序流程控制结构，面向过程程序设计思想限定程序仅包含顺序、选择和循环这三种基本控制结构。任何程序逻辑，无论简单还是复杂，都可以通过这三种基本控制结构的不同组合或嵌套来实现。这使得程序的结构相对比较简单，易于实现和维护。

2. 分而治之，各个击破

在解决复杂问题的过程中，人们常采用“分而治之”的策略，即将大问题分解为多个小问题，并逐一解决。面向过程程序设计（Procedural Programming，或称为过程式程序设计）正是基于这种思想，将大型程序按照业务逻辑划分为多个子模块。通过分工合作，逐个完成这些子模块，再按照业务流程将它们整合，从而解决整个问题。

这种将大问题细分为小问题的方法，不仅符合人们思考问题的一般规律，而且使设计结果更易于理解和掌握。分解问题有助于降低复杂性，简化程序的实现和维护工作。此外，子模块的可重用性避免了重复开发，而多人分工协作完成多个子模块，进一步提高了开发效率。

3. 自顶向下，逐步求精

面向过程程序设计思想倡导的“自顶向下，逐步求精”的方法。所谓“自顶向下，逐步求精”，就是先从宏观角度考虑，按照功能或者业务逻辑划分程序的子模块，定义程序的整体结构，再对各

个子模块逐步细化，最终分解到程序语句为止。这种方法使程序员能够全面考虑问题，使程序的逻辑关系清晰明了。它让整个开发过程从原来的“怎么做”变成“先做什么，再做什么”，使流程更加清晰。

随着时代的发展，软件开发项目变得越来越复杂。虽然面向过程程序设计思想具有诸多优点，但在应对复杂问题时，其缺点也逐渐暴露出来。在面向过程程序设计中，数据和操作是相互分离的，这意味着如果数据结构发生变化，相应的操作函数就不得不重新改写。如果需求发生变化或出现新的需求，还可能涉及模块的重新划分，从而需要修改大量原先已经完成的功能模块。面向过程程序设计中数据和操作的分离特性，使得一些模块与具体应用环境紧密结合，导致旧有的程序模块难以在新的程序中复用。这些固有缺点使得面向过程程序设计越来越难以适应大型软件项目的开发，这确实是“成也面向过程，败也面向过程”。

于是，人们开始寻找一种新的程序设计思想。在这种背景下，新的程序设计思想不断涌现，并逐渐取代面向过程程序设计思想，而面向对象程序设计思想便成为其中的佼佼者。

6.1.2　万般皆对象：面向对象程序设计

面向对象程序设计是对面向过程程序设计的继承和发展，它不仅汲取了后者的精华，而且以一种更接近人类思维的方式来分析和解决问题：程序是对现实世界的抽象和描述，而现实世界的基本单元是物体，与之对应，程序中的基本单元就是对象。

面向对象思想认为：现实世界由许多彼此相关并互通信息的实体——对象组成。大到一个星球、一个国家，小到一个人、一个分子，无论是有生命的，还是没有生命的，都可以看作一个对象。通过分析这些对象，我们发现每个对象都由两部分组成：描述对象状态或属性的数据（变量）和描述对象行为或功能的方法（函数）。与面向过程将数据和对数据进行操作的函数分开不同，面向对象将数据和操作数据的函数紧密结合，共同构成对象，以更准确地描述现实世界。这可以说是面向过程与面向对象的本质区别。

在面向对象的设计中，我们用对象来代表现实世界中的某个实体，每个对象都有自己的属性和行为，而整个程序由一系列相互作用的对象构成。这些对象通过互相操作来完成复杂的业务逻辑。例如，在一个班中，有一位陈老师和 50 名学生，我们可以用一个老师对象和 50 个学生对象来抽象和描述这个班级。对于这 51 个对象而言，有些属性是它们共有的，如姓名、年龄等，而有些属性则是特定对象的专有，如老师对象有“职务”属性，而学生对象没有。此外，老师和学生这两种对象还有各自不同的行为，例如老师对象有备课、上课、批改作业的行为，而学生对象则有听课、完成作业等行为。老师对象和学生对象各自负责自己的行为和职责，同时又相互发生联系，例如老师上课的动作需要以学生作为对象。通过对象之间的相互作用，整个班级就可以正常运作。面向对象的分析和设计结果与现实世界非常接近，因此更容易理解和实现。老师对象如图 6-2 所示。

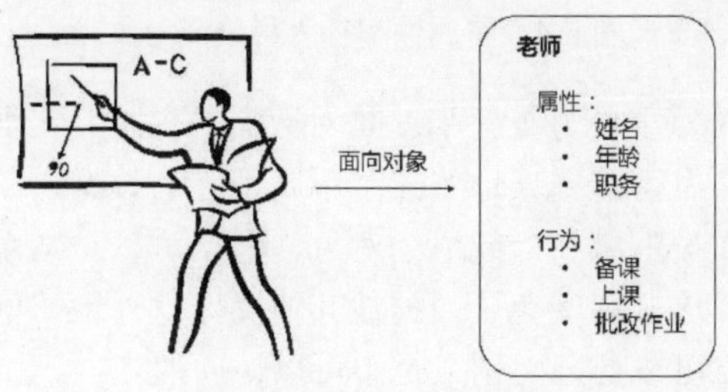

图 6-2　用面向对象思想将老师抽象成对象

6.1.3 面向对象程序设计的三座基石：封装、继承与多态

我们知道，面向对象程序设计是为了解决面向过程程序设计无法解决的“软件危机”而诞生的，那么，它又是如何解决“软件危机”的呢？封装、继承与多态是面向对象思想的三座基石，正是它们的共同作用，才使得“软件危机”得到了一定程度的解决，如图 6-3 所示。

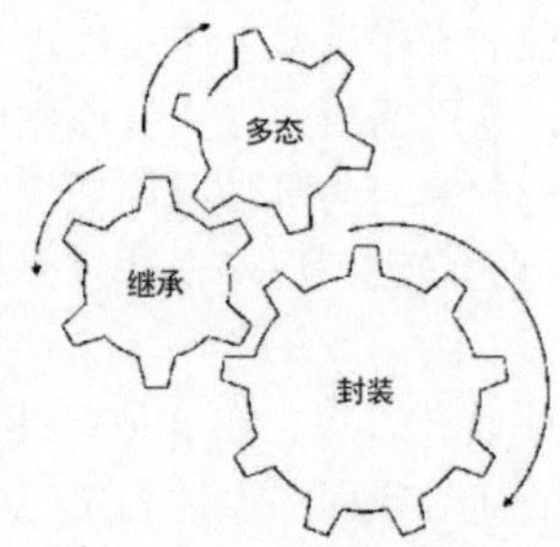

图 6-3 面向对象思想的三座基石

1. 封装

程序用于抽象和描述现实世界。我们通常从从数据和操作两个方面来描述某个事物：它“是什么”和它“能做什么”。例如，当我们描述一位老师时，我们会说：他身高 178 厘米，体重 82 公斤，年龄 32 岁，同时他能给学生上课，能批改作业。这样，一个生动的老师形象就会在我们头脑中形成。

在传统的面向过程程序设计中，程序中的数据和操作是相互分离的。也就是说，事物的属性（数据）和行为（操作）是分开的。然而，在面向对象程序设计中，我们通过封装机制将数据和相应的操作结合在一起，形成一个完整的、具有属性（数据）和行为（操作）的数据类型。在 C++中，我们把这种数据类型称为类（class），用这种数据类型定义的变量被称为对象（object）。这使得程序中的数据和对这些数据的操作结合在一起，更符合人们描述事物的思维习惯，因此更容易理解和实现。简单来说，对象是封装了数据和操作这些数据的动作的逻辑实体，也是现实世界中事物在程序中的体现，如图 6-4 所示。

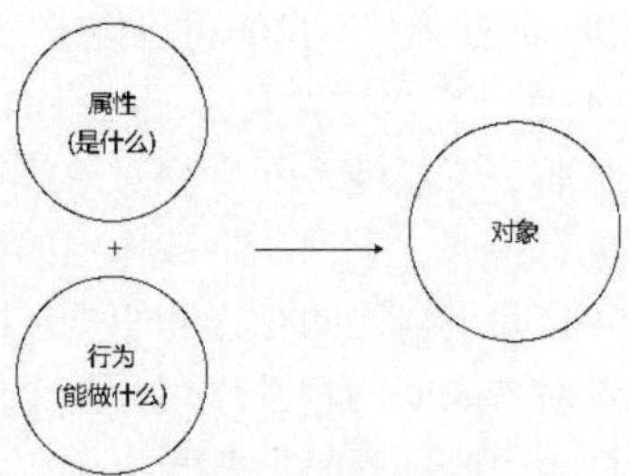

图 6-4 将属性和行为封装成对象

封装机制还带来了另一个重要的好处，那就是对数据的保护。在面向过程程序设计中，由于数据和操作是分开的，有些操作有可能错误地修改了不属于它的数据，从而导致程序错误。而在面向对象程序设计中，数据和操作被捆绑在一起成为对象，数据可以是某个对象的私有属性，只能由与它捆绑在一起的操作所访问，这样就避免了数据被其他操作意外地访问。这就如同钱包里的钱是我们的私有财产，只有我们自己可以访问，别人是不可以访问的。

2. 继承

在创造新事物时，我们通常希望能在旧事物的基础上进行，这显然可以提高效率。然而，在面向过程的 C 语言中，这一点很难做到。在 C 语言中，如果已经写好了一个“上课”的函数，要想再写一个“上数学课”的函数，很多时候我们不得不另起炉灶，全部重新开始。这种重新劳动显著降低了开发效率，也无法满足大型的复杂系统的开发需要。

为了解决这一问题，面向对象程序设计引入了继承机制。继承是一种让某个类型获得另一个类型的属性（成员变量）和行为（成员函数）的简单方法。继承就如同现实世界中的进化一样，继承得到的子类型，既可以拥有父类型的属性和行为，又可以增加子类型特有的属性和行为。

例如，我们可以用封装机制将姓名属性和说话行为封装成了“人”这个类。在此基础上，我们很容易通过继承“人”这个类，再添加职务属性和上课行为而得到一个新的“老师”类。这个新的“老师”类不仅拥有它的父类“人”的姓名属性和说话行为，还拥有它自己的职务属性和上课行为。如果需要，我们还可以在“老师”类的基础上进一步继承，得到“数学老师”“语文老师”等更多的子类。在这个过程中，我们复用了父类已有的属性和行为，避免了面向过程程序设计中另起炉灶从头开始的重复工作，在很大程度上提高了开发效率，如图 6-5 所示。

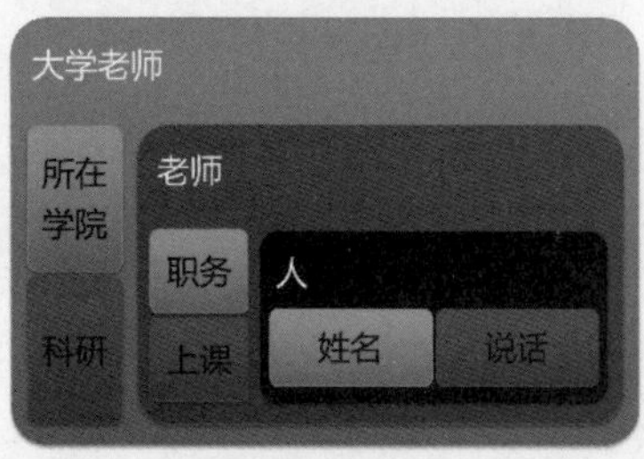

图 6-5　继承

3. 多态

在 C++的面向对象世界中，多态性是一个核心特性，它允许不同的对象对同一消息做出响应，但具体的行为会根据对象的实际类型而有所不同。这种特性是继承的直接结果，使得在同一个继承体系中的多个类型的对象可以拥有相同的接口，但实现方式却可以各异。

例如，考虑“老师”这个概念，我们可以有一个基类“老师”，而“大学老师”和“小学老师”则是从这个基类继承而来的子类。它们都继承了“上课”这个方法，但具体的实现可能不同：“小学老师”可能拿着课本上课，而“大学老师”可能使用计算机和鼠标进行教学。在 C++中，通过虚函数机制，我们可以定义一个虚函数“上课”，然后在各个子类中提供具体的实现。

多态性的美妙之处在于，当我们对一个对象调用“上课”方法时，编译器会自动根据对象的实际类型来选择正确的实现。也就是说，如果对象是“小学老师”类，就会调用“小学老师”类的“上课”实现；如果对象是“大学老师”类，就会调用“大学老师”类的“上课”实现。这样，我们就可以编写更灵活、更可重用的代码，而不必担心对象的具体类型，如图 6-6 所示。

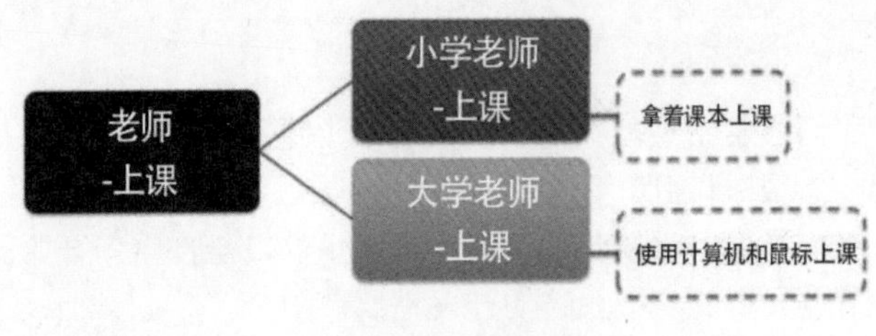

图 6-6 多态

动手实践 多态与重载的区别

函数重载和多态性都是编程中根据特定条件调用不同函数的机制，但它们在内在机制和外在形式上有着显著的区别。

首先，在内在机制上，函数重载是一种静态多态或编译时多态现象。它在程序编译期间确定，编译器会根据函数调用时提供的参数类型和数量来选择正确的函数重载版本。例如，如果有两个同名函数，但参数列表不同，编译器会根据调用时提供的参数来决定调用哪一个函数。

多态性则是动态多态或运行时现象。它在程序执行期间确定，程序会根据调用函数时对象的实际类型来选择正确的函数实现。这通常通过虚函数来实现，允许派生类重写基类中的方法。

其次，在外在形式上，函数重载和多态性体现的层次关系不同。函数重载涉及的是同名函数的不同版本，它们可以位于同一个作用域内，无论是全局作用域还是局部作用域。而多态性则涉及继承，只能在基类和派生类之间发生，其中派生类提供了对基类中虚函数的特定实现。

多态机制使得不同类型的不同内部实现可以拥有相同的函数声明，共享相同的外部接口。这意味着，虽然针对不同对象的具体操作不同，但通过一个公共的父类，这些对象的成员函数能够以相同的方式被调用。简单来说，多态机制允许通过相同的接口触发一组相关但不相同的操作（或动作）。这种机制保持了代码的一致性，减少了代码的复杂度。尽管函数调用形式相同，但在特定情况下应该执行怎样的操作由编译器决定，而不需要程序员手工干预，从而简化了程序员的开发工作。

面向对象程序设计的三大特征（封装、继承和多态）是紧密相关且不可分割的。通过封装，我们将现实世界中的数据和对数据的操作“捆绑”在一起形成了类，并通过类定义（或创建）对象，从而实现了对现实世界事物的抽象和描述；通过继承，可以在已有类的基础上快速派生出新类，实现了设计和代码的复用；同时，多态机制保证了在继承的同时，能够对类的已有操作或行为重新进行定义，以满足不断变化的新需求。

面向对象程序设计的这些特性使得它在程序设计中有着不可替代的优势。

（1）容易设计和实现。

面向对象程序设计强调从客观存在的事物（对象）出发来认识、分析和解决问题，这种方式更符合我们人类认识和理解事物的规律，显著降低了对问题的理解难度。封装、继承与多态的基本原则符合人类日常的思维习惯，使得采用面向对象程序设计的程序结构更清晰，更容易设计和实现，也更易于维护。

（2）复用设计和代码，开发效率和系统质量都得到提高。

面向对象程序设计的继承和多态强调程序设计和代码的复用。在设计新系统时，可以最大限度地复用已有的、经过大量实践检验的设计和代码，使系统能够满足新的业务需求，又保持较高的质量。同时，由于可以直接复用以前的设计和代码，因此可以大大提高开发效率。

（3）易于扩展。

在开发大型系统时，最担心的往往是需求的变更及系统扩展的问题。利用面向对象程序设计的继承和多态特性，可以设计出“高内聚、低耦合”的系统结构，从而使系统更灵活、更易扩展，从而轻松应对系统的扩展需求，降低维护成本。

动手实践　高内聚，低耦合

高内聚、低耦合是软件工程中的一个重要概念，通常用于判断软件设计的优劣。所谓高内聚，是指一个软件模块内部的代码高度相关，模块只负责某单一任务，这也符合“单一责任原则”。低耦合指的是在一个完整的系统中，各模块之间尽量保持独立，即每个模块应尽可能独立地完成特定的子功能。模块与模块之间的接口应尽量少而简单。

高内聚、低耦合的系统具有更好的重用性、可维护性和扩展性，能够更高效地完成系统的开发、维护和扩展，持续支持业务的发展。因此，它既可以作为判断软件设计优劣的标准，自然也称为软件设计的目标。

面向对象程序设计凭借其在软件开发中的显著优势，已成为当前最流行的程序设计方法之一。对于每一位进入 C++领域的程序员来说，理解和掌握面向对象程序设计的方法是基本要求。它深邃而广博，如同程序设计中的《易筋经》，包含了丰富的知识和智慧。

这里所介绍的只是面向对象程序设计的基础入门知识，要完全领会和灵活运用面向对象程序设计的方法，还需要在实践中不断学习和总结。理论学习固然重要，但更为关键的是在实践中体会如何运用面向对象程序设计的思维方式来分析问题和设计程序。通过这种方式，程序员可以逐步提高自己在软件设计和开发方面的能力。

成为编程高手的道路没有捷径，只有通过不懈的学习和实践，深入探索面向对象程序设计的深层次知识，才能达到更高的境界。鼓励每位程序员保持好奇心和探索精神，不断挑战自我，以实现个人技能的持续成长和提升。

6.2　类：当 C++爱上面向对象

类是面向对象程序设计在 C++中的具体体现：它既是封装的结果，也是继承和多态的载体。因此，要学习 C++中的面向对象程序设计，必须从“类”这个概念入手。

6.2.1　类的声明和定义

面向对象程序设计将现实世界中的所有事物视为对象，而类则是对所有相同类型对象的抽象，是对它们共同特征的描述。例如，在一所学校中，有张老师、李老师、王老师等多位老师。尽管每位老师都有自己独特的特点，作为不同的对象个体存在，但他们都属于“老师”这一类型的对象。

他们拥有一些共同的属性，例如姓名和职务，以及一些相同的行为，如上课和批改作业。

在面向对象程序设计中，我们把某一类型对象的共同属性和行为抽象出来。属性用变量描述，行为用函数（或称为方法）描述。然后，我们将这些变量和函数封装在一个类中，这样就创建了一个新的数据类型，可以用来描述这一类型的对象。这种新的数据类型就是类，它定义了创建对象的蓝图。在 C++中，声明一个类的语法格式如下：

```
class 类名
{
public:
    // 公有成员，通常用于定义可以被类的外部直接访问的属性和方法（即函数）
protected:
    // 受保护成员，仅对类及其派生类可见，不对外部代码公开
private:
    // 私有成员，通常用于定义只能在类内部访问的属性和方法
}; // 注意这里有个分号，表示类的结束
```

其中，class 是 C++中用于声明类的关键字，其后是所要声明的类的名字，通常是某个可以概括这一类对象的名词。其命名规则类似于之前介绍的变量名命名规则。这里，我们要定义一个类来描述“老师”这类对象，因此我们用 Teacher 作为这个类的名字。

C++中的类还有基类与派生类之分，这是面向对象程序设计中继承机制在类中的体现。如果这个类是从某个基类继承而来的，我们在“class 类名”后面还要加上这个类的继承方式（public、protected 或 private）以及它所继承的基类的名字。这样，声明一个类的语法格式相应地变为：

```
class 类名：继承方式 基类名
{
    // 成员变量和成员函数的声明
};
```

如果某个类没有继承关系，则类声明中的继承方式可以省略。这里的 Teacher 类本身就是基类，并不是由其他类继承而来的，所以这里继承方式应当省略。

完成类的名字及继承关系的定义后，就可以在类的主体中描述这个类的属性和行为了。对象的属性属于数据，因此我们在类声明中定义一些变量来描述对象的属性。例如，“老师”这一类对象拥有姓名这个属性，所以我们可以定义一个 string 类型的变量 strName 来描述。这些变量描述了对象的属性，成为这个类整体的一部分，因此也被称为成员变量。

动手实践 在类声明中给成员变量赋初始值

如果类的某些成员变量具有初始值，我们可以在类中声明这些成员变量的同时给它们赋初始值。这样在运行期间，类就在进入构造函数之前，就可以直接使用这些初始值来初始化相应的成员变量。例如：

```
class Teacher
{
// 具有初始值的成员变量
protected:
    // 用字符串常量“Name”作为成员变量 m_strName 的初始值
    string m_strName = “Name”;            // 姓名
private:
    // 用常数 2000 作为成员变量 m_unBaseSalary 的初始值
    unsigned int m_unSalary = 2000;
};
```

在这段代码中，我们用两个常量分别作为类的两个成员变量 m_strName 和 m_unSalary 的初始值。经过这样的声明，在创建这个类的对象时，无须在构造函数中进行额外的初始化，这两个成员变量将自动拥有相应的初始值。这一特性可以用于所有类的对象都具有相同初始值的情况，例如所有 Teacher 对象的 m_unSalary（工资）都是 2000 元。

除声明成员变量来描述对象的属性外，对象的另一个重要组成部分就是它的行为。在 C++中，我们用函数来描述一个行为（或动作、操作）。我们将函数引入类中成为它的成员函数，用来描述类对象的行为。例如，一个“老师”对象有备课的行为，我们可以为老师这个类添加一个 PrepareLesson() 函数，在这个函数中对老师的备课行为进行定义。类的构成如图 6-7 所示。

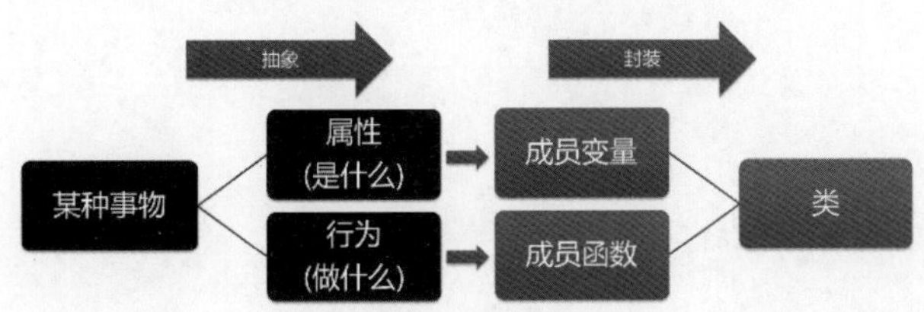

图 6-7　类的构成

动手实践　为类设计对程序员友好的接口

我们所设计的类不仅供自己使用，更多时候是提供给其他程序员使用，以实现代码复用或团队协作的目的。这时，类的接口设计的好坏将直接影响他人能否正确并轻松地使用我们所设计的类。因此，类的接口成为衡量一个程序员水平的重要标准。

类的接口就像类的使用说明书，用于向类的使用者说明它所需的资源以及它能够提供的服务等。只要类的接口对程序员友好，使用者就可以从接口中轻松了解如何正确地使用这个类。要做到这一点，应遵守下面这些设计原则。

(1) 遵循变量与函数的命名规则。

成员变量也是变量，成员函数也是函数。因此，作为类的接口的它们，在命名时应遵守通用的命名规则，使它们的名字能够准确而简洁地表达它们的含义。

(2) 简化类的视图。

接口代表类所能向用户提供的服务。因此，在设计类的接口时，只需将必要的成员函数设置为公有的（public）即可，并使用受保护的（protected）或者私有的（private）成员来隐藏必要的细节。通过隐藏用户不应访问的内容，自然就减少了用户犯错误的机会。

(3) 使用用户熟悉的词汇。

类设计的最终目的是供用户使用。因此，在设计类的接口时，应从用户的角度出发，使用用户所熟悉的词汇，让用户在阅读类的接口时不需要学习新的词汇或概念，这样可以平滑用户的学习曲线，让类的使用更加简便。

除在类中定义变量和函数来表示类的属性和行为外，还可以使用 public、protected 及 private 这三个关键字来对修饰这些成员，以指定它们的访问级别。按照访问级别的不同，类的所有成员被分为三个部分。通常，使用 public 修饰的成员，类的外部可见（即可以访问），我们会在 public 部分定义类的行为，提供公有函数的接口供外部访问；使用 protected 修饰的成员只有类自己和它的派生类可以访问，因此在 protected 部分，我们可以定义“继承”给下一代子类的属性和行为；最后 private 修饰的成员只有类自己可以访问，所以在 private 部分，我们可以定义这个类私有的属性和行为。关于类的继承方式和访问控制，稍后将详细介绍。

这里先来看一个实际例子。例如，要定义一个类来描述“老师”这一类对象，通过对这类对象的抽象，我们发现老师这一类拥有只有自己和子类可以访问的姓名属性，以及大家都可以访问的上课行为。当然，老师还有很多其他属性和行为，这里为了简化问题，我们仅展示核心部分。通过面向对象的封装机制，我们可以将这些属性和行为捆绑到一起，从而定义出“老师”这个类。

```
// 老师
class Teacher
{
// 成员函数
// 描述对象的行为
public: // 公有部分，供外界访问
    void GiveLesson();      // 上课
// 成员变量
// 描述对象的属性
protected:// 受保护部分，自己和子类可以访问
    string m_strName;       // 姓名
private:
};
```

通过这段代码，我们声明了一个 Teacher 类，它是所有老师这种对象的一个抽象描述。这个类有一个 public 关键字修饰的成员函数 GiveLesson()，代表老师这类对象拥有大家都可以访问的行为——上课。它还有一个 protected 关键字修饰的变量 m_strName，表示老师这类对象拥有只有自己和子类可以访问的属性——姓名。这样，通过在类中声明函数来描述对象的行为，声明变量来描述对象的属性，我们就完整地定义了一个用于描述某类对象的类。

完成类的定义之后，我们还需要对类的行为进行定义。类成员函数的具体定义可以直接在类中声明成员函数的同时完成：

```
class Teacher
{
// 成员函数
// 描述对象的行为
public:
    // 声明成员函数的同时完成其定义
void GiveLesson()
{
    cout<<"老师上课。"<<endl;
};
//...
};
```

更多时候，我们会将类的声明放在头文件（例如 Teacher.h 文件）中，而将成员函数的具体实现放在类的外部定义，也就是相应的源文件（例如 Teacher.cpp）中。在类的外部定义类的成员函数时，我们需要在源文件中包含类声明所在的头文件，并且在函数名之前还要用“::”域操作符指出这个函数所属的类。例如：

```
#ifndef _TEACHER_H  // 定义头文件宏，防止头文件被重复包含
#define _TEACHER_H  // 在稍后的 7.3.1 节中会有详细介绍
```

```
// Teacher.h 类的声明文件
class Teacher
{
    // ...
    public:
        void GiveLesson();  // 只声明，不定义
};
#endif


// Teacher.cpp 类的定义文件
// 包含类声明所在的头文件
#include "Teacher.h"
// 在 Teacher 类外完成成员函数的定义
void Teacher::GiveLesson()
{
    cout<<"老师上课。"<<endl;
}
```

在这里，我们可以看到，成员函数的定义与普通函数并无二致，它们都是用来完成某个动作的。不同之处在于，成员函数所表示的是某类对象的行为（即动作）。例如，这里输出一个字符串表示老师上课的动作。当然，在实际应用中，类成员函数还可以对成员变量进行访问，并且所完成的动作也要复杂得多。

动手实践　C++中用于声明类的另一个关键字——struct

在 C++中，要声明一个类，除使用 class 关键字外，之前在 3.8 节中介绍过的用于定义结构体的 struct 关键字也可以用来声明类。从语法上看，class 和 struct 非常相似，两者都可以用来声明类。它们唯一的区别在于，默认的访问级别不同，用 class 声明的类中的成员默认是私有的（private），而用 struct 声明的类中的成员默认是公有的（public）。例如：

```
// 使用 struct 定义一个 Rect 类
struct Rect
{
    // 没有访问权限说明
    // 类的成员函数，默认情况下是公有的（public）
    int GetArea()
    {
        return m_nW * m_nH;
    }
    // 类的成员变量，默认情况下也是公有的（public）
    int m_nW;
    int m_nH;
};
```

在这里，我们使用 struct 声明了一个 Rect 类。因为没有使用 public 等关键字显式地指明类成员的访问控制，在默认情况下，类成员都是公有的，所以可以直接访问它们。例如：

```
Rect rect;
// 直接访问成员变量
rect.m_nH = 3;
rect.m_nW = 4;
// 直接访问成员函数
cout<<"Rect 的面积是："<<rect.GetArea()<<endl;
```

这两个关键字的默认访问控制要么过于保守，要么过于开放，这种“一刀切”的方式显然

无法满足所有情况。因此，无论是使用 class 还是 struct 声明一个类，我们都应该在声明中明确指出适合各个成员的访问级别，而不应依赖于关键字的默认行为。

class 和 struct 除在类成员默认访问级别上的差异外，从直觉上讲，大多数程序员认为它们仍有差异：struct 通常为视为一堆缺乏封装的开放内存位，更多时候用于表示比较复杂的数据；而 class 更像活的、可靠的现实实体，它可以提供服务，并具有牢固的封装机制和定义良好的接口。基于这种直觉，当类只有少数成员函数且有较多公有数据时，可以考虑使用 struct 关键字；在其他情况下，使用 class 关键字可能更为合适。

6.2.2 使用类创建对象

完成某个类的声明并定义其成员函数之后，这个类就可以使用了。一个定义完成的类相当于一种新的数据类型，我们可以用它来定义变量，也就是创建这个类所描述的对象，表示现实世界中的各种实体。例如，前面完成了 Teacher 类的声明和定义，可以用它创建一个 Teacher 类的对象，用来表示某一位具体的老师。创建类的对象的方式与定义变量的方式相似，只需将定义完成的类当作一种数据类型，像定义变量一样定义对象，而定义得到的变量就是这个类的对象。其语法格式如下：

```
类名 对象名;
```

其中，类名是定义好的类的名字，对象名是要定义的对象的名字，例如：

```
// 定义一个 Teacher 类的对象 MrChen，代表陈老师
Teacher MrChen;
```

这样就得到了一个 Teacher 类的对象 MrChen，用来表示学校中具体的某位陈老师。得到类的对象后，可以通过“.”操作符访问这个类提供的公有成员，包括读写其公有成员变量和调用其公有成员函数，从而访问其属性或者完成其动作。其语法格式如下：

```
对象名.公有成员变量;
对象名.公有成员函数();
```

例如，要让刚才定义的对象 MrChen 进行“上课”的动作，可以通过“.”调用它的表示上课行为的成员函数：

```
// 调用对象所属类的成员函数，表示这位老师开始上课
MrChen.GiveLesson();
```

这样，该对象就执行 Teacher 类中定义的 GiveLesson()成员函数，完成上课的具体动作。

除直接使用对象外，像普通的数据类型可以使用相应类型的指针来访问它所指向的数据一样，对于自己定义的类，我们同样可以把它当作数据类型来定义指针，把它指向某个具体的对象，进而通过指针来访问该对象的成员。例如：

```
// 定义一个可以指向 Teacher 类型对象的指针 pMrChen，并且初始化为空指针
Teacher* pMrChen = nullptr;
// 用“&”操作符取得 MrChen 对象的地址并赋值给指针 pMrChen
// 也就是将 pMrChen 指针指向 MrChen 对象
pMrChen = &MrChen;
```

在这里，我们首先把 Teacher 类当作数据类型，像使用普通数据类型一样定义了一个指向 Teacher 类型对象的指针 pMrChen，然后通过“&”取地址操作符取得 MrChen 对象的地址并赋值给 pMrChen 指针，这样该指针就指向了 MrChen 对象。

除可以使用“&”操作符取得已有对象的地址，并将这个地址赋值给指针使之指向某个对象外，还可以使用 new 关键字直接创建一个对象，并返回该对象的地址，再把这个地址赋值给指针，同样可以创建新的对象并将指针指向这个新的对象。例如：

```
// 创建一个新的 Teacher 对象
// 并让 pMrChen 指针指向这个新对象
Teacher* pMrChen = new Teacher();
```

在这里，new 关键字会负责完成 Teacher 对象的创建，并返回这个对象的地址，然后将这个返回的对象地址赋值给 pMrChen 指针，这样就同时完成了对象的创建和指针的赋值。

有了指向对象的指针，就可以利用“->”操作符（这个操作符是不是很像一根针？）通过指针访问该对象的公有成员。例如：

```
// 通过指针访问对象的成员
pMrChen->GiveLesson();
```

需要注意的是，与普通的变量不同，使用 new 关键字创建的对象在其生命周期结束后不会自动销毁，因此我们必须在对象使用完毕后，用 delete 关键字主动销毁这个对象，释放其占用的内存资源。例如：

```
// 销毁指针所指向的对象
delete pMrChen;
pMrChen = nullptr;  // 指向的对象销毁后，重新成为空指针
```

delete 关键字首先会对 pMrChen 所指向的 Teacher 对象进行一些特有的清理工作，然后释放掉这个对象所占用的内存，整个对象也就销毁了。当对象被销毁后，原来指向这个对象的指针就成了一个指向无效地址的“野指针”。为了防止这个“野指针”被错误地再次使用，我们通常在用 delete 关键字销毁对象后，紧接着将这个指针赋值为 nullptr，使其成为一个空指针，以避免再次使用它。

动手实践　无须在 new 之后或者 delete 之前测试指针是否为 nullptr

很多有经验的 C++程序员都会强调，为了提高代码的健壮性，我们在使用指针之前，应该先检查指针是否为 nullptr，确定其有效之后才能使用。在使用指针访问类的成员时，这样的检查是必要的。然而，如果是在使用 new 创建对象之后和 delete 销毁对象之前进行检查，则完全是画蛇添足。

一方面，使用 new 关键字创建新对象时，如果系统无法为新对象分配足够的内存而导致创建对象失败，则会抛出一个 std::bad_alloc 异常，而不会返回 nullptr。另一方面，C++语言也保证，如果指针 p 的值是 nullptr，则 **delete p** 不作执行任何操作，自然也不会发生任何错误。因此，在使用 new 关键字创建对象之后和使用 delete 关键字销毁对象之前，都无须检查指针的有效性，直接使用即可。

```
// 创建对象
Teacher* p = new Teacher();

// 直接使用指针 p 访问对象

// 销毁对象
delete p;
// 销毁对象之后，需要将指针赋值为 nullptr，避免“野指针”的出现
 p = nullptr;
```

6.2.3 一个对象的生与死：构造函数和析构函数

在现实世界中，每个事物都有其生命周期，从诞生到消亡。程序是对现实世界的反映，其中的对象代表了现实世界的各种事物，自然也有生命周期，会被创建和销毁。一个对象从创建到销毁，往往需要处理很多复杂的事情。例如，在创建对象时，需要进行大量初始化工作，如设置某些属性的初始值；而在销毁对象时，需要执行一些清理操作，最重要的是释放掉申请的资源和关闭之前打开的文件。为了完成对象的创建和销毁，C++中的类提供了两个特殊的函数——构造函数（Constructor）和析构函数（Destructor），它们会在对象创建和销毁时会被自动调用。

构造函数在对象创建时自动调用，用于完成对象的初始化工作。构造函数的使用确保了对象在被使用之前已经具备了合理的初始状态。例如，它可以为对象的属性设置初始值，或者分配必要的资源。

正如人的性别在出生时就已经确定，对象的关键属性也应在构造时明确。C++要求每个类至少有一个构造函数。如果程序员没有为类显式声明构造函数，编译器将自动提供一个默认构造函数。这个默认构造函数不接受任何参数，并且不执行任何初始化操作。

然而，在许多情况下，我们需要在对象创建时执行特定的初始化逻辑。这时，我们可以自定义构造函数来满足这些需求。例如：

```
class 类名
{
public:
    // 构造函数
    类名(参数列表)
    {
        // 对类进行构造，完成初始化工作
    }
};
```

因为构造函数具有特殊性，所以它的声明也比较特殊。

首先，在大多数情况下，构造函数的访问级别应该是公有（public）的，因为构造函数需要被外界调用以创建对象。只有在少数的特殊用途下，才会使用其他访问级别。例如，在 6.4.4 节介绍的单件模式中，我们就将构造函数设置为私有（private）的，从而防止外界直接通过构造函数创建对象。

其次，构造函数没有返回值类型，因为它只是完成对象的创建，并不需要返回数据，自然也就无所谓返回值类型的问题。

再次，构造函数的名称必须与类同名，即用类名作为构造函数的名字。

最后，像普通函数一样，构造函数也可以拥有参数列表，通过这些参数传递的数据来完成对象的初始化工作，从而可以用不同的参数创建具有差别的对象。根据参数列表的不同，一个类可以拥有多个构造函数，以适应不同的构造方式。

前面介绍的 Teacher 类没有显式声明构造函数（显式是指用代码明确地表达程序逻辑，例如我们自己定义的构造函数；隐式则是编译器自动生成的构造函数，例如默认的构造函数），而是使用了编译器生成的默认构造函数，因此创建的对象都是千篇一律的，所有新创建对象的 m_strName 成员变量都具有在类声明中给出的固定初始值。换句话说，所有“老师”都是同一个“名字”，这显然是不合理的。

接下来，我们改写 Teacher 类，为它添加一个带有 string 类型参数的构造函数，以便在创建对象时通过构造函数对成员变量进行合理的初始化，从而创建有差别的对象：

```
class Teacher
{
public:
// 构造函数
// 参数表示 Teacher 类对象的名字
    Teacher(string strName)     // 带参数的构造函数
    {
        // 使用参数对成员变量赋值，进行初始化
        m_strName = strName;
    };
    void GiveLesson();          // 备课
protected:
    string m_strName = "Chen";  // 类声明中默认的初始值
private:
};
```

现在，可以在定义对象时将参数写在对象名之后的括号中，这种定义对象的形式会调用带参数的构造函数 Teacher(string strName)，从而用参数给这个对象的名字属性赋值。

```
// 使用参数创建一个名为 WangGang 的老师对象
Teacher MrWang("WangGang");
```

在上面的代码中，我们使用字符串"WangGang"作为构造函数的参数，它会调用 Teacher 类中需要 string 类型为参数的 Teacher(string strName)构造函数来完成对象的创建。在构造函数中，这个参数值被赋给了类的 m_strName 成员变量，以代替它在类声明中给出的固定初始值"Chen"。当对象创建完成后，参数值"WangGang"就会成为 MrWang 这个对象的名字属性 m_strName 的值。这样，我们通过参数创建了一个具有特定“名字”的 Teacher 对象，使得原本所有是“Chen”的老师都有了自己的名字。

在构造函数中，除可以使用“=”运算符给对象的成员变量赋值以完成初始化外，还可以使用“:”符号在构造函数后引出初始化属性列表，直接利用构造函数的参数或者其他的合理初始值对成员变量进行初始化。其语法格式如下：

```
class 类名
{
public:
    // 使用初始化属性列表的构造函数
    类名(参数列表)
     : 成员变量 1(初始值 1),成员变量 2(初始值 2)…  // 初始化属性列表
    {
    }
// 类的其他声明和定义
};
```

在构造函数执行之前，系统会完成成员变量的创建，并使用括号内的初始值对其进行赋值。这些初始值可以是构造函数的参数，也可以是成员变量的某个合理初始值。如果一个类有多个成员变量需要通过这种方式进行初始化，多个变量之间可以使用逗号间隔。例如，可以利用初始化属性列表将 Teacher 类的构造函数改写为：

```
class Teacher
{
public:
    // 使用初始化属性列表的构造函数
    Teacher(string strName)
```

```
        // 初始化属性列表，使用构造函数的参数 strName 创建并初始化 m_strName
        : m_strName(strName)
    {
        // 构造函数中无须再对 m_strName 赋值
    }

protected:
    string m_strName;
};
```

使用初始化属性列表改写后的构造函数，利用参数 strName 直接创建 Teacher 类的成员变量 m_strName 并对其进行初始化，从而省去了使用“=”对 m_strName 进行赋值时的额外工作，这样可以在一定程度上提高对象构造的效率。另外，有些成员变量必须在创建的同时就给予初始值，例如使用 const 关键字修饰的成员变量。在这种情况下，使用初始化属性列表来完成成员变量的初始化就成为必要的了。因此，在可能的情况下，最好使用构造函数的初始化属性列表来完成类成员变量的初始化。

需要注意的是，如果类已经有了显式定义的构造函数，编译器就不会再为其生成默认的构造函数。例如，在 Teacher 类已经拥有显式声明的构造函数之后，如果仍然尝试采用如下形式定义对象，将会导致编译错误：

```
// 试图调用默认构造函数创建一个没有名字的老师
Teacher MrUnknown; // 编译错误
```

这时编译器会提示错误，因为这个类没有默认的构造函数。在这种情况下，创建对象的语句会因为找不到合适的构造函数而导致编译错误。因此，在实现类时，一般都会显式地编写构造函数，并根据需要添加带参数的构造函数来处理一些特殊的构造任务。

在 C++中，根据初始条件的不同，我们往往需要使用多种方式创建对象，所以一个类通常会有多个不同参数形式的构造函数，以负责以不同的方式创建对象。在这些构造函数中，往往有一些大家都需要完成的工作。一个构造函数完成的工作很可能是另一个构造函数所需完成工作的一部分。

例如，Teacher 类有两个构造函数：一个是不带参数的默认构造函数，它会给 Teacher 类的 m_nAge 成员变量赋值默认值 28；另一个是带参数的构造函数，它首先需要判断参数是否在合理的范围内，然后将合理的参数赋值给 m_nAge。这两个构造函数都需要完成的工作就是给 m_nAge 赋值。第一个构造函数的工作可以通过指定参数 28，利用第二个构造函数来完成，这样，第二个构造函数的工作就成为第一个构造函数所要完成工作的一部分。为了避免重复代码，只需在某个特定构造函数中实现这些共同功能，而在需要这些共同功能的构造函数中，直接调用这个特定构造函数即可。这种方式被称为委托调用构造函数（delegating constructors）。示例代码如下：

```
class Teacher
{
public:
    // 带参数的构造函数
    Teacher(int x)
    {
        // 判断参数是否合理，决定赋值与否
        if (0 < x && x <= 100)
            m_nAge = x;
        else
            cout<<"错误的年龄参数"<<endl;
    }
    // 构造函数 Teacher()委托调用构造函数 Teacher(int x)
    // 用默认的年龄参数 28 委托调用构造函数 Teacher(int x)
```

```
    // 直接实现了参数合法性验证并赋值的功能
    Teacher() : Teacher(28)
    {
        // 完成特有的创建工作
    }
// ...
private:
    int m_nAge;    // 年龄
};
```

在这里，我们在构造函数之后加上冒号“:”，然后跟上另一个构造函数的调用形式，从而实现了构造函数委托调用另一个构造函数。在一个构造函数中调用另一个构造函数，把部分工作交给另一个构造函数来完成，这就是委托。不同的构造函数各自负责处理自己的特定情况，而把最基本的、共用的构造工作委托给某个基础构造函数来完成，实现分工协作。

如果某个对象是通过定义变量的形式创建的，在使用完毕离开其作用域之后，这个对象会自动销毁。而对于使用 new 关键字创建的对象，则需要在使用完毕后，通过 delete 关键字主动销毁。但无论使用哪种方式，对象在使用完毕后都需要销毁，也就是完成一些必要的清理工作，例如释放申请的内存、关闭打开的文件等。

与对象的创建需要专门的构造函数来完成一样，对象的销毁同样需要专门的析构函数来完成。同为类中负责对象创建与销毁的特殊函数，两者有很多相似之处。首先，它们都会被自动调用，只不过一个是在创建对象时，而另一个是在销毁对象时。其次，两者的函数名都是由类名构成的，只不过析构函数名在类名前加了个“~”符号，以便与构造函数名进行区分。再次，两者都没有返回值，并且都是公有的（public）访问级别。最后，如果没有必要，两者在类中都是可以省略的。如果类中没有显式地声明构造函数和析构函数，编译器会自动为生成默认的函数。两者唯一的不同之处在于，构造函数可以接受多种形式的参数，而析构函数却不接受任何参数。下面为 Teacher 类加上析构函数以完成一些清理工作，替代默认的析构函数：

```
class Teacher
{
public: // 公有的访问级别
// ...
    // 析构函数
    // 在类名前加上“~”构成析构函数名
    ~Teacher()  // 不接受任何参数
    {
        // 进行清理工作
        cout<<"春蚕到死丝方尽，蜡炬成灰泪始干"<<endl;
    };

// ...
};
```

在这里，因为 Teacher 类不需要额外的清理工作，所以我们没有定义任何操作，只是输出一段信息表示 Teacher 类对象的结束。一般来说，会将那些需要在对象被销毁之前完成的事情放在析构函数中来处理。例如，对象创建时申请的内存资源，在对象销毁后就不能再继续占用，因此需要在析构函数中进行合理地释放，归还给操作系统。就像一个有信誉的人在离开人世之前，要把欠别人的钱还清一样，干干净净地离开。

6.2.4 有一只叫作多利的羊：拷贝构造函数

在C++中，除需要使用构造函数直接创建一个新的对象外，有时还需要根据已经存在的某个对象创建一个它的副本，就像那只叫作多利的羊一样，我们希望根据一只羊创建出另一只一模一样的羊。例如：

```
// 调用构造函数创建一个新对象 shMother
Sheep shMother;
// 对 shMother 进行一些操作
// 利用 shMother 对象创建一个一模一样的新对象 shDolly 作为其副本
Sheep shDolly(shMother);
```

在这里，首先创建了一个Sheep类的新对象shMother，然后对它进行了一些操作，如改变其成员变量等。接着，我们使用这个对象作为Sheep类的构造函数的参数，创建了一个与shMother对象一模一样的副本shDolly对象。我们将这种可以接受自身的某个对象作为参数，并创建一个新对象作为其副本的构造函数称为拷贝构造函数。

拷贝构造函数实际上是构造函数的“表亲”，在语法格式上，两者基本相似，拥有相同的函数名，只是拷贝构造函数的参数是该类对象的引用，而它所创建的对象是对作为参数的对象的一个复制，即为它的一个副本。与构造函数相似，默认情况下，如果一个类没有显式地定义其拷贝构造函数，编译器会为其创建一个默认的拷贝构造函数。这个默认的拷贝函数通过内存拷贝的方式将旧有对象的内存空间中的数据拷贝到新对象的内存空间，以完成新对象的创建。由于前面的Sheep类没有定义拷贝构造函数，因此上面代码中shDolly对象的创建就是通过这种默认的拷贝构造函数完成的。

知识拓展 使用default和delete关键字控制类的默认行为

为了提高开发效率，编译器会为类自动生成一些特殊成员函数的默认版本，例如构造函数、析构函数、拷贝构造函数、移动构造函数、拷贝赋值运算符和移动赋值运算符。这些默认生成的函数在大多数情况下能够满足基本需求，但如果我们希望对对象的复制或赋值行为进行更严格的控制，编译器的这种默认行为就可能不再适用。

例如，当我们不希望类的对象被复制时，编译器默认生成的拷贝构造函数和拷贝赋值运算符就可能带来问题。在这种情况下，我们可以使用delete关键字来明确禁用这些不需要的默认特殊成员函数。

```
class Sheep
{
    // ...

    // 禁用类的默认赋值运算符
    Sheep& operator = (const Sheep&) = delete;
    // 禁用类的默认拷贝构造函数
    Sheep(const Sheep&) = delete;
};
```

这样，Sheep类就没有默认的赋值运算符和拷贝构造函数的实现了。如果这时尝试复制对象，就会导致编译错误，从而禁止对象的复制。例如：

```
// 错误的对象复制行为
Sheep shDolly(shMother);  // 错误：Sheep 类的拷贝构造函数被禁用
```

```
Sheep shDolly = shMother; // 错误：Sheep 类的赋值运算符被禁用
```

与 delete 关键字禁用默认函数相反，我们也可以使用 default 关键字显式地表明希望使用编译器为这些特殊函数生成默认版本。以这个相同的例子，如果我们希望对象能够以默认方式被复制，可以这么做：

```
class Sheep
{
    // ...
    // 使用默认的赋值运算符和拷贝构造函数
    Sheep& operator = (const Sheep&) = default;
    Sheep(const Sheep&) = default;
};
```

显式地使用 default 关键字来表明使用类的默认行为，虽然对编译器而言是多余的（因为即使我们不说明，它也会生成默认版本）。但对代码的阅读者而言，使用 default 关键字明确表明我们已经考虑过这些特殊函数的默认版本，并认为它们满足我们的需要，无须额外定义。将默认的操作留给编译器来实现，不仅可以节省时间，提高效率，更重要的是，还可以减少错误发生的概率，并且通常会产生更优的目标代码。

在大多数情况下，默认版本的拷贝构造函数已经能够满足我们拷贝复制对象的需要，无须显式地定义拷贝构造函数。然而，在某些特殊情况下，特别是类中有指针类型的成员变量时，以拷贝内存方式实现的默认拷贝构造函数只能复制指针成员变量的值，而不能复制指针所指向的内容。这样，新旧两个对象中不同的两个指针指向相同的内容，这显然是不合理的。默认的拷贝构造函数无法正确地完成这类对象的拷贝。在这种情况下，就需要自己定义类的拷贝构造函数，以完成指针成员变量需要特殊处理的内容拷贝工作。例如，有一个 Computer 类，它有一个指针类型的成员变量 m_pKeyboard，该指针指向一个独立的 Keyboard 对象。在这种情况下，默认的拷贝函数将无法正确地完成对象的拷贝，因为它只会赋值指针的值，而不会创建新的 Keyboard 对象。为了正确地复制这样的对象，我们需要定义 Computer 类的拷贝构造函数来完成特殊的复制工作：

```
// 键盘类，因为结构简单，我们使用 struct 来定义
struct Keyboard
{
    // 键盘的型号
    string m_strModel;
};

// 定义了拷贝构造函数的计算机类
class Computer
{
public:
    // 默认构造函数
    Computer()
        : m_pKeyboard(nullptr),m_strModel("")
    {}
    // 拷贝构造函数，参数是 const 修饰的 Computer 类的引用
    Computer(const Computer& com)
    // 直接使用初始化属性列表完成对象类型成员变量 m_strModel 的复制
        : m_strModel(com.m_strModel)
    {
        // 创建新对象，完成指针类型成员变量 m_pKeyboard 的复制
        // 获得已有对象 com 的指针类型成员变量 m_pKeyboard
        Keyboard* pOldKeyboard = com.GetKeyboard();
```

```
        // 以 pOldKeyboard 所指向的 Keyboard 对象为蓝本
        // 创建一个新的 Keyboard 对象，并让 m_pKeyboard 指向这个对象
        if( nullptr != pOldKeyboard )
        {
            // 这里 Keyboard 对象的复制使用的是 Keyboard 类的默认拷贝构造函数
            m_pKeyboard = new Keyboard(*(pOldKeyboard));
        }
        else
        {
            m_pKeyboard = nullptr; // 如果没有键盘
        }
    }

    // 析构函数
    // 对于对象类型的成员变量 m_strModel，会被自动销毁，无须在析构函数中进行处理
    // 对于指针类型的成员变量 m_pKeyboard，则需要在析构函数中主动销毁
    ~Computer()
    {
        delete m_pKeyboard;
        m_pKeyboard = nullptr;
    }
    // 成员函数，设置或获得键盘对象指针
    void SetKeyboard(Keyboard* pKeyboard)
    {
        m_pKeyboard = pKeyboard;
    }
    Keyboard* GetKeyboard() const
    {
        return m_pKeyboard;
    }
    // 设置和获取计算机型号
    void SetModel(string model)
    {
        m_strModel = model;
    }
    string GetModel()
    {
        return m_strModel;
    }
private:
    // 指针类型的成员变量
    Keyboard* m_pKeyboard = nullptr;
    // 对象类型的成员变量
    string m_strModel = "";
};
```

在这段代码中，我们为 Computer 类创建了一个自定义的拷贝构造函数。在这个拷贝构造函数中，对于对象类型的成员变量 m_strModel，我们直接使用初始化属性列表就完成了成员变量的拷贝。而对于指针类型的成员变量 m_pKeyboard 而言，它并不是拷贝这个指针的值本身，而是拷贝这个指针所指向的对象。

首先，获得已有对象的指针类型成员变量，进而通过它获得它所指向的对象，然后创建一个副本，并将新对象中的相应指针类型的成员变量指向这个新创建的对象，例如：

```
m_pKeyboard = new Keyboard(*(pOldKeyboard));
```

其中，*(pOldKeyboard)是获取源对象中指针变量所指向的对象，new Keyboard(…)是创建该对象的

一个副本，而 m_pKeyboard = new…则是将新对象中的指针指向这个新创建的副本。这样就完成了指针类型成员变量的复制。我们自己定义的拷贝构造函数不仅能够正确地拷贝 Computer 类中的对象类型成员变量 m_strModel，还能够正确地完成指针类型成员变量 m_pKeyboard 的复制，从而实现 Computer 对象的完整复制。例如：

```
// 包含断言所在的头文件
#include <assert.h>
//...

// 创建一个 Computer 对象 oldcom
Computer oldcom;
// 设置计算机的型号
oldcom.SetModel("MAX-1");
// 创建 oldcom 的 Keyboard 对象并修改其属性
Keyboard keyboard;
keyboard.m_strModel = "Microsoft-101";
// 将键盘组装到 oldcom 上
oldcom.SetKeyboard(&keyboard);
// 以 oldcom 为蓝本，利用 Computer 类的拷贝构造函数创建新对象 newcom
// 新的 newcom 对象是 oldcom 对象的一个副本
Computer newcom(oldcom);

// 使用断言判断两个 Computer 对象是否相同
// 计算机型号应该相同
assert(newcom.GetModel() == oldcom.GetModel());
// 不同的 Computer 对象应该拥有不同的 Keyboard 对象
assert( newcom.GetKeyboard() != oldcom.GetKeyboard() );
// 因为是复制，不同的 Keyboard 对象应该是相同的型号
assert( newcom.GetKeyboard()->m_strModel
    == oldcom.GetKeyboard()->m_strModel );
```

在 C++中，除使用拷贝构造函数创建对象的副本作为新的对象外，我们还常常将一个已有的对象直接赋值给该对象来完成对新对象的初始化。例如：

```
// 创建一个新的对象
Computer newcom;
// 将已有的对象赋值给新创建的对象，完成初始化
newcom = oldcom;
```

赋值的过程实际上也是拷贝的过程，就是把等号右边的对象拷贝给等号左边的对象。这与类的拷贝构造函数类似。如果没有显式地为类定义赋值运算符，编译器也会自动生成一个默认的赋值运算符，通过内存拷贝的方式完成对象的赋值操作。因为这种赋值方式同样是内存拷贝，所以当类中有指针类型的成员变量时，同样会遇到只能拷贝指针的值而无法拷贝指针所指向的内容的问题。因此，为了正确完成对带有指针类型的成员变量的类对象的赋值，必须自定义类的赋值运算符，以确保指针类型成员变量的正确复制。例如，Computer 类中含有指针类型的成员变量 m_pKeybard，可以自定义它的赋值运算符来完成其赋值操作，示例代码如下：

```
// 定义了赋值运算符“=”的计算机类
class Computer
{
public:
    // 自定义的赋值运算符
    Computer& operator = (const Computer& com)
    {
        // 判断是否为自己给自己赋值
        // 如果是自赋值，则直接返回对象本身
```

```
        // 这里的 this 指针是类中隐含的一个指向对象自身的指针
        if( this == &com ) return *this;

        // 直接完成对象型成员变量的赋值
        m_strModel = com.m_strModel;
        // 创建旧有对象的指针类型成员变量所指对象的副本
        // 并将目标对象相应的指针类型成员变量指向这个副本对象
        m_pKeyboard = new Keyboard(*(com.GetKeyboard()));
    }
    // ...
};
```

在上面的赋值运算符函数中，首先判断这是不是一个自赋值操作。所谓自赋值，就是自己给自己赋值。例如：

```
// 把 newcom 赋值给 newcom
newcom = newcom;
```

严格来说，自赋值操作没有实际意义，通常应视为程序员的失误。然而，一个设计良好的赋值运算符应该能够检测出这种失误，并给予恰当的处理，从而避免程序因程序员的失误而出现问题。一下是处理自赋值操作的一种方法：

```
// 判断是否为自赋值操作
// 将 this 指针与传递进来的指向 com 对象的指针进行比较
// 如果相等，说明它们指向的是同一个对象，就是自赋值操作，直接返回这个对象本身即可
if( this == &com) return *this;
```

在赋值运算符函数中，如果检测到自赋值操作，就直接返回这个对象本身，从而避免后面的复制操作。如果不是自赋值操作，对于对象型成员变量，使用“=”运算符直接完成其赋值；而对于指针型成员变量，则采用类似于拷贝构造函数的方式，通过创建它所指向的对象的副本，并将目标对象的相应指针型成员变量指向这个副本对象来完成其赋值。

另外，需要注意的是，赋值运算符的返回值类型不一定非要是这个类的引用，使用 void 代替作为返回值类型也可以。例如：

```
class Computer
{
public:
    // 以 void 作为返回值类型的赋值运算符
    void operator = (const Computer& com)
    {
        // ...
    }
    // ...
};
```

以上代码虽然在语法上是正确的，能够实现单个对象的赋值操作，但却无法实现如下形式的连续赋值操作：

```
Computer oldcom;
//
Computer newcom1,newcom2;
// 连续赋值
newcom1 = newcom2 = oldcom;
```

连续赋值运算符是从右向左进行赋值的。因此，上面的代码实际上会进行如下操作：

```
newcom1 = (newcom2 = oldcom );
```

也就是说，先将 oldcom 赋值给 newcom2（如果返回值类型是 void，这一步可以完成），然后将 newcom2 = oldcom 的运算结果赋值给 newcom1。然而，如果赋值运算符的返回值类型是 void，则意味着 newcom2 = oldcom 的运算结果是 void 类型，而我们显然不能将一个 void 类型的数据赋值给一个 Computer 对象。因此，为了实现上面这种形式的连续赋值，我们通常将这个类的引用（Computer&）作为赋值运算符的返回值类型，并在其中返回当前对象本身（return *this），以支持后续的赋值操作。

知识拓展　初始化列表构造函数

除前面介绍的普通构造函数和拷贝构造函数外，为了让对象的创建形式更加灵活，C++还提供了一种可以接受初始化列表（initializer list）作为参数的构造函数，这种构造函数也被称为初始化列表构造函数。

初始化列表由一对花括号（“{}”）构成，可以包含任意多个相同类型的数据元素。如果我们希望通过不定个数的相同类型数据来创建某个对象，例如，一个工资对象管理着不定个数的工资项目，包括基本工资、奖金、提成、补贴等，有的人只有基本工资，而有的人包括所有工作项目。如果采用普通的构造函数，我们可能需要定义多个不同参数的构造函数，并且在创建对象时，形式也各不相同：有的使用一个参数，有的使用三个参数，这就给对象的使用带来不便。

为了避免创建多个类似的构造函数，同时保持对象创建形式的一致性，我们可以使用初始化列表构造函数来实现。这样，所有不定个数的工资项目都可以用来创建工资对象。通过实现工资类的初始化列表构造函数来完成这一任务的示例代码如下：

```
#include <iostream>
#include <vector>
#include <initializer_list>  // 包含初始化列表所在头文件

using namespace std;

// 工资类
class Salary
{
public:
// 初始化列表构造函数
// 工资数据为 int 类型，所以其参数类型为 initializer_list<int>
   Salary(initializer_list<int> s)
   {
    // 以容器的形式访问初始化列表
    // 获取其中的工资项目，并保存到工资类的 vector 容器中
      for(int i : s)
            m_vecSalary.push_back(i);
    }
    // ..
    // 获取工资总额
    int GetTotal()
    {
        int nTotal = 0;
        for(int i : m_vecSalary)
            nTotal += i;

        return nTotal;
```

```
    }
private:
    // 保存工资数据的 vector 容器
    vector<int> m_vecSalary;
};

int main()
{
    // 陈老师只有基本工资，"{}"表示初始化列表
    Salary sChen{2200};
    // 王老师既有基本工资，又有奖金和补贴
    Salary sWang{5000,9500,1003};
    // 输出结果
    cout<<"陈老师的工资: "<<sChen.GetTotal()<<endl;
    cout<<"王老师的工资: "<<sWang.GetTotal()<<endl;

        return 0;
}
```

从这里可以看到，虽然陈老师和王老师的工资项目各不相同，但通过初始化列表构造函数，他们的工资对象可以以统一的形式创建。这正是初始化列表构造函数的意义所在，它允许不同个数的同类型数据以相同的形式作为函数参数。换句话说，如果我们希望某个函数可以接受不定个数的同类型数据作为参数，就可以用初始化列表作为参数类型。例如，我们可以为 Salary 类添加一个 AddSalary()函数，使用初始化列表作为参数，这样就可以向 Salary 对象添加不定个数的工资项目：

```
// 以初始化列表为参数的普通函数
void AddSalary(initializer_list<int> s)
{
    for(int i : s)
        m_vecSalary.push_back(i);
}
//  ...
// 后来发现陈老师的奖金和补贴忘记计算了，给他加上
// 这里的花括号{}就构成初始化列表
sChen.AddSalary({8200,6500});
// 同时给王老师也增加一项特殊补贴
sWang.AddSalary({500});
```

6.2.5 运算符重载

运算符重载也称为操作符重载。在不同语境根据习惯称为运算符或操作符，含义是一样的。在C++中，对两个对象进行运算最直观的方式是使用表示相应含义的运算符，在数学式子中连接两个对象进行运算的就是运算符。例如，要表示对象 A 和对象 B 相加，最直接的方式就是写成“对象A+对象 B”。在本质上，运算符（或操作符）相当于一个函数，它有自己的参数，用来接收运算符所运算的数据；也有自己的函数名，它的函数名就是运算符；同时也有返回值，就是运算的结果值。在使用时，只需要用运算符连接两个参与运算的对象即可，比函数调用简单直观，而且代码的可读性更好。因此，在表达一些常见的运算时，例如对两个对象的加减运算，我们往往通过重载类的相应运算符来实现。

对于内置的数据类型，C++已经提供了丰富的运算符供我们选择使用以完成常见的运算。例如，可以用“+”连接两个 int 类型数据或 string 类型数据，以完成数据之间的“相加”运算。下面来看

一个示例程序：

```
int a = 3;
int b = 4;
// 使用加法运算符“+”计算两个 int 类型变量之和
int c = a + b;
cout<<a<<" + "<<b<< " = "<<c<<endl;

string strSub1("Hello ");
string strSub2("C++");
// 使用加法运算符“+”连接两个 string 类型变量
string strCombin = strSub1 + strSub2;
cout<<strSub1<<"+ "<<strSub2<<" = "<<strCombin<<endl;
```

这种使用运算符来表达对象之间运算关系的方式，通过抽象的运算符表达了具体的运算过程，从而隐藏了运算过程的具体细节。这样既直观又自然，更符合人们的运算习惯，也便于使用。然而，对于我们自定义的类，两个对象之间不能直接使用这些运算符进行运算。例如，假设我们分别定义了 Father 类和 Mother 类的两个对象，我们希望能够用加法运算符“+”连接这两个对象，从而通过运算得出一个 Baby 类的对象：

```
// 分别定义 Father 类和 Mother 类的对象
Father father;
Mother mother;
// 用加法运算符“+”连接两个对象，运算得到 Baby 类的对象
Baby baby = father + mother;
```

上述语句看似简单，但如果没有为 Father 类定义加法运算符“+”，Father 类将不知道如何和 Mother 类的对象相加来创建 Baby 类的对象，这样的语句会导致编译错误。不过，幸运的是，C++允许我们对运算符或操作符进行重载，这样我们可以自定义运算符的行为。通过自定义运算符或操作符，我们可以让 Father 类对象与 Mother 类对象相加得到 Baby 类对象，使上述代码成为可能。

在功能上，重载运算符等同于类的成员函数，两者并无本质差别。可以简单地将重载运算符看作是一类比较特殊的成员函数。虽然成员函数可以提供与运算符相同的功能，但使用运算符可以让语句更加自然简洁，也更具可读性。例如，a.add(b)调用函数 add()可以实现两个对象 a 和 b 相加，但表达相同含义的 a+b 语句，比 a.add(b)更直观，也更容易理解。

在 C++中，定义重载运算符或操作符的语法格式如下：

```
class 类名
{
public:
    返回值类型 operator 运算符 (参数列表)
    {
        // 运算符的具体运算过程
    }
};
```

从这里可以看到，虽然重载运算符和类的成员函数在本质上相同，但在形式上存在一些细微的差别。普通成员函数以标识符作为函数名，而重载运算符以“operator 运算符”作为函数名。其中的 operator 表示这是一个重载的运算符函数，而其后的运算符就是我们要定义的符号。

在使用上，当用运算符连接两个对象进行运算时，实际上相当于调用第一个对象的运算符函数，而第二个对象则作为这个运算符函数的参数。例如，使用加法运算符对两个对象进行运算：

```
a + b;
```

这条语句实际上等同于：

```
a.operator + (b);
```

a+b 表示调用的是对象 a 的操作符 operator+运算符函数，而对象 b 则是这个运算符函数的参数。理解了这一点后，要想让 father+mother 得到 baby 对象，我们只需要在 Father 类中定义“+”运算符函数（因为 father 位于运算符之前，所以我们定义 father 所属的 Father 类的运算符），使其可以接受一个 Mother 类的对象作为参数，并返回一个 Baby 类的对象：

```
// 母亲类
class Mother
{
// 省略具体定义
};
// 孩子类
class Baby
{
public:
    // 孩子类的构造函数
    Baby(string strName)
        : m_strName(strName)
    {}
private:
    // 孩子的名字
    string m_strName;
};
// 父亲类
class Father
{
public:
    // 重载运算符“+”，返回值为 Baby 类型，参数为 Mother 类型
    Baby operator + (const Mother& mom)
    {
          // 创建一个 Baby 对象并返回，省略创建过程
          return Baby("BinBin");
    }
};
```

在 Father 类的重载运算符“+”中，我们可以接受一个 Mother 类的对象作为参数，并在其中创建一个 Baby 类的对象作为运算符的返回值。这样，我们就可以方便地使用“+”运算符将 Father 类的对象和 Mother 类的对象相加，从而得到一个 Baby 类的对象。

需要注意的是，这里我们只定义了 Father 类的“+”运算符，因此在用它计算时，只能将 Father 类的对象放在“+”之前，即左侧。如果希望 Mother 类的对象也放在“+”的左侧，我们需要相应地定义 Mother 类的“+”运算符函数。

6.2.6 类是如何藏私房钱的：类成员的访问控制

类成员包括类的成员变量和成员函数，它们分别用于描述类的属性和行为。而类成员的访问控制决定了哪些成员是公开的，能被外界访问，也能被类内部访问；哪些成员是私有的，只能在类的内部访问，外界无法访问。就像一个人的钱包，只有他自己能动，别人是不能动的。

大家可能会问，为什么需要对类成员的访问进行控制，而不是让任何人都可以访问呢？这与现实世界中对事物访问的自然限制相呼应。正如我们只能了解自己钱包里有多少钱，而无法知晓他人的财务状况一样，C++中的类成员访问控制确保了数据的安全性和封装性。设想一下，如果钱包里

的钱可以被任何人访问，那么它的安全性将无法得到保障。同样，当“人”这个类的属性用成员变量表示时，这些变量的访问也应该受到限制，只能通过类的行为（成员函数）来进行操作，从而对外界隐藏，确保不被未授权的访问或修改。

如果不对访问加以控制，数据可能会被错误地修改，从而威胁到数据的完整性和安全性。因此，为了保护类成员不被不安全的访问，我们必须实施访问控制。通过这种方式，我们可以确保只有适当的操作能够触及敏感数据，从而维护程序的稳定性和可靠性。

在 C++中，对类成员的访问控制是通过设置成员的访问级别来实现的。按照访问范围的大小，访问级别分为公有的（public）、受保护的（protected）和私有的（private）三种，如图 6-8 所示。

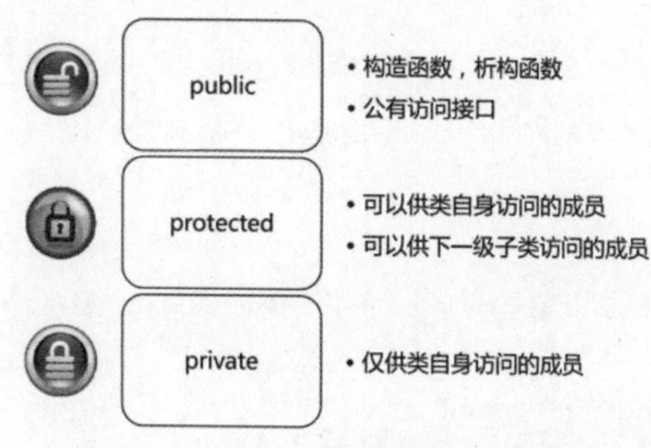

图 6-8　访问级别

1. 公有的

公有成员通过在成员变量或成员函数前加上 public 关键字来修饰，这表明这些成员的访问不受限制，可以在类的内部和外部被访问。公有的成员主要作为类与外界交互的接口，它们是类提供给外界的访问点，允许外界通过这些成员与类进行通信和交互。

例如，在 Teacher 类中，如果有一个表示上课行为的 GiveLesson()成员函数，该函数是类向外界提供的服务之一，因此应该设置为公有的，以便外界可以访问并调用它。这样的设计允许 Teacher 类的用户在需要时请求上课服务，而无须了解类内部的实现细节。

2. 受保护

受保护成员用关键字 protected 修饰，其声明格式与 public 型相同，这些成员在类的外部不可见，但可以在类的内部以及所有继承自该类的派生类中访问。这种访问级别主要用于实现属性或方法的继承，允许派生类访问和使用基类的某些成员。

例如，考虑一个 Teacher 类，它包含一个表示姓名的成员变量 m_strName。出于数据封装和安全性的考虑，我们不希望外界能够直接修改教师的姓名。因此，m_strName 应在 Teacher 类内部可见，同时对于任何可能的派生类，如表示大学教师的 Lecturer 类，我们也希望它们能够访问和使用这个姓名属性。在这种情况下，将 m_strName 设置为受保护的成员是最合适的选择。

3. 私有的

私有成员用关键字 private 修饰，其声明格式与 public 类型相同。这些成员只能在类的内部被访问，所有来自类外部的访问都是被禁止的。这种访问级别可以确保类的成员被完全隐藏，从而有效地保护类中数据和行为的安全。例如，如果将钱包视为一个类的私有成员，它将不会被外部访问，从而防止潜在的非法访问或修改。

需要说明的是，在使用 class 关键字定义的类中，如果成员没有显式地声明其访问级别，默认为私有成员。这意味着，除非通过类的公共接口，否则外界无法直接访问这些成员。这种默认的访问控制强调了封装的重要性，鼓励开发者通过公共接口来操作类的状态。

相对地，使用 struct 关键字定义的结构体，其默认的访问级别为公有的。这通常用于定义简单的数据结构，其中成员变量和函数可以被直接访问。

我们可以根据访问控制把前面例子中的 Teacher 类进行改写，以更真实地反映现实的情况:

```
// 定义访问控制后的 Teacher 类
class Teacher
{
// 公有成员
// 外界通过访问这些成员与该类进行交互，以获得类提供的服务
public: // 冒号后的变量或者函数都受到它的修饰
    // 构造函数应该是公有的，这样外界才可以利用构造函数创建该类的对象
    Teacher(string strName) : m_strName(strName)
    {
        // ...
    }
    // 老师要为学生们上课，它应该被外界调用，所以这个成员函数是公有的
    void GiveeLesson()
    {
    // 在类的内部，可以访问自身的受保护的和私有的成员
     PrepareLesson();  // 先备课，访问受保护成员
     cout<<"老师上课。"<<endl;
     m_nWallet += 100;  // 一节课钱包增加 100 元，访问私有成员
    }
    // 我们不让别人修改名字，但需要让别人知道我们的名字
    // 对于只可供外界只读访问的成员变量
    // 可以提供一个公有的成员函数供外界对其进行读取访问
    string GetName()
    {
        return m_strName;
    }

// 受保护成员
// 不能被外界访问，但可以被自身访问，也可以“遗传”给子类，供子类访问
protected:
    //自己和子类需要备课，所以不能把“备课”这个功能公开（public）给外界，而是要保护（protected）起来
    void PrepareLesson()
    {
        cout<<"老师备课。"<<endl;
    }
    // 只有自己可以修改自己的名字，子类也需要这样的属性
    string m_strName;

// 私有成员
// 只有自己可以访问，连子类这个“亲儿子”都不能访问
private:
   int m_nWallet; // 钱包只有自己可以访问，所以设置为私有的
};
```

有了访问控制之后，再对 Teacher 类对象的成员进行访问时需要特别注意。我们只能访问它的公有成员，试图访问它的受保护或者私有成员，就会被毫不留情地拒之门外:

```
int main()
{
    // 创建对象时调用类的构造函数
    // 在 Teacher 类中，构造函数是公有的，所以可以直接调用
```

```
    Teacher MrChen("Chen");

    // 外部变量，用于保存从对象获得的数据
    string strName;
    // 通过类的公有成员函数，读取并获得类中受保护的成员变量
    strName = MrChen.GetName();

    // 错误：无法直接访问类的受保护和私有的成员
    // 想改我的名字，先要问我答应不答应
    MrChen.m_strName = "WangGang";
    // 想从我钱包中拿走 200 元，那更不行了
    MrChen.m_nWallet -= 200;

    return 0;
}
```

在主函数中，首先创建了一个 Teacher 类对象，这个创建过程会调用它的构造函数，因此构造函数必须是公有的。在构造函数中，我们可以访问成员变量 m_strName，虽然它是受保护的，但在类自身的构造函数中可以对它进行修改。同时，为了让外界能够安全地读取该成员变量的值，我们为 Teacher 类添加了一个公有的成员函数 GetName()，通过这个函数，外界可以访问类中受保护的成员以获得必要的数据。此外，Teacher 类还提供了一个公有的 GiveLesson()函数，外界可以直接调用这个函数以获得 Teacher 类提供的上课服务。在这个公有成员函数内部，我们也可以访问类中的受保护成员和私有成员。

这些访问都是合理合法的。然而，如果尝试在类的外部直接访问受保护或私有成员，编译器会检测到这种非法访问，并产生编译错误，提示无法访问受保护或私有成员。这样，有了编译器的帮助，小偷就再也不能动我们的钱包了。

通过控制对类成员的访问，我们能够有效地保护数据和行为，防止数据被外界随意修改，同时也限制了外界对类的行为的不合理使用。如果类的某些成员变量因为业务逻辑的需要允许外界访问（例如这里的 m_strName），建议通过公有接口的方法来访问这些成员变量，而不是把这些成员变量设置为公有的。一般情况下，类的成员变量应该设置为受保护的或私有的。

6.2.7　在友元中访问类的隐藏信息

通过采用类成员的访问控制机制，可以有效实现数据和行为的封装，从而保护数据和行为的安全，防止外界的非法访问。然而，这种严格的访问控制有时也会限制合理的访问需求。例如，某些函数或类可能需要访问类的私有或受保护成员，但由于它们不是类的成员或派生类，因此无法直接访问这些隐藏的信息。

在这些情况下，C++提供了一种灵活的解决方案——友元机制。利用 friend 关键字，我们可以将特定的函数或类声明为类的友元。一旦成为友元，这些函数或类就能够访问类的私有和受保护成员，即使它们不属于该类。

友元机制为严格的访问控制提供了一种例外，允许我们对值得信任的外部函数或类开放访问权限。这就像在现实世界中，我们可能会给予特定的人访问我们私人空间的权限一样。例如，一个非类成员的函数可能需要频繁地访问类的私有数据以进行计算；或者一个新的类可能因为业务逻辑的需要，必须访问另一个类的私有方法。

1. 友元函数

友元函数实际上是一个定义在类外部的普通函数，它不属于任何类。当使用 friend 关键字在类的定义中声明这个函数后，该函数就成为类的友元函数，之后可以不受类成员访问控制的限制，直接访问类的隐藏信息。在类中声明友元函数的语法格式如下：

```
class 类名
{
    friend 返回值类型 函数名(形式参数列表);
    // 类的其他声明和定义
};
```

友元函数的声明与类的普通成员函数的声明类似，只不过在函数声明前加上了 friend 关键字进行修饰，并且函数定义在类的外部，并不属于这个类。友元函数的声明不受访问控制的影响，既可以放在类的私有部分，也可以放在类的公有部分，两者没有区别。另外，一个函数可以同时是多个类的友元函数，只需在各个类中分别声明即可。

2. 友元类

友元类是一种特殊的类，它定义在某个类之外，但通过使用 friend 关键字被赋予了访问该类私有成员或受保护成员的能力。这种机制允许友元类的所有成员函数访问原本受限的类成员，从而在保持封装性的同时提供必要的访问权限。

成为友元类之后，该类的所有成员函数都相当于成为友元函数，这意味着它们可以访问宿主类的私有和受保护数据。这种设计模式在某些情况下非常有用，但也需要谨慎使用，以避免破坏封装性。

在 C++中，声明友元类的语法格式如下：

```
class 类名
{
    friend class 友元类名;
    // 类的其他声明和定义
};
```

友元类的声明与友元函数的声明类似，这里不再赘述。需要注意的是两个类之间的相互关系。如果我们希望 A 类能够访问 B 类的隐藏信息，那么在 B 类中将 A 类声明为它的友元类即可。这表明 A 类被 B 类认证为值得信赖的“朋友”，从而能够访问 B 类的隐藏信息。为了更好地理解友元的作用，下面来看一个实际的例子。假设在之前定义的 Teacher 类中有一个成员变量 m_nSalary，记录了老师的工资信息。工资信息是个人隐私，因此需要保护。我们将它的访问控制级别设置为受保护，只有 Teacher 类自己及其派生类可以访问：

```
class Teacher
{
// ...
// 受保护的工资信息
protected:
    int m_nSalary;
};
```

将 m_nSalary 设置为受保护，可以很好地保护数据安全。但是，在某些特殊情况下，我们需要外界访问这个成员。例如，税务局（用 TaxationDep 类表示）需要查老师的工资收入，自然有权访问 Teacher 类中 m_nSalary 这个受保护的成员；或者学校需要通过 AdjustSalary()函数来调整老师的工资，老师自然乐意通过该函数来访问 m_nSalary 这个受保护的成员。在这种情况下，我们可以把 TaxationDep 类和 AdjustSalary()函数声明为 Teacher 类的友元，使它们能够访问 Teacher 类的隐藏信息：

```
// 拥有友元的 Teacher 类
class Teacher
{
    // 声明 TaxationDep 类为友元类
    friend class TaxationDep;
    // 声明 AdjustSalary()函数为友元函数
    friend int AdjustSalary(Teacher* teacher);
// 其他类的定义
protected:
    int m_nSalary; // 受保护的成员
};

// 在类的外部定义的友元函数
int AdjustSalary(Teacher* teacher)
{
    // 在 Teacher 类的友元函数中访问它的受保护成员 m_nSalary
    // 读取受保护的 m_nSalary，判断老师的工资是否低于 1000 元
    if( teacher != nullptr && teacher->m_nSalary < 1000)
    {
        // 修改受保护的 m_nSalary
        teacher->m_nSalary += 500;  // 涨工资
        return teacher->m_nSalary;
    }

    return 0;
}
// 友元类
class TaxationDep
{
    // 类的其他定义
public:
    void CheckSalary( Teacher* teacher )
    {
        // 在 Teacher 类的友元类中，访问它的受保护成员 m_nSalary
        if(teacher != nullptr && teacher->m_nSalary > 1000)
        {
            cout<<"这位老师应该交税"<<endl;
        }
    }
};
```

可以看到，当 Teacher 类利用 friend 关键字将 AdjustSalary()函数和 TaxationDep 类声明为它的友元之后，这些友元可以直接访问 Teacher 类中受保护的成员 m_nSalary。这就相当于为友元打开了一个“后门”，使其能够绕过访问控制这道保护墙，直接访问类的隐藏信息。

虽然友元可以带来一定的便利，但“开后门”毕竟不是一件“正大光明”的事情。因此，在使用友元时，应注意以下几点：

- 友元关系不能被继承。这一点很容易理解，即使我们是某个类的朋友（即某个类的友元类），也不意味着我们与这个类的儿子（派生类）有朋友关系。
- 友元关系是单向的，不具有对称性。例如，TaxationDep 类是 Teacher 类的友元类（税务官员可以检查老师的工资），但这并不表示 Teacher 类也是 TaxationDep 类的友元类（老师

也可以检查税务官员的工资）。

- 将某个函数或者类声明为友元，意味着该函数或类经过审核认证，被认为是值得信赖的，因此才授权给它可以访问自己的隐藏信息。这提醒我们在将函数或类声明为友元之前，有必要对其进行审核。确保只有值得信赖的函数和类才能将其声明为友元。

知识拓展 友元的使用并没有破坏封装性

在友元函数或者友元类中，我们可以直接访问类的受保护或私有成员。虽然这种“后门”可能会引发对类隐藏信息泄露和封装性破坏的担忧，但实际上，合理使用友元不仅不会破坏封装性，反而会增强封装性。

在面向对象程序设计中，我们强调“高内聚、低耦合”的设计原则。当一个类的不同成员变量具有不同的生命周期时，为了保持类的“高内聚”，我们经常需要将这些具有不同生命周期的成员变量分割成两个类。在这种情况下，被分割的两个部分通常需要直接存取彼此的数据。实现这种需求的最安全方法是将这两个类声明为彼此的友元。但是，一些开发者误认为友元破坏了类的封装性，因此倾向于通过提供公有的 get()和 set()成员函数来使这两个部分可以彼此访问对方的数据。实际上，这种做法反而破坏了封装性。在大多数情况下，这些 get()和 set()成员函数和公有数据一样糟糕：它们只隐藏了私有数据的名称，却没有隐藏对私有数据的访问。

友元机制允许我们只向必要的类公开己类的隐藏数据，例如 Teacher 类只是向 TaxationDep 类公开它的隐藏数据（只允许税务官查看工资数据）。这种方式比使用公有的 get()/set()成员函数来让所有人都能访问工资要安全隐蔽得多。

6.3 类如何面向对象

类作为 C++与面向对象程序设计相结合的产物，是面向对象程序设计在 C++中的具体体现。类的设计从成员构成到类之间的继承关系，再到虚函数，都体现了面向对象程序设计的封装、继承和多态这三大特征。

6.3.1 用类机制实现封装

考虑这样一个现实问题：学校有多位老师，每位老师的名字、年龄等属性各不相同，但这些老师都具有备课和上课等相同的行为。在程序中，我们如何描述这些老师呢？虽然老师的具体个体各异，但他们都属于同一类对象——老师。在 C++中，我们用类的概念来描述同一类对象，而抽象正是这一过程的第一步。抽象一般包括属性抽象和行为抽象。属性抽象关注的是一类对象的共有属性，例如老师都有年龄、姓名等描述其状态的数据。在程序中，我们可以用变量表达这些属性，例如用 m_nAge 变量表示年龄，用 m_strName 变量表示姓名。行为抽象则关注的是一类对象的共有行为，例如老师会备课和上课等。我们可以用函数来表达这些行为，例如用 PrepareLesson()函数表达老师的备课行为，用 GiveLesson()函数表达老师的上课行为。从这个角度看，抽象过程是从具体（各位老师）到一般（变量和函数）的过程。

如果抽象是提取同类对象的共有属性和行为，并用变量和函数来表达，那么封装机制则是将变量和函数捆绑在一起，形成一个完整的类。在 C++中，我们可以使用 6.2 节介绍的类（class）的概念来封装分析得到的变量和函数，使其成为类的成员，从而完整地表现这类对象的属性和行为。例如，我们可以将老师这类对象封装为一个类：

```
// 用 Teacher 类封装老师的属性和行为
class Teacher
{
// 构造函数
public:
// 根据名字构造老师对象
    Teacher(string strName)
    {
        m_strName = strName;
    };
// 用成员函数描述老师的行为
public:
    void PrepareLesson();        // 备课
    void GiveLesson();           // 上课
    void ReviewHomework();       // 批改作业
// 其他成员函数
// 用成员变量描述老师的属性
protected:
    string    m_strName;         // 姓名
    int       m_nAge;            // 年龄
    bool      m_bMale;           // 性别
    int       m_nDuty;           // 职务
private:
};
```

通过封装，可以将老师这类对象的共有属性和行为紧密结合在 Teacher 类中，从而形成一个可重用的类。从现实中的老师到 Teacher 类，是一个从具体到抽象的过程。现在有了抽象的 Teacher 类，就可以用它来定义某个对象，进而用这个对象来描述某位具体的老师，这又是一个从抽象到具体的过程。例如：

```
// 创建 Teacher 类的对象来描述学校中的某位陈老师
Teacher MrChen("Chen");
// 创建 Teacher 类的对象来描述学校中的某位王老师
Teacher MrWang("Wang");
```

虽然 MrChen 和 MrWang 这两个对象都是 Teacher 类的实例，但由于它们的属性不同，因此可以描述现实世界中两位不同的老师。

通过类的封装，我们还可以有效地隐藏对对象的属性和行为。因为访问控制的限制，外界无法直接访问类的隐藏信息。对于类中的一些敏感数据，我们可以将其设置为受保护或私有的成员，就可以防止这些敏感数据被意外修改。同时，封装好的类通过特定的外部接口（公有的成员函数）向外提供服务。在这个过程中，外界只能看到服务接口的名称和所需的参数，并不知道（也不需要知道）类的内部具体实现的细节。通过这种方式，类实现了对属性内容和行为实现的隐藏，如图 6-9 所示。

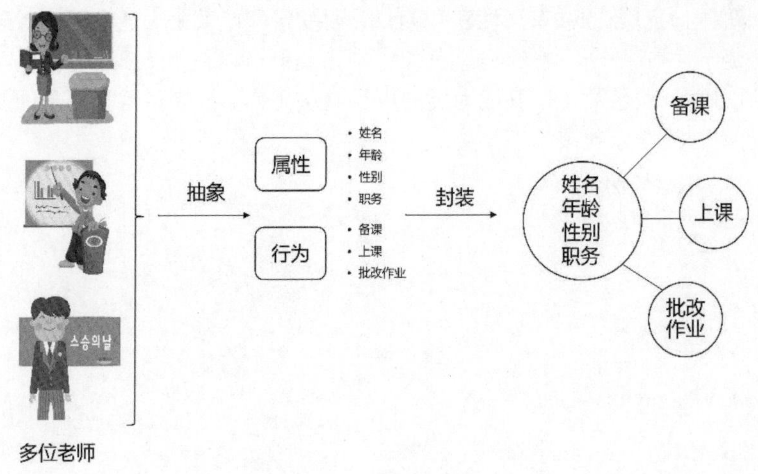

图 6-9 抽象与封装

抽象与封装用于将现实世界的对象转变为 C++世界中的各个类，即用程序设计语言来描述现实世界。面向过程程序设计也有抽象这个过程，但它的抽象仅针对现实世界中的过程，而面向对象程序设计的抽象不仅包括对象的属性值（即数据），还包括对象的行为。此外，面向对象程序设计还通过封装将数据和行为有机地结合在一起，形成类，从而更真实地反映现实世界。抽象与封装完成了从现实世界中的具体对象到 C++世界中类的转换，是将现实世界程序化的第一步，也是最重要的一步。

6.3.2 用基类和派生类实现继承

在理解了类机制如何实现面向对象程序设计的封装之后，我们继续分析前文的例子。在现实世界中，我们发现老师和学生这两类不同的对象有一些相同的属性和行为，例如这两类对象都有姓名、年龄、性别，并且都能走路、说话、吃饭等。这些相同的属性和行为是因为这些特征都是人类共有的。老师和学生都是人类的子类，因此都具有人类共同的属性和行为。像这种子类和父类拥有相同属性和行为的现象非常普遍。例如，小汽车和卡车是汽车类的子类，它们都具有汽车的共有属性（如发动机、轮胎）和行为（如行驶）；电视机和电冰箱是家用电器的子类，它们都具有家用电器的共有属性（如用电）和行为（如开关操作）。

在 C++中，我们用类（class）来表示某一类的对象。既然父类和子类的对象有相同的属性和行为，那么在父类和子类中重复定义这些相同的成员变量和成员函数，显然是不必要的。为了描述现实世界中这种父类和子类之间的关系，C++提供了继承的机制。父类也称为基类，从基类继承产生的类被称为派生类或子类。继承允许我们在保持父类原有属性的基础上进行更具体的说明或者扩展，从而形成新的类，即子类。例如，可以说“老师是会上课的人”，说明老师这个类可以从人这个父类继承而来。对于那些表现人类共有属性和行为的成员，老师类无须重新定义而直接从人类继承而来即可，然后在老师这个子类中添加老师特有的描述上课行为的函数即可。通过继承与扩展，我们就得到了一个既有人类的共有属性和行为，又有老师特有属性和行为的老师类。

所谓继承，就是获得从父辈传下来的“财富”。在现实世界中，这种财富可能是金银珠宝，也可能是淳淳家风。而在 C++世界中，这种财富就是父类的成员变量和成员函数。通过继承，子类可以轻松拥有父类的成员。更重要的是，通过继承，子类可以对父类的成员进行进一步的细化或扩充，以满足新的需求，形成与父类不完全相同的新类。因此，当我们复用旧有的类来创建新类时，只需要从旧有的类继承，然后修改或者扩充需要的成员即可。有了继承机制，C++不仅能够提高开发效率，还能够应对不断变化的需求，因此继承机制成为缓解“软件危机”的有力武器。

下面来看一个实际的例子。在现实世界中，有这样一棵“继承树”，如图 6-10 所示。

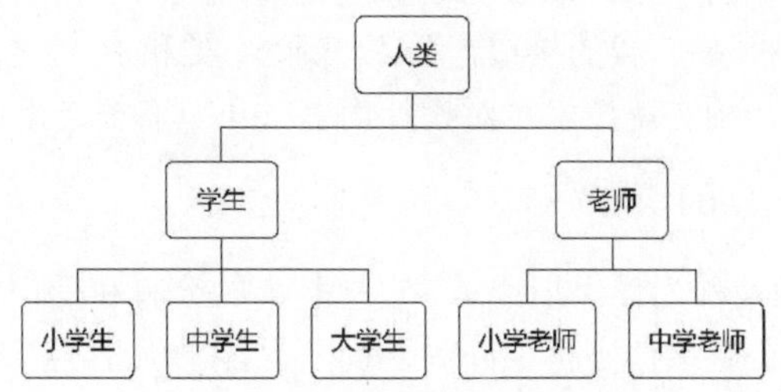

图 6-10　现实世界的继承关系

从这棵“继承树”中可以看到，老师和学生都继承自人类，因此老师和学生都具有了人类的属性和行为。而小学生、中学生和大学生继承自学生这个类，于是他们不但具有人的属性和行为，还具有学生的属性和行为。通过继承，派生类不用重复设计和实现基类已有的属性和行为，直接通过继承即可拥有基类（或父类）的属性和行为，从而最大限度地实现设计和代码的复用。

在 C++中，派生类的声明方式如下：

```
class 派生类名 : 继承方式 基类名 1, 继承方式 基类名 2, …
{
    // 派生类新增加的属性和行为
};
```

其中，派生类名是我们要定义的新类的名字，而基类名是已经定义的类的名字。一个类可以同时继承自多个基类，如果只有一个基类，这种情况被称为单继承；如果有多个基类，则被称为多继承，此时，派生类可以同时获得多个基类的特征（属性和行为），就如同我们身上既有父亲的特征，同时也有母亲的特征一样。但是，需要注意的是，多继承可能会引发成员的二义性问题，因为两个基类可能拥有同名的成员。如果两个同名成员都继承到派生类中，派生类中就会出现两个同名的成员，这会导致在派生类中通过成员名称访问时，不知道到底访问的是哪一个基类的成员，导致程序产生了二义性。因此，多继承只应在极少数情况下使用，大多数情况下使用的是单继承。

与类成员的访问控制类似，继承方式也有公有继承（public）、受保护继承（protected）和私有继承（private）三种。不同的继承方式决定了派生类如何访问从基类继承下来的成员，反映了派生类和基类之间的关系。

1. 公有继承（public）

用 public 声明的继承被称为公有继承或接口继承，它表示派生类是基类的一个子类，基类中的公有和受保护成员连同其访问级别直接继承给派生类，不做任何改变。基类中的公有（public）成员在派生类中同样是公有成员，基类中的受保护（protected）成员在派生类中也同样是受保护成员。公有继承反映了派生类和基类之间的一种“is a”关系继承（即接口继承）。例如，老师是一个人（Teacher is a Human），所以 Teacher 类应该以 public 方式继承自 Human 类。公有继承所反映的这种父类和子类的关系在现实世界中非常普遍，从生物进化到组织体系，都可以用公有继承来表达，所以它是 C++中最为常见的一种继承方式。

2. 私有继承（private）

用 private 声明的继承被称为私有继承或实现继承，它把基类的公有和受保护成员都变成自己的私有（private）成员。这样，派生类不再支持基类的公有接口，而只是重用基类的实现。私有继承反映的是一种“用……实现”的关系。如果 A 类私有继承自 B 类，仅仅是因为 A 类需要用到 B 类的某些已有代码，但又不想扩展 A 类的接口，并不表示 A 类和 B 类之间有概念上的关系。从这个意义上讲，私有继承纯粹是一种实现技术，对设计而言并不具有概念上的意义。

3. 受保护继承（protected）

用 protected 声明的继承被称为受保护继承，它把基类的公有和受保护成员变成自己的受保护成员，以此来保护基类的所有公有接口不再被外界访问，只能由派生类及其子类访问。因此，当我们需要继承某个基类的成员，并让这些成员可以继续遗传给下一代派生类，同时又不希望这个基类的公有成员暴露出来时，就可以采用受保护继承方式。

在了解了派生类的声明方式后，我们可以用具体的代码来描述图 6-10 所示的这棵继承树所表达的继承关系。

```
// 定义基类 Human
class Human
{
// 人类共有的行为，可以被外界访问
// 访问级别设置为 public 级别
public:
    void Walk();   // 走路
    void Talk();   // 说话
// 人类共有的属性
// 因为需要继承给派生类，同时又要防止外界访问
// 所以将其访问级别设置为 protected（受保护）
protected:
    string    m_strName;    // 姓名
    int       m_nAge;       // 年龄
    bool      m_bMale;      // 性别
private:   // 没有私有成员
};

// Teacher 类与 Human 类是 is a 的关系
// 所以 Teacher 类采用公有（public）继承方式继承自 Human 类
class Teacher : public Human
{
// 在子类中添加老师特有的行为
public:
    void PrepareLesson();  // 备课
    void GiveLesson();     // 上课
    void ReviewHomework(); // 批改作业
// 在子类中添加老师特有的属性
protected:
    int   m_nDuty;     // 职务
private:
};

// 学生同样是人类，用 public 方式继承自 Human 类
class Student : public Human
{
// 在子类中添加学生特有的行为
public:
```

```
    void AttendClass();    // 上课
    void DoHomework();     // 做家庭作业
// 在子类中添加学生特有的属性
protected:
    int m_nScore;          // 考试成绩
private:
};

// 小学生是学生，以 public 方式继承自 Student 类
class Pupil : public Student
{
// 在子类中添加小学生特有的行为
public:
    void PlayGame();   // 玩游戏
    void WatchTV();    // 看电视
public:
// 对"做作业"的行为重新定义
void DoHomework();
protected:
private:
};
```

在这段代码中，首先声明了 Human 这个基类，它定义了 Human 类应当具有的共有属性（姓名、年龄、性别）和行为（走路、说话）。因为 Teacher 类是 Human 类的一种，所以我们以 Human 类为基类，以公有（public）继承方式定义 Teacher 类这个派生类。通过继承，Teacher 类不仅直接具备了 Human 类中的公有和受保护成员，同时还根据需要添加了 Teacher 类特有的属性（职务）和行为（备课、上课）。这样，Teacher 类在继承和扩展了 Human 类的基础上，成为"会备课、上课的人类"。

```
// 创建（或声明）一个 Teacher 对象
Teacher MrChen;
// 老师走进教室
// 我们在 Teacher 类中并没有定义 Walk()成员函数
// 是从基类 Human 中继承的成员函数
MrChen.Walk();
// 老师开始上课
// 这里调用的是 Teacher 类自己定义的成员函数
MrChen.GiveLesson();
```

同理，我们通过公有继承自 Human 类，同时增加了学生特有的属性（m_nScore）和行为（AttendClass()和 DoHomework ()），以此定义了 Student 类。又根据需要，以同样的方式从 Student 类继承得到了派生类 Pupil 来表示小学生。通过继承方式，我们可以把整棵"继承树"完整清晰地表达出来。

仔细体会可以发现，整个继承过程就是类的不断派生、不断传承自父类的属性和行为，同时扩展自己特有属性和行为。这就像现实世界中的物种进化，子代吸收和保留部分父代的能力，同时根据环境的变化，对父代的能力进行改进，并增加一些新的能力，从而形成新的物种。继承就是这种进化过程在程序世界中的体现。因此，类的"进化"也遵循类似的规则。

1）保留基类的属性和行为

继承的主要目的是复用基类的设计和实现，保留基类的属性和行为。对于派生类而言，通过继承可以避免一切从零开始，可以以基类现有的设计为基础派生出所需的新类。在前文的例子中，派生类 Teacher 继承自 Human 基类，轻松拥有了 Human 类所有的公有和受保护成员，就像站在巨人

的肩膀上，Teacher 类只需编写很少的代码，就拥有了从基类继承而来的姓名、年龄等属性，以及走路、说话等行为，实现了设计和代码的复用。

2）改进基类的属性和行为

继承不仅仅是简单地继承基类的属性和行为，还包括对其进行改进和扩展。派生类是在基类的基础上进行升级。例如，Student 类定义了表示“做作业”这个行为的 DoHomework()成员函数，派生类 Pupil 继承自 Student 类，也就拥有了这个成员函数。然而，“小学生”做作业的方式是比较特殊的，基类定义的 DoHomework()函数无法满足它的需求。因此，派生类 Pupil 只好重新定义了 DoHomework()成员函数，根据自己的实际情况对该成员函数进一步具体化和改写，以适应新的需求。这样，虽然基类和派生类都拥有 DoHomework()成员函数，但派生类中的这个成员函数是经过改写的，更有针对性。

3）添加新的属性和行为

在类的继承中，派生类除可以改进基类的属性和行为外，还可以添加新的属性和行为。例如，Teacher 类从 Human 类派生而来，它保留了基类的属性和行为，还根据需要添加了基类所没有的新属性（职务）和行为（备课、上课），使它区别于 Human 类，完成了从 Human 类到 Teacher 类的“进化”——派生类。

既然继承可以带来如此多的好处，是否意味着我们应该在所有适用的地方都使用继承，越多越好呢？

当然不是。虽然继承非常有用，但过度使用会导致设计上的问题，尤其是初学者容易滥用继承，结果可能设计出一些“四不像”的怪物。为了避免这种情况，我们应当遵循一些使用继承的原则和规则：

（1）只有相关性强的两个类才能使用继承。如果两个类 A 和 B 毫不相关，则不应为了使 B 拥有更多功能而让 B 继承 A。也就是说，不可以为了让“人”具有“飞行”的行为，而让“人”从“鸟”派生，因为这样派生而来的将不再是“人”，而是“鸟人”。因此应该遵循“多一事不如少一事”的原则，避免不必要的复杂性。

（2）不要把组合当成继承。如果类 B 有必要使用类 A 提供的服务，应考虑以下两种情况：

① 如果 B 是 A 的“一种”(a kind of)，则允许 B 从 A 继承。例如，老师(Teacher)是人(Human)的一种，是对人的特殊化和具体化因此 Teacher 类就可以继承自 Human 类。

② 如果 A 是 B 的“一部分”（a part of），即便两者有相关性，也不应让 B 从 A 继承。例如，键盘和显示器都是计算机的一部分，不能让计算机从键盘和显示器派生出来。

如果 A 不能从 B 继承，A 是 B 的“一部分”且 B 需要使用 A 提供的服务，那又该怎么办呢？在这种情况下，可以将 A 的对象作为 B 的一个成员变量，用 A 和其他对象共同组合成 B。这样，在 B 中就可以访问 A 的对象，自然就可以获得 A 提供的服务。例如，一台计算机需要键盘的输入服务和显示器的输出服务，而键盘和显示器都是计算机的一部分，但计算机不能从键盘和显示器派生出来，我们可以将键盘和显示器的对象作为计算机的成员变量，这样计算机就可以获得它们提供的服务：

```
// 键盘
class Keyboard
{
public:
```

```
// 接收用户键盘输入
void Input()
{
   cout<<"键盘输入"<<endl;
}
};
// 显示器
class Monitor
{
public:
// 显示画面
void Display()
{
   cout<<"显示器输出"<<endl;
}
};
// 计算机
class Computer
{
public:
   // 用键盘和显示器组合成一台计算机
   Computer( Keyboard* pKeyboard,  Monitor* pMonitor )
   {
      m_pKeyboard = pKeyboard;
      m_pMonitor = pMonitor;
   }
   // 计算机的行为
   // 它的具体动作都交由其各个组成部分来完成
   // 键盘负责用户输入
   void Input()
   {
      m_pKeyboard->Input();
   }

   // 显示器负责显示画面
   void Display()
   {
      m_pMonitor->Display();
   }
// 计算机的各个组成部分
private:
   Keyboard*     m_pKeyboard = nullptr;     // 键盘
   Monitor*      m_pMonitor = nullptr;      // 显示器
// 其他组成部件对象
};

int main()
{
   // 先创建键盘和显示器对象
   Keyboard  keyboard;
   Monitor monitor;
   // 用键盘和显示器对象组合成计算机
   Computer com(&keyboard,&monitor);

  // 计算机的输入和输出，实际上最终是交由键盘和显示器来完成
  com.Input();
  com.Display();

  return 0;
}
```

在上面的代码中，Computer（计算机）类由 Keyboard 和 Monitor 这两个类的对象组成（在实际应用中可能还有更多的组成部分）。它的所有功能不是自己实现的，而是通过将功能转交给各个组成对象来实现的，它仅提供一个统一的对外接口。这种把几个类的对象结合在一起构成新类的方式被称为“组合”。虽然计算机类没有从键盘类和显示器类继承而来，但通过组合这种方式，它同样获得了键盘和显示器提供的服务，实现了输入和输出的功能。在组合中，通常使用对象指针作为类成员变量来组合各个对象。这是因为计算机是一个可以插拔的系统，键盘和显示器都是可以更换的。键盘可以在这台计算机上使用，也可以在其他计算机上使用，计算机和键盘的生命周期是不同的，是各自独立的。因此，使用对象指针作为成员变量使得两个对象可以独立创建、组合或拆分，灵活地适应不同的使用场景。然而，如果整体和部分之间的关系密不可分，且它们具有相同的生命周期，例如一个人和组成这个人的胳膊、大腿等组成部分，这时就可以直接采用对象作为成员变量。例如：

```
// 胳膊
class Arm
{
public:
    // 胳膊提供的服务，拥抱
    void Hug()
    {
        cout<<"用手拥抱"<<endl;
    }
};
// 脚
class Leg
{
public:
    // 脚提供的服务，走路
    void Walk()
    {
        cout<<"用脚走路"<<endl;
    }
};
// 身体
class Body
{
public:
    // 身体提供的服务，都交由组成身体的各个部分来完成
    void Hug()
    {
        arm.Hug();
    }
    void Walk()
    {
        leg.Walk();
    }
private:
// 组成身体的各个部分，因为它们与 Body 有着共同的生命周期
// 所以这里使用对象作为类的成员变量
Arm arm;
    Leg leg;
};

int main()
{
   // 在创建 Body 对象时，也创建了组成它的 Arm 和 Leg 对象
```

```
    Body body;

    // 使用 Body 提供的服务，这些服务最终由组成 Body 的 Arm 和 Leg 来完成
    body.Hug();
    body.Walk();
    // 在 Body 对象销毁时，组成它的 Arm 和 Leg 对象同时也被销毁
    return 0;
}
```

6.3.3　用虚函数实现多态

在理解了面向对象程序设计的继承机制之后，我们知道，在大多数情况下，派生类是基类的“一种”，就像“学生”是“人”类的一种一样。既然“学生”是“人”类的一种，那么在使用“人”这个概念时，这个“人”可以指代“学生”，而“学生”也可以应用在“人”的场合。例如，可以问“教室里有多少人”，实际上问的是“教室里有多少学生”。这种用基类指代派生类的关系在 C++中，就反映为基类指针可以指向派生类的对象，而派生类的对象也可以当成基类对象使用。

这样的解释对大家来说是否有些抽象？没关系，可以回想生活中经常遇到的一个场景：上车的人请买票。在这句话中，涉及一个类——人，以及它的一个动作——买票。但上车的人可能是老师、学生，也可能是工人、农民或者程序员，他们买票的方式也各不相同，有的投币，有的刷卡，但为什么售票员不说“上车的老师请刷卡买票”或者说“上车的工人请投币买票”，而仅仅说“上车的人请买票”就足够了呢？这是因为虽然上车的人可能是老师、学生、公司职员等，但他们都是“人”这个基类的派生类，所以这里可以用基类“人”来指代所有派生类对象，通过基类的接口“买票”来调用派生类对这个接口的具体实现，完成买票的具体动作，如图 6-11 所示。

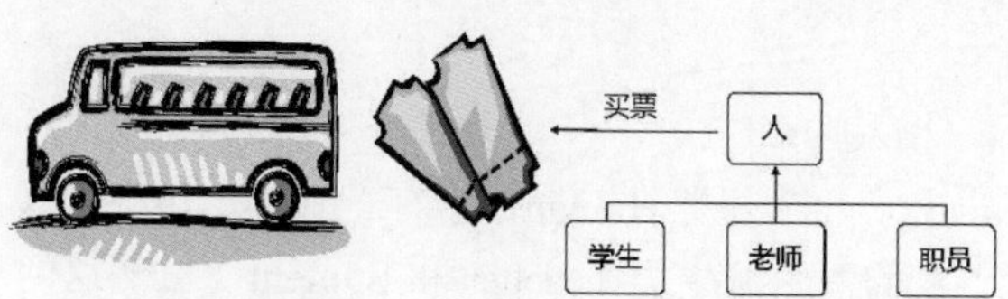

图 6-11　上车的人请买票

学习了前面的封装和继承，我们可以用 C++来描述这个场景：

```
// “上车买票”演示程序
// 定义 Human 类，这个类有一个接口函数 BuyTicket()表示买票的动作
class Human
{
// Human 类的行为
public:
    // 买票接口函数
    void BuyTicket()
    {
        cout<<"人买票。"<<endl;
    }
};

// 从“人”派生出两个类，分别表示老师和学生
class Teacher : public Human
{
public:
    // 重新定义基类提供的接口函数，以适应派生类的具体情况
    void BuyTicket()
```

```
    {
        cout<<"老师投币买票。"<<endl;
    }
};

class Student : public Human
{
public:
    void BuyTicket()
    {
        cout<<"学生刷卡买票。"<<endl;
    }
};

// 在主函数中模拟上车买票的场景
int main()
{
    // 两个人上车了，一个是老师，另一个是学生
    // 基类指针指向派生类对象
    Human* p1 = new Teacher();
    Human* p2 = new Student();

    // 上车的人请买票
    p1->BuyTicket(); // 第一个人是老师，投币买票
    p1->BuyTicket(); // 第二个人是学生，刷卡买票

    // 销毁对象
    delete p1;
    delete p2;
    p1 = p2 = nullptr;

    return 0;
}
```

在这段代码中，我们定义了一个基类 Human，它有一个接口函数 BuyTicket()，表示“人”买票的动作。接着，我们定义了它的两个派生类 Teacher 和 Student。虽然这两个派生类通过继承已经直接拥有了 BuyTicket()函数，但由于“老师”和“学生”买票的行为各有特殊性，因此我们在这两个派生类中重新定义了 BuyTicket()函数，以表达他们的特殊买票动作。在主函数中，我们模拟了“上车买票”这一场景：首先分别创建了 Teacher 类和 Student 类的对象，并用基类 Human 的两个指针分别来指代这两个对象。然后，通过 Human 类的指针调用接口函数 BuyTicket()，模拟“上车的人请买票”的过程，从而完成 Teacher 和 Student 类对象的买票动作。最后，程序的输出结果是：

```
人买票。
人买票。
```

细心的读者应该注意到一个问题：虽然 Teacher 类和 Student 类各自重新定义了表示买票动作的 BuyTicket()函数，基类的指针指向的实际是派生类的对象。然而，在使用基类的指针调用这个函数时，得到的动作却是相同的，都是来自基类的动作。这显然是不合适的。虽然都是“人买票”，但是不同的人应该有不同的买票方式，比如老师可以投币买票，而学生则刷卡买票。因此，根据“人”所指代的具体对象不同，买票的动作也应有所不同。

为了解决这个问题，C++提供了虚函数（virtual function）机制。在基类的函数声明前加上 virtual 关键字，函数就成为虚函数。无论派生类中是否显式地使用 virtual 关键字重新定义该函数，这个函数仍然是虚函数。使用虚函数的机制时，如果通过基类指针调用虚函数，实际会调用该指针所指向

的具体对象（无论是基类对象还是派生类对象）的虚函数，而不是基类的函数。这就解决了上述问题。实现了根据实际对象来决定调用哪一个函数的机制，该机制被称为函数重写或覆盖(override)。

知识拓展 重载还是重写，这是一个问题

在前面的5.3节中，我们学习了函数的重载，而在这里我们又学习了函数的重写。那么，这两个“重”姓兄弟有什么区别呢？如何区分它们呢？

实际上，它们都是C++中对函数行为进行重新定义的一种方式。它们重新定义的函数名都与原来的相同，因此它们都姓“重”，只是因为它们发生的时间和位置不同，这才产生了“重载”和“重写”的区别。

重载是一个编译期（compile-time）的概念，发生在代码的同一层级。它表示在代码的同一命名空间或同一个类中，一个函数因参数类型或个数不同而具有多个不同的实现。在编译期间，编译器会根据函数调用的实际参数类型和个数来决定调用哪一个版本的重载函数。

重写是一个运行时（runtime）概念，发生在代码的不同层级（基类和派生类之间）。它表示在派生类中对基类中的虚函数进行重新定义，函数名、参数类型和个数都完全相同，只是具体的实现不同。在运行时，如果通过基类指针调用虚函数，程序会根据这个指针实际指向的具体对象类型来选择调用基类或派生类的重写函数。例如：

```
// 同一层级的两个同名函数因参数不同而形成重载
class Human
{
public:
    virtual void Talk()
    {
        cout<<"Ahaa"<<endl;
    }
    virtual void Talk(string msg)
    {
        cout<<msg<<endl;
    }
};

// 不同层级的两个同名且参数相同的函数形成重写
class Baby : public Human
{
public:
    virtual void Talk()
    {
        cout<<"Ma-Ma"<<endl;
    }
};

int main()
{
    Human MrChen;
    // 根据参数的不同来决定具体调用的重载函数，在编译时刻决定
    MrChen.Talk();   // 调用无参数的 Talk()
    MrChen.Talk("Balabala"); // 调用以 string 为参数的 Talk(string)

    Human* pBaby = new Baby();
    // 根据指针指向的实际对象的不同来决定具体调用的重写函数，在运行时刻决定
    pBaby->Talk(); // 调用 Baby 类的 Talk()函数
```

```
    delete pBaby;
    pBaby = nullptr;

    return 0;
}
```

在这个例子中，Human 类中的两个 Talk()函数是重载函数，因为它们位于同一层级，拥有相同的函数名，但参数不同。而 Baby 类的 Talk()函数则是对 Human 类的 Talk()函数的重写，因为它们位于不同层级（一个在基类，一个在派生类），但函数名和参数都相同。可以记住这样一个简单的规则：相同层级的不同参数是重载，不同层级的相同参数是重写。

另外，还需要注意一点，重载和重写的结合会引起函数的隐藏（function hide）。还是用前文的例子：

```
    Baby cici;
    cici.Talk("Ba-Ba");  // 错误：Baby 类中的Talk(string)函数被隐藏，无法调用
```

这样的结果是不是让人有点意外？按照类的继承规则，Baby 类本应该继承 Human 类的 Talk(string)函数。然而，由于 Baby 类对 Talk()函数的重写隐藏了从 Human 类继承的 Talk(string)函数，因此无法直接通过 Baby 类的对象调用基类的 Talk(string)函数。一个曲线救国的方法是，通过基类的指针或类型转换来间接调用被隐藏的函数：

```
    ((Human)cici).Talk("Ba-Ba"); // 通过类型转换实现对被隐藏函数的调用
```

不过，需要注意的是，尽量避免这样做，除非万不得已。

我们在这里对重载和重写进行比较，其意义不仅仅是为了区分这些术语，而在于帮助我们理解 C++中有两种函数重新定义的方式，从而使我们能在合适的场景中选择合适的方式，充分发挥用函数解决问题的灵活性。

现在，我们可以用虚函数来解决上面例子中的问题，使得通过 Human 基类指针调用的 BuyTicket()函数，可以根据指针所指向的实际对象来选择不同的买票动作：

```
// 经过虚函数机制改写后的“上车买票”演示程序
// 定义 Human 类，提供公有接口
class Human
{
// Human 类的行为
public:
    // 在函数前添加 virtual 关键字，将 BuyTicket()函数声明为虚函数
    // 表示其派生类可能重新定义这个虚函数以满足其特殊的需要
    virtual void BuyTicket()
    {
        cout<<"人买票。"<<endl;
    }
};

// 在派生类中重新定义虚函数
class Teacher : public Human
{
public:
// 根据实际情况重新定义基类的虚函数以满足自己的特殊需要
// 不同的买票方式
virtual void BuyTicket()
{
```

```
    cout<<"老师投币买票。"<<endl;
}
};

class Student : public Human
{
public:
    // 不同的买票方式
    virtual void BuyTicket()
    {
        cout<<"学生刷卡买票。"<<endl;
    }
};
// ...
```

虚函数机制的改写只是在基类的 BuyTicket()函数前加上了 virtual 关键字（派生类中的 virtual 关键字可以省略），使其成为一个虚函数。其他代码没做任何修改，但代码所执行的动作却发生了变化。此时，Human 基类的指针 p1 和 p2 对 BuyTicket()函数的调用，不再执行基类的这个函数，而是根据这些指针在运行时所指向的实际类对象来动态选择，指针指向哪个类的对象就执行哪个类的 BuyTicket()函数。例如，在执行 **p1->BuyTicket()** 语句时，p1 指向的是一个 Teacher 类的对象，那么执行的就是 Teacher 类的 BuyTicket()函数，于是输出“老师投币买票。”。经过虚函数机制的改写，这个程序最终能够输出符合实际情况的结果：

```
老师投币买票。
学生刷卡买票。
```

这里我们注意到，Human 基类的 BuyTicket()虚函数虽然定义了，但从未被调用过。这恰好体现了虚函数“虚”的特征：虚函数是虚（virtual）的，不实际的，它仅提供一个公共的对外接口，供派生类对其进行重写，以提供具体的服务，而基类的虚函数本身却很少被直接调用。我们还可以在虚函数声明后加上“= 0”的标记，将该虚函数声明为纯虚函数。纯虚函数意味着基类不会实现这个函数，它的所有实现都留给其派生类完成。在这个例子中，Human 基类中的 BuyTicket()虚函数就从未被调用过，所以我们也可以把它声明为一个纯虚函数，这相当于只提供了一个“买票”动作的接口，而具体的买票方式则留给它的派生类去实现。例如：

```
// 使用纯虚函数 BuyTicket()作为接口的 Human 类
class Human
{
// Human 类的行为
public:
    // 声明 BuyTicket()函数为纯虚函数
    // 在代码中，我们在函数声明后加上“= 0”来表示它是一个纯虚函数
    virtual void BuyTicket() = 0;
};
```

当类中有纯虚函数时，该类就成为一个抽象类（abstract class）。抽象类仅用于被继承，提供一致的公有接口。与普通类相比，抽象类有一些特殊之处。

首先，因为抽象类中包含尚未实现的纯虚函数，所以不能创建抽象类的实例（即对象）。如果尝试创建一个抽象类的对象，将会导致编译错误。例如：

```
// 编译错误，不能创建抽象类的对象
Human aHuman;
```

其次，如果某个类从抽象类派生而来，那么它必须实现其中的纯虚函数才能成为一个实体类

（concrete class，或称为具体类）。如果派生类没有实现所有的纯虚函数，它仍然是一个抽象类，无法创建实例对象。例如：

```
class Student : public Human
{
public:
    // 实现基类中的纯虚函数，让 Student 类成为一个实体类
    virtual void BuyTicket()
    {
        cout<<"学生刷卡买票。"<<endl;
    }
};
```

使用 virtual 关键字将普通函数修饰成虚函数，可以实现多态。一个重要的应用是将基类的析构函数声明为虚函数，以确保通过基类指针释放派生类对象时，派生类的析构函数能够正确执行。例如：

```
class Human
{
public:
// 用 virtual 修饰的析构函数
virtual ~Human()
{
     cout<<"销毁 Human 对象"<<endl;
}
};

class Student : public Human
{
public:
    // 重写析构函数，完成特殊的销毁工作
    virtual ~Student()
    {
        cout<<"销毁 Student 对象"<<endl;
    }
};

// 将一个 Human 类的指针指向一个 Student 类的对象
Human* pHuman = new Student();

// ...
// 利用 Human 类的指针，释放它指向的 Student 类的对象
// 因为析构函数是虚函数，所以这个指针所指向的 Student 类的对象的析构函数会被调用
// 否则，会错误地调用 Human 类的析构函数
delete pHuman;
pHuman = nullptr;
```

动手实践 不要在构造函数或析构函数中调用虚函数

我们知道，在基类的普通函数中，调用虚函数时，C++的多态机制会根据具体调用该函数的对象，动态决定执行哪个派生类重写后的虚函数。这是 C++多态机制的基本规则。然而，这一规则并不是放之四海皆准的。如果虚函数出现在基类的构造函数或者析构函数中，在创建或者销毁派生类对象时，虚函数不会如我们所预期的那样，执行派生类重写后的虚函数，取而代之的是，它会直接执行这个基类自身的虚函数。换句话说，在基类构造或析构期间，虚函数是被禁止的。

> 为什么会出现这种奇怪的行为？这是因为在创建派生类的对象时，基类的构造函数会先于派生类的构造函数执行。如果在基类的构造函数中调用派生类重写的虚函数，此时派生类对象尚未创建完成，其数据成员尚未被初始化。由于派生类虚函数的执行可能涉及它的数据成员，而对未初始化的数据成员进行访问，无疑是一场噩梦的开始。
>
> 类似的问题也存在于基类的析构函数中。基类的析构函数会在派生类的析构函数之后执行。如果在基类的析构函数中调用派生类的虚函数，此时派生类的数据成员已经被释放。如果在虚函数中尝试访问这些派生类已释放的数据成员，会导致访问未定义成员的错误。为了避免这些行为可能带来的危害，C++禁止在构造函数和析构函数中进行虚函数的向下匹配。为避免这种不一致的匹配规则带来的歧义（你可能以为虚函数会像在普通函数中一样调用派生类的虚函数，但实际上调用的是基类自身的虚函数），最好的方法是，不要在基类的构造函数和析构函数中调用虚函数。

在派生类中重写基类的虚函数时，并不强制要求在派生类的函数声明中使用 virtual 关键字。只要派生类的函数声明与基类中的虚函数声明匹配，编译器就会识别这是一个重写。例如，如果 Teacher 类重写了 Human 类中的 BuyTicket()虚函数，即使在 Teacher 类中省略了 virtual 关键字，重写仍然有效。

然而，尽管省略 virtual 关键字在语法上是可行的，但这种做法可能会引起混淆，影响代码的可读性和可维护性。如果派生类中的重写函数缺少 virtual 关键字，读者可能会疑惑这个函数是基类中虚函数的重写，还是派生类中新添加的普通成员函数。

为了清晰地表达代码的意图，提高代码的可读性和可维护性，建议在派生类中重写虚函数时仍然使用 virtual 关键字。这样可以明确地告诉其他开发者和未来的代码维护者，这个函数是对基类中虚函数的重写，而不是一个全新的函数声明。

此外，为了让代码的意图更为明确，C++中提供了 override 关键字，用于标注一个重写的虚函数。使用这个关键字可以让程序员在编写代码时更清楚地表达出对虚函数的重写意图。例如：

```
class Student : public Human
{
public:
// 虽然没有 virtual 关键字
// 但是 override 关键字表明，这是一个重写的虚函数
    void BuyTicket() override
    {
        cout<<"学生刷卡买票。"<<endl;
}
// 错误：基类中没有 DoHomework()这个虚函数，不能重写虚函数
void DoHomework() override
{
   cout<<"完成家庭作业。"<<endl;
}
};
```

从这里可以看到，override 关键字仅能用于修饰派生类重写的虚函数，以表达程序员的实现意图，而不能用于普通成员函数。上面例子中的 DoHomework()函数并没有基类的同名虚函数可供重写，因此在其声明后的 override 关键字会引发编译错误。如果希望某个函数是虚函数的重写，应在其函数声明后加上 override 关键字，这样可以在很大程度上提高代码的可读性，同时确保代码严格符合程序员的意图。例如，如果程序员希望派生类中的某个函数重写基类中的虚函数，并为其加上

override 修饰，编译器会帮助检查是否真正形成了虚函数的重写。如果基类没有同名虚函数，或者虚函数的函数形式不同，无法形成重写，编译器就会给出相应的错误提示信息，程序员可以根据这些信息进行修正。

与 override 相对，有时我们希望某个虚函数不被派生类继承。这时，可以使用 final 关键字来阻止该虚函数被进一步重写。例如：

```
// 学生类
class Student : public Human
{
public:
    // final 关键字表示这就是这个虚函数的最终(final)实现
    // 阻止被派生类重写，即重新定义
    virtual void BuyTicket() final
    {
        cout<<"学生刷卡买票。"<<endl;
}
// 新增加的一个虚函数
// 没有 final 关键字修饰的虚函数，派生类可以对其进行重写，重新定义
virtual void DoHomework()
{
    cout<<"完成家庭作业。"<<endl;
}
};
// 小学生类
class Pupil : public Student
{
public:
    // 错误：不能对基类中使用 final 修饰的虚函数进行重写
    // 这里表达的意义是，无论是 Student 类还是派生的 Pupil 类，买票的方式都是一样的
    // 无须也不能通过虚函数重写对其行为进行重新定义
    virtual void BuyTicket()
    {
        cout<<"学生刷卡买票。"<<endl;
}
// 派生类对基类中没有 final 关键字修饰的虚函数进行重写
virtual void DoHomework() override
{
    cout<<"小学生完成家庭作业。"<<endl;
}
};
```

既然虚函数的意义是为了实现面向对象程序设计的多态机制，使得虚函数可以被重写，那么为什么我们还要使用 final 关键字来阻止虚函数的重写呢？凡事都有其两面性，C++的虚函数重写也不例外。实际上，我们有很多正当的理由来阻止一个虚函数在它的派生类中被重写。

首先，这样做可以提高程序的性能。因为虚函数的调用需要查找类的虚函数表，如果程序中大量使用虚函数，可能会在虚函数的调用上浪费很多不必要的时间，从而影响程序的性能。阻止不必要的虚函数重写，可以减小虚函数表的大小，自然就减少了虚函数调用时的查表时间，从而提高了程序的性能。

其次，代码安全性也是一个考虑因素。某些函数库出于扩展的需要，提供了一些虚函数作为接口，供专业程序员对其进行重写，从而扩展函数库的功能。但是，对于函数库的普通使用者而言，重写这些函数是非常危险的，因为缺乏相关知识或经验而容易出错。所以有必要使用 final 关键字来阻止这类重写。

此外，虚函数的重写可以实现面向对象程序设计的多态机制，但过多的虚函数重写会影响程序

的性能，并使得程序变得复杂。这时，我们需要使用 final 关键字来阻止这些虚函数被无意义地重写，以平衡灵活性与性能。那么，何时应该使用 final，何时不应该使用呢？这里有一条简单的原则：如果重新定义了一个派生类并重写了基类的某个虚函数会产生语义上的错误吗，则需要使用 final 关键字来阻止虚函数被重写。例如，前文例子中的 Student 类有一个来自其基类 Human 的虚函数 BuyTicket()，而当定义 Student 类的派生类 Pupil 时，不应该再重写这个虚函数，因为无论是 Student 还是 Pupil，BuyTicket()函数的行为应该是一样的，不需要重新定义。在这种情况下，可以使用 final 关键字来阻止虚函数的重写。出于性能的需求，或者只是简单地不希望虚函数被重写，最好的做法是从一开始就不要将这个函数定义为虚函数。

面向对象程序设计的多态机制为派生类修改基类的行为，并以一致的调用形式满足不同的需求提供了一种可能。合理利用多态机制可以为程序开发带来更大的灵活性。

1. 接口统一，高度复用

程序不必为每个派生类编写具体的函数调用，只需要在基类中定义好接口，然后针对接口编写函数调用，而具体的实现则留给派生类自己去处理。这样可以实现“以不变应万变”，即在应对需求的不断变化，只需要修改派生类的具体实现，而不需要改变函数的调用方式，从而大大提高程序的可复用性（针对接口的复用）。

2. 向后兼容，灵活扩展

派生类的行为可以通过基类的指针进行访问，可以在很大程度上提高程序的可扩展性。一个基类可以有多个派生类，并且可以不断扩充。例如，在前文的例子中，如果想要增加一种新的乘客类，只需要添加一个 Human 的派生类，并实现这个派生类自己的 BuyTicket()函数即可。在使用这个新创建的类时，无须修改程序代码中的调用形式。

6.4　工资程序成长记：类与对象

“夜半三更哟，盼天明；寒冬腊月哟，盼春风。若要盼得哟，涨工资，岭上……”自从老板上次许诺给小陈涨工资后，数月已逝，却依旧未见涨工资的踪影。小陈便以这首歌自嘲，慰藉自己：春天和涨工资的希望总会到来。某日，小陈哼唱间，突接老板召见，满心欢喜地以为终于盼到了涨工资的喜讯。

然而，办公室内老板阴沉的脸色让小陈心头一沉。老板劈头盖脸地抱怨道：“小陈，你编写的工资程序出了岔子。我们公司的工资本应根据员工的入职年数来调整，高级员工和一般员工的计算方法各有差异。可现在，所有人的工资仍旧停留在最初设定的数额，毫无变化。更糟糕的是，程序只能显示工资最高者的序号，这有何用？我需要的是姓名，只有知道了姓名，才好做出相应的管理决策……”

老板的连番指责让小陈心中一片冰凉，意识到涨工资的愿望再次落空。他有气无力地回应：“老板，别急，程序需要不断迭代和完善。我会根据您的要求进行调整，确保满足您的期望。”

带着老板的新要求，小陈回到工作岗位。他迅速分析了需求，主要有两点：一是实现员工工资的动态计算，区分高级员工和一般员工的计算方法；二是在统计时，不仅要提供最高工资者的序号，还要包括其姓名信息。

面对这些看似复杂的要求，小陈陷入沉思，突然灵感迸发：这不是正好可以用 C++中的面向对象程序设计方法来解决吗？通过封装，他可以将员工的序号、入职年份、姓名、工资等属性封装进一个员工类中，这样在确定最高工资员工的序号时，也能得到其姓名；利用继承，可以从员工类派生出高级员工类和一般员工类；再借助多态机制，对这两类员工的工资实施不同的计算策略。小陈一拍大腿，心中暗自赞叹面向对象程序设计在解决复杂问题时的强大力量。幸运的是，他最近刚好学习了如何在C++中应用类来体现面向对象程序设计方法，于是决定以此方法重构工资程序。

通过这次经历，小陈深刻体会到，面向对象程序设计方法不仅是一种技术手段，更是一种解决问题的思维模式，它能够让复杂的任务变得更加清晰和可管理。

6.4.1 需求分析：老板要的是这样一个工资程序

需求分析是软件开发的首要步骤，无论面对的是控制航天器的大型系统，还是简单的儿童游戏程序。这一步骤对于确保最终产品满足用户期望至关重要。小陈在接到老板的任务后，没有立即着手编写代码，而是首先进行了需求分析工作，以明确老板对工资程序的具体期望。

根据老板的反馈（这通常是基于用户调查的结果），该工资程序需要实现以下功能：

- 输入员工的工资数据，支持从数据文件读取和手工输入两种方式。
- 对输入的工资数据进行处理，包括统计最高工资和根据员工姓名查询工资。
- 将所有工资数据输出到文件，便于后续直接读取。

通过这一系列的分析，小陈对老板期望的工资程序有了清晰的认识。为了使这些需求更加明确和直观，他使用UML用例图来表示，如图6-12所示。这个用例图清晰地展示了工资程序所需实现的功能。

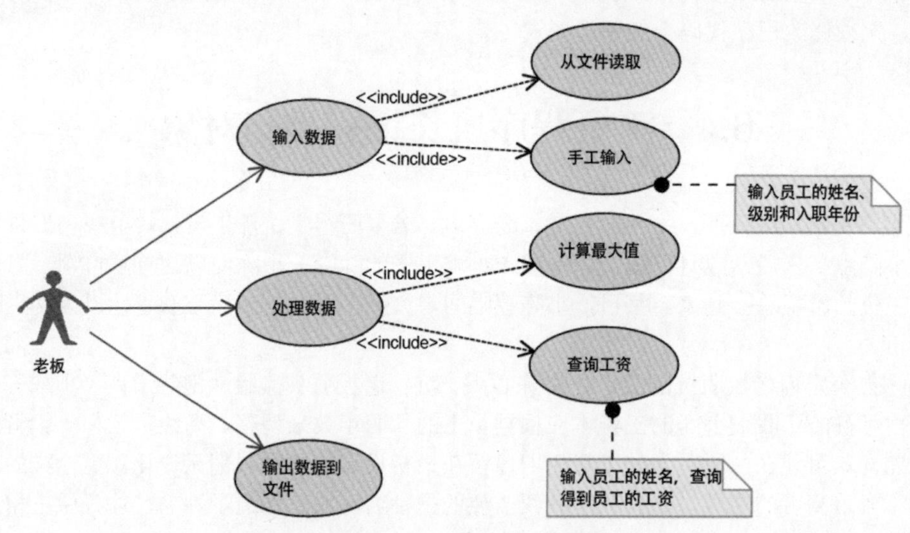

图6-12 工资程序的用例图

> **动手实践 全世界程序员都在说UML**
>
> UML（Unified Modeling Language，统一建模语言）是一种广泛应用于软件描述的标准化语言。它通过建立软件模型，并利用一系列图表（如用例图、类图、活动图等）直观地展示软件的结构和行为。UML的使用使程序员能够对软件系统有一个清晰的认识和理解。

在着手实现软件之前，UML 作为描述工具，帮助项目团队在软件设计上形成共识。UML 的图表不仅为开发人员提供了一个共同的交流基础，而且确保了软件设计的透明性和可理解性。因此，无论是项目团队中的成员，还是全球范围内的程序员，掌握 UML 都是非常重要的。

6.4.2 从问题描述中发现对象

完成程序的需求分析后，小陈对自己要开发的软件有了清晰的认识。运用面向对象程序设计方法解决问题的一般顺序，以此为指导，小陈着手接下来的工作：首先是从问题描述中识别对象。小陈遵循“寻找对象就是寻找名词”的思路，开始识别问题描述中的名词。

在问题描述中，小陈首先识别出了“工资系统（Salary System）”，它是整个软件的核心。接下来是工资系统所管理的“员工（Employee）”，由于员工的级别不同，又细分为“高级员工（Officer）”和“普通员工（Staff）”。这些名词构成了问题描述中的主要对象。

除识别对象外，小陈还发现了对象之间的各种关系。工资系统管理着多个员工对象，形成了一对多的关系。同时，高级员工和普通员工都属于员工的范畴，这表明它们共享一个共同的基类“员工”，即它们是从员工基类派生出来的。这种关系体现了面向对象程序设计中的继承概念。

图 6-13 提供了这些对象及其关系的直观表示，帮助项目团队更好地理解系统结构。通过这种方式，小陈不仅明确了要创建哪些类，还理解了这些类之间的关系，为后续的类设计和实现奠定了基础。

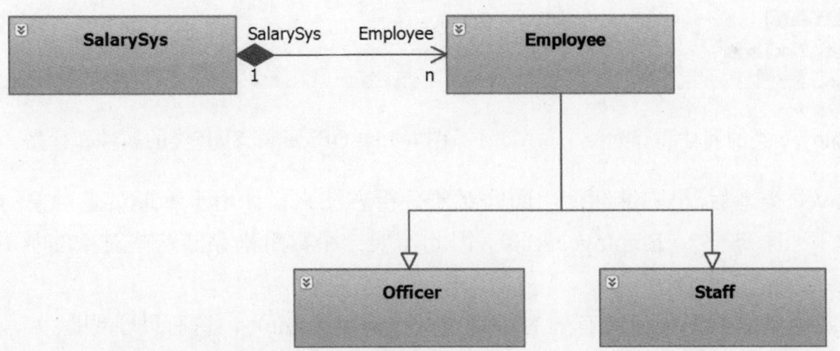

图 6-13 工资程序中的对象及其关系

6.4.3 分析对象的属性和行为

在识别出问题描述中的对象后，小陈接下来分析这些对象的属性和行为，并利用面向对象程序设计的封装机制将它们封装成具体的类。首先，他从最基础的员工类 Employee 开始分析。

根据老板的要求，为了识别工资最高的员工，Employee 类必须记录每名员工的姓名（m_strName）。为了根据员工的在职时间动态计算工资，需要记录员工的入职时间（m_nYear）。由于员工级别会影响工资计算方式，因此应有一个属性（m_nLevel）来标识员工的级别。因此，Employee 类的基本属性包括姓名、入职时间和级别。

对于行为，Employee 类应包含与需求分析中用例相关的方法（method，即函数）。例如，为了实现“计算工资”的用例，Employee 类应有一个计算工资的方法 GetSalary()，但在基类中，这个方法是一个纯虚函数，具体的实现将留给派生类。此外，还需要方法来获取员工的在职时间（GetWorkTime()方法）、姓名（GetName()方法）、级别（GetLevel()方法）和入职年份（GetYear()方法），以支持“查询工资”和“输出数据到文件”的用例。注意：在 C++中，类中的成员函数，也称为方法，对应面向对象程序设计中类的“行为”这个概念。在本书中，类的行为、操作、成员函数和方法，一般是指同一个概念。

通过这样的分析，小陈明确了 Employee 类应具备的属性和行为，并将分析结果绘制成 UML 类图，如图 6-14 所示。

派生类 Officer 和 Staff 继承自 Employee 类，它们不需要额外的属性，继承基类的属性即可。对于行为，这些具体的员工类需要实现基类中的 GetSalary()和 GetLevel()这两个虚函数，以提供具体的工资计算和员工级别的信息。小陈同样将这些类的结构和关系用 UML 类图表示，如图 6-15 所示。

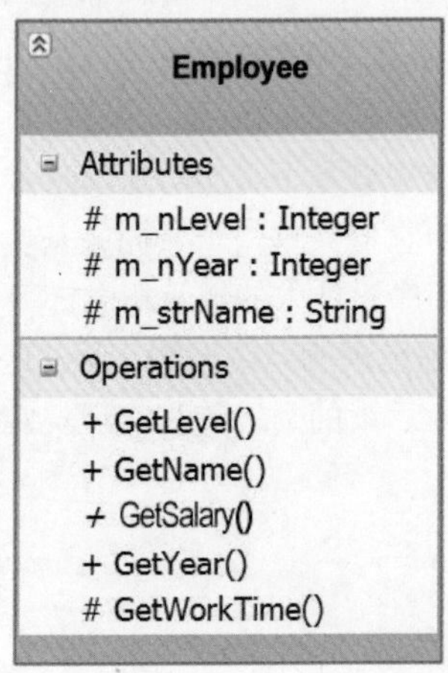

图 6-14 Employee 类的属性和行为

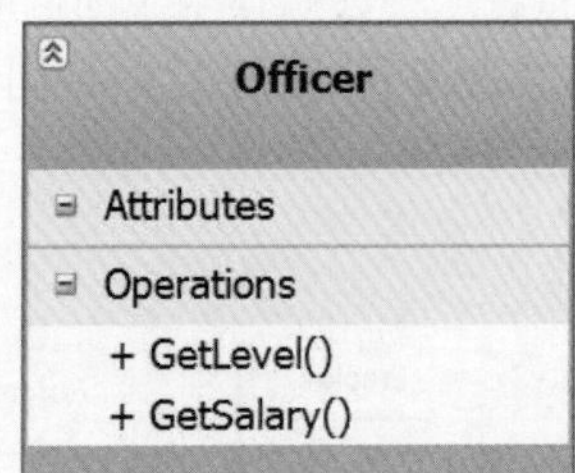

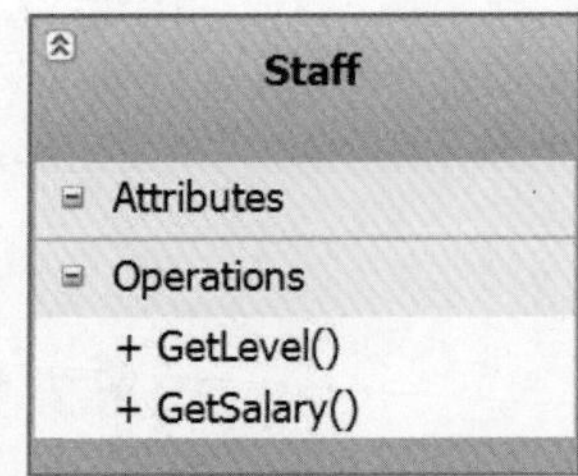

图 6-15 Officer 和 Staff 类的属性和行为

继 Employee 类之后，小陈继续使用面向对象分析方法来设计用于管理员工对象的 SalarySys 类。这个类负责保存和管理多个 Employee 对象，因此需要一个数组来存储这些对象的基类指针，以应用多态机制动态计算员工工资。

SalarySys 类还需要记录当前有效的指针个数（m_nCount），这有助于跟踪实际存储的员工对象数量。此外，由于系统需要从文件读取和写入数据，SalarySys 类还应包含一个属性来记录数据文件的名称（m_strFileName）。

在行为方面，小陈根据需求分析确定了几个关键用例。首先，SalarySys 类需要实现“输入数据”用例，包括从文件读取数据（Read()）和允许用户手工输入（Input()）。接着是“处理数据”用例，这要求 SalarySys 类具备查找工资数据中的最大值（GetMax()）和根据姓名查询工资信息（Find()）的功能。最后，为了完成“输出数据”用例，SalarySys 类需要能够将所有工资数据写入文件（Write()）。

分析完成后，小陈将这些信息绘制成 UML 类图，以直观展示 SalarySys 类的结构和行为，如图 6-16 所示。

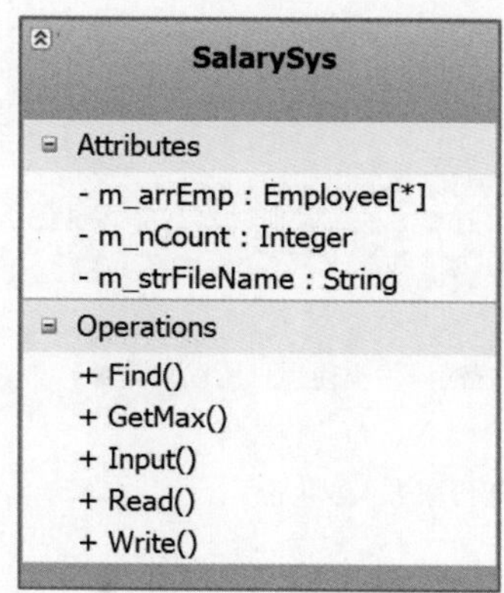

图 6-16　SalarySys 类的属性和行为

6.4.4　依葫芦画瓢：用 C++表达设计结果

经过详尽的分析与设计，小陈对即将开发的程序有了清晰的认识。他明白，类及其关系的分析设计工作相当于完成了程序开发的大部分。现在，他需要将这些设计结果转换为具体的 C++代码。

按照之前的设计结果，小陈决定首先实现最基础的 Employee 类：

```
// SalarySys.cpp
#include <ctime>                    // 使用其中的时间函数
#include <string>                   // 使用字符串对象

using namespace std;

// 枚举员工的级别
enum EmpLevel
{
    enumOfficer = 1,        // 高级员工
    enumStaff = 2           // 普通员工
};

// 员工类
class Employee
{
public:
    // 构造函数，根据员工的姓名和入职年份构造对象
    Employee(string strName,int nY)
    :m_strName(strName),m_nYear(nY) // 设置员工的姓名和入职年份
    {}
// Employee 类的行为，这些行为都是供外界调用的接口
// 所以将其访问级别声明为 public
public:
    // 获得员工姓名
    string GetName() const
    {
        return m_strName;
    }
    // 获得员工入职年份
    int GetYear() const
    {
        return m_nYear;
    }
    // 获得员工级别
```

```
    EmpLevel GetLevel() const
    {
        return m_nLevel;
    }
    // 获得员工工资，因为这个行为与具体的员工类相关
    // 不同的派生类有不同的行为（计算方法），所以在基类 Employee 中只是
    // 用纯虚函数表示接口，具体行为由其派生类实现
    virtual int GetSalary() = 0;

// GetWorkTime()只是供自身和自己的派生类使用，所以将其
// 访问级别声明为protected
protected:
    // 获得在职时间，也就是现在年份减去入职年份
    int GetWorkTime() const
    {
        // 获得现在的年份
        time_t t = time(nullptr); // 获取当前时间
        tm timeinfo;               // 定义 tm 结构体
        if (localtime_s(&timeinfo, &t) == 0)
        {
            // time()函数获得的时间是以 1900 年为起点，所以这里需要
            // 加上 1900 表示现在的年份。同时，不满一年按照一年计算，所以最后要加 1
            return (timeinfo.tm_year + 1900) - m_nYear + 1;
        }
        else
        {
            return -1;
        }
    }
// Employee 类的属性
// 因为这些属性同样应当是其派生类具有的，需要由基类继承给
// 它的派生类，所以这里声明为protected访问级别，允许其派生类继承这些属性
protected:
    string m_strName;      // 姓名
    int m_nYear;           // 入职年份
    EmpLevel m_nLevel;     // 级别
};
```

完成 Employee 类的实现就好比在建造房子时打好了地基。接下来，小陈在其基础上派生出具体的员工类 Officer 和 Staff，分别完成具体的工资计算：

```
// ...

// 高级员工类
// 因为高级员工也是员工的一种，所以它可以从 Employee 类以 public 继承方式派生
class Officer : public Employee
{
public:
    // 构造函数
    // 直接调用基类 Employee 的构造函数，完成相同部分属性的构建
    Officer(string strName, int nY)
    :Employee(strName,nY)
    {
        // 进行派生类独有的构建工作，设定员工的特定级别
        m_nLevel = enumOfficer;
    }
public:
    // 对基类的纯虚函数进行重写，具体实现员工计算工资的行为
    virtual int GetSalary() override
    {
        // 对于高级员工，每年涨 5000 元工资
return GetWorkTime()*5000;
    }
```

```
};
// 普通员工类
class Staff : public Employee
{
public:
    Staff(string strName, int nY)
    :Employee(strName,nY)
    {
        m_nLevel = enumStaff;
    }
public:
    // 不同的派生类对相同的行为有不同的实现
    // 这就是类的多态机制的体现
    virtual int GetSalary() override
    {
        // 普通员工，每年涨 1000 元工资
        return GetWorkTime()*1000;
    }
};
```

在员工类及其派生类的实现中，全面体现了面向对象程序设计的三大特征。首先，我们将所有员工，包括高级员工和普通员工的共有属性和行为封装成员工类 Employee 这个基类，这里体现的是类对属性和行为的封装。然后，使用继承机制从员工类 Employee 中派生出高级员工类 Officer 和普通员工类 Staff，使得这两个派生类可以复用基类的代码，例如员工的姓名和入职时间等共有属性，以及供外界访问的 GetName()等接口函数。派生类无须重复定义这些属性和方法，通过继承就直接拥有了。派生类所要做的只是实现自己特有的属性和行为。例如，两个派生类对工资的计算方式不同，所以它们利用面向对象程序设计的多态机制，对基类提供的用于计算工资的 GetSalary()纯虚函数进行重写，各自实现了特定的工资计算逻辑。

完成了具体的员工类的实现后，接下来需要使用这些类创建具体的员工对象，并交由核心的 SalarySys 类进行管理。按照前面的设计，小陈用一个数组来保存这些员工对象的指针，同时实现了 SalarySys 类的其他行为，以完成对这些员工对象的输入、查询和输出：

```
// 包含需要的头文件
#include <iostream>   // 屏幕输入输出
#include <fstream>    // 文件输入输出
#include <climits>    // 包含 INT_MAX

// ...

// 定义 SalarySys 中数组的最大数据量
// 也就是 SalarySys 最多能处理多少个员工数据
const int MAX = 100000;


// 工资管理类 SalarySys
class SalarySys
{
public:
    // 构造函数，对属性进行初始化
    SalarySys()
        :m_nCount(0), // 设定当前数据量为 0
        m_strFileName("SalaryData.txt") // 设定员工数据文件名
    {
        // 对数组进行初始化，使得数组中都是 nullptr
        for(long i = 0; i < MAX; ++i)
        {
            m_arrEmp[i] = nullptr;
```

```
        }

        // 读取员工数据文件
        Read();
    }

    // 析构函数，完成清理工作
    ~SalarySys()
    {
        // 将员工数据写入文件，以备下一次读取
        Write();
        // 释放数组中已经创建的员工对象
        for(long i = 0; i < m_nCount; ++i)
        {
            delete m_arrEmp[i];          // 释放对象
            m_arrEmp[i] = nullptr;       // 将指针设置为 nullptr
        }
    }
// SalarySys 的公有行为（成员函数或方法）
public:
    // 从员工数据文件读取已输入的数据
    int Read()
    {
        // 用于文件读取的中间临时变量
        string strName = "";
        int nLevel = 0;
        int nYear = 0;

        // 读取的数据个数
        int i = 0;

        // 打开数据文件
        ifstream in(m_strFileName);
        if(in.is_open()) // 判断是否成功打开文件
        {
            // 如果打开文件成功，构造无限循环进行读取
            while(true)
            {
                // 分别读取姓名、级别和入职年份
                in>>strName>>nLevel>>nYear;

                // 判断是否读取正确，如果读取错误
                // 例如读取到达文件末尾，则结束读取
                if(!in)
                    break; // 跳出读取循环

                // 根据读取的员工级别，分别创建不同的员工对象
                // 并保存到 m_arrEmp 数组进行管理
                if( enumOfficer == nLevel)
                {
                    // 根据员工姓名和入职年份，创建高级员工对象
                    m_arrEmp[i] = new Officer(strName,nYear);
                    ++i; // 记录已经读取的数据数量
                }
                else if ( enumStaff == nLevel)
                {
                    m_arrEmp[i] = new Staff(strName,nYear);
                    ++i; // 记录已经读取的数据数量
                }

                // 如果读取的数量大于数组容量，则结束读取，否则继续下一次读取
                if(i >= MAX)
```

```
                break;
            }
            // 读取完毕，关闭文件
            in.close();
        }
        // 输出读取结果并返回读取的数据个数
        cout<<"已读取"<<i<<"个员工数据"<<endl;
        m_nCount = i;  // 记录数组中有效数据的个数

        return i;
    }

    // 将员工数据写入文件
    void Write()
    {
        // 打开数据文件作为输出
        ofstream o(m_strFileName);
        if(o.is_open())
        {
            // 如果成功打开文件，则利用 for 循环逐个输出数组中保存的数据
            for(long i = 0;i < m_nCount; ++i)
            {
                Employee* p = m_arrEmp[i];
                // 输出各个员工的各项属性，以 Tab 间隔
                // 输出一名员工的数据后，末尾输出 endl 换行
                o<<p->GetName()<<"\t"        // 姓名
                <<p->GetLevel()<<"\t"        // 级别
                <<p->GetYear()<<endl;        // 入职年份
            }
            // 输出完毕，关闭文件
            o.close();
        }
    }

    // 手工输入员工数据
    int Input()
    {
        // 提示输入
        cout<<"请输入员工信息（姓名 级别(1-普通员工,2-高级员工) 入职年份)，例如：Wanggang 1
        1982"<<endl;
        cout<<"-1 表示输入结束"<<endl;

        // 新输入的数据保存在数组已有数据之后
        // 所以这里将已有数据个数 m_nCount 作为输入起点
        // 又因为 i 在 for 循环之后还需要用到，所以定义在 for 循环之前
        long i = m_nCount;

        for(; i < MAX; ++i)  // 初始化语句留空
        {
            // 利用 for 循环逐个输入
            cout<<"请输入"<<i<<"号员工的信息："<<endl;

            // 根据输入的数据创建具体的员工对象，并保存到数组
            string strName = "";
            int nL = 0;
            int nY = 0;
            // 获取用户输入
            cin>>strName>>nL>>nY;

            // 对输入情况进行判断处理
```

```
            if(!cin) // 如果输入错误，则重新输入
            {
                cout<<"输入错误，请重新输入"<<endl;
                cin.clear();        // 清理输入标志位
                cin.sync();         // 清空键盘缓冲区
                --i;                // 本次输入作废，不计算在内
                continue;           // 直接开始下一次输入循环
            }
            else // 输入正确
            {

                // 检查是否输入结束
                if("-1" == strName)
                {
                    break; // 结束输入循环
                }

                // 根据输入的数据，创建具体的员工对象并保存到数组中
                if(enumOfficer == nL)
                    m_arrEmp[i] = new Officer(strName,nY);
                else if(enumStaff == nL)
                    m_arrEmp[i] = new Staff(strName,nY);
                else  // 员工级别输入错误
                {
                    cout<<"错误的员工级别，请重新输入"<<endl;
                    --i;
                    cin.clear();   // 清理输入标志位
                    cin.sync();    // 清空键盘缓冲区
                    continue;
                }
            }
        }
        // 输入完毕，调整当前数组中的数据量
        m_nCount = i;

        // 返回本次输入完成后的数据个数
        return m_nCount;
    }

    // 获得最高工资的员工对象
    Employee* GetMax()
    {
        // 表示结果的指针，初始值为 nullptr
        Employee* pMax = nullptr;
        // 设定一个假想的当前最大值为最小的 int 类型数据值，即赋初始值
        int nMax = INT_MIN;
        // 用 for 循环遍历数组中的每一个对象
        for(long i = 0;i < m_nCount; ++i)
        {
            // 如果当前对象的工资高于当前最大值 nMax，则将当前对象的工资
            // 作为新的当前最大值，并将当前对象的指针作为结果保存
            // 这里使用的是基类 Employee 的指针调用 GetSalary()虚函数来获得
            // 当前对象的工资，而实际上，它将动态地调用这个指针所指向的实际对象的
            // 相应函数来完成工资的计算。换言之，如果这个指针指向的是 Officer 对象
            // 就会调用 Officer 类的 GetSalary()函数，如果指向的是 Staff 对象
            // 就会调用 Staff 类的 GetSalary()函数。这样就实现了不同等级
            // 的员工，不同的工资计算方式，使用统一的调用方式

            if(m_arrEmp[i]->GetSalary() > nMax)
            {
```

```
                // 则将当前对象记录为结果对象
                pMax = m_arrEmp[i];
                // 并将当前对象的工资记录为当前最大值
                nMax = pMax->GetSalary();
            }
        }
        // 返回指向拥有最高工资的员工对象的指针
        return pMax;
    }

    // 查询员工工资
    void Find()
    {
        // 构造无限循环进行查询
        while(true)
        {
            // 查询的姓名
            string strName = "";
            // 输入提示
            cout<<"请输入要查询的员工名字（-1 表示结束查询）："<<endl;
            // 获取用户输入的员工姓名
            cin>>strName;

            // 对用户输入进行检查
            if(!cin) // 如果输入错误，提示重新输入
            {
                cout<<"输入错误，请重新输入"<<endl;
                cin.clear();
                cin.sync();
                continue;              // 开始下一次查询
            }
            else if("-1" == strName)   // 如果查询结束
            {
                // 查询结束，用 break 结束查询循环
                cout<<"查询完毕，感谢使用！"<<endl;
                break;
            }
            // 记录是否找到查询的员工
            bool bFind = false;
            // 用 for 循环遍历所有员工对象，逐个进行比对查找
            for(long i = 0;i < m_nCount;++i)
            {
                // 获得指向当前对象的指针
                Employee* p = m_arrEmp[i];
                // 判断当前对象的名字是否与查询条件相同
                if(strName == p->GetName())
                {
                    // 输出符合查询条件的员工信息
                    cout<<"员工姓名："<<p->GetName()<<endl;
                    cout<<"员工工资："<<p->GetSalary()<<endl;
                    bFind = true;// 记录本次查询成功
                    break;       // 跳出 for 循环结束查询，结束循环
                }
            }

            // 如果本次没有找到，则提示用户重新输入
            if(!bFind)
            {
                cout<<"无法找到名字为"<<strName<<"的员工。"<<endl;
                cout<<"请核对姓名，重新输入"<<endl;
```

```
                    }
                }
            }
    // SalarySys 类的属性
    // 因为这些属性都只供 SalarySys 类访问
    // 所以其访问级别设定为 private
private:
    // 数据文件名，为了防止被错误修改，所以使用 const 关键字修饰
    // 使用 const 修饰的成员变量，必须在类构造函数的初始化列表中进行初始化
    // 也可以在定义时直接赋值来初始化
    const string m_strFileName;
    Employee* m_arrEmp[MAX];  // 保存员工对象指针的数组
    int m_nCount = 0;         // 数组中已有的员工对象数，定义时直接初始化
};
```

完成了工资系统类 SalarySys 的设计之后，实际上是万事俱备，只欠东风了。接下来，只需在主函数中像搭积木一样将之前创建的这些类组合起来，实现需求设计中的各个用例，就可以大功告成了：

```
// ...

int main()
{
    // 创建一个 SalarySys 类的对象
    // 在构造函数中，首先读取数据文件中的员工数据
    // 完成“从文件读取”这一用例
    SalarySys sys;

    // 让用户输入数据，完成“手工输入”用例
    sys.Input();

    // 调用 SalarySys 类的 GetMax()函数获得工资最高的员工对象
    // 完成“计算最大值”用例
    Employee* pMax = sys.GetMax();
    if(nullptr != pMax)
    {
        cout<<"工资最高的员工是："<<endl;
        cout<<"名字："<<pMax->GetName()<<endl;
        cout<<"工资："<<pMax->GetSalary()<<endl;
    }

    // 调用 SalarySys 类的 Find()函数，完成“查询工资”用例
    sys.Find();

    // 最后，当 sys 对象析构时，会调用自己的 Write()函数
    // 完成“输出数据到文件”用例
    return 0;
}
```

基于面向对象程序设计方法中类的概念，小陈仅用几百行代码就完成了一个功能强大的工资管理系统。这个过程让他深刻体会到，面向对象的分析与设计方法与我们人类分析问题、解决问题的思维习惯非常接近，使得设计结果更加直观和自然，程序结构也更加清晰，实现起来也更加容易。

面向对象程序设计的封装机制将数据和函数捆绑在一起成为类，提供了良好的数据保护；继承机制允许复用共同的属性和行为，实现了代码的复用，并方便了功能的扩展，更好地支持了需求的变化；多态机制使我们能够以一致的调用方式实现不同的操作，让程序员在设计时可以更多地关注接口，而不必担心具体的实现。

小陈满怀自信地将重新编写后的工资程序展示给老板，得到了老板的高度赞扬："不错不错，Good Job！这个程序不仅能动态计算各种员工的工资，而且随着时间的变化，工资也能自动更新。最高工资员工的统计和按名字查询的功能也都实现了，我想要的功能都齐全了，干得不错！"

当老板再次提到"涨工资"时，小陈的反应已不像之前那么激动，他平静地反问了一句："真的？"老板立刻回答："当然是真的，我什么时候说话不算数了？"尽管心中有些许疑惑，小陈并没有继续追问。对他来说，掌握 C++的意义已经超越了涨工资的热望，他越来越感受到 C++的魅力，并开始热爱这门语言。

知识拓展　设计模式：像建筑师一样思考

上面的工资程序是否已经复杂到让你感到头痛？

面对复杂的工资程序，感到头疼时，设计模式（Design Pattern）或许就是你需要的程序员专用特效止痛片。这个概念最初由 Erich Gamma 等在 20 世纪 90 年代从建筑设计领域引入软件设计中。他们在建筑领域观察到，相似的外部环境和功能需求会导致相似的设计方案被反复使用，从而提高设计效率并节约成本。

这一概念被引入软件设计领域后，他们总结了 23 种常见的设计模式，这些模式成为解决软件设计中普遍存在问题的有效方案。这些方案经过实践检验，当我们在开发中遇到类似问题时，可以直接采用这些经过验证的设计方案，复用前人的设计成果，有效解决我们的问题，节约设计成本，提高开发效率。

设计模式的引入不仅帮助我们解决了软件开发中的普遍问题，还提高了软件的可维护性和扩展性。它们是软件工程中的宝贵财富，值得每一个程序员学习和掌握。

设计模式如何在软件开发中发挥作用？它并不是直接用于代码编写的工具，而是提供了一种在不同情境下解决问题的思路和方案。设计模式通常基于类或对象，描述实体之间的关系和相互作用，但并不限定于特定的应用程序中的类或对象。

设计模式的核心优势在于它促进了软件的灵活性和可维护性。它支持将变化的部分与稳定的部分分离，将具体实现与抽象定义分离，从而减少紧耦合带来的问题，增强软件适应变化的能力。这使得软件结构更加合理，能够灵活应对外部需求的变化，避免因不断增加新功能而变得过于复杂。

此外，设计模式是前人优秀设计经验的总结。在面对类似问题时，复用这些经过实践检验的设计方案，不仅能确保设计质量，还能节省设计时间，提升开发效率。在这个意义上，设计模式确实是程序员的"止痛药"，大大减少了需求变化带来的痛苦。

为了让大家真正感受到设计模式的魅力，我们来看一看众多设计模式中最简单的一种——单例模式（Singleton Pattern）。顾名思义，单例模式的核心目的是确保某个类在任何时候都只能创建唯一的一个对象。虽然这种需求看起来比较特殊，但实际上应用场景非常广泛。例如，我们设计开发一个打印程序，希望只有一个 Print Spooler 对象，以避免多个打印任务同时发送到打印机；在数据库管理中，我们同样希望程序中只有唯一的一个数据库连接以节省资源。在前文的工资程序中的 SalarySys 类，同样需要保证在整个程序中只有一个唯一的实例对象，否则 SalarySys 类的不同对象可能会产生冲突。单例模式就是用来保证对象能够被创建并且只能够被创建一次。在程序中，所有客户使用的对象都是唯一的一个对象。

我们都知道，对象的创建是通过构造函数来完成的，因此单例模式的实现关键在于将类的构造函数设定为 private 访问级别，从而阻止外界通过构造函数自由地创建该类的对象。同时，它会提供一个公有的静态创建函数来负责对象的创建。在这个创建函数中，我们可以判断唯一的对象是否已经创建。如果尚未创建，则调用自己的构造函数创建对象；如果已经创建，则直接返回已经创建的对象。这样就保证了这个类的对象的唯一性。例如，我们可以用单例模式来改写前文例子中的 SalarySys 类，以确保 SalarySys 类的对象在程序中的唯一性：

```
// 使用单例模式实现的 SalarySys 类
class SalarySys
{
// 省略 SalarySys 类的其他属性和行为
//...

   // 将构造函数的访问级别设置为私有(private)
private:
   SalarySys()
        :m_nCount(0),
        m_strFileName("SalaryData.txt")
        {
            // ...
        }

public:
   // 提供一个公有的 (public，为了让客户能够访问) 静态的(static，为了让
   // 客户可以在不创建对象的情况下直接访问)创建函数，
   // 以供外界获取 SalarySys 类的唯一对象
   // 在这个函数中，控制对象的创建行为，以保证对象的唯一性
   static SalarySys* getInstance()
   {
      // 如果唯一的实例对象还没有创建，则创建实例对象
      if ( nullptr == m_pInstance )
         m_pInstance = new SalarySys();
      // 如果已经创建实例对象，则直接将这个实例对象返回
      return m_pInstance;
   };
private:
   // 静态的对象指针，指向唯一的实例对象
   // 给静态的唯一实例对象指针赋初始值，表示对象尚未创建
   static SalarySys* m_pInstance = nullptr;

};


// ...

int main()
{

   // 第一次调用 getInstance()函数，如果唯一的 SalarySys 类的对象尚未创建，
   // 则创建相应的对象并返回指向这个对象的指针
   SalarySys* pSalarySys1 = SalarySys::getInstance();

   // ...

   // 第二次调用 getInstance()函数，这时 SalarySys 类的对象已经创建，
   // 则不再创建新对象，而是直接返回指向那个已创建对象的指针，保证对象的唯一性
   SalarySys* pSalarySys2 = SalarySys::getInstance();
```

```
    // ...

    // 释放已创建的对象，pSalarySys1 和 pSalarySys2 指向的是同一个对象
    // 使用 pSalarySys1 或 pSalarySys2 释放这个对象是等效的，并且只需要释放一次
    delete pSalarySys1;
    pSalarySys1 = pSalarySys2 = nullptr;

    return 0;
}
```

经过单例模式的改写，SalarySys 类的构造函数已经声明为私有的，在主函数中不能直接使用 new 关键字来创建该类的实例对象，而只能通过它提供的公有的 getInstance()函数来获得这个类的唯一实例对象。

需要注意的是，为了实现单例模式，我们在 SalarySys 类的 m_pInstance 成员变量和 getInstance()成员函数前都加上了 static 关键字进行声明，这表示这个成员变量和成员函数是静态的。我们可以通过类作用域符号（::）直接访问类的静态成员而无须任何类的实例对象。静态成员的这种特性为我们用私有的构造函数之外的成员函数来创建类的对象提供了可能。同时，在 getInstance()函数中，我们可以控制对象的创建行为：如果对象尚未创建，则创建对象；如果对象已经创建完成，则直接把已创建的对象返回即可。这有效地保证了类的实例对象的唯一性。

单例模式的实现关键在于将类的构造函数设为私有（用 private 修饰），这样，对象的创建权利就完全收归类自己所有，防止了外界的直接实例化。这种设计确保了类的对象只能有一个，有效地避免了多实例导致的问题。

这个模式不仅在软件开发中有其独特的应用，也启示了我们生活中的一些哲理。就像单例模式中对象的“孤单”，有时我们感到孤独，并非因为外界的阻碍，而是我们自己选择了封闭。如果我们愿意打开心扉（public），就会有新的对外沟通的机会。

通过单例模式，我们可以看到，代码的逻辑与人生的智慧可以相互映照。编程不仅仅是冰冷的逻辑和代码，它也可以是充满哲理和感悟的过程。正如人生如代码，代码也似人生，我们可以在编写代码的同时，体会到生活的深刻含义。

6.5　高手是这样炼成的

C++的类机制博大精深，掌握它们是成为 C++高手的必经之路。要深入理解类的本质，本节所介绍的关于 C++类的独门秘笈，将是我们必须“修炼”的内容。

6.5.1　C++类对象的内存模型

在追求编程技艺的自由之路上，理解 C++类对象的内存模型是关键。类是属性和行为的封装，而在内存中，这些属性和行为体现为对象的成员变量和成员函数。要真正掌握类的本质，我们必须深入其内存模型的内部结构。

描述类对象在内存中的布局可能会觉得很抽象，但通过细致的分析，我们可以清晰地理解这些成员是如何分布和排列的。就像庖丁解牛一样，我们将逐一解剖类对象的成员，揭示它们在内存中

的真相。例如，有这样一头“牛”：

```
class Base
{
// 行为
public:
    void foo1(void){};
    void foo2(void){};
// 属性
public:
    double m_fMember1;
    int m_nMember2;
};
```

其中，Base 类有两个成员变量 m_fMember1 和 m_nMember2，以及两个成员函数 foo1()和 foo2()。如果我们创建一个 Base 类的对象，这个对象同样由这 4 个成员共同构成。现在，让我们对这个类的对象进行详细分析，看看这些成员在内存中是如何分布的。

```
// 定义类成员函数的指针类型
// 用于声明类的成员函数指针
typedef void (Base::*CLASS_FUNC)(void);

int main()
{
    // 创建一个 Base 类的对象
    Base base;
    // 输出类对象所在的地址
    cout<<"类对象的地址是："<<&base<<endl;
    // 输出类对象中成员变量的地址
    cout<<"类对象中成员变量 m_fMember1 的地址是："<<
        &(base.m_fMember1)<<endl;
    cout<<"类对象中成员变量 m_fMember1 占用的内存字节数是："<<
        sizeof(base.m_fMember1)<<endl;
    cout<<"类对象中成员变量 m_nMember2 的地址是："<<
        &(base.m_nMember2)<<endl;

    // 输出类中成员函数的地址
    // 第一个函数
    CLASS_FUNC pFunc = &Base::foo1;
    unsigned int* tmp =  (unsigned int*)&pFunc;
    cout<<"Base 类第一个成员函数的地址是："<<hex<<*tmp<<endl;
    // 第二个函数
    pFunc = &Base::foo2;
    tmp =  (unsigned int*)&pFunc;
    cout<<"Base 类第二个成员函数的地址是："<<hex<<*tmp<<endl;

    return 0;
}
```

编译并运行这个程序，我们可以得到 base 这头“牛”的各个组成部分：

```
类对象的地址是：001CF820
类对象中成员变量 m_fMember1 的地址是：001CF820
类对象中成员变量 m_fMember1 占用的内存字节数是：8
类对象中成员变量 m_nMember2 的地址是：001CF828
Base 类第一个成员函数的地址是：41217
Base 类第二个成员函数的地址是：410E6
```

仔细分析这些类对象组成部分的内存地址会发现，对象的第一个成员变量的地址跟整个对象的地址相同，这表明在对象的内存模型中，第一个成员变量排在最前面。第二个成员变量的地址是第一个成员变量的地址加上它所占用的内存空间，换句话说，第二个成员变量紧跟在第一个成员变量之后。由此可见，对象中的成员变量是按照类声明中的顺序，从对象的开始位置依次排列的。

既然成员变量是依次排列的，那么成员函数是否也会如此呢？观察成员函数的内存地址，我们发现成员函数的内存地址是一个奇怪的内存地址。这是为什么呢？与每个对象都有一份独立的成员变量不同，成员函数并不是为每个对象单独存储的。实际上，同一个类的所有对象共享相同的成员函数，而不需要为每个对象单独配备一份。在 C++类对象模型中，类的所有成员函数都存储在一个特殊的位置，所有该类的对象都共用这一份成员函数。换句话说，虽然两个不同的类对象拥有两份不同的成员变量，但它们共用同一份成员函数。整个类对象的内存模型如图 6-17 所示。

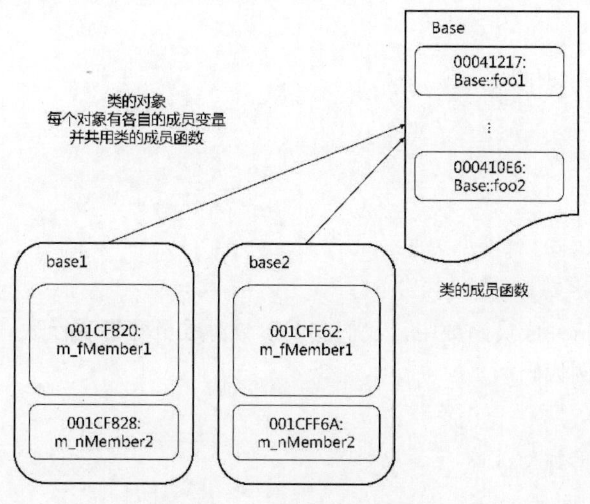

图 6-17 类对象的内存模型

如果类中存在虚函数，情况会有所不同。为了让对象在运行时能够找到并调用它自己重写的虚函数，在每个对象的内存开始的位置都会添加一个指向其虚函数表的指针（vfptr）。这个指针通常占用 4 字节的内存，其后才是对象的成员变量在内存中的数据。如果某个类是派生类，那么它的对象在内存中最开始的位置实际上是基类对象的一份拷贝，紧接着才是派生类自己的成员变量在内存中的数据。

知识拓展 什么是虚函数表

虚函数表（Virtual Table）是类中一块连续的内存区域，它包含多个内存单元，每个单元中记录了一个虚函数的跳转地址。每个拥有虚函数的类都有一个虚函数表，这个虚函数表被该类的多个对象所共享。运行时，如果通过父类指针调用虚函数，系统会在指针实际所指对象的虚函数表中动态地查找这个虚函数的地址。如果这个对象是父类对象，则它的虚函数表中记录的自然是父类的虚函数地址，因此会调用父类的虚函数。相应地，如果这个对象是子类对象，并且子类重写了父类的虚函数，那么它的虚函数表中的记录将会是子类的虚函数地址，因此会调用子类的虚函数。这种机制实现了根据指针实际所指向的真实对象来调用相应的函数，从而实现了 C++的多态机制。

了解了类对象内存模型的真相后，我们可以通过内存地址的偏移来访问对象的成员变量，也可以通过虚函数表来访问对象的虚函数。在某些特殊情况下，合理地利用这些知识，可以非常方便且灵活地解决我们的问题，从而成为一位真正的面向对象程序设计的高手。

6.5.2 指向自身的 this 指针

聪明的读者在学习了类对象的内存模型之后，可能会提出一个问题：既然各个对象都使用同样一份成员函数代码，那么在成员函数中，如果要对各个具体对象的成员变量进行访问，该如何找到这些成员变量所属的具体对象呢？例如，有这样一个简单的类：

```
class Base
{
public:
    // 成员函数访问成员变量
    void SetValue( int nVal )
    {
        m_nVal = nVal;
    }
// 类的成员变量
private:
    int m_nVal;
};
```

在这个类的 SetValue()成员函数中，我们利用参数对成员变量进行赋值。下面是创建相应对象并调用其成员函数的示例代码：

```
// 创建对象
Base aBase;
// 调用成员函数给成员变量赋值
aBase.SetValue( 1 );
```

在 C++中，当我们访问类的成员变量时，通常需要通过一个具体的实例对象来访问。编译器通过这种方式确定要访问的成员变量在内存中的位置。然而，在某些情况下，如 SetValue()函数中，似乎并没有明确指出 m_nVal 成员变量属于哪个对象。在这种情况下，**m_nVal = nVal;**这样的赋值语句究竟是将数值赋给哪个对象呢？

这里就涉及 C++中的一个特殊机制——this 指针。this 是 C++中的一个关键字，它在类的非静态成员函数中代表着指向当前对象的指针。通过 this 指针，成员函数能够访问和修改其所属对象的状态。例如，在 SetValue()函数中，显式使用 this 指针可以清楚地表明成员变量的归属：

```
class Base
{
public:
    // 成员函数访问成员变量
    void SetValue( int nVal )
    {
        // 显式使用 this 指针访问成员变量
        this->m_nVal = nVal;
    }
// ...
};
```

这里的代码才是 SetValue()函数的本来面目，从中可以清楚地看到，类成员函数中的成员变量前都有一个 this 指针。当通过某个对象调用它的成员函数时，系统会隐式地将一个指向该对象自身的指针传递给成员函数，这就是 this 指针。在成员函数中通过 this 指针访问类的成员变量时，this

指针指向的是调用该函数的对象，因此对成员变量的访问也就变成了对这个对象所属的成员变量的访问。例如，通过 aBase 对象调用 SetValue()成员函数时，在 SetValue()成员函数中隐式的 this 指针就指向 aBase 这个对象。显然，成员函数中的 **this->m_nVal = nVal** 语句就是给 aBase 对象的 m_nVal 成员变量赋值，如图 6-18 所示。

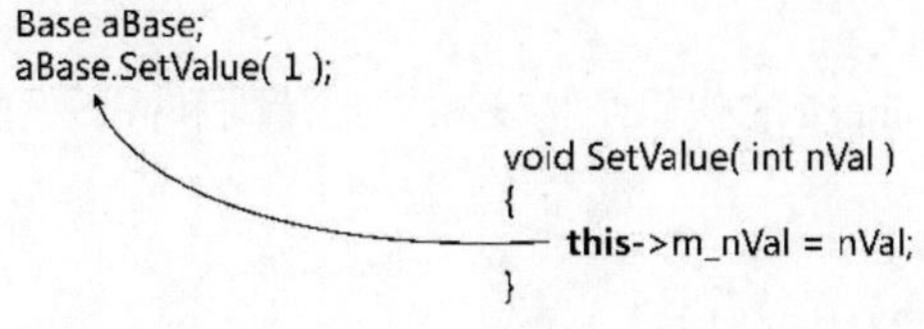

图 6-18　this 指针

事实上，类的每个非静态成员函数（即没有 static 关键字修饰的成员函数，必须通过某个实例对象调用）中都隐式地声明了 this 指针参数，该指针指向调用该成员函数的对象。利用该指针，在成员函数中可以访问该对象的所有成员变量和成员函数，例如：

```
class Base
{
public:
    // 在成员函数中通过 this 指针访问类的成员
    int ChangeValue( int nVal )
    {
        // 通过 this 指针访问成员函数
        this->SetValue( nVal )
        // 通过 this 指针访问成员变量
        return this->m_nVal;
    }
// ...
};
```

在实际开发中，通过 this 指针访问类的成员并没有多大实际意义，因为编译器在编译代码时会自动在成员函数中对类成员的访问加上 this 指针。更多时候，this 指针用来返回指向对象本身的指针，以实现对象的链式引用，或者避免对同一对象进行自赋值操作。例如：

```
// 描述一个点位置的类
class Point
{
public:
    Point( int x, int y )
        : m_nX(x), m_nY(y)
    {};
    // 重载赋值操作符“=”，进行赋值操作
    void operator = (const Point& pt)
    {
        // 判断传递进来的参数是不是这个对象自身
        // 如果不是同一对象，才进行赋值操作，否则不进行任何操作
        if( this != &pt )
        {
            m_nX = pt.m_nX;
            m_nY = pt.m_nY;
        }
    }
    // 移动点的位置
    Point& Move( int x, int y )
    {
        m_nX += x;
```

```
        m_nY += y;
        // 返回对象本身，这样可以利用函数返回值进行链式引用
        return *this;
    }
private:
    int m_nX;
    int m_nY;
};
```

自从引入了 this 指针，Point 类的代码结构变得更加清晰和高效，处理成员变量和成员函数的操作也变得更加简便。

```
Point pt1(2,4);
// 自己赋值给自己，这不明摆着耽误工夫吗
// this 指针是不答应的
pt1 = pt1;
// 移动一下，再移动一下
// 通过返回对象本身实现对象的链式引用
pt1.Move(1,1).Move(2,4);
```

6.6 本章练习

1. 定义一个 Student 类，包含私有成员变量 name 和 age，以及公有成员函数 setName()、setAge()、getName()和 getAge()。在 main()函数中，创建一个 Student 类的对象，设置其名字和年龄，然后输出这些信息。

2. 定义一个基类 Animal，包含私有成员变量 species 和公有成员函数 setSpecies()和 getSpecies()。然后定义一个派生类 Dog，继承自 Animal 类，并添加私有成员变量 breed 和公有成员函数 setBreed()以及 getBreed()。在 main()函数中，创建一个 Dog 类的对象，设置其种类和品种，然后输出这些信息。

3. 定义一个 Date 类，包含私有成员变量 day、month 和 year。为 Date 类编写构造函数，允许用户以不同的方式初始化日期（例如，可以只提供年份和月份，系统自动计算日数为 1）。同时，实现一个 toString()函数，将日期转换为字符串格式（如"YYYY-MM-DD"）。重载类的“<”运算符，以实现两个 Date 对象的比较（早晚）。在 main()函数中，创建一个 Date 类的对象，并输出其字符串表示的日期。

4. 定义一个基类 Shape，包含一个虚函数 area()，用于计算形状的面积。然后定义两个派生类 Circle 和 Rectangle，继承自 Shape 类，并实现各自的 area()函数以计算圆和矩形的面积。在 main()函数中，创建 Circle 类和 Rectangle 类的对象，并调用它们的 area()函数来计算面积。

5. 完整实现第 6.4 节的工资程序。

第 7 章

C++世界的奇人异事

在武侠小说中，初入武林的毛头小子总是要遇到几位奇人，经历几件异事。经过高人的指点和一番磨炼，方能武功精进，从新手成长为高手。在 C++的世界中，同样也有诸多“奇人异事”。在 C++世界中游历学习的我们，是否也期望遇到几位“奇人”，经历几件“异事”，而后从一个 C++新手成长为 C++高手呢？

武林中的奇人异事可遇而不可求，但在 C++的世界中，这些奇人异事，本章将一一为你引见。

7.1　一切指针都是纸老虎：彻底理解指针

C++世界中什么最难？指针！

C++世界中什么最强？指针！

指针作为 C++世界中一种特殊的数据访问方式，它的灵活的使用方式使它在 C++世界中显得威力无比。然而，正是因为它的灵活，也让它成为 C++初学者最难掌握的技能。指针就像一只吊睛白额“大老虎”，虽然威猛无比且难以掌握控制，但用好了，则可以方便、高效地解决许多问题。但如果使用不当，很可能给程序带来灾难性的后果。今天，我们将直面指针这只“纸老虎”，要彻底掌握如何控制指针。

7.1.1　指针的运算

从本质上讲，指针是一种特殊的数据类型，它表示的是内存地址。与我们常见的数值和字符数据不同，指针指向内存中的具体位置。既然是数据，指针也可以参与运算，包括算术运算、关系运算和赋值运算。在这些运算中，指针的算术加减运算是最常用的，它们允许我们改变指针所指向的内存位置。

当我们说一个指针指向某个内存位置时，意味着它存储了那个内存位置的地址。通过指针的加减运算，我们可以访问指针起始位置附近的内存。这种偏移使我们能够灵活地访问连续内存区域的数据。例如，在数组的应用中，数组名代表数组在内存中的首地址。通过将数组的首地址赋给指针，然后对指针进行加减运算，就可以遍历数组中的所有元素。例如：

```
int nArray[3] = { 1, 2, 3 };   // 定义一个数组
int* pIndex = nArray; // 将数组的起始地址赋给指针 pIndex

cout<<"指针指向的地址是："<<pIndex<<endl;           // 输出指针指向的地址
cout<<"指针所指向的数据的值是："<<*pIndex<<endl;     // 输出这个位置上的数据

pIndex++;     // 对指针进行加运算，使其指向数组中的下一个值

cout<<"指针指向的地址是："<<pIndex<<endl;           // 输出指针指向的地址
cout<<"指针所指向的数据的值是："<<*pIndex<<endl;     // 输出数据
```

这段程序执行后，可以得到这样的输出：

```
指针指向的地址是：0016FA38
指针所指向的数据的值是：1
指针指向的地址是：0016FA3C
指针所指向的数据的值是：2
```

从输出结果中可以看到，pIndex 指针初始指向的地址是 0016FA38，也就是 nArray 这个数组的首地址。换句话说，pIndex 指向的是数组中的第一个数据，所以*pIndex 输出的值是 1。而在对指针进行加 1 运算后，指针指向的地址变为 0016FA3C，也就是向地址增大的方向偏移了 4 字节，指向了数组中的第二个数据，*pIndex 输出的值自然也就变成了 2。

这里读者可能会感到奇怪，既然对指针进行的是加 1 运算，为什么指针指向的地址却增加了 4 个字节？这是因为指针的加减运算与它所指向的数据类型密切相关。指针加 1 或者减 1，会使指针指向的地址增加或者减少一个对应的数据类型的字节数。例如，上述代码中的 pIndex 指针指向的是 int 类型的数据，所以它的加 1 运算使地址增加了 4 字节，也就是一个 int 类型数据占用的字节数。同理，对于指向 char 类型数据的 char*类型指针，加 1 会使指针偏移 1 字节；而对于指向 double 类型数据的 double*类型指针，加 2 会使指针偏移 16（8×2）字节。指针偏移示意图如图 7-1 所示。

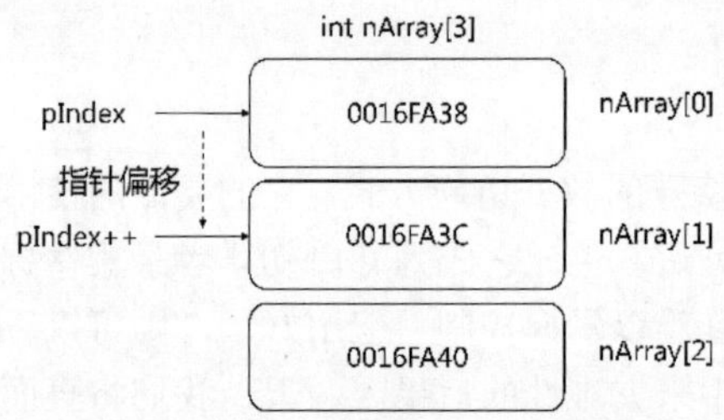

图 7-1 指针运算引起的指针偏移

除指针的加减运算外，常用的还有指针的关系运算。指针的关系运算通常用"=="或"!="来判断两个相同类型的指针是否相等，也就是判断它们是否指向同一地址上的数据。这类运算常用在条件判断或循环结构中，以下是一个示例：

```
int nArray[3] = { 1, 2, 3 };   // 定义一个数组
int* pIndex = nArray;          // 将数组的起始地址赋给指针 pIndex
int* pEnd = nArray + 3;        // 计算数组的结束地址并赋给 pEnd
while( pIndex != pEnd )        // 在 while 的条件语句中判断两个指针是否相等
    // 也就是判断当前指针是否已经偏移到结束地址
{
    cout<<*pIndex<<endl;         // 输出当前指针指向的数据
// 对指针进行加 1 运算
// 使其偏移到下一个内存位置，指向数组中的下一个数据
++pIndex;
```

```
}
```

在以上这段代码中，我们使用表示数组当前位置的指针 pIndex 与表示结束位置的指针 pEnd 进行相等与否的比较。如果不相等，则意味着 pIndex 尚未偏移到数组的结束位置，可以继续对 pIndex 进行加 1 运算，使其偏移至下一个位置，指向数组中的下一个元素；如果相等，则意味着 pIndex 正好偏移到数组的结束位置，while 循环已遍历了整个数组，循环可以就此结束。

此外，指针变量常和 nullptr 关键字进行相等比较，以判断指针是否已经被初识化并指向有效的内存位置，即判断指针是否有效。虽然我们提倡在定义指针的同时进行初始化，但有时在定义指针时，可能没有合适的初始值可以给它赋值。如果让指针保持最开始的随机值，又会产生不可预见的结果。在这种情况下，指针可以被初始化为 nullptr，表示该指针尚未被初始化，处于不可用的状态。稍后，当有合适的值时，再将真正有意义的值赋给指针，这时指针的值将不再是 nullptr，意味着该指针处于可用状态。因此，将指针与 nullptr 进行相等比较，是判断该指针是否可用的常用手段。以下是一个典型的示例：

```
int* pInt;    // 定义一个指针，这时的指针是一个随机值，指向随机的一个内存地址
// 将指针赋值为nullptr，表示指针还没有合适的值，处于不可用的状态
pInt = nullptr;

//...

int nArray[10] = {0};
pInt = nArray;           // 将数组首地址赋值给指针
if( nullptr != pInt ) // 判断指针是否已经完成初始化，处于可用状态
{
    // 指针可用，开始使用指针访问它指向的数据
}
```

因为通过指针可以直接访问它所指向的内存，所以对尚未初始化的指针的访问可能带来非常严重的后果。将指针与 nullptr 进行相等比较，可以有效地避免指针的非法访问。虽然在业务逻辑上这不是必需的，但这样做可以使程序更加健壮。这是一条非常好的编程经验。

7.1.2 灵活的 void 类型和 void 类型指针

C++是一种强类型语言，其中的变量都有自己的数据类型，用于保存相应类型的数据。例如，一个 int 类型的变量可以保存数值 1，而不能保存数值 1.1，后者需要一个 double 类型的变量来保存。虽然相应数据类型的变量保存相应的数据本来是相安无事的，但在 C++中却出现了一个异类，那就是 void 类型。从本质上讲，void 类型并不是一个真正的数据类型，我们不能定义一个 void 类型的变量。void 更多的是一种抽象和占位符号。在程序中，void 类型主要用于“修饰”和“限制”一个函数。例如，如果一个函数没有返回值，则可用 void 作为这个函数的返回值类型；如果一个函数没有形式参数列表，也可用 void 作为其形式参数，表示该函数不需要任何参数。

与 void 类型对函数的“修饰”作用不同，void 类型指针作为指向抽象数据的指针，可以成为不同类型指针之间转换的桥梁。众所周知，把一个指针赋值给另一个指针时，如果两个指针的类型相同，那么可以直接在这两个指针之间进行赋值；如果指针的类型不同，则必须使用强制类型转换，把赋值操作符右边的指针类型转换为左边的指针类型，然后才能进行赋值。例如：

```
int* pInt;               // 指向整数的指针
float* pFloat;           // 指向浮点数的指针
pInt = pFloat;           // 直接赋值会产生编译错误
```

```
pInt = (int*)pFloat;  // 强制类型转换后进行赋值
```

但是，当使用 void 类型的指针时，就不需要进行类型转换了。void 类型的指针具有很大的灵活性，任何其他类型的指针都可以直接赋值给 void 类型的指针，例如：

```
void* pVoid;            // void 类型的指针
pVoid = pInt;           // 任何其他类型的指针都可以直接赋值给 void 类型的指针
pVoid = pFloat;
```

虽然任何类型的指针都可以直接赋值给 void 类型的指针，但这并不意味着 void 类型的指针可以直接赋值给其他类型的指针。要完成这个赋值，必须经过强制类型转换，把“无类型”转换为“有类型”。例如：

```
pInt = (int*)pVoid;         // 通过强制类型转换，将 void 类型的指针转换成 int 类型的指针
pFloat = (float*)pVoid;     // 通过强制类型转换，将 void 类型的指针转换成 float 类型的指针
```

虽然通过强制类型转换，void 类型的指针可以在其他类型的指针之间自由转换，但这种转换应当遵循一定的规则，void 类型的指针所转换成的其他类型的指针，必须与它所指向的数据类型相符。例如，把 int 类型的指针赋值给 void 类型的指针，那么这个 void 类型的指针指向的就是 int 类型的数据。如果随后再把这个 void 类型的指针强制转换成 double 类型的指针并尝试通过它访问所指向的数据，就很可能得到错误的结果。因为 void 类型的指针不要求指向特定的数据类型，所以它可以用来代表任何类型的指针，如果函数可以接受任何类型的指针，那么应该将其参数声明为 void 类型的指针。例如，以下是一个内存复制函数的声明：

```
void* memcpy(void* dest, const void* src, size_t len);
```

在这里，任何类型的指针都可以作为参数传入 memcpy()函数中。这真实地体现了内存操作函数的意义，因为它操作的对象仅仅是一块内存，而不关心这块内存中存储的数据是什么数据类型。如果 memcpy()函数的参数类型不是 void 类型的指针，而是 char 类型的指针或者其他类型的指针，那么在使用其他类型的指针作为参数调用 memcpy()函数时，就需要进行指针类型的转换以匹配其参数类型的要求，以符合具体数据的数据类型，这样一来，memcpy()函数就不能视为一个“纯粹的、脱离低级趣味的”内存复制函数。

动手实践 指针类型的转换

虽然指针类型的转换可能会带来一些不可预料的麻烦，但在某些特殊情况下，例如，当需要将某个指针转换成函数参数所要求的指针类型，以达到调用这个函数的目的时，指针类型的转换就必不可少。

在 C++中，可以使用 C 语言风格的强制类型转换进行指针类型的转换。其形式非常简单，只需在指针前的小括号内指明新的指针类型，就可以将指针转换成新的类型。例如：

```
int* pInt;                       // int*类型的指针
float* pFloat = (float*)pInt;  // 把类型强制转换成 float*类型的指针
```

在这里，我们通过在 int 类型的指针 pInt 之前加上（float*）将其强制转换成了 float 类型的指针。虽然这种强制类型转换的方式比较直接，但显得非常“粗鲁”。因为它允许我们在任何类型之间进行转换，而不管这种转换是否合理。另外，这种方式在程序语句中较难识别，代码阅读者可能会忽略类型转换的语句。

为了克服 C 语言风格类型转换的这些弊端，C++引进了新的类型转换操作符 static_cast。在 C 语言风格的类型转换中，我们使用如下方式进行类型转换：

```
(类型说明符)表达式
```

在 C++中，使用 static_cast 应该写成这样：

```
static_cast<类型说明符>(表达式)
```

其中，表达式是原数据类型的数据，而类型说明符是要转换成的新数据类型。在使用上，static_cast 的用法与 C 语言风格类型转换的用法相似。例如，两个 int 类型的变量相除时，为了得到比较精确的小数结果，我们需要用类型转换将其中一个变量转换为 double 类型。如果用 C 语言风格的类型转换，写法如下：

```
int nVal1 = 2;
int nVal2 = 3;
double fRes = ((double)nVal1)/nVal2;
```

如果用 C++的 static_cast 进行类型转换，则应该这样写：

```
double fRes = static_cast<double>(nVal1)/nVal2;
```

使用 C++风格的类型转换，不论是对代码阅读者还是编译器都更容易识别。我们应尽量避免在代码中进行类型转换，但如果类型转换不可避免，那么使用 C++风格的类型转换不仅能增加代码的可读性，还能在一定程度上弥补类型转换的损失。

7.1.3　指向指针的指针

指针在 C++中可以指向基本数据类型，如整型或字符型，从而允许我们访问这些数据。由于指针本身也是存储在内存中的变量，它记录着数据的内存地址，因此当然可以有指针指向另一个指针，即指向指针的指针。

虽然这个概念初听起来有些复杂，但可以通过以下方式理解：指针本质上是一个存储内存地址的变量。当有一个指针变量存储了另一个指针变量所在内存的地址时，我们就称这个指针为“指向指针的指针”。

为了更清晰地展示这一概念，下面是一个实际的例子：

```
int N = 2;
int* pN = &N;          // 定义一个指针变量 pN，记录变量 N 所在的内存地址
int** ppN = &pN;       // 定义一个指针变量 ppN，记录指针变量 pN 所在的内存地址
```

在这段代码中，首先定义了一个整型变量 N，然后定义了一个整型指针指向这个变量 N。换句话说，这个指针的值就是整型变量 N 在内存中的地址。最后，指向指针的指针 ppN 登场了，我们用 int**作为数据类型定义了一个指针 ppN，其中保存的就是 pN 指针变量所在内存中的地址，也就是它指向这个整型指针 pN。图 7-2 展示了这三个变量之间的关系。

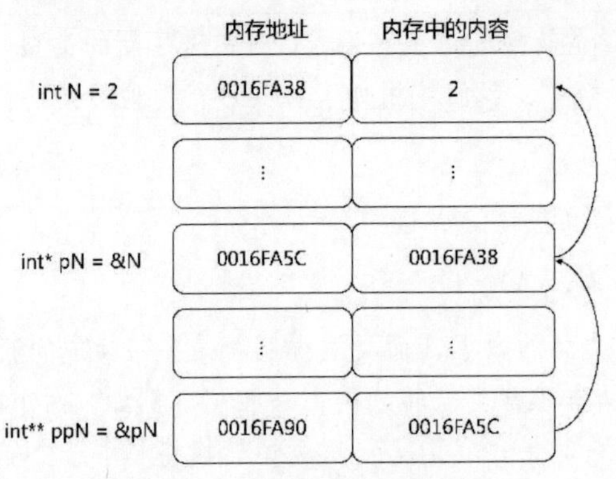

图 7-2　指向指针的指针

从图 7-2 中可以看到，变量 N 保存在内存地址 0016FA38 这个位置，而指针变量 pN 记录的值是 N 所在的内存位置 0016FA38，同时它自己保存在内存地址 0016FA5C 这个位置。同理，作为指向 pN 的指针，ppN 这个指针变量记录的值是 pN 所在内存地址 0016FA5C 的位置，而它自己保存在内存地址 0016FA90 这个位置。

简单来讲，普通指针指向的是一个具体的数据，而指针的指针指向的是一个指针数据，我们可以把指针数据也当作某个具体的数据，它也有自己的数据类型（例如 int*），也占用一定的内存（例如 0016FA5C），记录一定的数值（例如 0016FA37）。类比普通数据，指向指针的指针的数据类型，就是在它所指向的数据的类型之后加一个“*”。例如，我们要定义一个指针指向另一个 int*类型的指针，那么它自身的类型就是 int*加一个“*”就成了 int**。而这个指针的值，同样是用“&”取得被指向的指针变量的地址赋给它，于是它就成为指向这个指针的指针。

在 C++中，可以用下面的语法格式来定义一个指向指针的指针：

```
数据类型标识符** 指针变量名
```

其中，数据类型表示它所指向的指针的数据类型。例如：

```
int** ppN = &pN;
```

这样就定义了一个指向整型指针的指针 ppN，它指向另一个指针变量 pN，而 pN 指针变量又指向一个整型变量。

指向指针的指针通常用来访问指针数组。数组不仅可以保存基本数据类型的数据，还可以保存指针，保存指针的数组被称为指针数组。如果要访问一个指针数组，使用指向指针的指针最为方便。例如：

```
// 这是一个指针数组，其中保存的是各个字符串常量的首地址指针，其类型是 const char*
const char* arrMonth[]={"Jan","Feb","Mar","Apr","May","Jun",
   "Jul","Aug","Sep","Oct","Nov","Dec"};
// 定义一个指向指针的指针
// 因为要指向的指针是 const char*类型，所以加上*后它自身的类型就是 const char**
// 这里数组的首地址 arrMonth 就是数组的第一个元素
// 也就是指向第一个字符串“Jan”的指针
const char** pMonth = arrMonth;
// 获取用户输入
int  nIndex = 0;
cout<<"请输入月份对应的数字："<<endl;
cin>>nIndex;
// 对指针进行运算，使其指向相应的数组元素
```

```
// 也就是相应的字符串指针
const char* pCurMonth = *(pMonth + ( nIndex - 1 ));
cout<<"对应的月份是："<<pCurMonth<<endl;
```

在以上这段代码中，arrMonth 数组中保存的是多个字符串常量的指针，这些指针的数据类型是 const char*。为了利用指针偏移方便地访问数组中的各个字符串，我们需要一个可以指向这些字符串元素的指针，因为字符串元素的类型是 const char*，所以我们定义了一个 const char**类型的指针 pMonth，并将字符串数组的首地址赋值给它，使其指向字符串数组的第一个元素。然后通过对 pMonth 进行运算，让其偏移指向数组中所对应的字符串元素。指针运算后得到的仍然是指针，我们需要用“*”符号取得这个指针所指向的内容，才能得到对应的字符串指针，直接输出就可以得到数字对应的月份字符串。

7.1.4　指针在函数中的应用

指针因其在访问内存上的灵活性而出名，而函数的任务是读写并处理内存中的数据。当指针与函数搭配使用时，可以大大提高函数读写数据的灵活性，增加函数的功能。指针在函数中的应用主要包括两个方面：指针作为函数参数和指针作为函数的返回值。

1. 指针作为函数参数

在大多数情况下，函数之间参数的传递是通过“传值”的方式来完成的。参数的传值传递需要对参数数据进行拷贝。如果要传递的数据较大，例如要向函数传递一个数组或者一个大体积的对象，参数的拷贝过程会耗费较多时间，从而降低了函数的性能。在这种情况下，利用指针可以访问它所指向的数据，将指向这些大体积参数数据的指针作为函数参数，可以很好地解决这个问题。

在函数内部，通过作为参数传递进来的指针，我们可以间接地访问函数外部原本需要传递的大体积参数数据。这样，我们用一个 4 字节的指针代替了传递成千上万字节的大体积数据，实现了同样的数据传递效果，避免了大体积数据的拷贝过程，从而提高了函数的性能。使用指针作为函数参数，不仅可以向函数传入数据，还可以将数据传回函数的调用者。换句话说，就是通过指向外部参数数据的指针，我们可以在函数内部读取外部的数据，相当于实现了数据向函数内的传递。同时，也可以在函数内部修改这些数据，相当于把函数处理后的数据结果传回了调用者。下面是一个使用指针作为函数参数的示例：

```
// 计算数组中所有数据之和
// 其中，参数 pArray 和 nCount 分别表示数组的首地址和数组元素的个数
// 用于向函数传入一个数组
// pSum 指向用于保存计算结果的变量，用于从函数中传出计算结果
void SumArray(int* pArray, int nCount, int* pSum )
{
    // 参数有效性检查

    int nRes = 0;  // 用于存储计算结果的变量
    // 循环遍历整个数组，计算所有数据之和
    for( int i = 0; i < nCount; ++i )
    {
        // 通过 pArray 指针访问它所指向的函数外的 nArray 数组
        // 读取其中的数据并累加到 nRes 中，实现向函数内传入数据
        nRes += *pArray;
        pArray++;   // 指针加运算，访问数组中的下一个元素
    }
    // 通过 pSum 指针访问它所指向的函数外的 nArraySum 变量
```

```
    // 将结果数据写入这个变量，实现向函数外传出数据
    *pSum = nRes;
}

int main()
{
    // 保存计算数据的变量
    int nArraySum = 0;
    // 需要统计的数组
int nArray[5] = { 1, 2, 3, 4, 5 };

    // 使用数组的首地址 nArray 传入数组
    // 使用指向变量 nArraySum 的指针来接收计算结果
    SumArray(nArray, 5, &nArraySum);

    // 计算结果已经保存在 nArraySum 中，直接输出计算结果
    cout<<"数组中所有数据之和是 :"<<nArraySum<<endl;

    return 0;
}
```

在主函数中，我们将数组 nArray 的首地址和指向保存计算结果的变量 nArraySum 的地址作为实际参数传递给数组求和函数 SumArray()。这样，在 SumArray()函数中，就可以通过传入的数组首地址访问整个数组，从而实现数据的传入。在完成统计后，pSum 指针可以将计算结果直接保存到它所指向的变量 nArraySum 中（函数外用于保存计算结果的变量），实现数据的传出。利用指针作为函数参数传递数据的本质在于，在主调函数和被调函数中，通过访问指向同一内存地址的不同指针来访问相同的内存区域，从而实现数据的传递和交换。图 7-3 展示了指针作为函数参数访问相同内存区域的过程。

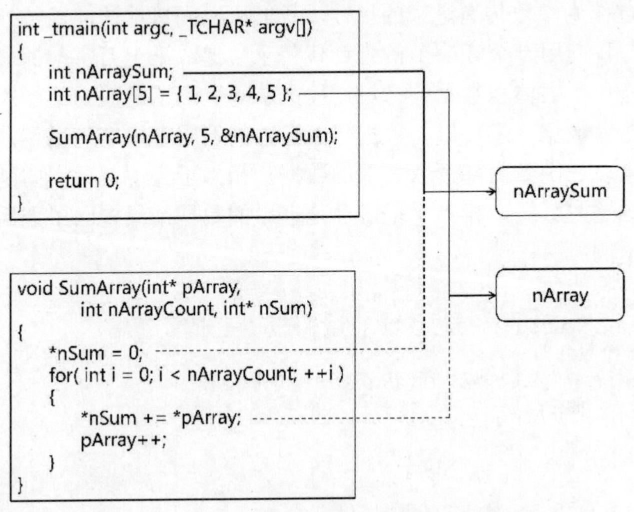

图 7-3　指针作为函数参数访问相同的内存区域

2. 指针作为函数返回值

我们可以把指针当作一种基本数据类型，除可以用它定义变量和作为函数参数外，还可以将它作为函数的返回值。与函数参数的传递类似，函数的返回过程同样涉及返回数据的拷贝，当我们需要从函数内返回较大体积的数据或者返回的数据不能被拷贝时，就可以采用返回指向这个数据的指

针来代替返回数据本身。例如，在单例模式的 getInstance ()函数中，由于需要返回的对象不能在返回过程中被复制，因此使用指针作为返回值，从函数内返回指向该对象的指针来代替返回该对象本身：

```
// 以 SalarySys*指针作为返回值
static SalarySys* getInstance()
{
    if ( nullptr == m_pInstance )
        m_pInstance = new SalarySys();

    return m_pInstance;      // 返回指向 SalarySys 对象的指针
}
```

需要特别注意的是，不能把一个指向函数内局部变量的指针作为返回值。这是因为函数内部定义的局部变量在函数结束后，其生命周期就结束了，它所占用的内存会被自动释放，此时该内存地址变成无效。如果仍将指向这个地址的指针作为函数返回值返回给主调函数，并在主调函数中访问该指针所指向的数据，将产生不可预料的结果。例如，如果前面的 getInstance()函数的代码如下，虽然该函数能够通过编译，但在运行时可能会导致严重的错误：

```
// 错误的 getInstance()函数
static SalarySys* getInstance()
{
    if ( nullptr == m_pInstance )
    {
        // 定义一个局部变量 sys
        SalarySys sys;
        m_pInstance = &sys; // 获得局部变量的指针
    }

    return m_pInstance;      // 返回指向局部变量 sys 对象的指针
}

int main()
{
    // ...
    // 获得的指针指向 getInstance()函数内的局部变量 sys
    SalarySys* p = SalarySys::getInstance();
    // getInstance()函数执行完毕后
    // 局部变量 sys 已经被销毁，对它的访问是无效且无意义的
    p->Input();

    //...
}
```

在主函数中，我们通过 getInstance()函数获得的指针指向的是函数内部的一个局部对象 sys。当 getInstance()函数调用结束后，这个对象会被自动销毁。如果这时仍然通过这个指针试图访问这个已被销毁的对象，其结果是不可预料的，有可能正确，也有可能错误。而这恰恰使得这个错误具有极大的隐蔽性，时而正确、时而错误，很难被发现。消灭这个错误最好的方法就是牢记下面的规则：以指针为返回值的函数可以返回用 new 全新申请的内存地址；可以返回全局变量的地址；可以返回静态变量的地址，但不可以返回局部变量的地址。

7.1.5 引用——给变量起个好听好记的绰号

在现实世界中，每个人通常都有好几个称呼，例如：

长栓——妈妈叫的小名。

王君鹏——户口本上的大名。

鹏程万里——网上自己取的昵称。

胖子——朋友给取的绰号。

虽然这些称呼各不相同，但实际上指的是同一个人。在C++的世界中，也有类似的现象。一个变量除定义时所用到的变量名外，为了便于使用，还可能有多个名字。虽然这些名字各不相同，但实际上指的是同一个变量、同一个数据，通过这些名字，我们都可以访问这个变量。在现实世界中的多个称呼被称为绰号，而变量在C++世界中的多个名字则被更专业地称为“引用”。引用的本质就是变量的别名，通俗地说，就是变量的绰号。对变量的引用进行的任何操作，实际上就是对变量本身的操作，就像不管是叫你的小名，还是叫你的绰号，都是在叫你这个人。

在C++中，为某个变量定义引用的语法格式如下：

```
数据类型& 引用名 = 变量名;
```

其中，数据类型与要引用的变量的数据类型相同；“&”符号表示定义的是一个引用；引用名是变量的第二个名字；变量名是这个引用所要关联的变量本身。例如，定义一个整型变量的引用：

```
// 首先定义一个整型变量
int nValue = 1;
// 定义一个整型引用 nRef 并将它与整型变量 nValue 关联起来
int& nRef = nValue;
```

这样，就定义了nRef是变量nValue的引用。建立引用和变量的关联后，任何对引用nRef的操作都相当于对变量nValue的操作。例如：

```
// 通过变量直接修改变量的值
nValue = 1;
cout<<"通过变量直接修改后，"<<endl;
cout<<"变量的值为"<<nValue<<endl;
cout<<"引用的值为"<<nRef<<endl;

// 通过引用修改变量的值
nRef = 2;
cout<<"通过引用间接修改后，"<<endl;
cout<<"变量的值为"<<nValue<<endl;
cout<<"引用的值为"<<nRef<<endl;
```

程序编译运行后，输出结果如下：

```
通过变量直接修改后，
变量的值为 1
引用的值为 1
通过引用间接修改后，
变量的值为 2
引用的值为 2
```

从输出结果中可以看到，无论是通过变量名nValue直接修改数据，还是通过引用nRef间接修改数据，都是对变量nValue中所保存数据的修改。这验证了对一个变量的引用操作，实际上就是对这个变量本身的操作。

这里需要注意的是，引用在定义时必须初始化，将其与某个变量关联起来，否则会产生编译错误。这就像给一个人取绰号，只有这个人存在时，我们才能给他取绰号。我们不可能先把绰号取好，再找到这个绰号所指向的人。

大家可能已经注意到，前面介绍的指针与引用有一些相似之处：它们就像一对孪生兄弟，都是某个变量的指代，都能以一种间接的方式访问它们所指代的变量。虽然是它们很像，但仍然存在一些细微的差别。那么，指针和引用的区别在哪里呢？

1. 初始化的要求不同

引用在定义时必须初始化，而指针则没有这一强制要求。我们可以在定义指针时进行初始化，也可以在定义完成后的任何合适时机完成初始化。正是因为指针没有初始化的强制要求，这往往会使我们可能错误地使用尚未初始化的指针，从而产生严重的错误。例如：

```
int x = 0;
int* pInt;          // 指针在定义时可以不进行初始化，这时它指向一个随机的地址
*pInt = 1;          // 使用尚未初始化的指针可能会导致严重的错误
pInt = &x;          // 在合适的时机完成指针的初始化
int& rInt = x;      // 引用在定义时必须初始化，rInt 是变量 x 的引用
```

2. 与变量关联的紧密性不同

引用只是变量的别名，不可能存在空的引用，也就是说引用必须与某个合法的、事先存在的变量关联。而指针则可以为空指针（nullptr），不与任何变量建立关联。

3. 对重新关联的要求不同

引用一旦被初始化，与某个变量建立了关联，就不能再改变这种引用关系而与其他的变量进行关联。引用与它所关联的变量之间的关系是从一而终、固定不变的。而指针则可以随时改变所指向的变量。例如：

```
// 定义另一个整型变量
int y = 1;
// 这条语句不是改变 rInt 关联的变量将其关联到 y
// 而是对其进行赋值，此时引用 rInt 和变量 x 的值都是 1
rInt = y;
// 重新改变指针 pInt 所指向的变量，从 x 变为 y
pInt = &y;
```

取绰号的目的是什么？没错，是为了让别人称呼起来更加方便。引用是变量的绰号，它的作用也是为了让所关联的变量使用起来更加方便。在进行普通计算时，通常是直接使用变量，无须引用出场。但是，当变量作为函数参数或者返回值，尤其是一些“大腕”数据（大体积数据），需要在函数间进行频繁传递时，引用就非常有用了。引用的作用与指针相似，它们都是数据的某种指代。在函数间传递数据时，传递数据的引用要比传递数据本身轻松得多，但效果完全一样。因此，引用的主要应用是在函数间传递参数和返回值。同样值得注意的是，与指针一样，我们不能将函数内局部变量的引用作为返回值返回。例如：

```
// 给整型数加 1
// 利用整型引用作为函数参数
void Increase( int& nVal )
{
   nVal += 1;
}
```

```
int nInt = 1;
Increase( nInt ); // 变量 nInt 的值变为 2
```

这里利用了一个整型引用作为 Increase()函数的形式参数。当用一个整型变量作为实际参数调用它时，实际上是用这个整型变量对引用参数进行初始化，让两者建立关联。这样，在函数内部对引用参数的操作就相当于操作实际参数变量本身，实现了函数数据的传入和传出。

回顾一下前面学过的内容，现在我们已经知道了以下三种传递函数参数和返回值的方式：

- 传值。将实际参数的值复制给形式参数，完成参数的传递。
- 传指针。将指向需要传递的数据的指针作为参数进行传递。
- 传引用。将需要传递的数据的引用作为参数进行传递。

没有选择，很苦恼，但是选择太多，会更加苦恼。传递函数参数和返回值的方式这么多，选择哪种方式最合适？不同的传递方式有什么区别？在具体应用中应如何选择？不用挠头，下面的例子将比较这三种在函数间传递数据的方式，帮助我们理解如何做出最佳选择：

```
// 通过传值来传入参数和传出返回值
int FuncByValue(int x)
{
    x = x + 1;
    return x;
}

// 通过传指针来传入参数和传出返回值
int* FuncByPointer(int* p)
{
*p = *p + 1;
return p;
}

// 通过传引用来传入参数和传出返回值
int& FuncByRef(int& r)
{
r = r + 1;
return r;
}

int main()
{
    int n = 0;
    cout<<"n 的初始值, n = "<<n<<endl;

    // 以传值方式调用函数，变量 n 的值不发生改变
    FuncByValue( n );
    cout<<"传值, n = "<<n<<endl;

    // 以传指针方式调用函数，实现数据的同时传入传出
    // 变量 n 的值发生改变
    FuncByPointer( &n );
    cout<<"传指针, n = "<<n<<endl;

    // 以传引用方式调用函数，实现数据的同时传入传出
    // 变量 n 的值发生改变
    FuncByRef( n );
    cout<<"传引用, n = "<<n<<endl;
```

```
    return 0;
}
```

编译并运行程序后，可以得到如下的输出结果：

```
n 的初始值, n = 0
传值, n = 0
传指针, n = 1
传引用, n = 2
```

从程序的输出结果可以看出，这三种传递参数方式的区别在于：

在函数 FuncByValue()中，形式参数 x 只是外部实际参数 n 的一份拷贝。函数内部对 x 的运算不能改变函数外部 n 的值，所以输出的 n 值仍然为 0，与初始值相同。

在函数 FuncByPointer()中，指针 p 指向外部变量 n，在函数内部改变指针 p 所指向的数据值，实际上就是改变函数外部变量 n 的值，所以输出的 n 值为 1；

在函数 FuncByRef()中，引用 r 与函数外部变量 n 相关联，它们实际上是同一个数据。在函数内部改变 r 的值，同样也会修改函数外部 n 的值，因此最终输出的 n 值为 2。

对比以上这三种传递参数的方式，可以发现：

传引用的性质与传指针相似，都是通过传递函数外部数据的某种指代来代替传递数据本身，既可以传入数据，也可以传出数据。

传引用的书写形式与传值相似，可以直接使用变量作为实际参数调用函数，函数内部引用的使用方式也与普通变量相同。这样，传引用既具备了传指针的高效和灵活性（节省空间，提高效率，适用于参数的传入和传出），同时又保持了与传值相同的书写形式，使得引用在函数中的使用更加简单自然，代码的可读性也更高。可以说，传引用同时具备了传指针和传值两者的优点。

综上所述，在传递小体积的参数时，例如某个 int 类型的数据，如果只需传入数据，则选择传值方式；如果需要同时传入和传出数据，则选择传引用方式。在传递大体积的参数时，例如大型对象，优先选择传引用方式。三种传递参数的方式如图 7-4 所示。

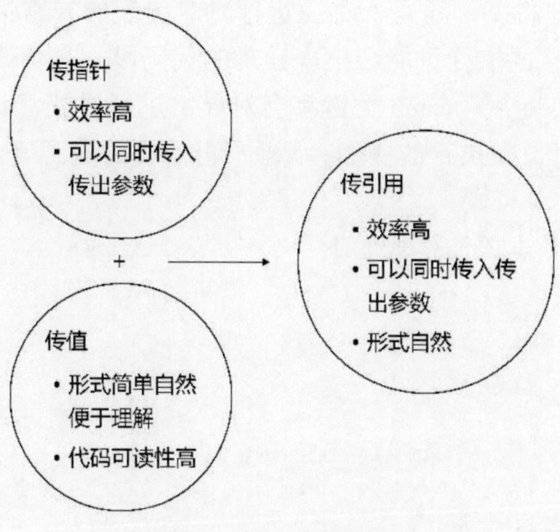

图 7-4　优先选择传引用

7.2 亡羊补牢——程序中的异常处理

在软件使用过程中，我们经常能听到用户对程序崩溃的抱怨：“这是哪个小白程序员写的程序，怎么又出错崩溃了！”或者“程序一打开文件就死机了，怎么回事啊？”更有用户痛心疾首：“就因为程序的崩溃，我一上午的工作成果如同滔滔江水滚滚东去了！”

这些抱怨反映了一个现实问题：如果程序在运行过程中没有良好的异常处理机制，一旦遇到错误，就可能导致程序无法响应甚至崩溃，给用户带来巨大的损失。

虽然我们可以说“程序员也是人，是人就会犯错误”，并且“程序运行的情况千差万别，出现错误在所难免”，但这并不能成为我们忽视异常处理的理由。程序运行出现异常可能不是我们的错，但如果不进行合理的异常处理，会增加用户的损失，那就是程序员的失职。

因此，为了避免成为用户口中的“小白程序员”，为了不让用户的努力付诸东流，我们必须重视并学习 C++中的异常处理技巧。通过合理的异常处理，我们可以在程序遇到错误时给予恰当的响应，减少程序崩溃带来的影响，保护用户的数据处理过程和使用体验。

7.2.1 异常处理

在程序运行过程中，外界环境的异常情况可能引发程序执行出错，导致错误的结果。例如，程序试图打开一个未被占用的文件进行写入，在正常情况下可以成功执行。但如果文件已被占用，程序就会执行失败。这种不正常的情况就是所谓的程序执行过程中的异常。常见的异常情况还包括数组下标越界、系统内存不足、以 0 作为除数等。

一旦程序执行过程中发生异常，可能会引发计算失效、程序运行时无故停止，甚至程序崩溃等严重后果。这些异常情况，虽然像现实世界中的地震一样无法避免且难以预料，但我们可以在开发程序时进行必要的异常处理，以降低用户的损失。

C++专门提供了异常处理机制，这是一种在运行时对出现的异常情况进行捕获并处理的方法。异常处理使用 try 关键字来尝试执行可能会出现异常的代码段。当代码段执行过程中发生异常时，系统会抛出相应类型的异常。随后，catch 关键字会对异常进行捕获，并由相应类型的异常处理分支对其进行恰当的处理，如结束正在执行的操作、清理不再需要的资源等，从而避免更大错误的发生，尽可能地挽回用户的损失。

在 C++中，异常处理的基本语法格式如下：

```
// 用 try 开始异常处理语句
try
{
    // 可能发生异常的语句
}
catch(异常类型 [形参名])      // 捕获特定类型的异常
{
    // 对此类型的异常进行处理
}
catch(异常类型 [形参名])      // 捕获特定类型的异常
{
    // 对此类型的异常进行处理
}
// 可以有多个 catch 语句并列，捕获不同类型的异常
catch(...)    // 如果省略具体的异常类型用…表示，则表示捕获所有类型的异常
{
```

```
        // 对所有类型的异常进行处理
    }
```

当我们认为某段代码可能会出现异常情况并需要处理时，可以把这段代码放入 try 关键字后面的代码块中。在程序执行 try 语句块中的语句（包括其中调用的函数）时，如果遇到异常情况，可以使用 throw 关键字抛出一个相应类型的异常，表示某种异常情况的发生，需要后面的 catch 语句捕获并对其进行处理。用 throw 关键字抛出一个异常的语法格式如下：

```
throw 异常表达式;
```

其中，异常表达式就是要抛出的异常，它可以是表示异常类型的错误代码，或者是含有异常相关信息的某个对象，总之，它的意义是为异常处理提供相应的辅助信息。例如：

```
// 除法函数
double Divide( int a, int b )
{
    if( 0 == b )
        throw "不能使用 0 作为除数";

    return (double)a/b;
}
```

在这个除法函数中，当检测到除数为 0 时，使用 throw 关键字抛出一个异常，以提前结束这个函数，跳过后面的除法运算，避免错误的发生。这里 throw 关键字抛出的异常是一个字符串，它描述了异常发生的原因，便于程序员对其进行处理。当然，还可以抛出专门的异常对象，只要该异常对象的类型是事先定义好的，并能够给后面的异常处理提供足够的信息即可。

当 try 语句块中抛出某个类型的异常后，该异常会被紧跟其后的相应类型的 catch 语句捕获并对其进行处理。catch 语句可以带有一个形式参数，它的类型就是 catch 语句要捕获的异常类型，也就是说，异常被某个 catch 语句捕获的条件是该异常的类型与 catch 语句的异常类型相匹配。当 throw 关键字抛出的异常被某个 catch 语句捕获时，throw 关键字后的异常表达式会被当成实际参数传递给 catch 语句中的形式参数，进而 catch 语句可以根据这个参数提供的信息对异常进行具体的处理。当需要捕获多种类型的异常时，可以将多个 catch 语句并列。如果省略 catch 关键字后面的形式参数而使用…代替，则表示 catch 语句会捕获所有类型的异常。

当 try 语句块中抛出异常并被某个 catch 分支捕获后，异常处理会把程序的执行从异常发生的地点转移到捕获这个异常的 catch 分支语句，随后对异常进行具体的处理。例如：

```
// 开始异常处理语句
try
{
    cout<<"请输入被除数与除数："<<endl;
    int a,b;   // 被除数与除数
    cin>>a>>b; // 接收用户输入
    // 进行除法运算，当 b 为 0 时会抛出异常
    double fRes = Divide( a, b );
    cout<<a<<"/"<<b<<" = "<<fRes<<endl;  // 输出结果
}
// 捕获 try 语句块中所抛出的字符串类型异常
catch( char* pMsg )
{
    // 对异常进行处理
    // 这里只输出错误信息
    cout<<"程序运行发生异常："<<pMsg<<endl;
}
```

在这段代码中，我们使用 Divide()函数来完成一个除法运算。但这个函数在除数为 0 的情况下会发生异常。为了确保程序的正确性和用户的友好使用体验，我们将除法运算放到 try 语句块中执行。这样，当异常发生时，也就是用户输入的除数为 0 时，Divide()函数会抛出一个描述了错误信息的字符串类型的异常。在 try 语句块之后的 catch 语句会捕获这个字符串类型的异常并进行处理。有了异常处理，即使用户不小心输入了除数为 0，程序也不会直接给出一个错误结果，而是会提示用户错误的发生及其原因，帮助用户修复问题。这样可以提供良好的用户体验，避免用户对程序产生不满。当然，这里对异常的处理只是将这个错误信息输出报告给用户而已。在实际应用中，异常处理往往更加复杂，包括资源的清理回收、记录错误日志等。异常处理的三个步骤如图 7-5 所示。

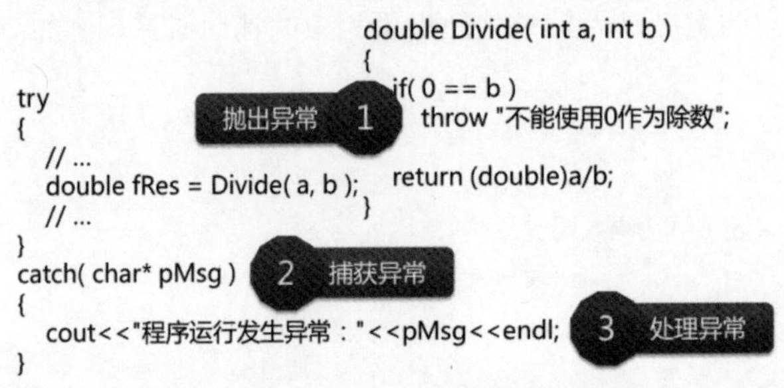

图 7-5　异常处理的三个步骤

总之，使用异常处理这一方法，可以在错误发生后尽量补救错误所造成的损失，最大程度地减少对用户的影响，同时增强程序的健壮性，也让程序员少挨一点骂。

7.2.2　异常的函数接口声明

为了增强程序的可读性，并使函数的使用者能够了解函数可能抛出的异常类型，从而进行针对性的处理，可以在函数的声明中列出这个函数可能抛出的所有异常类型。其语法格式非常简单，只需要在函数声明之后使用 throw 关键字及一个括号，括号中列出函数可能抛出的异常类型。如果有多个类型的异常，可以用逗号间隔。

例如，Divide()函数可能会抛出字符串类型和浮点数类型的异常，可以将其定义如下：

```
// 可能抛出 char*和 double 类型的异常
double Divide( int a, int b ) throw ( const char*, double )
{
    // ...
}
```

在函数接口中，使用 throw 关键字列出的异常类型，是函数的使用者和定义者之间关于该函数可能抛出的异常的一种约定。作为函数的使用者，这意味着只需要捕获并处理函数声明中列出的异常类型；作为函数的定义者，则有责任保证这个函数只会抛出声明中列出的异常类型。

如果函数声明中没有包括异常的接口声明，则该函数可以抛出任何类型的异常。例如：

```
// 可以抛出任何类型的异常
double Divide( int a, int b );
```

相反，如果一个函数不会抛出任何异常，则可以将函数声明中 throw 关键字之后的异常类型列表留空，或者使用 noexcept 关键字修饰函数，表示这个函数不会抛出任何类型的异常，此时函数的使用者无须将其放到 try 语句块中。例如：

```
// 不会抛出任何类型的异常
double sqrt(double a) noexcept;
```

虽然使用 noexcept 关键字修饰函数表示该函数不会抛出异常。但世事难料，如果一个经过 noexcept 修饰的函数在执行时确实抛出了异常，那么程序将通过调用 terminate()函数来结束执行。这可能会留下很多后遗症，例如无法保证对象的析构函数被正常调用，也无法保证栈的自动释放等。但是，在可以预见异常极少发生的情况下，用 noexcept 修饰函数是一种简单、直接且有效的方式，它可以简化异常处理并在一定程度上提高程序的执行效率。

从以上内容可以看到，异常的函数接口声明形式非常灵活，既可以指定特定的异常类型，也可以不指定任何特定类型，甚至可以声明函数不会抛出任何类型的异常。合理地使用这些形式，可以使函数的定义者更清晰地表达该函数可能抛出的异常，从而帮助函数的使用者更有针对性地捕获和处理这些异常，使程序更加健壮。

动手实践　在什么时候使用异常

既然异常处理可以让程序更加健壮，那么异常的使用是不是越多越好呢？当然不是！所谓“异常”，顾名思义，是指不正常的情况，因此它应仅在极少数情况下使用。虽然异常处理可以增强程序的健壮性，但也会带来性能的损失。过度使用异常处理往往会得不偿失。因此，使用异常处理的基本原则是平衡健壮性和性能之间的关系。

异常处理应仅用于偶然且极少发生的不正常情况，例如内存申请失败、硬件读写错误等。而对于大量的、重复出现的、可预见的程序错误，例如文件打开失败、循环结构中的错误等，则应使用条件判断进行错误处理。

7.3　编写更复杂的 C++程序

现在，我们已经能够利用所学的知识编写 C++程序来解决一些简单的问题了。随着问题的复杂性增加，我们的程序也会变得更加复杂，一个程序中可能包含成百上千的源文件、类和函数，以及数以万计的代码行。这些都需要精心管理，否则整个程序会变得混乱不堪。

7.3.1　源文件和头文件

通过前面的学习，我们可能已经注意到，随着程序功能的增加，代码量也在迅速增长——从最初的几行代码到后来的几百行。然而，与实际开发中的程序相比，这还只是冰山一角。在实际开发中，一个程序的代码量往往达到数十万行，甚至数百万行或更多。

面对如此庞大的代码量，将所有代码写入同一个源文件是不现实的。为了便于实现和维护，我们通常采用“分而治之”的策略。这种策略要求我们根据程序的功能模块进行划分，将实现同一模块的代码放入同一个源文件中，将相应的接口声明放入对应的头文件中。

通过这种方式，大型程序中的所有代码被分门别类地组织在多个源文件和头文件中。每个文件只包含相对较少的代码，这样不仅方便了代码的编写，也极大地提高了代码的可读性和可维护性。

1. 源文件

源文件以.cpp 等为文件后缀名，主要用于实现程序的各种功能单元。例如，可以将程序划分为多个子模块，一个源文件负责实现一个子模块；或者一个程序由多个类构成，而一个源文件负责实现一个类。

2. 头文件

头文件以.h 等为文件后缀名，主要包含需要在多个源文件之间共用的函数、数据、类等的声明。因为头文件可以被多个源文件通过#include 预处理指令包含进来，所以可以在多个源文件内共享这些声明，实现代码的复用。例如，在前面的例子中，多次包含 iostream 这个头文件是为了共享其中声明的 cin 和 cout 对象，让各个源文件可以直接使用这些对象，而无需重新声明。

大多数时候，源文件和头文件是成对出现的。我们把某个子模块中需要共享的声明放在头文件中，而将其具体的实现放在对应的源文件中。例如，通常把一个类的声明放在头文件中，而把它的具体实现放在对应的源文件中。源文件和头文件不仅在内容上有差别，在使用上也大不相同。

- 从包含的角度来看，源文件可以通过#include 预处理指令包含一个或多个头文件，以共用其中的各种声明。头文件也可以包含另一个头文件，但头文件不可以包含源文件。虽然这在语法上是允许的，但在实际使用中是不规范的用法，通常不会这样做。
- 从预处理的角度来看，编译器在编译源文件之前，会对源文件进行一定的预处理，其中一个步骤是用#include 指令后头文件的内容替换掉源文件中的这个指令本身，形成最终的源文件参与编译。换句话说，头文件可以看作多个源文件的共有部分。这些共有部分被抽取出来成为一个头文件，而这个头文件反过来又被多个源文件包含，以此达到代码复用的目的。源文件和头文件的包含关系如图 7-6 所示。

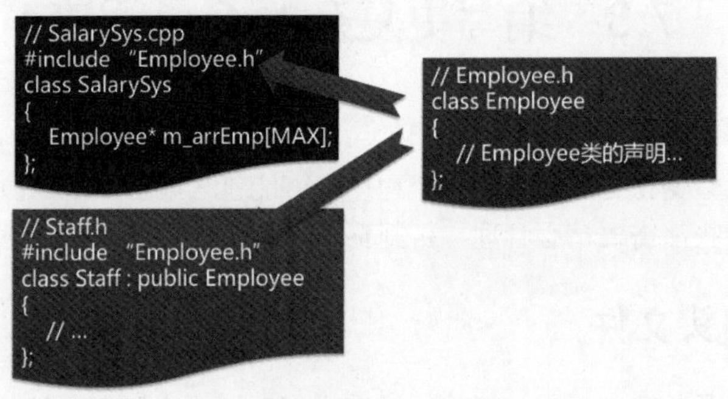

图 7-6　源文件和头文件的包含关系

- 从编译的角度来看，当编译一个程序时，程序的源文件会被直接编译成相应的.obj 文件；而头文件如果没有被任何源文件直接或者间接引用，就会成为一个多余的无用文件，不会参与整个程序的编译过程，即使其中有语法错误，也不会在编译时被检测出来。

此外，为了防止头文件被多个源文件包含进去，导致其中的内容被多次声明，我们需要使用预处理编译指令来防止这一错误的发生。通常，我们会定义一个头文件宏，并采用条件编译的方式来防止头文件的重复引用。条件编译是一种特殊的编译方式，根据不同的条件（例如某个宏是否已定义）来决定是否参与编译，从而影响最终的编译结果。有关条件编译的详细介绍，请参见后文第 7.3.4

节。例如，在之前提到的 Human.h 头文件中，有 Human 类的声明，为了防止重复包含，需要使用这种方式来防止它被多次包含：

```
    // Human.h  Human 类的头文件

    // 用#ifndef 预处理指令判断 HUMAN_H 头文件宏是否已经定义
    // 如果没有（if not define），则表示这个头文件尚未被包含，可以继续处理
    // 反之，表示这个头文件已经被包含，跳过后面的代码
    #ifndef HUMAN_H
    // 定义 HUMAN_H 头文件宏，表示已包含这个头文件
    #define HUMAN_H

    class Human   // Human 类的声明
    {
    // ...
    };
#endif              // 与#ifndef 指令匹配，表示条件编译的代码段结束
```

7.3.2　命名空间

在大型系统中，因为多人参与共同开发，所以往往难以保证函数、变量或者类的唯一性。例如，张三定义了一个名为 Student 的类，而李四在不知情的情况下也定义了一个名为 Student 的类。这两个不同的 Student 类在同一个系统中会导致命名冲突，进而引发编译错误。为了解决这个问题，C++提供了命名空间（namespace）来组织和管理程序中的各种名字（如函数名、变量名、类名等）。在实际开发中，通常会根据不同的模块定义不同的命名空间，以确保各个模块内部的名字不会相互冲突，命名空间对于实现模块包装起到良好的作用。

如果把函数看作一个箱子，那么命名空间则可以看作一个仓库。我们可以把相关功能的多个函数放入同一个仓库中，这样即使在其他仓库中有相同名字的函数，它们也会互不影响。也就是说，不同命名空间中的同名函数、变量等可以同时存在，互不冲突。例如，张三可以在命名空间 Zhangsan 中定义 Student 类，而李四可以在命名空间 Lisi 中定义 Student 类，这样两个同名的类就不会发生冲突。定义命名空间的语法格式如下：

```
    namespace 命名空间名
    {
        // 命名空间内的声明和定义
    };
```

其中，namespace 关键字表示命名空间的开始，其后的命名空间名通常是一个易于识别并能表达命名空间含义的名词。定义命名空间后，可以在其中进行各种声明和定义，这些声明和定义都属于这个命名空间。

下面的示例展示了如何使用命名空间来解决前文张三和李四之间的名字冲突问题：

```
    // 命名空间 Zhangsan
    namespace Zhangsan
    {
        // 命名空间 Zhangsan 中的 Student 类
        class Student
    {
    public:
            int nIndex;
            int nAge;             // 年龄
        };
    };
```

```
// 命名空间 Lisi
namespace Lisi
{
    // 命名空间 Lisi 中的 Student 类
    class Student
{
public:
        int nIndex;
        string strName;     // 姓名
    };
};
// 匿名命名空间
// 如果没有说明在哪一个具体的命名空间，则默认在匿名命名空间
class Student // 匿名命名空间中的 Student 类
{
public:
    int nIndex;
    bool bMale;             // 性别
};
class Teacher  // 匿名命名空间中的 Teacher 类
{
    // ...
};
```

从以上代码中可以看到，我们定义了三个不同实现但同样名为 Student 的类。这三个同名的类并没有产生命名冲突，如图 7-7 所示。这是因为这三个 Student 类分别属于不同的命名空间，命名空间的不同确保了它们之间不会产生冲突，就像小陈家有电视机，小王家也有电视机，虽然它们的名字相同，但实际上是两台不同的电视机，互不影响。

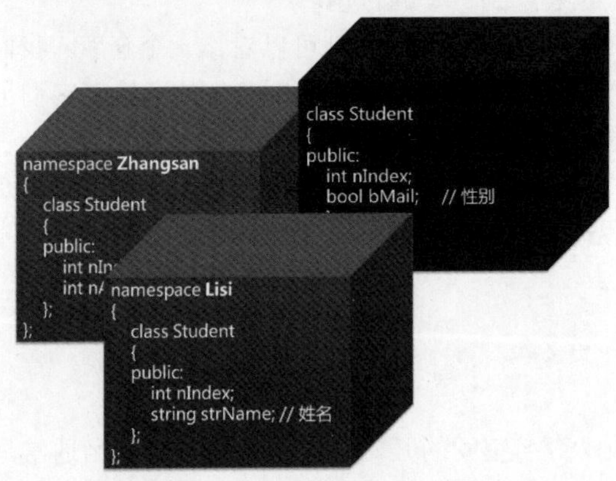

图 7-7　命名空间的封装功能

在一个程序中，如果有多个同名的类，又该如何区分它们呢？正如我们前文提到的“小陈家有电视机，小王家也有电视机”，我们可以通过在这些同名的类之前加上相应的命名空间来进行区分，例如：

```
// 定义一个类型为 Zhangsan::Student 的变量
// 这时使用的是 Zhangsan 命名空间下的 Student 类
Zhangsan::Student zStudent;
zStudent.nAge = 14;
// 定义一个类型为 Lisi::Student 的变量
// 这时使用的是 Lisi 命名空间下的 Student 类
Lisi::Student lStudent;
```

```
lStudent.strName = "Chen";
// 定义一个类型为::Student 的变量
// 如果类前没有指明命名空间，则默认为全局命名空间
// ::Student 等同于 Student
::Student gStudent;
gStudent.bMale = true;
```

在使用命名空间时，可以在命名空间之后使用“::”域操作符引出其中的名字。例如，如果我们希望使用在 Zhangsan 命名空间中的 Student 类来定义一个变量，我们可以在 Zhangsan 命名空间之后使用“::”域操作符引出 Student 类来定义变量 zStudent。这个对象拥有 m_nAge 的成员变量，我们可以直接给她们赋值。类似的，我们也可以用相同的方式来访问 Lisi 命名空间中的 Student 类。特别地，如果“::”之前没有显式地给出一个命名空间，这意味着它属于全局命名空间，也称为匿名命名空间。匿名命名空间是 C++的默认命名空间，如果某个名字不属于任何给定的命名空间，它就属于匿名命名空间。例如，上述例子中的第三个 Student 类就属于匿名命名空间，我们可以使用::Student 或 Student 来引用它。

在实际开发中，为了简化代码，并不总是需要显式地指明某个名字所属的命名空间，可以使用 using namespace 关键字来指明编译时默认查找的命名空间，这样引入了该命名空间下的所有名字。例如，如果在源文件中添加了 **using namespace Zhangsan;**语句，就表示将 Zhangsan 这个命名空间作为默认查找的命名空间。当编译器遇到某个名字时，不仅会在默认的匿名命名空间中查找，还会在 Zhangsan 这个新引入的命名空间中查找。如果只有一个命名空间中有这样的名字，编译器会直接使用这个名字；如果编译器发现某个名字在多个命名空间中同时存在，就会引发名字冲突的编译错误。这时必须使用“::”显式地指明这个名字所属的命名空间。例如：

```
// ...
// 引入命名空间 Zhangsan
using namespace Zhangsan;

int main()
{
    // 名字冲突，在 Zhangsan 命名空间和匿名命名空间中都有 Student 类
    Student zStudent;
    // 明确的名字，显式地指明了 Student 所属的命名空间为 Lisi
    Lisi::Student lStudent;

    // 明确的名字，因为只有匿名命名空间中有 Teacher 类的定义
    Teacher zTeacher;


    return 0;
}
```

在这段代码中，使用 using namespace 关键字引入了命名空间 Zhangsan，连同默认的匿名命名空间一起作为查找名字的范围。当编译器查找 Student 类的定义时，会发现在匿名命名空间和命名空间 Zhangsan 中都有 Student 的定义，这时就会引发名字冲突的编译错误。在这种情况下，只有使用“::”符号明确地指明 Student 所属的命名空间才能解决问题。而对于 Teacher 类，由于在命名空间中只有唯一定义的类，因此可以直接使用类名定义变量。当然，我们也可以给 Teacher 类额外加上命名空间的前缀，以便更明确地表明这个名字属于哪个命名空间。

使用 using namespace 关键字引入某个命名空间时，可以省去在名字前加上命名空间名的工作，这样在一定程度上可以提高编程效率，然而，这样做会引入该命名空间中的所有名字，有可能会引

起命名冲突。因此，使用这种方式是应谨慎。

7.3.3 作用域与可见性

在现实世界中，人们往往被限定在不同的区域内，这些区域就是国家。在 C++世界中，其中的居民（变量、函数、类等）同样被限定在不同的区域内，这个区域就是代码的作用域。所谓作用域，就是某个标识符（变量名、函数名等）在程序中有效的区域。而可见性与作用域就像是一个硬币的两面，它从某个标识符“是否可用”的角度来描述作用域。如果某个标识符在某个作用域内是有效的、可以引用的，那么这个标识符在这个作用域内是可见的。换句话说，就是标识符只在其作用域内可见。

按照作用域范围的大小，可以把作用域分为局部作用域和全局作用域。

1. 局部作用域

在 C++中，用花括号“{}”括起来的代码范围属于一个局部作用域。作用域可以嵌套作用域，即一个局部作用域中包含更小的子作用域，子作用域具有较高的优先级。也就是说，在父作用域中可见的标识符在子作用域中同样可见。在局部作用域内，一个变量或者函数从它定义的位置开始，一直作用到该作用域结束为止。常见的局部作用域有函数体，以及 if、for 等复合语句。例如：

```
int GetSum()
{
    // 整个函数体是一个局部作用域
    int nTotal = 0;
    for( int i = 0; i < 100; ++i )
    {
        // 函数体中的 for 循环体，是函数体所嵌套的一个局部子作用域
        // 在父作用域函数体中定义的变量，在子作用域中同样可见
        // 所以这里可以访问父作用域定义的 nTotal 变量
        nTotal += i;
    }
    i = 0; // 错误：在子作用域中定义的变量 i 在父作用域不可见
    // 在作用域中定义的变量，在整个作用域都可见
    return nTotal;
}
```

当然，为了更好地管理程序中的函数或者变量，也可以根据需要人为地在代码中添加一对“{}”来构成一个局部作用域。例如：

```
void foo()
{
    int nNum = 0;
    {
      int nNum;
      nNum = 1;
      cout<<"在局部作用域中输出："<<nNum<<endl;
    }
    cout<<"在函数体作用域中输出："<<nNum<<endl;
}
```

在这个例子中，在函数体作用域的开始定义了变量 nNum，因此它的作用域从函数开始到函数结束。第二个变量 nNum 定义在一个局部作用域中，因此它的作用域是从其定义位置开始到“{}”语句块结束。虽然这两个使用了相同的变量名，但由于它们处在不同的作用域中，因此不会产生命

名冲突。因为子作用域的优先级高于父作用域，如 **nNum = 1** 赋值语句实际上是对第二个局部作用域中的变量 nNum 进行赋值，不会影响父作用域中的 nNum 变量，所以最后输出函数作用域内的变量 nNum 的值仍是最开始的初始值。虽然 C++语法上允许这种编程方式，但为了避免代码在语义上的混淆，最好不要在一个函数中定义两个同名的变量，如图 7-8 所示。

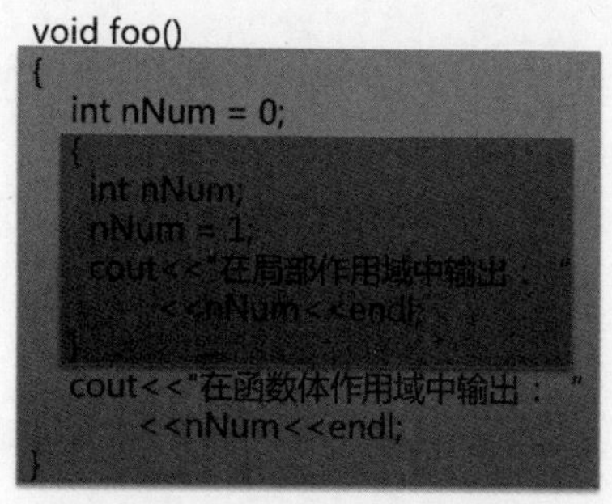

图 7-8　在局部作用域中输出

2. 全局作用域

与局部作用域相对应的是全局作用域。如果某个变量或者函数不在任何局部作用域内，它就处于全局作用域中，被称为全局变量或者全局函数。全局作用域覆盖了整个源文件范围，其中定义的变量或者函数，从它们被定义时开始，直到源文件结束之前都是可见的。例如，在一个源文件中，可以这样使用全局变量和全局函数：

```
// 定义一个全局变量
int gN;

// 定义一个全局函数
void GlobalFunc()
{
    for( int i = 0; i < gN; ++i )   // 访问全局变量 gN
    {
     //...
    }
}

int main()
{
    gN = 3;         // 访问全局变量
    GlobalFunc(); // 调用全局函数
    //...
    return 0;
}
```

在这个例子中，在源文件开始定义的变量 gN 因为没有在任何局部作用域，所以它的作用域就是全局作用域，覆盖整个源代码文件，可以在文件后面的任何位置访问这个变量。而 GlobalFunc()是一个全局函数，在其定义之后，可以在同一个源文件的任何位置调用这个函数。

在前面的 7.3.1 节中介绍过，C++程序通常会分解为多个源文件和头文件。全局作用域内的变量或者函数只在自身定义所在的源文件范围内可见。但如果希望在一个源文件中使用另一个源文件中定义的全局变量或函数，该怎么办呢？很简单，只需使用 extern 关键字重新声明一次在其他源文件中定义的变量或函数即可。extern 关键字表示这是一个外部（extern）的变量或函数，编译器会在其他源文件中查找这个变量或函数的具体定义。例如，在 Global.cpp 文件中定义一个全局变量和全局函数：

```
// Global.cpp：定义全局变量和全局函数
// 用 static 声明的本地静态函数，只能在当前源文件中使用
static int Power(int n)
{
    return n*n;
}

// 全局变量
int gTotal = 0;
// 全局函数
int PowerSum( int a, int b )
{
   return Power(a) + Power(b);
}
```

如果想在另一个源文件中使用上述代码的全局变量和全局函数，只需用 extern 关键字对它们重新声明一次，然后就可以开始使用了：

```
// main.cpp：使用全局变量和全局函数
// 在变量声明前加上 extern 关键字，重新声明全局变量
extern int gTotal;
// 在函数声明前加上 extern 关键字，重新声明全局函数
extern int PowerSum( int a, int b );

int main()
{
   // 使用全局变量和全局函数
   gTotal = PowerSum( 2, 3 );

   return 0;
}
```

这样，通过 extern 关键字，全局变量或全局函数就可以超越单个源文件的限制，成为整个程序范围内的共享资源，真正实现全局访问，如图 7-9 所示。

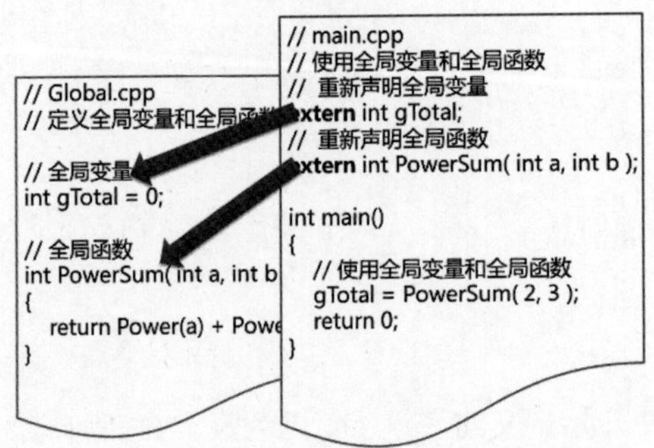

图 7-9　多个源文件共享全局变量和全局函数

7.3.4　编译前的预处理

在前面的例子中，我们见过很多以“#”开始的指令，例如包含头文件的#include 指令和定义宏的#define 指令等。这些指令实际上是对源文件进行某种处理的指令。在编译器对源文件进行编译之

前，它会先执行这些预处理指令，从而生成最终的源文件，然后才进行编译。这个过程被称为源文件的预处理过程，相应地，这些指令也被称为预处理指令。

在源文件中加入恰当的预处理指令，可以更好地组织源文件，甚至可以根据条件改变最终参与编译的源文件内容，达到灵活处理源文件的目的。下面介绍几种常用的预处理指令。

1. #include 指令

顾名思义，#include 指令用于将一个文件包含（include）到该指令所在的位置，实现多个源文件共享同一个文件的内容。虽然使用#include 指令可以包含任何文件，但更多时候，它被用来包含头文件，以便包含在头文件中声明的变量或者函数。#include 指令的语法格式如下：

```
#include <文件名>
#include "文件名"
```

我们注意到，这里有两种包含头文件的方式。其中，尖括号“< >”表示按照标准方式在编译器指定的头文件搜索目录下搜索这个文件，而双引号“" "”表示先在当前目录下搜索，如果当前目录下没有这个文件，再按照标准方式搜索。一般来说，使用“< >”包含系统提供的头文件，例如 iostream 等，而使用“""”来包含自己创建的、放置在当前项目文件夹下的头文件，例如 Human.h。例如：

```
// 包含标准程序库中的头文件
#include <iostream>
// 包含自己创建的头文件
#include "Global.h"
```

2. #define 指令和#undef 指令

#define 指令用于定义一个符号常量或者宏。符号常量可以用作条件编译的条件，而宏则用于执行一些简单且重复的工作。与之对应，#undef 指令的作用撤销一个由#define 指令定义的符号常量或者宏。例如：

```
// 定义一个符号常量 DEBUG，用于后面的条件编译
#define _DEBUG
// ...
// 在必要时，撤销 DEBUG 符号常量
#undef _DEBUG
```

3. #ifdef 等条件编译指令

对于复杂的 C++程序，往往需要根据设置或外部环境条件的不同编译成不同的版本。例如，最常见的就是根据应用目的的不同，将一个程序分别编译成 Debug 版本和 Release 版本、带日志输出的版本和不带日志输出的版本等。此时，可以利用条件编译指令，根据不同的条件改变参与编译的源代码内容，从而将同一份程序源代码编译成不同的程序版本。条件编译指令常见的形式如下：

```
// 条件编译指令开始
#if 常量表达式
  // 当常量表达式为 true 时，本段程序代码参与编译
  // 否则这段代码不参与编译
  程序代码
#endif              // 表示条件编译结束

#ifdef 标识符
    程序段 1         // 如果定义了标识符，则编译程序段 1
#else
    程序段 2         // 如果没有定义标识符，则编译程序段 2
```

```
#endif

// 如果没有定义标识符，则编译此程序段
#ifndef 标识符
    程序段
#endif
```

条件编译指令最常见的用途是为程序分别编译Debug版本和Release版本，例如下面这个例子：

```
class Demo
{
// ...
public:
#ifdef _DEBUG
    virtual void AssertValid() const;
    virtual void Dump(CDumpContext& dc) const;
#endif
}
```

这段代码使用了#ifdef 预处理指令（条件编译），它的作用是：如果定义了_DEBUG 标识符，就编译中间这段程序代码，从而为程序增加两个用于辅助调试的函数。这个标识符仅在编译 Debug 版本时使用 #define 指令的定义，换句话说，在编译 Debug 版时，这段代码才会被编译。而在编译 Release 版本时，由于未定义_DEBUG 标识符，这些不必要的代码不会被编译，从而减小了编译之后程序的体积。

7.4 高手是这样炼成的

见识了 C++世界中的奇人异事后，还是觉得不过瘾？接下来为大家介绍一些高手必备的终极必杀技。友情提示，这些技巧太过灵活，用好了威力无穷，但使用不当也容易误伤自己，因此在修炼时务必小心谨慎。

7.4.1 用宏定义化繁为简

宏定义，又称为宏替换，简称“宏”。在 C++中，可以使用#define 指令来定义一个宏：

```
#define 标识符 字符串
```

其中，标识符就是所谓的符号常量，也称为“宏名”，其后的字符串可以是一个数字，也可以是一个字符串常量，甚至可以是一个复杂的表达式。定义好宏之后，可以在程序代码中使用这个宏来代替宏定义中的字符串。例如：

```
// 定义一个宏，表示圆周率
#define PI 3.14159

// 利用定义的宏计算圆的面积
double fR = 5.0f;
double fArea = PI * fR * fR;
```

前面我们曾经介绍过，代码在最终参与编译之前会经过一个预处理过程。在这个过程中，如果遇到代码中使用了宏，就会将宏展开，也就是将宏名替换为宏定义中的字符串。因此，宏展开后，这段代码实际上成为：

```
// 宏展开后的代码
double fArea = 3.14159 * fR * fR;
```

从这里可以看到，宏的本质就是“替换”，即“偷梁换柱”：用宏定义中的字符串替换程序代码中的宏名。虽然在程序代码中使用的是宏，但经过预处理后最终参与编译的代码却是“替换”后的代码。另外，从这里也可以看到，宏的使用有效简化了代码——将长长的圆周率 3.1415926 替换为简单的 PI，更便于使用。因此，如果代码中有需要进行“替换”的地方，例如将那些长长的字符串常量替换为一个简短的宏，或者利用宏给某个字符串赋予一个更有意义的名字，就可以使用宏，如图 7-10 所示。

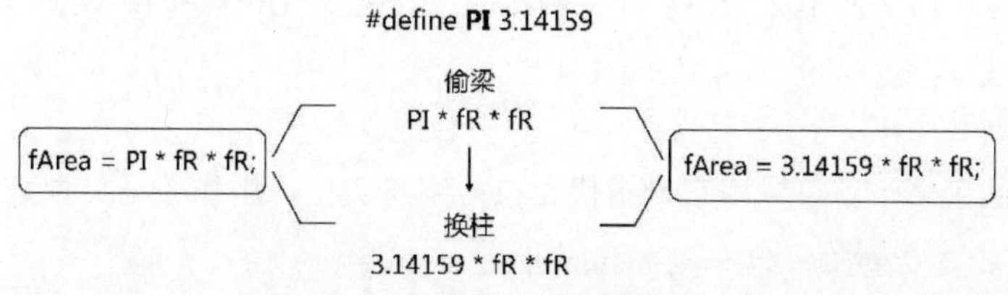

图 7-10　宏的“偷梁换柱”

除这种不带参数的宏外，还可以在宏定义中加入参数，让宏的使用更加灵活。其语法格式如下：

```
#define 标识符(参数列表) 字符串
```

其中，参数列表列出的就是这个宏的所有参数。与函数参数不同，宏的参数并没有数据类型的概念，它只是一个占位符，用作宏展开时被实际参数替换。对带有参数的宏进行宏展开时，不仅要对宏标识符进行字符串替换，还必须进行参数的替换。例如：

```
// 定义一个带参数的宏，取得两个数中比较大的一个数
#define MAX( a, b )  ((a) > (b) ? (a) : (b))

// 使用宏取得 2 和 4 中较大的一个数
int nMax = MAX( 2, 4 );
```

当进行宏展开时，这个宏首先进行字符串的替换，这行代码变为：

```
int nMax = ((a) > (b) ? (a) : (b));
```

接着，使用宏的实际参数替换宏定义中的参数，也就是用实际参数数字 2 替换形式参数 a，用数字 4 替换 b，最终这行代码变为：

```
int nMax = ((2) > (4) ? (2) : (4));
```

经过一系列的替换，我们终于看到了这行代码的本来面目。其实就是这么简单。

恰当地使用宏可以提高程序的通用性和可读性，减少不一致性、输入错误和修改量。因此，高手都喜欢使用它。然而，虽然宏的好处很多，但它可能带来不少麻烦。因为宏的本质只是简单地进行字符串替换，这可能会丢失有价值的变量符号名，而给调试工作带来一定困扰。带参数宏的展开过于灵活，稍有不慎就可能出错。因此，更多时候，我们建议使用 const 常量来代替宏定义的标识符，或者使用 inline 内联函数来代替带参数的宏，尽量减少宏的使用。

7.4.2　使用 typedef 给数据类型取个外号

在武林中，为了便于记忆和传颂，有给大侠们取绰号的习惯，所以才有了“及时雨——宋江”

“豹子头——林冲”等称呼。在 C++世界中，有些数据类型特别复杂，为了便于记忆和书写，通常我们也会为这些数据类型取一个简单好记的绰号，用这个绰号来指代复杂的数据类型。为此，C++还专门提供了一个给数据类型取绰号的关键字——typedef。其语法格式如下：

```
typedef 数据类型 数据类型的别名
```

typedef 的使用非常简单，在 typedef 关键字之后，分别跟上数据类型和相应的别名就定义了这个数据类型的绰号。在接下来的程序中就可以使用这个别名来指代这个数据类型。

例如，我们觉得 unsigned char（无符号字符类型）的书写比较烦琐，可以使用 typedef 为它定义一个简单易记的别名，然后使用这个别名作为数据类型来定义无符号字符类型的变量：

```
// 为无符号字符类型 unsigned char 定义一个别名 uchar
typedef unsigned char uchar;
```

有了这个简单的别名，就可以用它来指代无符号字符类型，用作数据类型来定义变量：

```
// 定义一个 uchar 类型的变量，实际上就是 unsigned char 类型的变量
uchar a;
```

有了这个简单的别名，书写程序是不是更加方便？代码也更加简洁易读。因此，在遇到类似情况时，使用 typedef 为复杂类型取一个简单的别名，不仅自己写起来方便，别人读起来也更加轻松。这种两全其美的事情，何乐而不为呢？

大家可能有个疑问，利用前面学过的宏，将复杂类型定义成一个宏，不是同样可以达到化繁为简的目的吗？它们两个有什么区别呢？typedef 是为复杂数据类型定义一个别名，而不只是像宏一样简单的替换。这一点在同时定义指针类型的多个变量时尤为重要。例如，想定义两个 int*指针类型的变量，使用宏我们可能会这样写：

```
// 定义指针类型的宏
#define PINT int*
// 使用宏定义两个变量
PINT pInt1,pInt2;
```

然而，这段看起来很正确的代码，实际效果却与我们的预想大相径庭。经过宏替换后，上面定义指针变量的代码变为：

```
// 宏替换后的实际代码
int* pInt1, pInt2;
```

这不是在定义两个指针变量，而是在定义一个 int 指针类型的变量 pInt1 和另一个 int 类型的变量 pInt2。想使用宏在同一行内方便地定义多个指针变量是行不通的，解决问题的办法是使用 typedef 为指针类型取一个别名，然后用这个别名作为数据类型，这样就可以在一行内定义多个指针类型的变量：

```
// 为指针类型 int* 取一个别名 PINT
typedef int* PINT;
// 同时定义多个指针类型变量
PINT pInt1, pInt2;
```

这时，PINT 成为一种新的数据类型，它可以在同一行内同时定义多个 PINT 类型的变量，而这种新类型本质上还是 int 指针类型，也就相当于同时定义了多个 int 指针类型的变量。

typedef 的另一个重要用途是为复杂的类型定义简单的别名。请看下面这行代码：

```
int* (*pFunc)(int, char*);
```

你是否能一眼看出这行代码的作用是什么吗？

如果能，那么恭喜你，可以跳过后面的内容，直接开始下一个章节的学习；如果不能，就继续学习一下如何利用 typedef 来简化这行代码。

实际上，这行代码定义了一个函数指针 pFunc，它指向的函数的返回值类型是 int*，而两个参数分别是 int 类型和 char*类型。如果只是定义一个这种类型的函数指针，这样书写勉强可以接受；但如果需要定义多个这种类型的函数指针，重复书写这么复杂的代码会非常麻烦。幸好，使用 typedef 可以为这种复杂的类型取一个简单的别名，然后用这个别名就可以轻松定义多个这种类型的变量。

```
// 定义函数指针类型为 PFUNC
typedef int* (*PFUNC)(int, char*);

// 使用 PFUNC 定义多个函数指针变量
PFUNC pFunc1, pFunc2;
```

7.4.3　C++世界的管家婆——用 const 保护数据

21 世纪什么最重要？人才！

在程序中什么最重要？数据！

可以说，整个程序都是围绕数据在打转，从数据的输入到数据的处理，再到数据的输出，程序的存在就是为了处理数据。由于程序中的数据如此重要，谁也不想让自己的数据未经授权就被随意修改而导致最终结果出错。因此，我们在前面介绍了通过设置类成员的访问级别来防止外界非法访问类中的数据，以此保护数据的安全性。但 C++认为仅仅在类中设置访问级别对数据的保护还不够，所以专门请了一位管家婆——const 关键字来保护数据，防止数据被非法修改。我们知道，使用各种类型的变量来保存数据，如果想保护某个变量的值，使之保存的数据不被修改，可以在定义该变量时，在数据类型前加上 const 关键字进行声明。这样，这个管家婆就会尽职尽责地看管这个变量，一旦有人试图修改这个变量的值，编译器就会报错，从而使我们发现并阻止这种非法访问，确保数据的安全性。使用 const 修饰变量的语法格式如下：

```
const 数据类型 变量名;
```

例如，可以这样来保护数据：

```
const double PI = 3.14159;
PI = 3.14;    // 想降低精度偷工减料？有 const 保护，这可行不通
```

用 const 声明（或称为修饰）后，变量就具有了 const 属性。当在程序中试图修改这个变量的值时，编译器就会站出来说话：“嘿，这个变量是 const 管家婆看管着的，你别想动它！”

动手实践　用 const 声明指针变量的两种形式

如果我们要使用 const 声明普通数据类型的变量，只需在定义变量时在数据类型前加上 const 关键字即可。但如果我们要使用 const 声明一个指针类型的变量，则有两种形式：

```
int N = 0;
const int* pInt1 = &N;     // 第一种形式：常量整型指针
```

```
int* const pInt2 = &N;      // 第二种形式：整型常量指针
```

由于 const 关键字位置的不同，这两种形式所表达的含义也各不相同。第一种形式定义的是一个常量整型指针，而第二种形式定义的是一个整型常量指针。这听起来像在说绕口令，实际上这两种形式确实有所不同。为了明确这两种形式的区别，我们可以把声明语句以“*”为界，分割成两个部分，如图 7-11 所示。

图 7-11　使用“*”分割常量整型指针和整型常量指针的声明语句

经过这样的分割后，很容易看出其中的区别：如果 const 在“*”的左边，则表示 const 修饰的是 int 类型，也就是说不能通过这个指针修改它所指向的 int 类型变量的值，但指针本身的值是可变的，它可以指向另一个 int 类型的变量；如果 const 在“*”的右边，则表示 const 修饰的是指针本身，这意味着这个指针的值不能在定义后被修改，所以在定义的同时必须赋初值，同时也不能再指向其他的 int 类型变量，但可以通过这个指针修改它所指向的 int 变量的值。

因此，使用 const 声明或修饰指针变量，可以选择只保护指针指向的数据，或者只保护指针本身的值。我们甚至可以在“*”左右都加上 const，这样既保护它所指向的数据，也保护指针本身：

```
const int* const pInt3 = &N;  // 双保险
```

有了 const 管家婆的看管，再加上编译器的帮助，我们自然不用担心数据被非法修改了。因此，在各种场景下都需要 const 来看管数据，它也成了 C++世界的大忙人。

1. 使用 const 代替#define 定义常变量

例如，定义表示圆周率的 PI 常量，可以采用下面的两种方式：

```
// 定义宏 PI
#define PI 3.1415926
// 定义常量 PI
const double PI = 3.14159
```

这两种方式在语法上都是合法的，但第二种方式比第一种方式好。原因在于，如果使用#define 定义宏 PI，PI 会在预处理过程中被替换成具体的数字 3.14159，而宏的名称不会出现在程序的符号表中。符号表是编译器在编译程序的过程中收集、记录和使用的程序代码中的语法符号的类型和特征等相关信息。这些信息一般以表格的形式存储于系统中，如常数表、变量名表、函数名表等。如果使用宏，那么在调试时可能会遇到一个反复出现的数值，但不知道它的含义，这可能会给程序的调试带来一定的麻烦。相比之下，使用 const 定义常变量，不仅可以保证 PI 值不会被修改，变量名还会出现在符号表中，便于调试，同时可以进行类型检查，借助编译器减少错误。因此，在需要定义常量时，应优先选择使用 const。

2. 表示函数参数的输入和输出

因为用 const 声明的变量具有不可修改性，所以常用于给函数的传入参数加上 const 关键字，以表示这是一个只用于传入数据的参数，防止它在函数内部被非法修改而引起其他错误。相应地，对于负责传出数据的参数，因为在函数内部会被修改，自然就不应加上 const。因此，有无 const，可以清晰地表示函数参数是传入数据还是传出数据。例如：

```
// 复制字符串函数
char * strcpy (
char * destination,         // 目标字符串，会被修改，所以没有加上 const 进行声明
const char * source );      // 源字符串，不会被修改，所以加上 const 进行声明
```

3. 用 const 声明类成员函数

在类的定义中，除通过设置不同的访问级别来保护类内部的成员数据不会被修改外，const 关键字也能提供额外的保护。如果某个成员函数在语义上不会修改类的内部数据，例如 Rect 类的 GetArea()函数，它只是用来得到矩形的面积，而不应该去修改矩形的任何数据。为了让这样的函数只做它该做的事，防止它修改类内部的数据，在声明函数时，可以在函数末尾加上 const 关键字。负责监督的 const 关键字会检查该成员函数是否意外地修改了类的成员变量（做了不该做的事），一旦发现这类操作，编译器会给出错误提示信息，从而保护成员变量。例如：

```
// 矩形类
class Rect
{
public:
// ...

// 获得矩形面积，不应该修改类的数据，所以在函数末尾加上 const
int GetArea() const
{
   // 试图在用 const 声明的成员函数内修改类的成员变量
   // 会导致一个编译错误
   m_nW = 10;
   return m_nW * m_nH; // 只读访问成员变量
}
// 设置矩形的长和宽
// 函数参数 nW 和 nH 只是用于传入数据，所以加上 const
// 但在函数内部，会修改类的成员数据，所以没有加 const
void SetRect(const int nW,const int nH)
{
    m_nW = nW; // 修改成员变量
    m_nH = nH;
}
private: // 设置私有访问级别保护数据
    int m_nW = 0;
    int m_nH = 0;
};
```

在这段代码中，GetArea()成员函数使用 const 进行声明，表示这是对类的一个只读访问。如果试图在 GetArea()函数内部修改该类的数据，编译器会报出错误，这有助于我们检查程序代码中对数据的非法修改，并纠正程序的错误。

除可以发现用 const 声明的成员函数中对数据的非法修改外，当在一个 const 声明的常量对象上调用非 const 声明的成员函数尝试对常量对象进行修改时，编译器也会发现这种非法修改，并报出编译错误来提示我们进行修正。例如：

```
// 定义一个用 const 声明的常量对象
const Rect;
// 在常量对象上调用非 const 声明的成员函数是非法的
rect.SetRect(3,4);
// 在常量对象上调用以 const 声明的成员函数是合法的
int n = rect.GetArea();
```

const 不愧是一位一专多能又尽职尽责的“管家婆”，它不仅可以看管单个变量，还可以看管函数参数，把 const 关键字放到类成员函数的末尾时，还可以保护整个类的数据。一旦发现对它所保护的数据的非法访问，编译器就会给出错误提示信息。因此，有了 const 的保护，程序中的数据就不会被非法访问了。

7.5　本章练习

1. 编写一个程序，声明一个整数变量 num 并初始化为 10，然后声明一个指向该整数变量的指针 ptr。通过指针 ptr 修改 num 的值，并输出修改前后的值。

2. 编写一个程序，其中包含一个可能引发异常的函数（例如，数组越界访问）。在 main()函数中，使用 try 和 catch 程序块捕获异常，并输出异常信息。

3. 定义一个 Student 类，包含私有成员变量 name 和 age，以及公有成员函数 getName()和 getAge()。将 getName()和 getAge()声明为 const 成员函数。然后在 getName()函数中，修改 name 成员变量的值，观察编译器的错误提示信息并修正错误。在 main()函数中，创建一个 Student 类的对象，并调用它的 getName()和 getAge()函数。

4. 编写一个 swap()函数，该函数接受两个整型引用作为参数，并交换这两个引用所绑定的变量的值。在 main()函数中，声明两个整型变量，然后调用 swap()函数来交换它们的值，并输出交换前后的值。

第 3 篇

攀登 C++世界的高峰

本篇介绍一位 C++初学者成长为一位 C++程序员的进阶之路。首先，将介绍 STL 中的容器和算法，让我们可以"既快又好"地完成一些常见的开发任务；接着，认识函数指针、函数对象和 Lambda 表达式这三种工具，让我们可以更灵活地对数据进行处理；随后，会探讨最新标准 C++23 支持的线程库和智能指针，利用 C++的最新发展来提升我们运用 C++的能力。最后，本篇内容贴心地准备了一些经典的 C++笔试题目，希望读者用好这块"敲门砖"，顺利敲开 C++程序员职业的大门。

第 8 章

用 STL 优化你的程序[1]

在见识了 C++世界的奇人异事之后，小陈的编程能力大幅提升。他遇到任何问题时，都想用 C++来解决，以期在老板面前展示自己的高超技能，早日实现涨工资的目标。恰好那天，老板对之前的工资程序提出了一个新需求：统计员工中工资高于 1000 元的人数。看到这个新需求，小陈自信地笑了，这简直是小菜一碟啊！很快，他就为程序中原有的 SalarySys 类添加了一个 GetHighSalaryCount()函数，以满足了老板的新需求：

```
// 统计高工资员工数的 SalarySys 类
class SalarySys
{
   // ...
   public:
   // 统计工资大于 1000 元的员工人数
   int GetHighSalaryCount()
   {
      int nTotal = 0;  // 总数
      // 循环访问数组中的所有员工对象
      for(int i = 0; i < m_nCount; ++i)
      {
          // 判断工资是否大于 1000 元
          if(m_arrEmp[i]->GetSalary() > 1000)
          {
               ++nTotal;
          }
      }

     return nTotal;
}
// ...
};
```

正当小陈得意时，过来一位白衣“绅士”，瞥了一眼代码，评论道：“这种方法不够高效，我们应该寻求更优雅的解决方案。”

[1] 从本章开始，我们将逐渐进入 C++的高级阶段，代码将更加接近工程实际。因此，我们应更加重视对示例代码的演练，从实践中获得真知。

“你说什么？请把话说清楚。”

小陈对这种评论感到非常不服，想要和他辩论一番，却发现他已经走远了。为了以后有机会交流，小陈连忙问道：

“请问你是谁？”

“我是 STL，也就是标准模板库。”

听到这里，小陈意识到这位“绅士”就是传说中的 STL，果然名副其实，气度不凡。担心错过结识高人的机会，小陈连忙说道：

“STL 先生，别走啊，我们交个朋友吧！”

8.1　跟 STL 做朋友

要想跟 STL（Standard Template Library，标准模板库）成为朋友，自然得先从了解 STL 开始。

8.1.1　算法 + 容器 + 迭代器 = STL

STL 是一个具有工业强度的、高效的 C++函数库。据 C++世界的“前辈”们介绍，STL 最初诞生于惠普实验室，是由 Alexander Stepanov、Meng Lee 和 David R. Musser 在惠普实验室工作时开发出来的。经过不断的发展，STL 形成了不同的版本，并得到广泛的应用。如今，它已被纳入 C++标准函数库（C++ Standard Library），是 ANSI/ISO C++标准中最具创新性的组成部分。

从广义上讲，STL 主要分成三大核心部分：算法（algorithm）、容器（container）和迭代器（iterator）。此外，还有容器适配器（container adaptor）、函数对象（functor）等组件。几乎 STL 的所有代码都采用模板类和模板函数的方式，与传统的由函数和类库相比，它提供了更好的代码复用机会。接下来，我们将对 STL 的三大核心部分做一个简单的了解。

1. 容器

在程序中，我们通常使用各种数据结构（例如链表、队列等）来组织和管理数据。常用的数据结构数量有限，并且每个人实现的相同数据结构的代码都十分相似，只是为了适应不同的数据类型变化而在细节上有所不同。正是因为如此，STL 容器允许重复利用已有的实现，它提供了一些基础数据结构的模板类，例如 list<T>、queue<T>等。通过设置特定数据类型为模板参数 T，我们可以构造出适用于特定类型的数据结构。这种方式可以简化那些重复而乏味的基础数据结构的构造工作，从而大大提高开发效率。

2. 算法

算法是对容器中的数据进行处理的各种方法。与数据结构类似，程序中的算法也具有很大的通用性。不同的人开发的稳定排序算法在本质上是一样的，最多只是在操作不同数据类型的数据上有所差异。没必要重复发明轮子两次。STL 将编程时常见的一些通用算法收集起来，并通过与迭代器和容器配合使用，使它能够适应不同的数据结构和数据类型。当我们需要使用这些通用算法时，直接使用 STL 提供的版本即可。例如，直接使用 STL 中的 stable_sort()函数配合容器就能完成数据的稳定排序，无须我们重新实现一次。这样做不仅提高了代码复用率，也提高了开发效率和质量。

3. 迭代器

如果容器用于容纳数据，算法用于处理数据，那么迭代器就像胶水一样将算法和容器紧密结合在一起。迭代器提供了一种统一的接口，供算法访问各种容器中的数据。这使得算法的实现与容器的具体类型无关。如果没有迭代器，处理数据的算法就很可能与容纳数据的容器搅和在一起。为了处理容器中的数据，我们不得不为每种特定的容器实现专门的算法，这样会导致数据和算法紧密耦合，算法也就丧失了它的通用性，无法适用于其他容器。

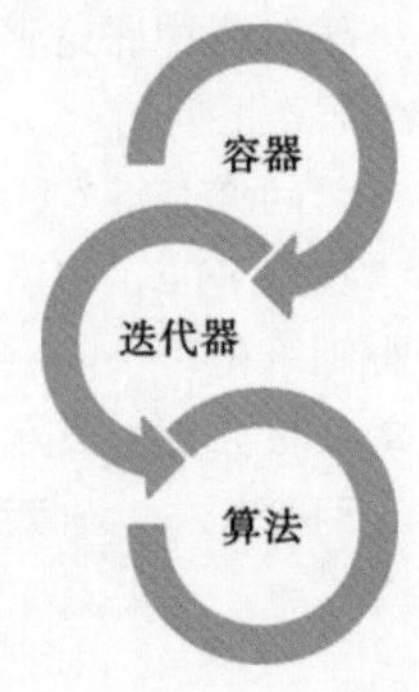

图 8-1 STL 的三大核心部分

STL 中的这三大组成部分，容器负责容纳数据，算法负责处理数据，而迭代器将两者联系起来。正是因为算法、容器和迭代器这三个核心部分相互配合、相互作用，使得 STL 成为一个有机的整体，如图 8-1 所示。

8.1.2 在程序中使用 STL

因为 STL 已经成为 C++标准库的一部分，所以在 C++代码中可以直接使用 STL，无须额外的操作。STL 中的各个容器和算法根据功能的不同被组织在多个头文件中。要在程序代码中使用 STL，只需包含相应的头文件并使用对应的 std 命名空间即可。常用的 STL 头文件及其作用如表 8-1 所示。

表8-1 STL常用的头文件及其作用

头 文 件	说 明
<queue>	队列容器，按照先进先出的规则排列容器中的数据
<stack>	堆栈容器，按照后进先出的规则排列容器中的数据
<vector>	动态数组容器，也称为向量容器，连续存储容器中的元素，并支持随机访问。同时，可以根据需要动态改变容器的大小。它是 C++中最常用的容器，通常用于保存一些相互之间没有关联的批量数据
<forward_list>	forward_list 是一个基本的单向链表容器。只提供了前向迭代器，只能前向访问数据元素。在执行插入/删除操作后，容器中的其他节点不会受到影响，因而其相关操作的性能较高
<map> <multimap> <unordered_map> <unordered_multimap>	映射容器，由{键，值}数据对组成的集合，这些数据以键值的某种规律排列，可以通过键值对中的键访问对应的值，因而被称为映射容器。其中，map 容器中的键-值对是一一对应的关系，而 multimap 容器中一个键可以对应多个值。 作为映射容器，map 和 multimap 由来已久，其底层由红黑树实现，而 unordered_map 和 unordered_multimap 是最新的 C++标准新添加到 STL 的映射容器，其底层由哈希表实现
<set> <multiset> <unordered_set> <unordered_multiset>	集合容器，其中的数据元素分布在一棵红黑树的各个节点，节点之间以某种规则排序。因为其中的数据都已经排序完成，所以 set 容器的查找操作特别高效。在 set 容器中，不能含有两个相同的元素，而 multi_set 容器允许含有相同元素。其中，unordered_set 和 unordered_multiset 是 C++标准新加入 STL 中的集合容器，其底层由哈希表实现
<algorithm>	它是所有 STL 头文件中最大的一个，也是最常用的一个。它由很多模板函数组成，这些函数相互独立构成 STL 中的通用算法，包括比较、交换、查找、排序等

（续表）

头 文 件	说　明
<functional>	定义了一些类模板，用于创建函数对象
<string>	字符串类，用于处理和操作字符串
<regex>	正则表达式，用于对字符串进行模式匹配和处理
<memory>	其中定义了与内存操作相关的组件，如智能指针等

笔者一直在强调 STL 的优点及其简单易用性，但仅凭言语可能难以让大家真正感受到。接下来，我们将通过一个实际的例子，将 STL 应用到工资程序中，以展示它如何使程序变得更加优雅。

```
// ...
#include <vector>     // 为了使用 vector 容器
#include <algorithm> // 为了使用 count_if()算法

using namespace std;  // 使用 std 命名空间

// ...

// 使用 STL 改写后的可以统计高工资员工数的 SalarySys 类
class SalarySys
{
// ...
public:
    // ...

    int GetHighSalayrCount()
    {
        int nTotal = 0;
        // 使用 count_if()算法统计工资大于 1000 元的员工人数
        // 员工数据已经事先保存到 m_vecEmp 容器中
        nTotal = count_if(m_vecEmp.begin(),       // 统计范围开始
            m_vecEmp.end(),                       // 统计范围结束
            [=](Employee* p)->bool                // 统计规则
            {
                return p->GetSalary() > 1000;
            });
        return nTotal;                            // 返回统计结果
    }
// ...
private:
    vector<Employee*> m_vecEmp; // 使用容器取代数组
};
```

在这段程序中，我们使用了 vector 容器代替数组来组织和管理员工数据，同时使用 count_if() 算法代替 for 循环来统计符合条件（工资大于 1000 元）的员工人数。正是它们的配合使用，使得整个程序变得“优雅”起来。

读者可能会问，STL 的使用确实简单，但其“优雅”之处在哪里？STL 的优势究竟体现在哪些方面？俗话说，不怕不识货，就怕货比货。将之前的“粗鲁”工资程序与用 STL 改写的“优雅”工资程序进行比较，我们可以明显看出 STL 的优势：

- 使用 vector 容器替换数组来管理数据，使内存空间的使用更加合理。数组的一个缺点是其大小固定，必须在定义时指定大小，这可能导致内存资源浪费或空间不足。相比之下，在“优雅”的工资程序中使用的 vector 容器则很好地弥补了这一缺点，其大小可以根据需要

动态调整，避免了内存浪费和容量不足的问题。

- 使用 count_if()算法替代 for 循环，提高了开发效率并增强了程序的可维护性。在“粗鲁”的工资程序中，我们使用 for 循环统计工资大于 1000 元的员工人数，这虽然有效，但显得生硬。使用 STL 中的 count_if()算法配合 vector 容器，我们可以利用 begin()和 end()函数方便地指定统计范围，并通过 Lambda 表达式灵活定义统计规则。

STL 的优势在于容器和算法的紧密配合，它不仅弥补了传统编程方法的固有缺点，提高了开发效率，还由于容器和算法的通用性，使程序更易于维护和扩展。那么，STL 究竟是如何实现这些优点的呢？

8.2 用模板实现通用算法

在程序开发中，我们都喜欢使用 STL，因为它非常方便实用，大大提高了开发效率。STL 之所以能够提高开发效率，可能与它最初由一位追求效率的程序员小 A 发明有关。

一天，小 A 接到任务，要求编写一个函数——从两个整数中选取较大的一个。任务很简单，小 A 迅速编写了如下函数：

```
// 从两个整数中选取较大的一个
int max(int a,int b)
{
    return a > b ? a : b;
}
```

第二天，老板又要求小 A 编写一个函数——从两个浮点数中选取较大的一个。小 A 利用函数重载，复制并修改了前一天的代码，将参数和返回类型改为 float。

```
// 从两个浮点数中选取较大的一个
float max(float a, float b)
{
    return a > b ? a : b;
}
```

第三天，新任务要求编写一个函数——从两个字符串中选取较大的一个。小 A 意识到，如果需要为每种数据类型编写 max()函数，工作将永无止境。他想，如果有一个模板，根据不同数据类型生成 max()函数，那该多好。这一创新的想法催生了 C++中的模板概念，并为 STL 的形成奠定了基础。

C++中的模板是实现代码复用（也称为重用）的重要机制，它允许参数化数据类型，并将算法视为通用模板。通过将特定数据类型应用到模板中，可以针对特定数据类型实现算法。STL 正是借助模板的强大功能构建起来的。

动手实践 STL 的天才创意是如何产生的

在 20 世纪 70 年代末，Alexander Stepanov 深刻地认识到，算法并不依赖于数据结构的特定实现，而且与数据结构的一些基本语义属性相关。这些属性包括从数据结构的一个成员取得下一个成员、从头到尾遍历结构中的所有元素等。以排序算法为例，它不关心元素是存放在数组中还是线性表中。Alexander Stepanov 发现，通用算法可以用抽象的方式实现，而且不会影响效率。他的这一发现，成为 STL 思想的源起。
1985 年，Alexander Stepanov 开发了标准 Ada 库。由于当时 C++正在流行，人们希望他在 C++中也实现类似的库。然而，直到 1987 年 C++中的模板还未实现，导致他的工作不得不推迟。1988 年，Alexander Stepanov 加入惠普实验室工作，并在 1992 年被任命为一个算法项目的经理。在这个项目中，Alexander Stepanov 和 Meng Lee 编写了一个重要的库——标准模板库，旨在定义通用算法而不影响效率。这个库成为了 STL 的雏形。随着时间的推移，这个库逐渐发展成熟，最终在 1994 年 7 月 14 日，ANSI/ISO C++标准化委员会将 STL 纳入了 C++标准。自那时起，STL 成为了 C++的重要组成部分。

8.2.1　函数模板

在第 5 章中，我们将函数比作专用的箱子，例如一个装衣服的箱子只能用来装衣服。函数通常也是专用的，例如获取两个 int 类型数中较大值的 max()函数只能处理 int 类型数据。然而，我们不需要为处理成千上万种数据类型编写成千上万个 max()函数，因为 C++中提供了模板机制。

利用模板机制，我们可以创建一种万能的箱子——函数模板，它可以接受一个或多个数据类型作为参数，从而处理各种类型的数据。当编译器遇到函数模板的调用时，它会根据提供的类型参数自动生成相应的实例化函数。这样，一个函数模板可以根据参数类型自动变成多种不同的重载函数，实现对各种数据类型的处理。

在 C++中，许多算法需要能够处理不同数据类型的数据。例如，一个获取两个数中较大值的算法，不仅要能处理整型数，也要能处理字符串。尽管这些算法处理的数据类型不同，但算法本身的逻辑是相同的。这就像写请帖，虽然收件人不同，但内容模板相同。函数模板的使用简化了重载函数的设计和实现，允许我们创建一个通用的函数来支持各种不同的数据类型。

函数模板的定义非常简单，其语法格式如下：

```
template <typename 标识符 1, typename 标识符 2…>
返回值类型 函数名(形参表)
{
// 函数体
}
```

从这里可以看到，函数模板的定义与普通函数非常相似，都需要指定返回值类型、函数名和参数列表。不同之处在于，定义函数模板时，使用 template 关键字来标识，并在其后的尖括号中使用 typename 定义一个或多个类型参数，这些代表抽象数据类型。在函数模板中，这些类型参数作为占位符，而在模板函数被调用时，它们将被具体数据类型替换，生成特定类型的函数实例。

例如，为了使 max()函数能处理 int、float、string 等数据类型，我们可以将其定义为函数模板：

```
// 获取两个数中的较大值
// T 就是函数模板的类型参数
// 为了与标准库中的 max() 函数进行区分，用 mymax 作为函数名
// 为了防止数据被修改，使用 const 声明参数和返回值
template <typename T>
const T& mymax(const T& a, const T& b )
{
   return a > b ? a : b ;
}
```

在上面的函数模板定义中，我们首先在尖括号“<>”中用 typename 关键字定义了一个类型参数 T。接下来，我们可以将 T 视为实际的数据类型来使用，可以用于函数返回值和参数的类型，也可以在函数内用它来定义变量等。与调用普通函数时需要指定它的实际参数一样，在调用函数模板时，我们也需要在函数名之后使用尖括号“<>”指定类型参数的实际类型，这样就得到了一个针对特定类型的重载函数，然后可以直接调用这个特定版本的重载函数。例如，我们可以使用刚刚定义的 mymax()函数模板来处理两个 int 类型数据和两个 string 类型数据：

```
// ...
int main()
{
    // 两个 int 类型数据
    int a = 4;
    int b = 5;
    cout<<a<<"和"<<b<<"之间较大的是"
        <<mymax<int>(a,b)<<endl;        // 调用 int 版本的 mymax()处理 int 类型数据
    // 两个 string 类型数据
    string strA = "Good";
    string strB = "Afternoon";
    cout<<strA<<"和"<<strB<<"之间较大的是"
    // 调用 string 版本的 mymax()处理 string 类型数据
    <<mymax<string>(strA,strB)<<endl;

    return 0;
}
```

在这段程序中，我们使用了 int 和 string 作为 mymax()函数模板的模板类型参数。函数模板根据不同的类型参数生成不同版本的模板函数，以实现对相应类型数据处理。这种方法减少了函数的重载，提高了代码的复用性，并提高了开发效率。否则，如果针对每种数据类型都需要编写一个特定的重载函数，整个程序将陷入一片同质化的重载函数的汪洋大海中。对于函数模板可以根据调用时的模板类型参数动态生成相应的模板函数，读者一定会觉得非常神奇，那么它背后到底是如何运作的呢？

实际上，编译器在编译 mymax()函数调用时，会以函数名之后尖括号“<>”内的数据类型作为函数模板定义时模板类型参数的实际类型。编译器会根据函数模板中的定义为样板，用实际的数据类型替换函数模板中的类型参数，从而生成针对特定类型的重载函数（实际函数）。例如，在编译 mymax<int>(a,b)时，编译器会用实际的类型 int 替换掉函数模板中的类型参数 T，自动为 mymax()函数调用生成一个整型数的版本：

```
// 整型数版本的 mymax()模板函数
const int& mymax( const int& a, const int& b )
{
    return a > b ? a : b ;
}
```

在主函数中，当我们以 int 作为类型参数调用 mymax()函数模板时，实际上执行的是为 int 类型生成的 mymax()函数的整型数版本。同理，当以 string 作为类型参数调用 mymax()函数时，编译器会为这个函数调用生成 mymax()函数的 string 版本，进而调用该函数版本来处理两个 string 类型的数据。特别地，如果调用函数模板时，编译器能够根据实际参数的类型推断出函数模板的类型参数，那么函数调用中“<>”内的类型参数也可以省略。函数模板生成重载函数的过程如图 8-2 所示。

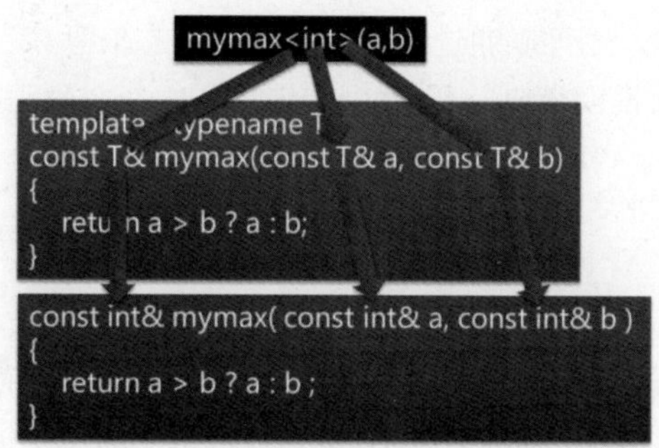

图 8-2　函数模板生成重载函数

从上述代码的输出结果中可以发现，当使用 mymax()函数模板从“Good”和“Afternoon”这两个字符串中选取较大值时，得到的结果是字符串“Good”。这是因为字符串的比较是基于字符的 ASCII 值进行的，而我们实际上期望的结果是字符串“Afternoon”，也就是基于字符串长度比较的结果。这就意味着，虽然函数模板的意义是为不同的数据类型提供通用的算法，但这些算法有时可能无法完全满足所有需求。

例如，mymax()函数使用“>”运算符来比较两个参数的大小。在大多数情况下，例如参数类型是 int、float 等数值类型时，这种比较都是合理的。但是，当参数是 string 类型时，它会逐个比较字符串中字符的 ASCII 值来决定两个 string 类型参数的大小，而这并不是我们所期望的结果。在这种情况下，就需要对函数模板进行特化，以实现特定类型的模板函数。通过这种方式，可以使函数模板既能适应大多数情况，又能满足个性化的特殊需求。例如：

```
// 利用模板特化，实现特定的 string 类型的模板函数
template <>   // 类型参数留空
// 使用实际类型 string 代替类型参数 T
String& mymax<string>( const string& a, const string& b )
{
    // 通过长度比较决定字符串大小
    return a.length() > b.length() ? a : b ;
}
```

有了某个特定类型的模板特化之后，当使用这一特定类型的参数调用函数模板时，编译器将使用特化后的函数模板。如果使用其他类型的参数，则仍然会使用函数模板的普通版本。例如：

```
// 未特化的类型，依然使用“>”比较大小
cout<<a<<"和"<<b<<"之间较大的是"
             <<mymax<int>(a,b)<<endl;
// ...
// 特化后的类型，使用特化的模板函数，通过字符串长度比较大小
cout<<"使用 string 类型特化版本："<<strA<<"和"<<strB<<"之间较大的是"
        <<mymax<string>(strA,strB)<<endl; // 返回结果是 afternoon
```

8.2.2　类模板

函数模板代表了一系列函数，它们以统一的算法流程处理不同的数据类型。然而，函数模板仅定义了算法处理过程，而不保留算法执行过程中的数据。例如，算法无法记住上一次调用的结果，也无法为下一次调用保留中间数据。为了解决这个问题，我们可以将算法封装在类中，使用成员变量来维护状态，并通过成员函数实现算法逻辑。

同样，C++允许类模板化，通过类型参数来处理多种数据类型。这样，类模板不仅可以像函数

模板一样提供灵活性和通用性，还可以通过成员变量维护状态信息。

类模板的定义形式与函数模板类似，其语法格式如下：

```
template <typename 标识符1,typename 标识符2…>
class 类名
{
    // 类的定义
}
```

其中，template 关键字表示接下来的语句将定义一个模板。typename 所定义的标识符实际上是类模板的类型参数，可以是一个，也可以是多个。因为类模板定义的只是一个模板，所以类型参数只是代表一种抽象的数据类型，我们可以把它当作数据类型在类的定义中使用，例如，可以用它定义成员变量，也可以用作函数返回值或者参数的数据类型。我们可以这样定义一个比较两个数据大小的类模板，示例代码如下：

```
// 定义一个用于比较两个数据大小的类模板
template <typename T>  // T是类模板的类型参数
class compare
{
public:
    // 构造函数，使用T做参数类型，实际上它相当于一个函数模板
    compare(const T& a, const T& b)
        :m_a(a),m_b(b)
    {}

// 比较类的接口函数
public:
    // 返回两个数中的较小值，使用T作为返回值类型
    T min()
    {
        return m_a > m_b ? m_b : m_a;
    }
    // 返回两个数中的较大值
    T max()
    {
        return m_a > m_b ? m_a : m_b;
    }
// 类模板的成员变量，使用T作为它的数据类型
private:
    T m_a;
    T m_b;
};
```

在这段代码中，定义了一个用于比较两个数据大小的类模板 compare<T>。这个类模板拥有一个类型参数 T，这表示在使用这个类模板时，我们需要根据所比较数据的类型，在类名之后的"<>"内指定具体的数据类型，这样类模板才能根据实际的类型参数进行实例化，生成相应版本的模板类，以适应各种类型数据的比较。例如：

```
// 要比较两个整型数的大小
// 使用int作为类模板的实际类型参数
compare<int> cmpint(2,3); // 定义用于比较两个int数据的compare对象
// 调用compare<T>的成员函数进行比较
cout<<cmpint.max()<<"大于或等于"<<cmpint.min()<<endl;

// 要比较两个字符串的大小
// 使用string作为类模板的实际类型参数
compare<string> cmpstr("good","afternoon");
```

```
cout<<cmpstr.max()<<"大于或等于"<<cmpstr.min()<<endl;
```

在这段代码中，我们要比较两个整型数，所以首先使用 int 数据类型作为类模板 compare<T>的实际类型参数，将其实例化后得到一个新的模板类 compare<int>，这个模板类就可以完成两个 int 类型数据的比较。这里所谓的实例化，就是用类模板的实际类型参数替换掉类模板中的类型参数，得到一个针对特定类型的模板类。例如，使用 int 对 compare<T>类模板实例化后得到的模板类就是：

```
// 使用实际类型参数 int 替换形式类型参数 T，得到实例化后的 compare<int>类
class compare
{
public:
    compare(const int& a, const int& b)
        :m_a(a),m_b(b)
    {}

// 比较类的接口函数
public:
    int min()
    {
        return m_a > m_b ? m_b : m_a;
    }
    // ...
    private:
    int m_a;
int m_b;
};
```

实例化之后的 compare<int>类，我们可以将它当作一个普通的类来使用，使用它定义对象后，便可以调用该对象的成员函数来完成对两个整型数的比较。同样，使用 string 数据类型实例化 compare<T>类模板，可以得到模板类 compare<string>，从而用它比较两个字符串的大小。以此类推，compare<T>类模板还可以根据其他更多数据类型进行实例化，用于比较相应类型数据的两个数的大小，以此实现算法的通用性。

无论是函数模板还是类模板，它们的意义都是将算法和具体的数据类型分离。在定义时使用类型参数代表数据类型，而在使用时用实际的数据类型取代类型参数，使得算法适用于不同的数据类型，以实现算法的通用性。这使得程序员可以用一个模板处理各种数据类型，而无须为处理多种数据类型创建多个重载版本，一劳永逸地解决了算法适应不同数据类型的问题。标准模板库 STL 正是基于 C++的模板机制构建起来的，其名字中的 T（template）代表模板，这也充分体现了 STL 的通用性。

知识拓展　什么是泛型编程

泛型编程（generic programming）是一种大量应用模板来实现更好代码重用性的编程方式。一般而言，我们编写的算法都是针对特定数据类型的，一个算法无法同时应用于多种数据类型。而泛型编程通过使用模板，可以使算法具有更高的代码重用性，使得一个算法能够适用于多种数据类型，从而避免重复劳动，提高开发效率。

与面向对象程序设计不同，泛型编程并不要求我们通过额外的间接层来调用函数。它可以编写完全一般化且可重复使用的算法，其效率与针对特定数据类型设计的算法相差无几。所谓泛型（genericity），是指具有在多种数据类型上皆可操作。它允许程序员在编写代码时定义可变的数据类型参数，并在使用时指定这些类型参数，从而得到针对特定数据类型

的算法，实现代码的大量复用。程序员在设计算法时，不再是针对特定的数据类型，而是直接针对核心的“操作”。

泛型编程的一个典型应用就是STL（标准模板库），它提供了许多与具体数据类型无关的容器，同一种容器可以用于保存多种不同类型的数据。同时，其中的算法通过迭代器间接地操作容器中的数据，使得算法与具体的数据类型无关。这样，整个STL都与具体的数据类型无关，这才真正体现了“泛型”的意义。

8.3 本章练习

1. 编写一个函数模板 add<T>()，用于计算两个数值之和。如果参与加法运算的数值是字符串char*类型，就连接这两个字符串。

2. 编写一个类模板，用于实现一个简单的数组类，支持数组的创建、访问和赋值操作。

第 9 章

用 STL 中的容器管理数据

程序本质上是为处理数据而设计的，在运行期间始终与数据交互。在前面章节的例子中，我们通过定义变量来保存数据，但在现实应用中，程序常需要处理大量同类数据，此时使用多个变量来表示数据将不再适宜。程序员在传统上使用数组来管理大量数据，虽然这种方法能够达到目的，但需要自行处理内存管理、数据维护和避免越界等问题。

随着 STL 容器的引入，程序员得以放弃低效的管理方式，转而使用更为高效灵活的容器。相比于数组，STL 容器支持动态调整容量，自动管理内存，记住包含的数据元素数量，并定义了一组明确的操作，简化了使用。关于容器的好处不胜枚举，这也解释了它们为何如此受到程序员的欢迎。STL 容器的优势不仅在于它们的便利性，更在于它们的通用性和强大功能。

9.1　容器就是 STL 中的瓶瓶罐罐

简单来说，容器就是用于存储同类型数据的类。它就像一个书架一样，把大量数据组织起来并进行管理，以便算法对数据的存取。

按照组织数据的方式不同，STL 中的容器分为顺序容器（sequence container）和关联容器（associative container）两种，如图 9-1 所示。

1. 顺序容器

顺序容器将数据组织成有限的线性集合，所有数据都是同一类型的，就像一根绳子上拴着的多只蚂蚱。STL 中有三种基本顺序容器：向量（vector）、线性表（list）和双向队列（deque）。基于这三种基本顺序容器，又可以构造出一些专门的容器，用于表达一些比较特殊的数据结构，包括堆（heap）、栈（stack）、队列（queue）及优先队列（priority queue）等。

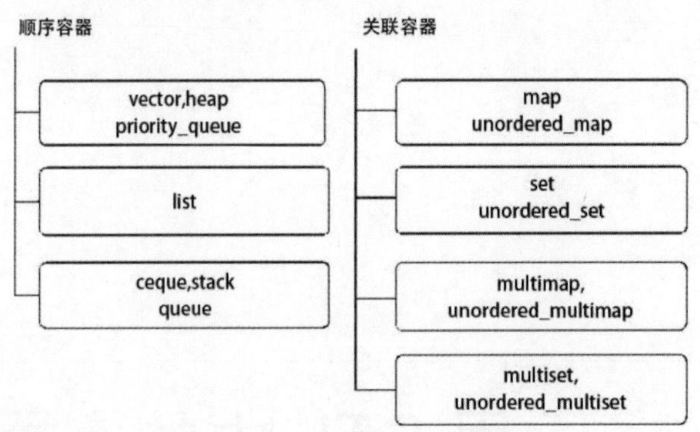

图 9-1　STL 中的容器

2. 关联容器

关联容器所容纳的数据由{键,值}对组成,它提供了基于键-值的数据快速检索能力。在概念上，关联容器就像是一本字典，我们根据不同的健将对应的值放到不同的位置，同时也是根据键的不同访问与之对应的值。这就像查字典一样，这种方式使得在关联容器中检索数据的效率非常高。STL 中有 8 种关联容器。当一个键对应一个值时，可以使用集合（set）和映射（map）存放这种一一对应的数据。若同一个键对应多个值，则可以使用多集合（multiset）和多映射（multimap）来存放这种一对多的数据。同时，集合和映射可以根据内部实现机制的不同，分为基于红黑树实现的 set、multiset、map 和 multimap，以及基于哈希表实现的 unordered_set、unordered_multiset、unordered_map 和 unordered_multimap。

知识拓展　unordered 是什么意思

无序（unordered）实际上代表着 STL 中两类关联容器之间一个本质的差别——容器中的数据元素是否经过排序。以 map 和 unordered_map 为例，当我们将数据添加到 map 容器时，map 容器会通过小于运算对新加入的数据进行排序（默认情况下使用“<”关系运算符，map 容器要求数据元素可以使用“<”关系运算符进行比较），所以 map 容器中的所有数据都是已排序好的，也就是有序的（ordered）；unordered_map 容器则没有对其中的数据元素进行排序，而是根据数据元素的哈希值来进行排列，所以它是无序的（unordered）。因此，unordered_map 容器不要求数据元素支持小于运算符。

因为两者的实现机制不同，导致它们在性能上有所差异。在实际使用时，我们该如何选择呢?

如果需要按顺序遍历元素，或者需要保持元素的插入顺序，那么应该使用 map。

如果对内存占用有严格要求，或者对插入和删除操作的性能有较高要求，那么可以考虑使用 unordered_map。

如果不确定应该使用哪种容器,可以先使用 map,然后在性能测试中观察程序的运行情况。如果发现 map 的性能不符合预期，可以尝试使用 unordered_map 进行替换。

需要注意的是，unordered_map 的性能取决于哈希函数的质量和哈希表的负载因子。在实际使用中，可以根据需要自定义哈希函数和相等函数，并调整哈希表的负载因子，以提高 unordered_map 的性能。

STL 中的容器实际上是一些数据结构的模板类。当使用这些容器时，需要根据它们容纳的数据类型对其进行实例化，以产生相应的容器模板类。只有利用这些实例化后的模板类，才能创建自己的容器对象实例，从而用它来保存和管理相应类型的数据。例如，创建一个可以容纳 Employee 类型数据的 vector 容器：

```
// 可以容纳 Employee 类型数据的 vector 容器
vector<Employee> vecEmp;
```

在这里，首先以 Employee 这种数据类型作为 vector<T>类模板的类型参数，实例化产生一个模板类 vector<Employee>，它表示该 vector 容器可以容纳 Employee 这种数据类型的数据元素。有了实例化之后的容器模板类，就可以创建真正的容器对象 vecEmp，而这个对象就是我们真正用来保存和管理 Employee 类型数据的容器。

有了容器对象，接下来的任务就是向容器中添加数据，把数据装到容器中进行管理。

9.1.1　操作容器中的数据元素

在 STL 中，各个容器都提供了相应的函数来完成对容器中数据的常用操作，例如将数据元素添加到容器中，或删除容器中的数据元素等。例如，可以使用 vector 容器的 push_back()函数将数据元素添加到 vector 容器中：

```
// 定义一个可以保存 int 类型数据的 vector 容器
vector<int> vecSalary;
// 接收用户输入并将数据保存到容器中
int nInput = 0;
do
{
    cin>>nInput;  // 获取输入数据
    // 判断输入数据是否有效，如果是 0，结束循环
    if ( 0 == nInput )
        break;
    // 通过 push_back()函数将数据装入容器中
    vecSalary.push_back( nInput );
} while( true );
```

在这段代码中，首先定义了一个可以容纳 int 类型数据的 vector 容器 vecSalary，然后利用标准输入流对象 cin 接收用户输入的数据并将其保存到变量 nInput 中。接着，通过 vector 容器提供的 push_back()函数，将变量 nInput 中保存的数据装入容器 vecSalary 中。这样，用户输入的数据都会保存到 vecSalary 容器中，可以留待下一步对其进行处理。除数据的装入操作外，大多数容器还提供了其他常用的操作函数，例如元素的删除、插入、交换和清空等。如果想操作容器中的元素，只需调用相应的操作函数。例如：

```
// 向 vector 容器的开始位置插入一个数据
// insert()函数负责插入数据，begin()函数负责获得容器的开始位置
vecSalary.insert(vecSalary.begin(), 4999 );
// 删除 vector 容器中的前三个数据
vecSalary.erase( vecSalary.begin(), vecSalary.begin() + 3 );
// 清空 vector 容器中的所有数据
vecSalary.clear();
```

9.1.2 使用迭代器访问容器中的数据元素

容器提供的各种操作函数可以方便地对容器中的数据进行管理。但是，仅仅存储数据还不够，更多时候我们需要访问容器中的数据供算法使用。为了访问容器中的数据，以便将容器和算法结合起来，STL 提供了迭代器这个“黏合剂”。

迭代器提供了一种访问容器中数据元素的方法：首先将迭代器指向容器中的某个位置，然后通过这个迭代器访问这个位置上的数据元素。从表现上来看，迭代器如同一个指针，它指向容器中的各个数据元素，并且可以通过它访问所指向的数据元素。例如：

```
// 定义一个 vector<int>容器的迭代器
vector<int>::iterator it;
// 将迭代器 it 指向 vector 容器的起始位置，这时 it 指向的是 vector 容器中的第一个元素
// vector 容器的 begin()函数返回的是指向其起始位置的游标（iterator）
it = vecSalary.begin();

// 通过迭代器访问容器中的数据元素
// 与指针类似，在迭代器前使用“*”运算符就可以得到它所指向的数据元素
// 如果工资小于 2000 元，则增加为原来的 120%
if( *it < 2000 )
{
    // 通过迭代器读写它所指向的数据元素
    *it = (*it) * 1.2;
}
```

除使用迭代器访问容器中的单个数据元素外，还可以使用两个迭代器定义容器中的某个范围。例如，可以使用一对迭代器指定一个容器中的前 4 个元素这样一个范围。例如：

```
// 定义一个 vector<int>容器的迭代器，表示起始位置
// 并将迭代器指向 vector 容器的起始位置
vector<int>::iterator itfrom = vecSalary.begin();
// 定义一个 vector<int>容器的迭代器，表示终止位置
// 并将表示终止位置的迭代器指向 vector 容器中的第 4 个数据元素
vector<int>::iterator itto = vecSalary.begin() + 3;
```

在这段代码中，定义了两个 vector 容器的迭代器，分别指向 vector 容器中的第一个元素和第四个元素，以此来表示一个数据元素的范围，如图 9-2 所示。

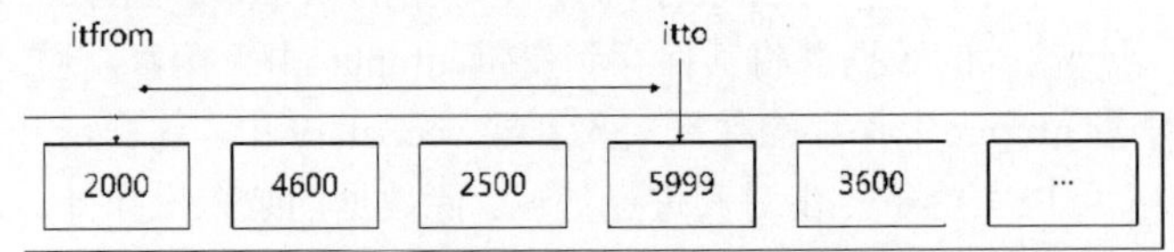

图 9-2 使用迭代器表示容器中的范围

按照使用目的的不同，各个容器都提供了多种类型的迭代器。例如，有的迭代器只能对数据进行只读访问，有的迭代器只能向前移动等。通常，我们把迭代器看作一种可以访问容器中元素的对象，虽然在使用上，迭代器更像一个指针。可以在迭代器对象前加上“*”运算符来获取它所指向的数据；也可以对迭代器进行加减运算，使其指向发生偏移，从而访问其他位置的数据。例如，可以使用自增运算符“++”或者自减运算符“--”将迭代器向前或者向后移动一个位置，使它指向容器中邻近位置的数据元素。如果把这种位置偏移放到一个 for 循环中，就可以利用迭代器逐个位置移动来遍历容器中的所有数据。例如：

```
// 统计容器中所保存工资的总和
```

```
int nTotal = 0;
// 使用迭代器循环遍历容器中的数据
// 将迭代器指向容器的起始位置
for(vector<int>::iterator it = vecSalary.begin();
it != vecSalary.end();      // 判断是否到达容器的最后位置
    ++it )                  // 通过自增运算符将迭代器指向容器中的下一个元素
{
    // 通过迭代器访问它所指向的数据元素
    nTotal += (*it);
}
```

在这段代码中，我们使用了一个 vector 容器的迭代器作为 for 循环的循环索引。在 for 循环的初始语句中，首先定义了一个迭代器 it 并将它指向了容器的起始位置；在循环体中，通过这个迭代器访问它所指向的数据元素，每次循环之后，都通过自增运算符将迭代器指向容器的下一个元素，直到迭代器到达容器的最后一个元素为止。这里需要注意的是，end()函数返回的是容器中最后一个元素的下一个位置，当迭代器 it 的值与之不相等时，则意味着迭代器尚未到达最后一个元素，循环可以继续。因此，用迭代器 it 与 end()函数的值是否相等来作为循环的终止条件。另外，这里并没有使用通常意义上的“<”关系运算符来判断当前迭代器是否小于 vector 容器的结束位置，这是因为“<”关系运算符在某些容器的迭代器中没有定义，为了保持代码的一致性，使用所有容器的迭代器都定义的“!=”关系运算符来判断迭代器是否到达容器的结束位置。

通过上面的代码可以发现，定义一个迭代器需要使用容器名加上数据类型参数和 iterator，书写起来比较烦琐。幸运的是，C++提供了 auto 关键字，它可以用来简化容器迭代器的定义。例如，上面的代码可以用 auto 关键字简化为：

```
// 使用 auto 关键字作为循环控制变量的数据类型
// 编译器会自动根据其初始值推断真实数据类型为容器的迭代器类型
for(auto it = vecSalary.begin();
    it != vecSalary.end();      // 判断是否到达容器的最后位置
    ++it )      // 通过自增运算符将迭代器指向容器中的下一个元素
{
    // ...
}
```

在这里，我们使用了 auto 关键字代替迭代器的数据类型 vector<int>::iterator，编译器会根据 it 的初始值，即 vecSalary.begin()函数调用的返回值，自动推断其数据类型，从而简化代码。

更进一步，C++还提供了基于范围的 for 循环语句，专门用于遍历数据序列。这里的数据序列可以是标准的 STL 容器，也可以是 string、初始化列表或数组等。使用基于范围的 for 循环语句，我们可以将上面的例子进一步简化为：

```
// 使用基于范围的 for 循环语句简化容器的循环遍历
// 定义一个 auto 类型的循环变量 n，表示这个容器数据序列中的每一个数据元素
// 基于范围的 for 循环语句的两个要素：循环变量和数据序列
for(auto n : vecSalary )
{
    // 访问循环变量 n，相当于访问数据序列中的每一个数据
    nTotal += n;
}
```

在基于范围的 for 循环语句中，我们并不需要定义循环的起止范围，因为数据序列本身已包含了循环范围的信息。在这种循环中，循环将从 vecSalary.begin()开始，到 vecSalary.end()结束，也就是循环遍历这个数据序列中的所有数据。在基于范围的 for 循环语句中，我们只需定义循环变量和

要遍历的数据序列即可。每次循环，基于范围的 for 循环语句都会将数据序列中的一个数据赋值给循环变量，通过访问循环变量，间接访问数据序列中的数据。下一次循时，数据序列中的下一个数据又会被赋值给循环变量，以此类推，通过访问循环变量可以访问数据序列中的每一个数据。

如果我们把循环变量定义为值的形式，它只是数据序列中数据元素的一个副本，通过它，我们只能读取数据序列中的数据元素，而无法改变这些数据元素。如果我们希望在循环中通过循环变量修改数据序列中的值，那么可以把循环变量声明为引用的形式，这样它将成为数据序列中每一个数据元素的引用。此时，我们不仅可以通过循环变量读取这些数据元素，还可以通过它修改这些数据元素。例如：

```
// 将循环变量声明为引用的形式
for(auto& n : vecSalary )
{
    // 通过引用形式的循环变量 n
    // 将数据序列中小于 1000 的数据元素调整为 1000
    if( n < 1000 )
    {
        n = 1000; // 修改数据
    }
    nTotal += n; // 读取数据
}
```

9.1.3 容器的使用说明书

任何事物都有其两面性，容器也不例外。使用得当，容器可以简便地保存和管理程序中的数据；但如果使用不当，也可能给程序带来灾难性的问题。以下是一份容器的使用说明书，只有按照说明书上的使用规则，才能将容器用得恰到好处，发挥它应有的作用。这份容器使用说明书是这样写的：

- 合理选择存放数据本身还是存放指向数据的指针。一般来说，容器并不关心里面存放的数据是什么类型，我们既可以在容器中存放普通的数值数据，也可以存放类的实例对象（或引用），或者是指向这些实例对象的指针。在创建容器时，可以通过容器类模板的类型参数指定这个容器将要存放数据的类型。例如：

```
// 用于存放 int 整型数的 vector 容器
vector<int> vecSalary;
// 用于存放 string 类型字符串的 list 容器
list<string> listName;
// 用于存放 Employee*指针的 map 容器
map<int, Employee*> mapEmp;
```

我们既可以在容器中存放对象，也可以存放指向这些对象的指针，从使用角度来看，两者相差不大。那么，在具体应用时该如何选择呢？如果使用的是基于连续内存的容器（例如 vector 容器），当在这些容器中插入或者删除元素时，往往会引起内存的重新分配或者在内存中大量复制和移动。在这种情况下，为了提高内存操作的性能，我们优先选择保存指向对象的指针，因为指针的体积通常比对象的体积更小。对于基于节点内存的容器（例如 list 容器），当进行数据元素的操作时，很少有内存的复制或移动，因此在这种容器中保存对象本身或指向对象的指针，在性能上没有显著差别。但从方便使用的角度考虑，可以优先选择保存对象本身。

- 小心清理容器中保存的对象指针。如果容器中保存的是对象本身，那么在容器析构时，这些对象会自动被销毁，我们无须费心。但是，如果容器中保存的是指向对象的指针，那么这些指针所指向对象的清理就是程序员的工作了。在容器使用完毕后，我们应该清理容器中保存的指针，释放这些指针所指向的对象。例如：

```
// 创建一个存放 Employee*指针的 vector 容器
vector<Employee*> vecEmp;
// 对容器进行操作

// 在容器使用完毕后，清空容器中保存的指针
// 释放这些指针所指向的对象
for( auto it = vecEmp.begin();
    it != vecEmp.end(); ++it )
{
    // 判断指针是否为 nullptr
    // 如果不为 nullptr，则释放指针指向的对象
    if( nullptr != (*it) )
        delete (*it);        // 释放指针指向的对象

    (*it) = nullptr;         // 将指针设置为 nullptr，防止误用
}
// 清空整个容器
vecEmployee.clear();
```

这里通过循环遍历容器中保存的每个指针，用 delete 关键字释放这些指针所指向的 Employee 对象，并最终调用 clear()函数清空整个 vector 容器，这样就完成了容器的手动清理工作。

- 为容器中的对象实现拷贝构造函数和赋值运算符。如果想把某个对象保存到容器中，实际上 STL 会重新生成一个此对象的拷贝，然后将这个拷贝保存在容器中，源对象将不再使用。另外，在对容器进行插入、排序等操作时，也会涉及容器中对象的拷贝。因此，为了保证这些操作能够正确完成，容器中的对象能够被正确地拷贝，我们有必要实现这些对象所属类的拷贝构造函数和赋值运算符。对于大多数类而言，编译器所提供的默认拷贝构造函数和赋值运算符通常已能够满足需要了，而对于某些特殊的类（例如类中拥有指针类型成员变量的类），则需要自己定义拷贝构造函数和赋值运算符，以确保完成对象的拷贝。
- 使用迭代器删除容器中的数据元素时需谨慎。当使用迭代器删除容器中的数据元素时，容器中元素的位置会随着删除操作而发生变化，所以迭代器所代表的当前位置也会随之变化，这一点需要特别注意。例如，要删除一个 vector 容器中所有大于 1000 的数，通常会用 for 循环遍历容器中的数据元素，删除遇到符合条件的元素：

```
// 通过循环遍历容器来删除容器中的元素
for( auto it = vecSalary.begin();
it != vecSalary.end(); ++it )
{
    // 删除遇到符合条件的元素
    if( *it > 1000 )
        vecSalary.erase(it);
}
```

这段代码看起来很正确，但实际运行结果可能与我们的预期不符，一些符合条件的数据可能被遗漏。这是因为在删除的过程中，当删除某个位置上的元素后，在这个位置后面的元素会自动依次向前移动一个位置，填补被删除元素留下的空位，以保持 vector 容器内存的连续性。当进入下一次循环时，迭代器本来已经指向被删除元素之后的下一个元素，而迭代器向后移动了一个位置，反而漏掉了删除位置上移动填补回来的元素，这就造成漏掉某些元素的检查，导致删除不完全。为了避

免这种情况，我们需要在每次删除操作后，不移动迭代器，而是继续检查当前位置的数据是否符合条件，只有在没有发生删除操作时，才对迭代器进行加 1 操作，使其指向容器中的下一个元素；或者，我们可以直接使用后面我们将要学习的 erase_if()算法来完成容器中数据元素的删除：

```
// 通过循环遍历来删除容器中的元素
for( auto it = vecSalary.begin();
    it != vecSalary.end(); )  // 变更语句留空
{
    // 删除遇到符合条件的元素
    if( *it > 1000 )
        vecSalary.erase( it );  // 迭代器依然指向删除元素的位置
    else
        ++it;         // 如果不删除当前元素，则将迭代器指向当前元素的下一个位置
}
```

熟读容器的使用说明书，了解容器的各种使用规则和注意事项，可以让容器的使用变得更加顺畅和得心应手。

9.1.4 如何选择合适的容器

STL 提供了多种容器，这些容器实现了一些常见的数据结构，以适应各种不同的场景。那么，面对如此多的容器，我们在使用时该如何选择呢？了解各种容器的本质，我们才能根据需要做出正确的选择。

首先，从数据的特征来考虑。每种容器都是特定数据结构的实现，我们需要根据数据的特性选择适合的容器。例如，如果我们要保存的是固定大小的数据序列，array 容器比较合适；如果序列的大小不固定，vector 容器更为合适；如果数据具有先进后出的特征，stack 容器是最佳选择；如果序列中插入和删除操作频繁，list 容器则更为合适。总之，应根据数据的特征选择与之匹配的容器。

其次，从内存组织形式上来考虑。在 STL 中，按照内存组织的不同，容器分为顺序容器和关联容器。顺序容器，即连续内存容器（也称为基于数组的容器），在一个（动态分配的）内存块中保存数据元素，各数据元素之间紧密相邻。如果在容器的某个位置插入新元素，后续的所有元素必须先依次向后移动一个位置，为新元素腾出空间。从容器中删除元素时，后续的所有元素必须依次向前移动一个位置，以填补删除元素后留下的空缺。因此，顺序容器的插入和删除操作的效率较低。

与基于连续内存的顺序容器不同，STL 还提供了基于节点的关联容器。这些容器在每个内存块中只保存一个元素，插入或删除操作只会改变节点之间的关联关系，而不会引起节点元素的拷贝。因此，关联容器的插入和删除操作的效率相对较高。

顺序容器和关联容器在插入和删除操作上的性能差异成为我们选择容器的一条重要规则：如果对容器的插入和删除操作比较多，那么优先选择关联容器，例如 map 容器；如果对容器的顺序访问（例如循环遍历）比较多，则优先选择顺序容器，例如 vector 容器。

再次，从使用角度来考虑。STL 中的顺序容器包括 vector、array 和 deque 等。以 vector 容器为例，它在内存组织形式上类似于数组，容器中的各个元素紧密排列在同一内存块上。在使用上，它提供了很多额外的功能函数，这让 vector 容器可以比数组更方便、更安全地存储和管理数据。例如，可以通过具有边界检查功能的 at()函数更安全地访问 vector 容器中的特定数据，可以通过 push_back()或 erase()函数方便地进行数据的添加或删除操作等。这些优势使 vector 容器成为需要顺序容器时的优先选择。对于关联容器，前面的两条规则可以帮助我们做出正确的选择。在带 unordered 和不带 unordered 的容器之间进行选择时，若其他条件无法决定是否优先选择不带 unordered 的容器，则选

择带 unordered 的容器，因为它在编码时输入更方便一些。因此，在选择容器时应根据实际需要进行慎重考虑。

9.2　vector 容器是数组的最佳替代者

在 STL 尚未诞生的年代，如果想在程序中保存和管理大量同类型的数据，只能采用数组这种方式。例如，要保存公司中所有的员工对象，需要如下定义一个数组：

```
// 定义数组的容量
const int MAX_COUNT = 100000;
// 定义保存 Employee 对象的数组
Employee arrEmp[MAX_COUNT];
```

这种方式虽然可以解决问题，但显得非常“粗鲁”：如果定义的最大容量大于实际的需要，就会造成内存空间的浪费；反过来，如果定义的最大容量小于实际需要，又无法满足程序的需要，且不利于程序的扩展。同时，对数组元素的访问也“简单粗暴”：数组无法对索引值进行检查，很容易造成数组的访问越界等严重的错误；数组无法动态地插入或者删除其中的数据；无法通过传值的方式在函数之间传递数组等。

随着 STL 的出现，其中的 vector 容器提供了更为优雅的解决方案，它无论是在内存管理上还是在对数据元素的访问上，都要优于数组：vector 容器动态增减的容量大小替代了数组的固定容量，可以适应各种不同的需要；vector 容器提供的迭代器和操作函数使得访问操作数据元素的方式更加安全和丰富，这种方式替代了数组通过“[]”运算符直接存取数据元素的方式。因此，vector 容器成为了数组的最佳替代者，是我们最为常用的 STL 容器。Vector 容器的使用方法具有一定的典型性，学会了使用 vector 容器，依葫芦画瓢，基本上也就学会了使用 STL 中其他容器的使用方法。

9.2.1　创建并初始化 vector 对象

本质上，vector 容器是一个类模板 vector<T>，因此要想使用 vector 容器，首先需要根据所要保存的数据类型实例化，得到一个特定类型的模板类，然后创建相应的 vector 容器对象，最后利用它提供的功能函数对容器进行添加、删除、插入等常见操作，完成对数据的管理。例如，如果程序中需要管理大量的 Employee 对象，就需要一个 vector 容器来对它们进行管理：

```
#include <vector>      // 包含 vector 类模板所在的头文件
using namespace std;  // 使用 vector 所在的命名空间 std

// ...
// 因为要保存 Employee 对象，所以先使用 Employee 类型实例化 vector 类模板
// 然后创建实例对象 vecEmp
vector<Employee> vecEmp;
```

这样，我们就得到了一个空的 vector 容器，可以保存 Employee 类型的数据。除空容器之外，如果想得到一个已保存默认数据的 vector 容器，则可以在创建容器对象时，利用它的构造函数指定默认数据及默认数据的个数。当容器对象创建完成后，这些默认数据也就保存在容器中了。例如：

```
Employee emp;  // 默认数据
// 创建 4 个 emp 对象的副本并保存到容器中
vector<Employee> vecEmp(4, emp);
// 使用 Employee 类的默认构造函数创建 4 个对象并保存到容器中
```

```
vector<Employee> vecDefEmp(4);
```

在创建一个 vector 容器时，除可以指定其中元素的个数以及默认的元素外，vector 容器还提供了一个接受初始化列表（initializer list）为参数的初始化列表构造函数，这意味着，我们可以利用初始化列表在创建容器对象同，将任意多个相应类型的数据添加到容器中，以此来完成 vector 容器的初始化工作。例如：

```
// 创建一个保存学生成绩的 vector 容器
// 在创建的同时利用初始化列表添加初始数据
vector<int> vecScores({ 85, 92, 63, 91});
```

虽然 vector 容器的内存是随着元素个数的增加而动态增加的，但如果已预先知道 vector 容器可能的最大容量，则可以使用 reserve()函数预先申请足够的内存，为 vector 容器预留足够多存储元素的位置，避免在元素添加过程中要动态申请内存。例如：

```
// 大约有 1000 名员工，所以为 vector 容器预留 1000 个元素位置
vecEmp.reserve( 1000 );
```

知识拓展　vector 容器的“备胎”——array 容器

作为数组的最佳替代者，vector 容器有着众多优势。然而，在某些特殊情况下，这些优势却反而变成了劣势。例如，当需要保存一组固定数量、相同类型的数据时，例如一年 12 个月的平均气温、一周 7 天的 PM 2.5 数值等。如果使用 vector 容器来存放这些固定数量的数据，vector 容器的动态内存分配可能会申请比实际所需更多的空间，从而浪费宝贵的内存资源。此外，vector 容器提供了 push_back()函数，可以动态地向容器中添加数据，如果无意中调用了 push_back()函数，可能会破坏这组数据的固定数量。为了既能利用容器的各种优势，又能避免 vector 容器在保存这类固定数量的数据时的各种劣势，STL 提供了 vector 容器的“备胎”——array 容器。

array 是一个支持随机访问且大小固定的容器。与 vector 容器为元素预留空间不同，array 容器并不预留多余空间，只为元素分配必要的空间，因此它克服了 vector 容器在保存固定数量的数据时浪费内存资源的劣势。同时，与普通数组不同的是，array 容器保存了自己的 size 信息，并提供了必要的操作函数，可以方便、安全地对数据进行操作，这弥补了普通数组的劣势。正是这些特点，使得 array 容器特别适合在嵌入式系统和有类似限制（性能敏感、安全关键、内存紧张）的系统中使用。

与 vector 容器相似，array 容器同样是一个类模板，只不过它需要两个特化参数，第一个参数表示这个容器可以保存的数据类型，第二个参数表示这个容器可以保存的数据个数。例如：

```
// 包含定义 array 容器的头文件
#include <array>
using namespace std;
// 定义一个只能保存 12 个 double 类型数据元素的 array 容器
array<double, 12> arrMonths;
// 像使用普通数组一样，使用下标对容器中对应位置的数据元素进行赋值，将数据保存到容器中
arrMonths[0] = 15.4;
arrMonths[1] = 17.6;
// ...
arrMonths[11] =19.2;
```

同样，我们也可以使用迭代器访问 array 容器中的数据：

```
// 输出 array 容器中的所有数据
for(auto it = arrMonths.begin();
    it != arrMonths.end(); ++it )
{
    // 使用迭代器访问 array 容器中的数据
    cout<<*it<<endl;
}
```

概括来说，array 容器除无法动态地改变它的大小外，在操作上，array 容器与 vector 容器并无太大差别。因此，如果需要保存一组固定数量且相同类型的数据，array 容器是比 vector 容器更好的选择。

9.2.2　对 vector 容器的操作

对于数组，我们通常通过指针或它的下标来访问它的元素。这种操作方式虽然简便，但很容易导致数组访问越界的错误。作为数组的最佳替代者，vector 容器当然不会采用这么“粗鲁”的方式来操作容器中的元素。取而代之的是，它提供了多种操作函数，使用这些函数可以灵活而安全地对 vector 容器进行各种操作。vector 容器提供的常用操作函数如表 9-1 所示。

表9-1　vector容器的常用操作函数（以操作vector容器v为例）

函　数	说　明
v.empty()	判断容器 v 是否为空。如果 v 为空，则返回 true，否则返回 false
v.size()	返回容器 v 中已保存元素的个数
v.push_back(val)	在容器 v 的末尾增加一个值为 val 的元素
v.pop_back()	返回容器 v 的最后一个元素
v.insert(pos,val)	在容器 v 的 pos 位置插入一个值为 val 的元素
v.earse(pos)	删除容器 v 中 pos 位置的元素
v.clear()	删除容器 v 中的所有元素
v.at(pos)	返回容器 v 中 pos 位置的元素
v1 = v2	将 v2 赋值给 v1，也就是把容器 v2 中的元素全部复制到容器 v1 中
v1 == v2	判断容器 v1 和容器 v2 是否相等，也就是两个容器中的元素是否相等，如果 v1 与 v2 相等，则返回 true

在表 9-1 所述的这些操作函数中，常用的是 push_back()函数，我们通常使用它将数据保存到 vector 容器中。当使用 push_back()函数向 vector 容器中添加数据时，它会接受一个与 vector 容器模板参数数据类型相同的数据，然后将其复制为一个新元素并添加到 vector 容器的末尾，也就是将数据“推送（push）”到 vector 容器的“末尾（back）”。例如：

```
// 创建一个空的可以保存整型数的 vector 容器
vector<int> vecSalary;
int nSalary; // 接受用户输入
// 循环读取用户输入
while(cin>>nSalary)
{
    // 调用 push_back()函数将用户输入的数据保存到 vector 容器的对象 vecSalary 中
    vecSalary.push_back( nSalary );
}
// 在容器的开始位置插入一个数据
```

```
auto it = vecSalary.begin();   // 获得指向开始位置的迭代器
vecSalary.insert(it,2200);     // 在容器的开始位置插入数据
// 输出当前容器中的元素个数
cout<<"当前容器中的元素个数是："<<vecSalary.size()<<endl;
```

在这段代码中，因为需要保存用户输入的 int 类型的工资数据，所以首先以 int 作为 vector 类模板的类型参数，定义了一个空的能够保存 int 类型数据的 vector 容器 vecSalary。然后通过循环语句，从标准输入读取用户输入的数据，并添加到 vecSalary 容器的末尾位置。当循环结束时，vecSalary 容器就包含了所有输入的数据。

9.2.3 访问 vector 容器中的数据

如果我们已经使用 push_back()函数将数据保存到容器中，接下来当然希望能够访问容器中的数据，对其进行相应的处理。本质上，vector 容器就是一个数组，访问数组中元素的方式与访问 vector 容器中数据的方式相似，我们同样可以使用“[]”符号，以元素在容器中的位置作为下标来访问 vector 容器中的数据。例如：

```
// 将 vecSalary 容器中的第一个数据元素赋值为 3000
vecSalary[0] = 3000;
```

但是，为了保证访问元素的安全性，vector 容器更多的是使用迭代器或者 at()函数来访问容器中的数据元素。例如：

```
// 定义索引值变量，用于访问容器中的数据
vector<int>::size type nIndex = 0;
// 循环遍历 vector 容器
for( auto it = vecSalary.begin();
     it != vecSalary.end(); ++it, ++nIndex )
{
    // 通过迭代器读取容器中的数据
    cout<<"当前工资是："<<*it<<endl;
    // 通过 at()函数修改容器中元素的值
    vecSalary.at( nIndex ) += 1000;     // 涨工资了，每个人加 1000 元
    cout<<"涨工资之后是："<<*it<<endl;
}
```

这里，我们分别通过迭代器和 at()函数对 vector 容器中的数据进行了读写操作。虽然两者在效果上是相同的，但在条件允许的情况下，为了保持代码的一致性，应优先通过迭代器对容器中的元素进行访问。

从这里也可以看出，vector 容器的使用非常简单，比数组更加便利和安全。当我们在程序中需要保存相同类型的数据序列时，vector 容器是“最佳选择”。

9.3 可以保存键-值对的 map 容器

虽然 vector 容器很好用，但它只能保存和管理单个个体的数据，例如一个整型数或一个类的对象。然而，有时数据是成对出现的，例如一个整型的员工序号总是和一个 Employee 对象相对应。在这种情况下，我们希望在保存员工序号的同时，也保存对应的 Employee 对象。面对这种成对出现的数据，vector 就显得无能为力。不过没有关系，STL 为这种成对出现的数据提供了一个专门的容器——map。

9.3.1　创建并初始化 map 容器

map 是 STL 中的一种关联容器，它提供了一种对{键,值}数据对进行保存和管理的能力。这种数据是成对出现的，其中，第一个数据被称为数据对的键（key），每个键在 map 中只能出现一次；第二个数据被称为这个键对应的值（value）。例如，一个员工号和一个员工对象共同构成一个数据对，员工号是这个数据对的键，而员工对象就是这个数据对的值。在 map 容器的内部，它是使用一棵红黑树来实现的，这是一种非严格意义上的平衡二叉树，如图 9-3 所示。

因为这棵树具有对数据自动排序的功能，所以 map 容器内部所有的数据都是有序的。正是这种特性，使得 map 容器在增加和删除节点时对迭代器的影响很小，除被操作的当前节点外，对其他节点都没有太大影响。因此，map 容器适用于保存和管理那些增加和删除操作比较多的大量数据。

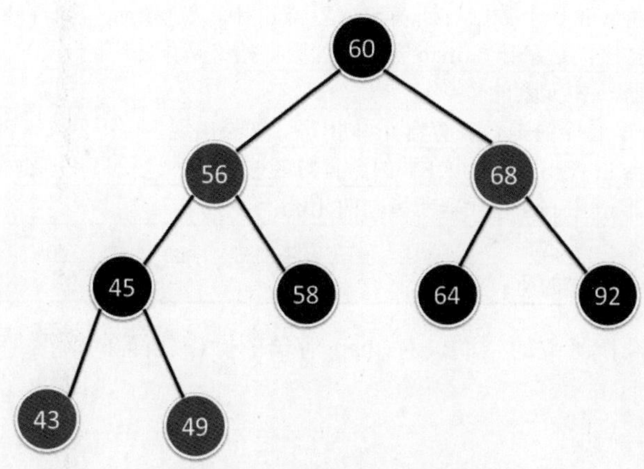

图 9-3　红黑树实现的 map 容器

与 vector 容器的使用相似，map 容器同样是一个类模板。在使用时，需要根据它所要保存的数据，提供具体的数据类型参数对其进行实例化，以形成能够保存特定数据类型的 map 模板类。因为保存的是数据对，所以 map 类模板需要两个数据类型作为模板类型参数，其中第一个是键的数据类型，第二个是对应的值的数据类型。例如，我们需要一个 map 容器来保存{员工序号,员工对象}这种数据对：

```
// 包含 map 容器所在的头文件
#include <map>
// 使用 map 容器所在的命名空间 std
using namespace std;
// 创建一个 map 容器对象 mapEmp
// 这个容器需要保存 int-Employee 形式的数据对
// 所以以 int 和 Employee 作为 map 类模板的类型参数
map<int, Employee> mapEmp;
```

经过简单的定义，mapEmp 容器对象就可以用于保存员工序号和员工对象这样的数据对了。

与 vector 容器相似，我们在创建一个 map 容器对象的同时，可以使用初始化列表对其进行初始化，向其中添加必要的初始数据元素。例如：

```
// 使用初始化列表对 map 容器进行初始化
map<int,Employee> mapEmp =
    {   // map 容器的初始数据元素
```

```
        {1001, Employee()},   // 默认的 Employee 对象
        {1002, Employee("Zhang")},
        {1003, Employee("Wang")}
    };
```

9.3.2 将数据保存到 map 容器中

STL 中的每个容器都提供了相应的操作函数，以对容器或者容器中的数据进行操作。前面我们已经见识过 vector 容器的操作函数，map 容器也不例外，同样提供了多个操作函数来完成对 map 容器的常见操作，其中最常用的操作函数如表 9-2 所示。

表9-2 map容器的常用操作函数（以操作map容器m为例）

函　数	说　明
m.insert(pair)	首先，将 pair 这个数据对插入 map 容器 m 中，然后 map 容器将根据这个数据对的键，对它进行排序。这意味着 map 容器中的数据始终是排好序的
m.size()	返回容器 m 中元素的个数
m.count(KEY)	判断 KEY 这个键是否在容器 m 中出现。如果出现，则返回 1，否则返回 0
m.find(KEY)	返回容器 m 中指向键为 KEY 的数据对的迭代器，也就是找到键为 KEY 的数据对
m.earse(pos)	删除容器 m 中 pos 迭代器所指向的元素
m.empty()	判断容器 m 是否为空
m.clear()	删除容器 m 中的所有元素

有了表 9-2 中这些操作函数的帮助，对 map 容器的操作就简单多了。例如，可以调用 insert()函数向容器中插入数据对：

```
// 创建一个 Employee 对象
Employee emp1;
// 使用 pair<int, Employee>模板类建立员工号 1 和员工对象 emp1 的联系，形成数据对
// 将 pair<int, Employee>模板类创建的对象插入 map 容器中
mapEmp.insert(pair<int, Employee>(1, emp1 ));
```

这里，我们使用 pair<int, Employee>模板类将数字 1 和 Employee 对象 emp1 组合起来，形成一个 pair<int, Employee>模板类的对象，也就是形成{键，值}数据对，然后调用 insert()函数将其插入 map 容器，这样员工号 1 和员工对象 emp1 就建立了一对一的映射关系。

除使用 pair<T,U>类模板来打包数据形成数据对外，还可以使用 map 容器的 value_type 类型来实现数据的打包，完成数据的插入。例如：

```
// 使用 value_type 类型实现数据的插入
mapEmp.insert(map<int, Employee>::value_type(1, emp1));
```

除调用 insert()函数向 map 容器插入数据外，我们还可以把 map 容器看作一个数组，直接利用 map 容器的“[ ]”运算符，以数据对的键作为索引值，用数据对中的值对其进行赋值，直接向 map 容器中插入数据对。例如：

```
// 向 mapEmp 容器中插入一个数据对（1，emp1）
mapEmp[1] = emp1;
```

这三种向 map 容器插入数据的方法是等效的，读者可以根据自己的喜好进行选用。这里需要注意的是，因为 map 容器中的所有键都要在插入后进行排序，所以插入 map 容器的键必须是可以排序

的[1]。对于使用基本数据类型作为键的 map 容器，我们无须担心，因为它们本身已经支持“<”关系运算符排序。如果使用自定义的数据类型作为 map 容器的键，就需要重载它的“<”关系运算符，以实现排序功能。

另外，需要注意的是，map 容器中{键，值}数据对中的键和值是一一对应的，我们需要根据键来获取它所对应的值。因此，在进行插入操作时，必须保证插入的键在 map 容器中是唯一的，否则将导致插入操作失败。而如果是 multimap，其中的键和值可以是一对多的关系，则没有这样的要求。

9.3.3　根据键找到对应的值

当数据被保存到 map 容器中后，接下来就可以访问容器中的数据了。因为 map 容器中的数据总是以{键，值}对的形式出现的，所以对 map 容器中数据的访问就变成了寻藤摸瓜——根据某个键找到它所对应的值。

对于 STL 容器而言，最常见的就是对容器的遍历访问。与 vector 容器相同的是，对于 map 容器，同样可以使用 for 循环来遍历容器中的所有数据。例如：

```
// 利用 for 循环遍历 map 容器中的所有数据
for( auto it = mapEmp.begin();
      it != mapEmp.end(); ++it )
{
    // 通过迭代器输出数据对的键和值
    cout<<"当前员工号是: "<<it->first<<endl;
    cout<<"姓名: "<<it->second.GetName()<<endl;
    cout<<"工资: "<<it->second.GetSalary()<<endl;
}
```

map 容器的迭代器对象实际上是一个 pair 对象，它有两个成员变量 it->first 和 it->second，分别代表键以及与这个键相对应的值。这里，map 容器中保存的值是 Employee 对象，所以 it->second 实际上就是 Employee 对象，可以直接调用它的成员函数获得相应的数据。

除对 map 容器的遍历访问外，对于 map 这种基于节点的容器，更多的是使用查找某个节点的方式来访问其中某个特定的数据。我们知道，map 容器中所保存的是由{键，值}构成的数据对，map 容器提供了一个 find()函数来查找某一个键，该函数会返回指向拥有这个键的数据对的迭代器，从而可以访问这个键所对应的值，顺藤摸瓜成功。例如：

```
// 定义要查找的键
int nKey = 1;
// 调用 find()函数查找键，返回指向拥有这个键的数据对的迭代器
// 如果 map 容器中没有这个键，则返回指向容器末尾位置的迭代器
auto it = mapEmp.find( nKey );

// 查看迭代器是否指向容器末尾位置，以此判断是否找到相应的数据对
if (mapEmp.end() == it )
{
    // 如果迭代器指向容器末尾位置，就表示没有找到对应的数据对
    cout<<"无法找到键为"<<nKey<<"的数据对。"<<endl;
}
else
```

---

1 对于 unordered_map 而言，由于其内部实现机制的不同，对插入的数据对没有这样的要求。

```
{
    // 如果迭代器指向其他位置，则表示找到相应的数据对
    // find()函数返回的迭代器指向的就是这个数据对的位置
    cout<<"找到键为"<<nKey<<"的数据对。"<<endl;
    // 通过迭代器访问这个数据对的值，也就是 Employee 对象
    cout<<"姓名："<<it->second.GetName()<<endl;
    cout<<"工资："<<it->second.GetSalary()<<endl;
}
```

在这里，通过 find()函数在容器中查找具有某个键的数据对。如果能够找到，find()函数会返回指向这个数据对的迭代器，通过这个迭代器就可以访问这个数据对的键和值了。

除访问某个特定键对应的数据对外，对于 map 容器，有时还需要访问某个范围内的数据对。例如，希望输出员工号从 1 到 1000 的所有员工的信息：

```
// 定义键的起止范围
int nFromKey = 1;
int nToKey = 1000;

// 用迭代器表示起始位置和终止位置
auto itfrom = mapEmp.lower_bound( nFromKey );
auto itto = mapEmp.upper_bound( nToKey );

// 判断是否找到正确的范围
if( mapEmp.end() != itfrom && mapEmp.end() != itto )
{
    // 输出范围内的所有数据
    for( auto it = itfrom; it != itto; ++it )
    {
        cout<<"当前员工号是："<<it->first<<endl;
        cout<<"姓名："<<it->second.GetName()<<endl;
        cout<<"工资："<<it->second.GetSalary()<<endl;
    }
    // 删除范围内的所有数据
    mapEmp.erase( itfrom, itto );
}
```

在这段代码中，分别调用了 lower_bound()函数和 upper_bound()函数来获得指向这个范围的起始位置和终止位置的迭代器，然后通过这两个迭代器所界定的范围来对某个键范围内的数据进行访问。最后，我们调用 erase()函数删除这个键范围内的所有数据。寻藤摸瓜，map 容器的使用就是这么简单。

9.4 本章练习

1. 编写一个程序，使用 std::vector 容器存储学生的姓名和分数。每个学生的信息包含一个字符串（姓名）和一个整数（分数）。向 vector 容器中添加至少 5 个学生的信息，然后输出所有学生的姓名和分数。提示：可以定义一个结构体或类来表示学生信息，然后将这个结构体或类的对象存储在 vector 容器中。

2. 编写一个程序，使用 std::map 容器存储员工的 ID 和姓名。向 map 容器中添加至少 5 名员工的信息，然后输出所有员工的 ID 和姓名，并根据用户输入的员工 ID，输出对应员工的姓名。如果员工不存在，则输出“员工不存在”。提示：map 的键是唯一的，这里可以用员工 ID 作为键，员工姓名作为值。

第 10 章

用 STL 中的通用算法处理数据

程序有两大核心任务：一个是管理数据，另一个是处理数据。使用 STL 中的各种容器，我们可以对程序中的数据进行良好的管理。然而，管理数据只是第一步，更重要的是对数据进行处理，以获得最终的结果数据，这正是 STL 通用算法的用武之地。

STL 提供了大量的通用算法，利用这些算法可以轻松完成对数据的常见处理，例如数据的查找、排序和遍历访问等。因此，当我们需要使用某个常见算法对数据进行处理时，可以直接使用 STL 提供的算法，无须自己开发，从而极大地提高开发效率。同时，这些算法的效率和实现质量往往高于我们自己动手实现的相同算法，这无疑提高了开发质量。

既然 STL 提供了既快又好的通用算法，我们没有理由不用。

10.1 STL 算法中的四大类别

STL 库中的算法都是以迭代器为参数，这使得算法和数据所在容器的具体实现相互分离。以同一个 sort()排序算法为例，我们既可以将其用于 vector 容器，也可以将其用于 array 容器。这样就实现了算法的“大小通吃”——无论数据保存在什么容器中，也无论容器中的数据是什么类型，算法都能够处理。这就是 STL 中的算法被称为通用算法（generic algorithm）的原因。

STL 中的通用算法众多，按照是否改变容器中元素的顺序以及是否修改数据元素，这些算法被分成了四大类别，如图 10-1 所示。

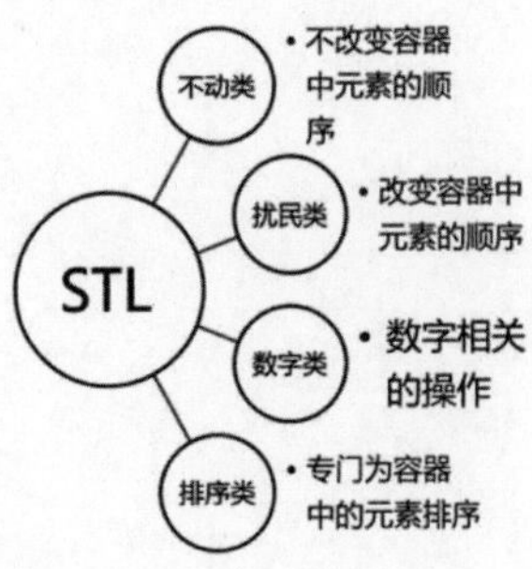

图 10-1　STL 算法中的四大类别

1. 不动类：不改变元素顺序的操作

这类算法秉承着这样一个宗旨——它们可能通过循环遍历逐个访问容器中的元素，但绝不会改变各个元素在容器中的顺序，而只是对数据元素的值进行读写访问，所以被称为“不动类”。例如，这类算法中最常用的 for_each()算法就是逐个遍历容器中的数据元素，从而读取或修改各个数据元素的值。这类算法中常用的还有查找（find）、邻近查找（adjacent find）、计数（count）、不匹配（mismatch）、相等（equal）、搜索（search）等。

2. 扰民类：改变元素顺序的操作

与“不动类”算法只安静地访问数据元素不同，“扰民类”算法专门干一些扰民的事情，它们不仅会访问数据元素的值，还会把数据元素搬来搬去，改变它们在容器中的位置和顺序，因此这类算法常用于对数据元素进行复制、变换等操作。例如，copy()算法可以将一个容器中的数据元素复制到另一个容器中，从而改变了目标容器中数据元素的位置。这类算法中常用的算法有拷贝（copy）、交换（swap）、变换（transform）、替换（replace）、填充（fill）等。

3. 排序类：排序及相关操作

在日常开发中，最常见的操作就是对容器中的数据元素进行排序。为此，STL 提供了众多的排序算法来满足日常开发中的需求。例如，有对整个容器进行排序的 sort()算法，也有只对容器中部分数据元素进行排序的 partial_sort()算法，还有只对某个特定数据元素进行排序的 nth_element()算法，等等。由于排序算法众多，它们独立成为 STL 中的“排序类”算法。

需要特别注意的是，与前两个类中的算法对容器中的数据没有任何要求不同，“排序类”算法要求容器中的数据必须可以使用“<”关系运算符比较大小。如果容器中保存的是基本数据类型的数据，例如 int 或 string 等，它们已经重载了“<”关系运算符，排序算法可以直接使用。但如果容器中保存的是自定义数据类型的数据，排序算法会要求这些自定义数据类型同样重载“<”关系运算符以便比较大小，否则排序算法就无法进行排序。

“排序类”算法的另一个特点是，我们可以通过给提供表示排序规则的函数来对排序算法进行自定义，以实现特殊的排序规则。这一机制极大地增加了排序算法的通用性，也成为程序员喜爱排序算法的理由之一。在“排序类”算法中，除排序算法外，STL 还提供了许多与排序相关的算法，例如二分搜索（binary search）、合并（merge）、堆操作（heap operations）、最大最小（minimum and maximum）、词典比较（lexicographical comparison）等。

4. 数字类：常用的数字操作

这一类算法是 STL 算法中的“少数派”，它们主要用于一些与数字打交道的算法。例如，累加（accumulate）、内积（inner product）、局部累加（partial sum）、差分（adjacent difference）等。在开发实践中，这类算法使用得较少。

STL 中的各个算法虽然被分成了不同的类，但它们的声明都在<algorithm>头文件中。当我们想要在程序中使用这些算法时，必须先使用#include 指令包含这个头文件，同时使用 std 命名空间。

10.2 容器元素的遍历与查找

在处理容器中存储的大量数据时，我们通常需要逐个遍历数据并对其进行处理；有时也需要筛选出特定数据进行处理。为了执行这些常见的数据操作，我们通常使用 for_each()和 find()算法。

10.2.1 用 for_each()算法遍历容器中的数据元素

容器中保存的大量数据通常需要逐个处理。for_each 算法，顾名思义，就是用来遍历容器并对每个元素执行操作，非常适合完成这类任务。

读者可能会有这样的疑问：为何不直接使用常规的 for 循环来遍历容器？for_each 算法的优势不仅在于遍历容器的每个元素，更在于它能够在遍历的同时，将自定义操作应用于每个元素，直接处理容器中的多个元素。这种灵活性使得 for_each 算法成为一个强大的工具。

在 STL 中，for_each()算法的原型如下：

```
template <class InputIterator, class Function>
  Function for_each (InputIterator first, InputIterator last, Function f);
```

STL 中的算法本质上是一系列函数模板，for_each 算法正是其中之一。for_each 算法能够接受三个参数：前两个参数是迭代器，分别定义了待处理数据在容器中的起始和终止位置；第三个参数指定了应用于该范围内数据的处理方法。这个方法可以是普通函数、函数对象[1]，甚至是 Lambda 表达式。无论其具体形式如何，该方法必须能接受一个参数，且该参数的类型应与容器中存储的数据类型相匹配。

例如，假设公司今年的业绩非常好，老板决定给所有工资低于 2000 元的员工增加 30%的工资。使用 for_each 算法，我们可以高效地实现这一操作：

```
// 利用函数定义对数据的处理方法，对于低于 2000 元的工资，增加 30%
// 函数只有一个参数，其类型是它将要处理的 vector 容器保存数据的类型
// 因为要对容器中的数据进行修改，所以这里采用引用的参数形式
void AddSalary( int& nSalary )
{
   // 判断数据是否满足条件
   if( nSalary < 2000 )
      nSalary *= 1.3;    // 对数据进行处理
}

// 构造容器，保存数据
vector<int> vecSalary = {3500,1500,1000,2000,1200};
// 使用 for_each()算法，调用 AddSalary()函数对容器中的数据进行处理
for_each( vecSalary.begin(), // 开始位置
vecSalary.end(), // 结束位置
AddSalary );       // 处理方法
```

在这段代码中，我们调用 begin()和 end()函数获得指向 vecSalary 容器起止位置的迭代器，以作为 for_each()算法的处理数据范围，这就意味着 for_each()算法会将其处理方法应用于这个范围内的每一个数据。当然，我们也可以根据需要改变这个范围，只对某个特定范围内的数据进行处理。这里我们对数据的处理是通过 AddSalary()函数来表达的，AddSalary()函数的函数名作为 for_each()算法

[1] 这里的函数对象和 Lambda 表达式都是函数的特殊形式，详情参见后文第 11 章的介绍。

的第三个参数，这意味着在它的处理范围内的数据元素都要经过 AddSalary()函数的处理。

在执行过程中，for_each()算法会逐个遍历整个范围内的所有数据元素，并以这些元素为实际参数调用处理函数 AddSalary()。换句话说，处理范围内的数据会逐个被传入 AddSalary()函数，而该函数具体负责对数据的处理，它会先判断数据是否满足增加工资的条件，如果满足，则增加 30%。

需要注意的是，AddSalary ()函数的参数是引用形式，因此在 AddSalary()函数中对参数的修改实际上会修改容器中的数据，这些修改都会反映到容器中。如果这里的参数是值的形式，那么 AddSalary()函数的参数只是容器中数据的一个副本，在函数中对参数的修改将不会反映到容器中。

for_each()算法对数据的处理如图 10-2 所示。

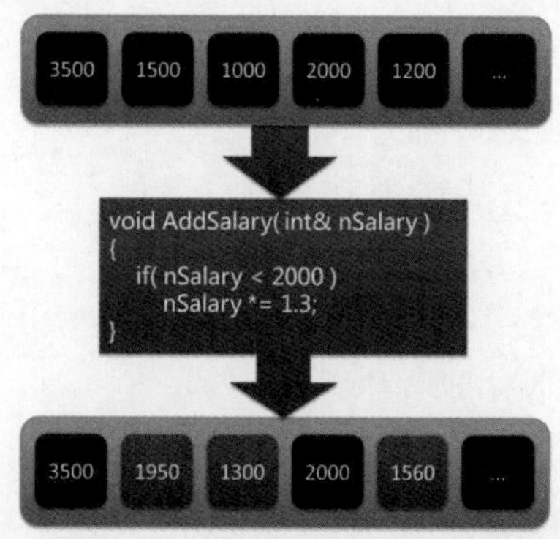

图 10-2　for_each()算法对数据的处理

更形象地讲，for_each()算法更像是做化学实验时的漏斗装置，可以通过指定容器的范围来决定往这个漏斗中倒入什么数据。而 for_each()算法中的处理函数是具体的漏斗，它决定了什么东西可以留下，什么东西可以漏掉，以此来完成对倒入漏斗中的数据的具体处理。进一步讲，还可以随时更换 for_each()算法中的漏斗，以对数据进行不同的处理，这体现了 STL 中算法的通用性。

10.2.2　用 find()和 find_if()算法从容器中挑选数据

很多时候，我们并不需要处理容器中的所有数据，更多的是希望从容器保存的大量数据中找到符合某个条件的数据，然后将它们挑选出来进行处理。这里有“大量数据”，也有“条件”，很自然地会想到使用 for 循环来遍历大量数据，再配合 if 条件判断从中挑选符合条件的数据。这样的方式虽然可行，但代码书写比较烦琐，显得不够“优雅”。

在 STL 算法中，有专门用于从容器中挑选数据的 find()算法。有了它，我们无须费尽周折地使用 for 语句和 if 语句来查找符合条件的数据，只需设置 find()算法查找的范围和条件即可。

find()算法可以从一个容器的某个范围中查找具有某个特定数值的数据元素，它的函数原型如下：

```
template <class InputIterator, class T>
  InputIterator find ( InputIterator first, InputIterator last,
    const T& value );
```

其中，find()算法的前两个参数都是某个容器的迭代器，用于指定查找的起始位置和终止位置；第三个参数是要查找的内容，它的数据类型跟容器中的数据类型相同。需要注意的是，find()算法会利用“==”运算符将目标内容与容器中的数据元素进行相等比较，以确定某个元素是否符合条件。因此，这里的数据类型必须能用“==”运算符进行相等比较。对于基本数据类型而言，它们原生就可以用这个运算符进行相等比较。如果是自定义的数据类型，则需要重载“==”运算符以使该自定义的数据类型支持相等比较。

在执行过程中，find()算法会将目标内容与容器中查找范围内的数据元素逐个进行相等比较，如果 find()算法找到了与之相等的数据元素，它将返回指向该数据元素的迭代器；如果没有找到，则返回的迭代器将指向这个容器的末尾位置。据此，我们可以判断查找是否成功。

例如，商店的商品信息保存在一个 vector 容器中，我们可以从中查找某个商品，以此确定这个商品是否正在销售：

```
// 创建保存商品信息的 vector 容器
vector<string> vecGoods;
// 老板进货，向容器中添加商品
vecGoods.push_back("Eraser");
vecGoods.push_back("Book");
vecGoods.push_back("Pen");
// ...
// “老板，你这里卖铅笔吗？”，定义要购买的商品
string strBuy = "Pencil";
// “稍等，让我找找看！”，在 vecGoods 中找 Pencil
auto it = find( vecGoods.begin(),
    vecGoods.end(), strBuy );
// 如果 find()函数返回的迭代器没有指向容器的末尾
// 那就是找到想要的东西了
if( it != vecGoods.end() )
{
    cout<<"恭喜，本店提供"<<strBuy<<endl;
}
else // 如果迭代器指向容器末尾位置，则是没找到
{
    cout<<"抱歉，本店不提供"<<strBuy<<endl;
}
```

在这里，我们使用 find()算法在容器的整个范围内查找 Pencil 数据，然后根据算法的不同返回值判断这个数据是否在这个容器中。如果在容器中，则可以通过迭代器进一步访问这个数据。

使用 find()算法可以从容器中找到等于某个特定值的数据元素，然而，更多时候，我们希望能够从容器中找到符合某种条件的数据。例如，在一个保存学生成绩的 vector 容器中，我们希望找到及格的分数，即大于 60 的数据。当需要根据某个特定条件来查找数据时，find()算法就显得力不从心，这时它的孪生兄弟——find_if()算法就登场了。find_if()算法的原型如下：

```
template <class InputIterator, class Predicate>
      InputIterator find_if ( InputIterator first, InputIterator last,
Predicate pred );
```

既然 find_if()算法与 find()算法是“孪生兄弟”，自然有着相似之处：都可以接受三个参数，前两个参数用于指定查找的范围。当然，它们也有着不同之处，与 find()算法使用某个特定值作为查找目标的第三个参数不同，find_if()算法的第三个参数是一个规则函数（其形式可以是一个普通函数，也可以是函数对象或 Lambda 表达式），其返回值为 bool 类型，并且拥有一个与容器中数据类型相同的参数。find_if()算法利用这个规则函数来表达某个特定的查找规则。在执行 find_if()算法时，它会将查找范围内的数据逐个传递给这个规则函数。规则函数根据一定条件对数据进行判断，如果符合条件，规则函数返回 true，表示这个数据就是我们要找的数据，此时 find_if()算法会返回指向这个数据的迭代器，表示找到了一个符合条件的数据。反之，如果数据不符合规则函数中的条件，规则函数返回 false，表示当前数据不符合查找条件，find_if()算法会将下一个数据传递给规则函数，开始同样的判断过程。这个过程会不断重复，直到找到符合条件的数据并返回指向这个数据的迭代器；

如果在整个查找范围内都未找到符合条件的数据，则返回指向查找范围末尾的迭代器。例如，我们想要找出 vector 容器中所有及格的分数：

```
// 使用函数表达查找规则：查找及格分数
// 如果分数大于或等于 60，就返回 true，表示及格，否则返回 false
bool ispass( int n )
{
    // 判断传递的数据是否符合条件
    // 如果符合条件，就返回 true，否则返回 false
    return n >= 60 ? true : false;
}

// 定义保存成绩的容器
vector<int> vecScores = {97,56,82,81,59,60};
// 定义查找的起始位置
auto it = vecScores.begin();
// 利用循环逐个查找容器中符合条件的数据
do
{
    // 在容器中查找符合条件的数据元素
    // 其中 ispass 表达了查找规则
    it = find_if(it, vecScores.end(), ispass );
    if ( vecScores.end() != it ) // 判断是否找到符合条件的数据
    {
        // 输出查找到的符合条件的数据
        cout<<"找到及格分数："<<(*it)<<endl;
        // 将迭代器指向下一个位置，从新的位置开始下一次查找
        ++it;
    }
    else
    {
        // 如果没有找到，就退出循环
        break;
    }
} while( true );
```

在这段代码中，我们将 find_if()算法与 do…while 循环结合，同时用 ispass()函数来表达查找规则，构造了一个从 vecScores 容器中查找所有及格分数的循环。在这里，我们以 vecScores 容器的开始位置作为 find_if()算法的查找起点。当该算法在容器中找到符合条件的数据元素时，程序会输出当前找到的元素，同时迭代器进行自增操作，指向当前元素的下一个位置，并以此作为下一次循环中 find_if()算法的开始位置。这样的操作会不断循环，直到 find_if()算法在 vecScores 容器中再也找不到符合条件的元素，返回指向容器末尾的迭代器为止。

查找是 C++程序中最常见的一类操作，因此，除 find()算法和 find_if()算法外，STL 中还有多个查找算法的变种。例如，find_end()算法能够从容器的末尾位置开始向前查找符合条件的数据；find_first_of()算法会查找容器中某个元素首次出现的位置；而 adjacent_find()算法则会查找容器中重复出现的数据。此外，与查找算法在容器中查找单个符合条件的数据不同，STL 还提供了搜索算法，例如 search()算法和 search_n()算法，它们可以用于在容器中搜索与目标串相匹配的子串数据。总之，STL 中与查找相关的算法种类繁多，各有特点，适用于不同的场景，我们需要熟悉各种查找算法，并根据需要选择合适的查找算法来针对性地解决问题。

使用查找算法不仅是为了找到某个符合条件的数据，更多时候，我们希望找到这些数据并对其进行处理。例如删除容器中符合某个条件的数据，或者用其他的数据替换那些符合条件的数据等。对容器中符合某个条件的数据进行处理非常普遍。为此，STL 提供了相应的算法来帮助我们快速、

高效地完成这些常见的数据处理任务。例如，STL 中的 remove()算法可以删除（remove）容器中所有符合某个条件的数据，而 replace()算法则可以使用其他数据替换（replace）容器中符合某个条件的数据。利用这些算法，我们可以直接对容器中符合条件的数据进行日常处理，而不必先用 find()算法找到这些数据再进行处理。

下面来看一个实际例子。考试结束后，所有考试成绩都保存在 vecScores 容器中。在公布成绩之前，为了让考试成绩好看一点，我们需要对 vecScores 容器中那些“惨不忍睹”的成绩数据进行一定的处理。首先，需要删除其中的缺考成绩（如果学生缺考，则成绩记为-1），然后将所有不及格的成绩替换为及格成绩。使用 STL 中的 remove()算法和 replace_if()算法，可以很轻松地完成对数据的一番“装饰打扮”：

```
#include <vector>           // 为了使用 vector 容器
#include <algorithm>        // 为了使用 remove()和 replace_if()算法
#include <iostream>

using namespace std;

// 判断分数是否不及格（小于 60）的函数
bool isfail(int nScore)
{
   return nScore < 60 ? true : false;
}

int main()
{
// 待处理的成绩数据
vector<int> vecScores = {54,-1,92,49,5,67};

// 从容器中删除缺考成绩-1
// remove()算法实质上是将待删除的数据移动到容器末尾来实现删除
// 因此，这里要用 itend 保存 remove()算法返回的 vecScores 容器新的末尾位置
// 这样，从 vecScores.begin()到 itend 界定了容器中有效数据的范围
// 而在 itend 之后、vecScores.end()之前的是被删除的无效数据
auto itend = remove(vecScores.begin(), vecScores.end(), -1);  // 需要删除的元素
    replace_if(vecScores.begin(),// 开始位置
                itend, // vecScores 新的结束位置，也可以使用 end()得到此位置
                isfail, // 判断数据是否符合替换条件
                60);    // 替换后的数据

    // 输出处理后的数据
    for(auto it = vecScores.begin();it != itend; ++it)
    {
        cout<<*it<<endl;
    }

    return 0;
}
```

知识拓展　判断容器中是否存在符合某个条件的数据

使用 find_if ()算法可以从容器中找到符合某个条件的数据，然而有的时候，我们只是想知道容器中是否存在这样的数据，而并不想访问这些数据。为此，STL 提供了多个算法来判断容器中是否存在符合某个条件的数据。例如，all_of()算法可以判断容器中的所有数据是否都符合某个条件；any_of()算法可以判断容器中是否存在至少一个数据符合条件，而

none_of()算法可以判断容器中的所有数据是否都不符合条件。有了这些算法的帮助，我们可以更加方便地对容器中的数据进行判断。例如，我们可以使用 any_of()算法来判断保存学生成绩的容器中是否存在不及格的分数：

```
// 用 any_of 算法判断处理后的成绩是否还有不及格的分数
bool bFail = any_of(vecScores.begin(),itend, isfail); // 用 isfail()函数判断分数是否
及格
if(bFail)
{
    cout<<"还有不及格的分数"<<endl;
}
else
{
    cout<<"所有分数都及格"<<endl;
}
```

10.3　容器元素的复制与变换

使用“不动类”中的算法，我们只能在不改变元素位置的前提下对容器中的数据元素进行处理。然而，有时我们需要将数据在容器中或者容器之间进行复制或变换，这就可能会改变数据元素原来的位置和顺序，这时就要靠“扰民类”算法来完成。

10.3.1　复制容器元素：copy()算法

很多时候，我们需要将一个容器中的元素复制到另一个容器中，以完成数据的备份或进行其他处理。为了完成这个任务，我们可能会想到使用 for 循环来访问源容器中的数据，然后调用 push_back()函数将数据添加到目标容器中，或者直接使用赋值运算符“=”将源容器赋值给目标容器来完成元素的复制。这两种方法都可以完成任务，但都显得有些“粗鲁”：使用 for 循环过于烦琐；而使用赋值运算符只能复制整个容器中的所有数据，缺乏灵活性。为了让复制操作更加“优雅”，STL 提供了通用的 copy()算法来完成容器元素的复制。在 STL 中，copy()算法的原型如下：

```
template <class InputIterator, class OutputIterator>
  OutputIterator copy ( InputIterator first, InputIterator last, OutputIterator result );
```

copy()算法可以接受三个参数，前两个参数表示需要复制的源容器的起始位置和终止位置，它们共同定义了需要复制的数据元素的范围。第三个参数则是目标容器的起始位置。这样，copy()算法会将前两个参数所表示的源容器范围内的数据复制到第三个参数表示的目标容器的开始位置，并依次往后排列。复制完成后，copy()算法会返回指向目标容器中被复制元素的结束位置，也就是最后一个元素的下一个位置。

在使用 copy()算法时，需要注意两点：一是确保在目标容器的复制开始位置之后有足够的空间来容纳即将被复制的数据。必要时，可以根据被复制数据的数量，使用容器的 resize()函数调整目标容器的大小；二是当复制行为发生在同一个容器中时，源范围和目标范围最好不要重叠，否则可能会导致数据混乱。

下面来看一个实际例子。老师在统计成绩时，通常会将多个班级的学生成绩汇总到一起，形成一张学生成绩总表。过去，老师使用 for 循环通过 push_back()函数将各个班级的成绩添加到新的成

绩总表中。现在，通过使用 copy()算法，整个过程可以变得更加高效和简便：

```
// 保存 C1 和 C2 班级成绩的容器
vector<int> vecScoreC1;
vector<int> vecScoreC2;

// 对容器进行操作，将各个班级的成绩保存到各自的容器中
// ...

// 保存所有成绩的成绩总表容器
vector<int> vecScore;
// 根据各个分容器的大小，重新设定总容器的容量
// 使它可以容纳即将复制进来的所有数据
vecScore.resize( vecScoreC1.size() + vecScoreC2.size() );
// 将第一个容器 vecScoreC1 中的数据复制到 vecScore 中
auto lastit = copy(vecScoreC1.begin(),
vecScoreC1.end(),      // 复制的范围
vecScore.begin() );   // 复制的目标位置
// 将第二个容器 vecScoreC2 中的数据追加到 vecScore 的末尾
copy(vecScoreC2.begin(),
vecScoreC2.end(),
lastit );                 // 以上一次复制的结束位置作为第二次复制的开始位置
```

在这段代码中，分别使用两个容器来保存两个班级的成绩，同时定义了 vecScore 容器来保存汇总后两个班级的总成绩。为了让这个总容器能够容纳所有即将复制进来的成绩，我们使用 resize()函数将其容量调整为两个分容器的容量之和。接着，以 vecScore 容器的开始位置（vecScore.begin()）为起点，利用 copy()函数将 vecScoreC1 中的所有数据（从 vecScoreC1.begin()到 vecScoreC1.eng()）复制到 vecScore 容器中。copy()函数复制完成后，会返回一个目标容器的迭代器，它指向的是所有复制进来的数据的结束位置，而这个位置正好是我们第二次复制的开始位置，所以我们将它保存下来并用作第二次复制的开始位置。利用两次复制可以成功将两个容器中的数据复制到新容器中，实现数据的连接汇总，如图 10-3 所示。

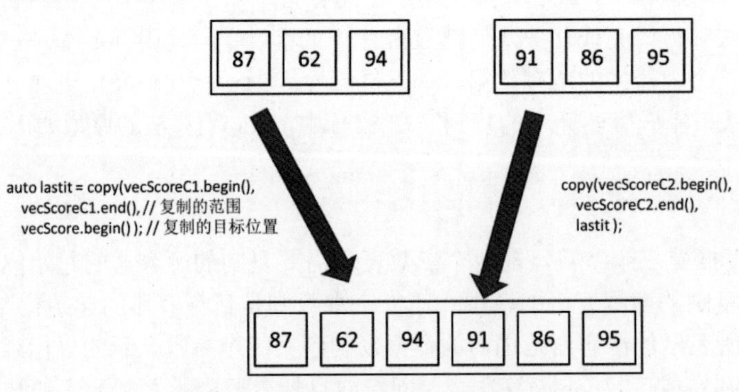

图 10-3 copy()算法实现的数据连接

使用 copy()算法复制数据时，我们需要指定被复制数据在目标容器中的开始位置。然而，有时这个开始位置很难确定，而相应的结束位置却很好确定，或者是我们对结束位置有特殊的要求。在这种情况下，可以使用 copy()算法的变种——copy_backward()算法来实现。其原型如下：

```
template <class BidirectionalIterator1, class BidirectionalIterator2>
  BidirectionalIterator2 copy_backward ( BidirectionalIterator1 first,
                                         BidirectionalIterator1 last,
                                         BidirectionalIterator2 result );
```

copy_backward()算法与 copy()算法的使用非常相似，两者唯一的不同在于第三个参数和返回值的含义。在 copy()算法中，第三个参数是被复制数据在目标容器中的开始位置，而在 copy_backward()算法中，第三个参数成了结束位置。这意味着，copy_backward()算法会确保被复制的数据在这里结束。此外，copy()算法返回的是指向被复制元素在目标容器中的结束位置的迭代器，而 copy_backward()算法返回的迭代器则指向这些元素的开始位置。以下是一个使用 copy_backward()算法的 C++示例代码：

```
// 保存学生对象的容器
vector<Student> vecStudent;
// 将数据保存到容器中
// 扩大容器的容量为原来的两倍
// 这样容器中前半部分是已有的数据，后半部分是默认生成的数据
vecStudent.resize( vecStudent.size() * 2 );
// 将前半部分已有的数据复制到后半部分，替换掉后半部分默认的数据
copy_backward(vecStudent.begin(),
              vecStudent.begin() + vecStudent.size() / 2, // 前半部分范围
              vecStudent.end() ); // 指定结束位置，复制数据填满容器
```

在这段代码中，首先定义了一个用于保存学生对象的容器，并利用 resize()函数将容器扩容为原来的两倍。这时，容器的前半部分是已有的数据，而后半部分是默认生成的数据。然后，利用 copy_backward()算法将容器中前半部分的数据复制到自身容器的后半部分，这样就实现了容器中学生数据的复制。

无论是 copy()算法还是 copy_backward()算法，它们对源容器中数据的复制，都是不加选择地全盘复制、照单全收。然而，有时我们需要对复制的数据进行筛选，只复制那些符合某个条件的数据。例如，在学校中的评优活动，我们希望将优秀的成绩筛选出来拿去评优，而不是不加选择地将所有成绩都拿去评优。在这种情况下，就需要使用 STL 中的 copy_if()算法来实现数据的筛选复制。

与前面的 copy()算法相似，copy_if()算法也需要指定源容器中被复制数据的范围以及目标容器中的起始位置。不同的是，copy_if()算法还需要接受一个函数作为第四个参数，用以表达我们的筛选规则。这个函数的返回值为 bool 类型，拥有一个与被复制数据类型相同的参数。在进行复制时，copy_if()算法会逐个将复制范围内的数据传递给这个函数进行判断，只有符合筛选规则（即规则函数返回值为 true）的数据才会被复制。这样，我们就可以将源容器中的符合筛选条件的数据复制到目标容器中，实现数据的筛选复制。利用 copy_if()算法，我们可以很轻松地从所有学生成绩中筛选出优秀的成绩来：

```
// 包含需要的头文件
#include <vector>
#include <algorithm>   // 为了使用 copy_if()算法
#include <iostream>

using namespace std;

// 复制规则函数
bool isgood(int n)
{
        // 优秀的成绩（大于或等于 85）才会返回 true，才会被复制
        return n >= 85 ? true : false;
}

int main()
{
```

```
        // 保存所有成绩的源容器
        vector<int> vecAll = {64,89,91,68,99,75};
        // 用于保存筛选出来的优秀学生成绩的目标容器
        vector<int> vecGood;
        // 为目标容器预留足够的空间
        vecGood.resize(vecAll.size());

      // 使用 copy_if()算法将源容器中的优秀成绩复制到目标容器中
      // copy_if()算法的返回值，即为目标容器中被复制数据的末尾位置
      auto itend = copy_if(vecAll.begin(),vecAll.end(), // 复制的范围
                    vecGood.begin(),    // 目标容器的起始位置
                    isgood);            // 复制规则

   cout<<"筛选出来的优秀成绩: "<<endl;
   // 使用 for_each()算法输出复制到目标容器中的数据
   for_each(vecGood.begin(),
          itend,        // 使用 copy_if()算法的返回值作为结束位置
          [](int a){    // 使用 Lambda 表达式输出数据
          cout<<a<<endl;
   });

      return 0;
   }
```

10.3.2 合并容器元素：merge()算法

通过前面的学习，我们知道 copy()算法的一大用途就是“汇总数据”，将多个容器中的数据复制到某个总容器中。然而，使用 copy()算法实现“汇总数据”仍然有点“粗鲁”。在前面的例子中，我们需要将两个班级的成绩汇总到一个成绩总表容器中，就不得不连续两次使用 copy()算法才能完成这个简单任务。在 STL 看来，这是无法容忍的。同时，“汇总数据”的操作在日常开发中也很常见。为了让这种常见的操作变得“优雅”起来，STL 专门提供了一个 merge()算法来完成这类“汇总数据”操作。

顾名思义，merge()算法就是将两个源容器中的数据合并（merge）并复制到目标容器中，以此实现数据的“汇总”。在 STL 中，merge()算法的原型如下：

```
template <class InputIterator1, class InputIterator2, class OutputIterator>
  OutputIterator merge (InputIterator1 first1, InputIterator1 last1,
                InputIterator2 first2, InputIterator2 last2,
                OutputIterator result );
```

其中，（first1,last1）和（first2,last2）这两个迭代器对分别表示两个源容器中被复制数据范围的起始位置和结束位置，而 result 则表示合并到目标容器的起始位置。使用 merge()算法，我们可以一次性地将两个源容器中的数据合并到一个目标容器中，轻松实现“汇总数据”的操作。不过，merge()算法对源容器提出了一个小小的要求，那就是源容器中的数据必须是有序的。这个要求通常不难满足，因为在很多情况下，源容器中的数据在处理前就已经是有序的。即使数据未排序，我们也可以使用 10.4.1 节将要介绍的 sort()算法来轻松地对数据进行排序。下面我们就来看看 merge()算法是如何“优雅”地将两个班级的学生成绩汇总到成绩总表容器中的：

```
   // 使用 sort()算法对两个源容器中的数据进行排序
   sort(vecScoreC1.begin(), vecScoreC1.end());
   sort(vecScoreC2.begin(), vecScoreC2.end());
   // 调整目标容器的大小，以便容纳合并进来的数据
```

```
vecScore.resize(vecScoreC1.size() + vecScoreC2.size());
// 使用 merge()算法将 vecScoreC1 和 vecScoreC2 两个容器中的数据
// 合并到目标容器 vecScore 中
merge(vecScoreC1.begin(), vecScoreC1.end(), // 第一个容器的范围
      vecScoreC2.begin(), vecScoreC2.end(), // 第二个容器的范围
      vecScore.begin());  // 目标容器的起始位置
```

使用 merge()算法来合并两个容器中的数据很方便，但在某些特殊情况下，仍然会存在一些问题。例如，参与合并的两个源容器中往往有一些相同的数据，而这些相同的数据会在合并后的容器中重复出现。也就是说，相同的数据在目标容器中出现了两次或者多次，这会造成数据的冗余。很多时候，我们希望在合并数据的同时删除这些冗余的数据，以确保相同的数据在目标容器中仅保留唯一的一份，从而保证数据的唯一性。

为了实现删除冗余数据的合并，STL 提供了 set_union()算法。set_union 算法的使用与 merge()算法完全相同，但在合并两个源容器中的数据时，如果遇到两个源容器中都有的相同数据，它不会像 merge()算法那样将两份相同的数据都合并到目标容器中，而只是合并一份数据到目标容器中，以此保证目标容器中数据的唯一性。

下面来看一个实际例子。一个文具商店有两份商品清单，分别是记录了文具类商品的 vecStationaries 和记录办公用品类商品的 vecOfficeSupplies。因为这两类商品较为相近，所以在这两份清单中有些商品是相同的。例如，Pen 这个商品既在文具类商品清单 vecStationaries 中，同时也在办公用品类商品清单 vecOfficeSupplies 中。现在，老板希望将这两份商品清单合并到总的商品清单 vecGoods 中，同时避免 Pen 在总商品清单 vecGoods 中出现两次。由于 merge()算法没法完成这个任务，因此需要使用 set_union()算法来实现：

```
// 定义总商品清单
vector<string> vecGoods;

// 文具类货物清单
vector<string> vecStationaries = {"Pen","Erase","Pencil"};

// 办公用品类商品清单
vector<string> vecOfficeSupplies = {"Folder","Pen","Notepad"};

// 根据源容器数据的数量来调整目标容器的大小
vecGoods.resize( vecStationaries.size() + vecOfficeSupplies.size() );

// 使用 sort()算法对源容器进行排序
sort(vecStationaries.begin(), vecStationaries.end());
sort(vecOfficeSupplies.begin(), vecOfficeSupplies.end());

// 使用 set_union()算法将源容器中的数据合并到目标容器中
// set_union()算法返回的迭代器指向的是合并后的有效数据的结束位置
auto itend = set_union(
        vecStationaries.begin(),
        vecStationaries.end(),      // 第一个容器的范围
        vecOfficeSupplies.begin(),
        vecOfficeSupplies.end(),    // 第二个容器的范围
        vecGoods.begin());          // 目标容器的起始位置

// 输出合并后的商品
for(auto it = vecGoods.begin();
        it != itend;  // 以 set_union()算法返回的迭代器作为结束位置
        ++it)
{
    cout<<*it<<endl;
```

```
}
```

从集合的角度来看，set_union()算法实际上计算得到的是两个容器的并集。类似地，STL 还提供了 set_difference()算法用于计算两个容器的差集，而 set_intersection()算法则用于计算两个容器的交集。借助这些集合运算算法，处理来自两个容器的数据变得更加简单。

10.3.3 变换容器元素：transform 函数

在两个容器之间移动数据元素时，我们不仅希望能够进行数据元素的简单复制，有时还希望能够在复制元素的同时对元素进行某些运算或操作。例如，希望在将数据进行加法运算后从一个容器移动到另一个容器中，甚至希望对两个容器中的数据进行运算或操作，然后将运算或操作结果保存到目标容器中。尽管 STL 中的 copy()算法能够在容器之间复制数据，但它无法在移动过程中对数据进行运算或操作。要在移动数据的同时对数据进行运算或操作，可以使用 STL 中的 transform()算法。transform()算法的原型如下：

```
template < class InputIterator, class OutputIterator, class UnaryOperator >
  OutputIterator transform ( InputIterator first1, InputIterator last1,
                             OutputIterator result, UnaryOperator op );

template < class InputIterator1, class InputIterator2,
           class OutputIterator, class BinaryOperator >
  OutputIterator transform (   InputIterator1 first1, InputIterator1 last1,
                               InputIterator2 first2, OutputIterator result,
                               BinaryOperator binary_op );
```

transform()算法有两个版本，第一个版本的 transform()算法的使用类似于 copy()算法的使用，它接受 4 个参数：前两个参数用于指定源容器中数据的起始位置和结束位置；第三个参数用于指定目标容器的起始位置；最后一个参数是要在移动过程中执行的运算或操作，通常我们用一个函数（包括函数对象和 Lambda 表达式）来表示。因为这个函数的返回值会被加入目标容器中，所以其返回值类型与目标容器中保存数据的类型相同；同时，在移动数据的过程中，它会以源容器中的数据作为参数进行调用，因此它需要一个参数，其类型与源容器中保存的数据类型相同。transform()算法会逐个将源容器指定范围内的数据作为实际参数调用这个函数，然后将函数的返回值保存到目标容器的开始位置，并依次往后排列。这样，数据在移动过程中经过了这个函数的处理，最终保存到目标容器中的数据并不是原始数据，而是经过这个函数处理后的数据，从而实现了在移动数据时的变换（transform）效果。

第二个版本的 transform()算法与第一个版本相似，只是它需要同时将两个容器的数据作为输入，因此在第一个版本的基础上增加了一个参数 first2，用于表示第二个源容器数据的起始位置。同时，因为处理函数需要处理来自两个源容器的数据，所以它需要两个参数，分别用于接收两个源容器中的数据，其类型分别与两个源容器中保存数据的类型相同。其他参数的意义与第一个版本的 transform()算法相同。在执行时，第二个版本的 transform()算法会在第一个源容器的输入范围内，依次从两个源容器中各自取出一个数据，以这两个数据作为实际参数调用处理函数，然后将函数的返回值保存到目标容器的开始位置，并依次往后排列。这样，就实现了将两个源容器内的数据经过变换处理后保存到目标容器的效果。利用 transform()算法可以在移动数据时对数据执行特定的操作，从而实现从一种数据到另一种数据的转换。例如，在考试结束后，老师需要根据学生的考试成绩为学生评定等级，这时就可以使用 transform()算法将具体的考试成绩转换为等级：

```
// 将考试成绩转换为学生等级的转换函数
char RateScore(int nScore)
{
    if(nScore >= 85)       // 成绩大于或等于 85 的是 A 等
    {
        return 'A';
    }
    else if(nScore >= 60) // 成绩大于或等于 60 的是 B 等
    {
        return 'B';
    }
    else                   // 成绩低于 60 的就是 C 等
    {
        return 'C';
    }
}

//...
// 保存原始的考试成绩的源容器
vector<int> vecScore = {89,78,94,63,58};
// 保存学生等级的目标容器
vector<char> vecGrade;
// 根据源容器数据的数量来调整目标容器的容量
vecGrade.resize(vecScore.size());
// 使用 transform()算法将源容器中的学生成绩转换为学生等级并保存到目标容器
// RateScore()函数负责具体的转换
transform(vecScore.begin(),
        vecScore.end(),        // 参与转换的源容器范围
        vecGrade.begin(),      // 目标容器的起始位置
        RateScore);            // 转换函数

// 输出转换后的学生等级
for(char cGrade : vecGrade)
{
    cout<<cGrade<<endl;
}
```

在这段代码中，我们希望将学生的成绩转换为等级。因此，我们将保存学生成绩的 vecScore 容器作为源容器，使用 begin()和 end()函数获得的迭代器指定数据范围，同时以保存学生等级的 vecGrade 容器作为目标容器，以该容器的 begin()函数获得的迭代器指定开始位置。关键在于，我们将之前定义的 RateScore()函数作为 transform()算法的处理函数。这样，transform()算法在执行时，会逐个以源容器 vecScore 中的数据作为实际参数传递给调用的 RateScore()函数，该函数将负责把 int 类型的分数转换为 char 类型的等级并返回。transform()算法会将 RateScore()函数返回的与分数相对应的等级逐个保存到目标容器 vecGrade 中。通过 RateScore()函数的操作，vecScore 容器中的分数就被转变为 vecGrade 容器中的等级，实现了在移动数据的同时对数据进行处理。

除可以处理单个容器中的数据元素外，transform()算法还可以接受第二个容器的数据作为输入，将两个容器中的数据元素联合起来进行运算或操作。例如，学生的数学成绩和英语成绩分别保存在两个容器中，现在班主任要将两个成绩相加，以计算学生的综合成绩：

```
// 定义移动数据过程中的操作函数
// 因为要接收来自两个源容器的数据，所以它有两个参数
// 这里，对数据的处理只是将来自两个容器中的数据简单相加取和值
int add( int nScoreMath, int nScoreEng )
{
   return nScoreMath + nScoreEng;
}
```

```
// 保存学生分科成绩的容器
// 这里，因为两个容器中的数据要配合操作
// 所以应该保证两个容器中数据的个数一致
vector<int> vecScoreMath = {98,85,96,75,68};
vector<int> vecScoreEng = {68,82,93,62,88};

// 定义保存综合成绩的容器
vector<int> vecScore;
// 改变容器的容量，让它有足够的空间保存结果
vecScore.resize( vecScoreMath.size() );
// 将 vecScoreMath 和 vecScoreEng 容器中的成绩相加
// 将结果保存到结果容器 vecScore 中
transform(vecScoreMath.begin(), vecScoreMath.end(),     // 输入数据的范围
          vecScoreEng.begin(),      // 第二个输入数据的起始位置
          vecScore.begin(),         // 目标容器的起始位置
          add );                    // 对数据进行处理的操作函数
```

与上面的例子相似，这里在调用 transform()算法时，添加了第二个容器作为输入容器。在执行过程中，transform()算法会逐个从这两个容器中同时取出数据，并将它们作为实际参数传递给调用的 add()函数。这里，add()函数对这两个数据的处理非常简单，仅仅是将它们相加并返回结果。transform()算法将 add()函数的返回值作为最终的处理结果保存到目标容器中。这样，就将两个容器中的数据相加并存储到目标容器中，实现了对多个容器中数据的转换处理。

当然，现实中的情况不会这么简单，transform()算法为我们提供了在移动数据过程中对数据进行处理的机会，具体如何处理数据以满足要求，则需要靠我们自己的才智了。

10.4 容器元素的排序

这是一个有秩序的世界：无论是买票、学生考试成绩、体育课排队，还是社会生活中的等级排序，都遵循着某种排序规则。C++作为描述和表达现实世界的强大工具，自然也提供了丰富的排序功能。

在 C++中，排序算法多种多样，从简单的冒泡排序到复杂的希尔排序，每种算法都有其特定的应用场景和性能特点。然而，对于大多数应用来说，这些排序算法的实现可能过于复杂，而且效率也参差不齐。

幸运的是，STL 为我们提供了强大的 sort()算法，它基于高效的排序算法实现，能够轻松应对各种排序需求。使用 STL 的 sort()算法，我们无须深入了解各种排序算法的具体实现，就可以快速、高效地完成排序任务。

10.4.1 使用 sort()算法对容器中的数据进行排序

sort()算法的作用不小，但它的使用却非常简单，其函数原型如下：

```
template <class RandomAccessIterator>
  void sort ( RandomAccessIterator first, RandomAccessIterator last );
```

sort()算法可以接受两个参数，分别用于指定需要进行排序的容器中数据的起始位置和结束位置。只要确定了排序的数据范围，默认情况下，sort()算法就会将数据元素按照从小到大的顺序排序，至于具体的排序和数据的移动，就无须我们操心了，sort()算法会处理好一切。例如，要对前面汇总后

的学生成绩进行排序，只需要一条语句即可完成：

```
// 将 vecScore 容器中的学生成绩排序
sort(vecScore.begin(),vecScore.end());
```

sort()算法执行完成后，容器中的数据将按照从小到大的顺序排列。一个简单的函数调用就可以完成所有数据的排序工作，将程序员从复杂的冒泡排序、希尔排序等排序算法中解放出来。默认情况下，sort()算法处理后的数据是按照从小到大的顺序排列的。如果想按照从大到小的顺序排列数据，则可以在容器排序完成之后，调用 reverse()算法将容器中的所有数据翻转为逆序即可。例如：

```
// 将排序完成的容器翻转为逆序，以实现从大到小的排序
reverse(vecScore.begin(), vecScore.end() );
```

sort()算法在排序过程中，通过“<”关系运算符对数据进行比较，从而确定它们的大小关系进行排序。这就意味着，想要通过 sort()算法进行排序的数据，必须支持用“<”关系运算符比较大小。对于基本数据类型，例如 int、char、string 等，由于这些数据类型已经重载了“<”关系运算符，具备了使用“<”比较大小的功能，因此 sort()算法原生就可以对容器中的基本数据类型的数据进行排序，无须进行任何额外工作。然而，如果容器中保存的数据是自定义数据类型，例如某个类的对象或某个结构体的变量等，则需要我们为该类型重载“<”关系运算符。这样，sort()算法才能使用该运算符来比较容器中两个数据的大小，从而对所有数据进行排序。

例如，容器中保存的是自定义的表示矩形的 Rect 类型对象，我们希望按照矩形的面积对容器中的 Rect 对象进行排序，其代码如下：

```
// 创建表示矩形的 Rect 类
class Rect
{
public:
     Rect() {};  // 默认构造函数
    // 构造函数，设定矩形的长和宽
    Rect( float fW, float fH )
        : m_fW(fW), m_fH(fH) {};
    // 重载“<”关系运算符，用于比较两个矩形的大小
    // 它的参数是另一个 Rect 对象的引用
    bool operator < (const Rect& r ) const
    {
        // 计算两个矩形的面积
        float fArea = GetArea(); // 自身的面积
        // 另一个矩形的面积
        float fAreaOhter = r.GetArea();
        // 返回两个面积比较的结果作为两个矩形比较的结果
        return fArea < fAreaOhter;
};
// 获得矩形的面积
float GetArea() const
{
    return m_fW * m_fH;
}
// 获得矩形的宽和高
float GetW() const
{
    return m_fW;
}
float GetH() const
{
    return m_fH;
```

```
    }
    // 获取矩形的周长
    float GetGirth() const
    {
        return (GetW() + GetH()) * 2;
    }
    // 矩形的属性：长和宽
    private:
        float m_fW;
        float m_fH;
    };

    // 创建保存 Rect 对象的容器
    vector<Rect> vecRect;
    // 将多个 Rect 对象添加到容器中
    vecRect.push_back( Rect(3, 4) );
    vecRect.push_back( Rect(6, 7) );
    vecRect.push_back( Rect(8, 1) );
    // 对容器中的 Rect 对象进行排序
    // 这里使用默认的"<"关系运算符按照面积排序
    sort( vecRect.begin(), vecRect.end() );
```

在这段代码中，我们在 vector 容器中保存的是自定义的 Rect 类的对象。为了使这种数据类型的数据也能够支持 sort()算法，我们重载了 Rect 类的"<"关系运算符。该运算符的返回值是 bool 类型，用于表示比较大小的结果；同时它有一个 Rect 引用类型的参数，表示参与比较的另一个 Rect 对象。

在这个重载的运算符中，我们具体地定义了两个 Rect 对象比较的规则：首先计算两个矩形的面积，然后将两个面积比较的结果作为两个矩形比较的结果，也就是说，哪个矩形的面积大，就认为这个矩形大。sort()算法在对容器中的 Rect 对象进行排序时，会调用这个运算符对两个 Rect 对象进行大小比较，以此决定它们之间的先后顺序。

对容器中的数据进行排序，不仅仅是让数据按照某种顺序排列这么简单，更多时候，我们还会在容器中的数据排序完成后，对数据进行进一步的处理，以获得更多、更丰富的结果。例如，针对排序完成的容器，可以使用 lower_bound()算法和 upper_bound()算法来获得容器中小于某个值或者大于某个值的临界点位置；可以使用 equal_range()算法获得容器中所有等于某个值的数据范围。可以说，使用 sort()算法对容器中的数据进行排序是后续这些算法的前提，而这些算法又扩展了 sort()算法的结果。两者相互配合使用，可以"优雅"地完成一些常见的数据处理任务。

以前文的学生成绩汇总的例子为例，当使用 sort()算法对保存在 vecScore 容器中的汇总成绩排序完成后，我们还可以统计所有及格的学生总人数和刚好及格的学生人数，代码如下：

```
// 汇总学生成绩并排序

// 获取容器中及格分数（大于临界值 59）的临界点
// upper_bound()算法返回的是指向这个临界点的迭代器
auto itpass =
    upper_bound(vecScore.begin(), vecScore.end(), // 容器的数据范围
                59);        // 临界值
// 获取容器中刚好及格（60）的数据范围
// equal_range()算法返回的是一个 pair 对象
// 它的 first 成员保存的是这个范围的起始位置
// 而它的 second 成员保存的是这个范围的结束位置
auto passScores = equal_range(vecScore.begin(),
                    vecScore.end(), // 容器的数据范围
                    60);            // 及格分数

// 输出数据处理的结果
```

```
// 输出所有及格的分数
cout<<"所有及格的分数是："<<endl;
for( auto it = itpass; it != vecScore.end(); ++it )
    cout<<*it<<endl;

// 利用迭代器计算符合条件的数据的个数
cout<<"所有及格的学生人数："<<int(vecScore.end() - itpass)<<endl;
cout<<"刚好及格的学生人数："<<int(passScores.second - passScores.first)<<endl;
```

在这里，我们利用 equal_range()函数返回的迭代器来计算容器中符合条件的数据的数量。然而，这通常不是 equal_range()函数的主要用途，它更多地用于查找操作。实际上，STL 提供了 count()算法和 count_if()算法，它们专门用于统计容器中符合某个条件的数据的数量。使用这两个算法，我们可以以一种更直接和优雅的方式进行计数：

```
// 统计容器中所有及格的分数个数
// count_if()算法使用 ispass()函数判断当前数据是否属于及格分数
// 如果 ispass()函数返回的是 true，则当前数据属于及格分数，统计在内
int nAllPass = count_if( vecScore.begin(),
                         vecScore.end(),        // 容器数据范围
                         ispass);               // 判断函数
cout<<"所有及格的学生人数："<<nAllPass<<endl;
// 统计刚好及格的学生人数
// 也就是利用 count()算法统计容器中有多少个值为 60 的数据
int nPass = count( vecScore.begin(),
                   vecScore.end(),        // 容器数据范围
                   60);                   // 被统计的数值
cout<<"刚好及格的学生人数："<<nPass<<endl;
```

10.4.2 自定义排序的规则

作为 sort()算法的使用者，我们关心的并不是排序算法的具体实现，更关注的是排序算法的排序规则。在默认情况下，sort()算法使用“<”关系运算符进行大小比较，并按照从小到大的顺序进行排序。虽然 sort()算法的这种默认排序方式可以满足大多数需求，但在一些特殊情况下，我们希望按照某些特殊的方式对数据进行排序，即采用自定义的排序规则。这时，我们就需要用到 sort()算法的第二个版本，它的原型如下：

```
template <class RandomAccessIterator, class Compare>
    void sort (   RandomAccessIterator first, RandomAccessIterator last,
            Compare comp );
```

从这里可以看到，sort()算法的第二个版本在第一个版本的基础上增加了一个参数 comp，正是这个增加的参数使我们可以自定义排序规则。这个参数可以接受一个函数，该函数用于定义排序的比较规则，因此它也被称为比较函数。比较函数有两个输入参数，它们是要进行比较的数据对应的数据类型，该函数还有一个 bool 类型的返回值。sort()算法在执行时，会将容器中两个待比较的数据作为实际参数调用这个比较函数进行大小比较。在比较函数中，我们可以自定义比较规则，按照我们需要的方式来比较两个数据的大小，并最终返回一个 bool 值来表示这两个数据的大小关系。sort()算法会根据这个大小关系来确定它们最终在容器中的先后顺序。例如，可以利用 sort()算法中的比较函数重新定义 vecRect 容器中 Rect 对象的排序规则，让它们按照矩形的长进行排序：

```
// 定义比较函数，实现自己的比较规则
// 比较函数的两个参数的数据类型，就是容器中数据的类型的引用，而返回值类型是 bool 类型
bool sortbyH( const Rect& rect1, const Rect& rect2 )
{
```

```
    // 在比较函数中，定义具体的比较规则
    // 这里比较两个矩形的长，以矩形长的比较结果作为矩形的比较结果
    // 默认情况下，数据是按照“<”关系运算符比较后的结果进行排序的
    // 所以这里也返回“<”关系运算符比较的结果
return rect1.GetH() < rect2.GetH();
}
// 使用自定义的比较规则代替默认的比较规则对容器中的数据进行排序
sort( vecRect.begin(), vecRect.end(), sortbyH );
```

在利用 sortbyH()函数重新定义比较规则，并将它作为 sort()算法的第三个参数传递给 sort()算法之后，sort()算法在排序时会采用我们自定义的比较函数，而不再采用默认的排序规则，即不再使用这个数据类型的“<”关系运算符进行比较。取而代之的事，sort()算法会调用我们自定义的比较函数来完成对数据的比较。因为可以完全控制比较函数的实现，所以我们可以将特殊的比较规则融入到比较函数中，让 sort()算法采用我们自定义的比较规则。

自定义比较规则还带来另一个好处，那就是实现比较规则的多样化。例如，如果某天老板心血来潮，希望让 Rect 对象按照矩形的宽进行排序，通过自定义 sort()算法的比较规则，也能很快实现：

```
// 定义新的比较函数，实现新的比较规则
bool sortbyW( const Rect& rect1, const Rect& rect2 )
{
    return rect1.GetW() < rect2.GetW();
}
// 在 sort()算法中使用新的比较函数
sort( vecRect.begin(), vecRect.end(), sortbyW );
```

在这里，我们很快就将新的比较规则运用于比较函数 sortbyW()，然后通过 sort()算法调用这个比较函数，从而改变了 sort()算法的比较规则，排序的结果随之发生变化。也就是说，同一个 sort()算法、不同的比较函数就有不同的比较结果，这大大增加了 sort()算法的灵活性，如图 10-4 所示。

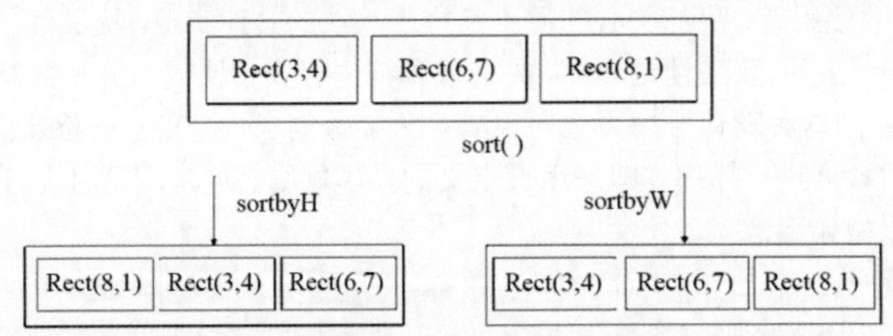

图 10-4　不同的比较函数，不同的比较结果

一般来说，sort()算法提供的只是一个排序算法的框架，它负责维护整个排序过程。例如，从容器中取出两个数据进行比较，并根据比较结果将数据放到容器的合适位置。但是，它将排序算法中最核心、最关键的部分——比较规则的定义，留给了我们。这样，我们可以自定义比较规则，使用相同的固定算法框架，应用不同的自定义比较规则来对不同类型的数据进行排序，从而实现排序算法的通用性和灵活性。

知识拓展　获取容器中的最大值和最小值

“你们班谁的成绩最好？”

“这几个矩形哪个面积最大？”

很多时候，我们都希望方便地获得容器中所有数据中的最大值或最小值。为了完成这个常

见的任务，STL 提供了 max_element()和 min_element()算法。它们的使用与 sort()算法非常相似，只需用一对迭代器指定查找的范围即可。例如，可以利用这两个算法方便地获得 vecRect 容器中面积最大和最小的矩形：

```
// 利用max_element()算法获取 vecRect 容器中的最大值，也就是面积最大的矩形
// max_element()算法返回的是指向最大值的迭代器
auto maxit = max_element( vecRect.begin(),
 vecRect.end() ); // 参数是两个迭代器表示的查找范围
// 通过指向最大值的迭代器访问最大值
Rect maxRect = *(maxit);
// 利用min_element()算法获取vecRect 容器中的最小值
auto minit = min_element( vecRect.begin(),
vecRect.end() );
Rect minRect = *(minit);
```

与排序算法一样，我们也可以为这两个算法提供一个函数作为第三个参数，从而自定义比较规则。例如，我们想要获得 vecRect 容器中周长最长的矩形，可以按如下方式定义比较规则：

```
// 比较两个矩形的周长，自定义比较规则
bool maxbyGirth( const Rect& rect1, const Rect& rect2 )
{
   return rect1.GetGirth() < rect2.GetGirth();
}

// 获取vecRect 容器中周长最长的矩形
auto maxgirthit = max_element( vecRect.begin(),
     vecRect.end(),
       maxbyGirth ); // 比较 Rect 对象的周长
Rect maxGirthRect = *(maxgirthit);  // 获得周长最长的矩形
```

10.5　实战 STL 算法

STL 算法不是拿来看的，而是拿来练的。理论知识固然重要，但只有通过不断的实战练习，才能真正领悟 STL 算法的精髓，并将它运用到实际项目中。

10.5.1　“算法”老师带来的一堂别开生面的体育课

今天晴空万里，几片云彩悠然地飘在蔚蓝的天空中，仿佛在为 C++世界的风光秀丽绘制背景。在这个理想的编程环境中，形势一片大好，正是学习新知识的好时光。今天，我们有幸迎来了一位特殊的讲师——从 STL 中请来的“算法”老师。

这位名为“算法”的老师，不仅名字与众不同，他的教学方法也充满了创意。他给我们上的第一堂课，竟是一堂别开生面的体育课。

这些上课的学生实际上都是 Student 类的对象。Student 类描述了学生们的属性和行为：他们都有自己的姓名和身高。当然，他们也会报告自己的姓名和身高：

```
// 学生类，描述学生的属性和行为
class Student
{
public:
```

```
// 默认构造函数
    Student()
    {};
    // 接受姓名和身高作为参数的构造函数
    // 可以设定对象的姓名和身高属性
    Student( string strName, int nHeight )
        : m_strName(strName), m_nHeight(nHeight) {};
// 对象的行为
public:
    // 获得身高
    int GetHeight() const
    {
        return m_nHeight;
    }
    // 向屏幕输出，报告姓名和身高
    void Report() const
    {
        cout<<"我是"<<m_strName<<", 身高"<<m_nHeight<<endl;
    }
// 对象的属性
private:
    string m_strName = "";      // 姓名
    int m_nHeight = 0;          // 身高
};
```

我们班只有三位学生，他们分别是：

```
// 根据学生的姓名和身高创建学生对象
Student st1("ZhangSan", 175);
Student st2("LiShi", 163);
Student st3("WangWu", 188);
```

“叮铃铃……”上课铃响了，要开始上课了。老师把我们召集起来，并将我们“放到”一个 vector 容器中：

```
// 老师用 push_back()函数将我们召集到 vector 容器中
vector<Student> vecStu;  // 保存所有 Student 对象的容器
vecStu.push_back( st1 );
vecStu.push_back( st2 );
vecStu.push_back( st3 );
```

正当我们准备开始上课时，隔壁班的几位同学看到我们这边上课挺有趣，也想要过来和我们一起上课。他们已经集合到另一个容器 vecStuC2 中了。于是，“算法”老师利用 copy_backward()算法将他们合并到我们所在的 vecStu 容器中：

```
// 扩大我们所在容器的容量，为新来的同学腾出点地方
vecStu.resize( vecStu.size() + vecStuC2.size() );
// 将新同学对象追加到我们的容器末尾，欢迎新同学
copy_backward( vecStuC2.begin(), vecStuC2.end(), vecStu.end());
```

随着“算法”老师一声哨响，我们的编程课堂正式开始。老师用一个生动的比喻引入排序算法的概念：“全体同学都到了，立正，向右看齐，高个儿的站左边，低个儿的站右边。”这实际上是在告诉我们，要按照身高对学生进行排序。

```
// 排序的规则：按照身高排序，高个儿的站左边，低个儿的站右边
bool sortbyHeight(const Student& st1, const Student& st2 )
{
    // 两两之间比较一下身高
    return st1.GetHeight() < st2.GetHeight();
}
```

排序的规则有了，“算法”老师拿出 sort()算法，迅速完成了队伍的排序：

```
// 按照老师的排序规则排好队伍
sort(vecStu.begin(), vecStu.end(), sortbyHeight);
```

使用 sort()算法对学生队伍进行排序真是既快速又有效。仅仅用了 0.02 秒，原本混乱的队伍就按照身高迅速排好了顺序。“算法”老师看到队伍已经井然有序，便下达了新的命令：“开始报数。”

这时，一个 for_each()算法让我们每个人都动了起来。for_each()算法是 STL 中的一个实用工具，它允许我们对容器中的每个元素执行某个操作或调用某个函数。在我们的场景中，这个操作是调用每个学生对象的 Report()成员函数，以报出自己的姓名和身高。

```
// 报数函数
void CountOff(const Student& st)
{
        static[1] int nNum = 0;  // 计数
        ++nNum;                  // 每次增加 1
        cout<<nNum<<endl;        // 报告在队伍中序号
        st.Report();             // 调用 Student 对象的 Report()函数报告姓名和身高
}
// 让容器中的每个对象都调用自己的 Report()函数
// 报出自己的姓名和身高
for_each( vecStu.begin(), vecStu.end(),CountOff);
```

“算法”老师只用了几个简单的算法，就让我们这群 Student 对象变得井然有序，我们都很佩服他。他的教学方法不仅高效，而且充满了乐趣和创意。

后来，我们在游戏中也体验到了算法的魔力。我们玩了捉迷藏，用 find_if()算法找到躲起来的人；还玩了过家家，用 transform()算法将自己改头换面，扮演成大人的模样。“算法”老师的这堂体育课不仅让我们学到了知识，更让我们体验到了编程的乐趣。

放学回家以后，我用 C++程序把这一天的经历完整地记录了下来：

```
// “算法”老师带来的一堂别开生面的体育课
#include <vector>
#include <algorithm>
#include <iostream>

using namespace std;

// 学生类，描述学生的属性和行为
class Student
{
public:
// 默认构造函数
    Student()
    {
    };
    // 接受姓名和身高作为参数的构造函数
    // 可以设定对象的姓名和身高属性
    Student( const string strName, const int nHeight )
        : m_strName(strName), m_nHeight(nHeight) {};
// 对象的行为
```

[1] 在函数内的局部变量前加上 static 关键字，表示这是一个静态变量。当函数第一次被执行时，会创建静态变量，但它不会随着函数执行完毕而被销毁。当函数再次被执行时，静态变量仍然保存了上一次函数执行时的值。因此，静态变量可以用来记录函数执行过程中的状态数据。

```
public:
    // 获取姓名
    string GetName() const
    {
        return m_strName;
    }
    // 获取身高
    int GetHeight() const
    {
        return m_nHeight;
    }
    // 设置身高
    void SetHeight(const int nHeight)
    {
        m_nHeight = nHeight;
    }
    // 向屏幕输出，报告姓名和身高
    void Report() const
    {
        cout<<"我是"<<m_strName
          <<"，身高"<<m_nHeight<<endl;
    }
// 对象的属性
private:
    string m_strName = "";      // 姓名
    int m_nHeight = 0;          // 身高
};

// 排序的规则：按照身高排序
// 高个儿的站左边，低个儿的站右边
bool sortbyHeight(const  Student& st1, const Student& st2 )
{
    // 两两之间比较一下身高
    return st1.GetHeight() < st2.GetHeight();
}

// 报数函数
void CountOff(const Student& st)
{
     static int nNum = 0;  // 计数
     ++nNum;               // 每次增加 1
     cout<<nNum<<endl;     // 报告在队伍中的序号
     st.Report();          // 调用 Student 对象的 Report()函数报告姓名和身高
}

// 捉迷藏函数，判断 Student 对象的名字是否为"ZhangSan"
bool findZhangSan(const Student& st)
{
     return st.GetName() == "ZhangSan";
}

// 增加身高函数，将 Student 对象的身高增加 50 厘米
Student IncreaseHeight(Student& st)
{
    // 获取原来的身高
    int nHeight = st.GetHeight();
    // 在原身高的基础上增加 50 厘米，设置为新的身高
    st.SetHeight(nHeight + 50);

    return st;
```

```
}

int main()
{
    // 我和我的同学们
    Student st1("ZhangSan", 125);
    Student st2("LiShi", 133);
    Student st3("WangWu", 118);

    // 老师用 push_back()函数将我们召集到 vector 容器中
    vector<Student> vecStu;  // 保存所有 Student 对象的容器
    vecStu.push_back( st1 );
    vecStu.push_back( st2 );
    vecStu.push_back( st3 );

    // 隔壁班的同学也要加入
    vector<Student> vecStuC2;
     Student st4("XiaoMing", 124);
     vecStuC2.push_back( st4 );

    // 扩大我们所在容器的容量，为新来的同学腾出点地方
    vecStu.resize( vecStu.size() + vecStuC2.size() );
    // 复制新同学对象并追加到我们的容器末尾，欢迎新同学
    copy_backward( vecStuC2.begin(), vecStuC2.end(), vecStu.end());

    // 按照老师的排序规则排好队伍
    sort(vecStu.begin(), vecStu.end(), sortbyHeight);

    // 让容器中的每个对象都调用自己的 Report()函数
    // 报出自己的姓名和身高
    for_each( vecStu.begin(), vecStu.end(),CountOff);

    // 捉迷藏，从容器中找到名字为“ZhangSan”的 Student 对象
    auto it = find_if(vecStu.begin(),vecStu.end(), findZhangSan);
    // 如果找到，报告自己的姓名和身高
    if(it != vecStu.end())
    {
        cout<<"找到了！"<<endl;
        (*it).Report();
    }
    else
    {
        cout<<"没有找到。"<<endl;
    }

    // 过家家，每个人的身高都增加 50 厘米，瞬间变成大人模样
    transform(vecStu.begin(),vecStu.end(),vecStu.begin(),IncreaseHeight);

    // 身高增加后，每个人都报告一下自己的姓名和新的身高
    for_each( vecStu.begin(), vecStu.end(),
        // 使用 Lambda 表达式调用 Student 对象的 Report()函数
        // 具体规则请参考后文 11.3 节的介绍
        [](const Student& st) {
            st.Report();
        });

    return 0;
}
```

10.5.2 删除容器中的冗余元素

在现实世界中，减肥成为了一种流行趋势，爱美女士们纷纷寻求减去多余的体重。这股风潮似乎也影响到了C++的编程世界，容器们也开始了它们的“减肥”计划——删除其中的冗余数据元素。

在现实世界中，减肥可能是一项艰巨的任务，但在C++的STL世界里，这却变得相对简单。利用STL提供的算法，我们可以轻松地帮助容器“瘦身”，效果远胜于市面上的减肥产品。STL公开了它的“瘦身秘方”，让所有容器都能快速实现“减肥”效果。

在编程中，容器不可避免地会出现冗余元素，可能是由于用户重复输入或在程序处理过程中产生的。这就像一些人的身体容易增重一样，容器中冗余元素的出现几乎无法避免：

```
// 这里的 st1 和 st3 虽然是不同的对象，但是它们的属性都相同
// 代表了相同的意义，因而可以认为它们是相互重复的，其中一个是冗余的元素
Student st1("ZhangSan", 175);
Student st2("LiShi", 163);
Student st3("ZhangSan", 175);  // 与 st1 相同
// 将这些对象都添加到容器中，容器中产生了冗余元素
vector<Student> vecStu = {st1,st2,st3};
```

冗余元素的出现不仅会导致程序业务逻辑的混乱（两个对象表示同一个实体事物，有可能产生不一致），同时还会浪费宝贵的内存资源（原本只需要两个Student对象空间的容器，却不得不占用三个Student对象的空间）。但不用担心，使用STL的“瘦身大法”可以迅速解决这一问题，具体步骤如下：

第一步，对容器中的所有数据进行排序：

```
// 第一步：让容器中的 Student 对象按照身高排序
sort(vecStu.begin(), vecStu.end(), sortbyHeight);
```

第二步，也是最关键的一步，使用unique()算法删除容器中的冗余元素。unique()算法会调用容器中数据类型对应的“==”关系运算符来判断两个数据元素是否相等。如果两个数据元素相等，就删除其中的一个元素，只在容器中保留一个。因为容器中的数据是自定义的Student类型的对象，所以需要先重载这个类的“==”关系运算符，然后才能使用unique()算法删除冗余元素：

```
class Student
{
// ...
public:
    // 重载“==”关系运算符，判断两个对象是否相同
    // 如果两个对象的姓名和身高属性都相同，则认为这两个对象相同
    bool operator == (const Student& st) const
    {
        // 使用“&&”关系运算符来保证两个条件同时成立
        return (m_strName == st.GetName())
                && (m_nHeight == st.GetHeight());
    }
// ...
};
// 第二步：删除容器中的冗余元素
auto it = unique( vecStu.begin(),vecStu.end());
```

第三步，使用erase()算法彻底删除容器中的冗余元素。在第二步中，尽管我们使用unique()算法将冗余元素移动到容器的末尾，但并没有真正从容器中删除这些冗余数据。unique()算法只会返回一个指向容器中有效数据结束位置的迭代器。为了实现真正的“瘦身”，还需要使用erase()算法从

容器中彻底删除这些冗余数据：

```
// 第三步：删除容器末尾遗留的冗余元素
vecStu.erase( it, vecStu.end() );
```

从此，身轻如燕！

10.6　本章练习

1. 编写一个程序，使用 std::vector 容器存储一组整数，并使用 std::for_each()算法输出 vector 中的所有元素。提示：可以定义一个函数，该函数接受一个整数作为参数并输出该整数。然后将该函数作为参数传递给 std::for_each()算法。

2. 编写一个程序，使用 std::vector 容器存储一组整数，并使用 std::copy()算法将 vector 中的所有元素复制到另一个 vector 容器中。输出复制后的 vector 容器中的所有数据。

3. 使用 std::vector 容器存储一组自定义对象（例如，一个包含 nW 和 nH 的 Rect 类）。为 Rect 类定义一个“<”关系运算符重载函数，使其按照 Rect 的面积进行排序。然后使用 std::sort()算法对 vector 容器中的 Rect 对象进行排序，并输出排序后的 vector 容器中的所有 Rect 对象的面积。提示：可以在 sort()算法的第三个参数中传递自定义的比较函数进行排序。

第 11 章

函数的三件“马甲”：函数指针、函数对象与 Lambda 表达式

通过前面的学习，我们可以看到 STL 中的算法大多提供了一个算法框架，而算法的核心逻辑则是通过函数参数来实现自定义的。这种设计使得 STL 算法不仅强大，而且具有极高的灵活性。例如，sort()算法可以通过提供不同的比较函数来自定义排序规则；find_if()算法也可以通过不同的谓词函数来自定义匹配规则。这类函数的使用极大地增强了通用算法的表达能力，使算法能够适应各种不同的需求。

在 STL 算法中，虽然使用的都是函数，但它们会根据不同的应用场景以不同的“马甲”出现：有简单的普通函数指针，也有复杂的函数对象，更有灵活而优雅的 Lambda 表达式。下面就来看看函数的这三件“马甲”，以免它换了件“马甲”我们就认不出来了。

11.1 函数指针

函数指针是 C++中一种特殊的指针类型，它用于指向函数而不是普通数据。顾名思义，函数指针存储了一个函数的内存地址，允许我们间接地调用函数。每个函数在 C++中都有自己的入口地址，函数指针就是通过这个地址来引用函数的。

函数指针的使用需要遵循类型安全的原则，即指针类型必须与所指向的函数的签名（返回类型和参数列表）完全匹配。这样，我们就可以通过函数指针来调用它所指向的函数，类似于通过普通指针访问它所指向的变量。

11.1.1 函数指针的定义、赋值与使用

当我们定义普通指针来指向某个变量时，需要根据它所指向的这个变量的数据类型来确定指针的类型。例如，我们的指针要指向一个 int 类型的变量，那么这个指针的类型就是 int*。同样地，如果我们需要定义函数指针来指向某个函数，同样需要根据它所指向的函数来确定这个函数指针的类型。但与普通指针的类型只是在它所指向变量的类型后面加一个“*”不同，函数指针类型的确定要

稍微复杂一些。在 C++中，我们定义一个函数指针的语法形式如下：

```
函数返回值类型 (*指针变量名)(形式参数列表);
```

其中，函数返回值类型是指针所要指向的函数的返回值类型。指针变量名是函数指针的名字。由于“()”的优先级高于“*”符号，因此指针变量名外面的括号是必不可少的。形式参数列表与指针所指函数的形式参数列表相同。概括起来，函数指针的定义与它所指函数的声明类似（返回值类型和形式参数列表相同），只不过是将函数名换成了“*”加上一个指针变量名。这也隐含一个信息，一个函数的函数名实际上就是指向该函数的指针。例如，有这样一个函数：

```
// 一个普通的函数
void PrintPass( int nScore )
{
    cout<<nScore<<endl;
}
```

如果要定义一个函数指针来指向这个函数，可以使用如下代码：

```
// 定义函数指针
void (*pPrintFunc)( int nScore );
```

这样，pPrintFunc 就是一个指向 PrintPass()函数的函数指针。当然，它也可以指向任何返回值类型为 void 且具有一个 int 类型参数的普通函数。需要注意的是，当定义函数指针时，参数列表中的形式参数名是可选的。上述代码也可以简化为：

```
// 省略形式参数名的函数指针的定义
void (*pPrintFunc)( int );
```

当函数的形式参数较多时，通常省略形式参数名以简化函数指针的定义。

函数指针的定义比较烦琐，如果需要定义多个相同类型的函数指针，可以使用 typedef 关键字将这种函数指针类型定义为一种新的数据类型，然后用这种新的数据类型来定义函数指针。例如：

```
// 定义一种新的函数指针的数据类型
// 这种类型的函数指针可以指向的函数返回值类型是 void 的函数
// 这种函数有一个 int 类型的参数
typedef void (* PRINTFUNC )(int);
// 使用新的数据类型定义多个相同类型的函数指针
PRINTFUNC pFuncFailed;
PRINTFUNC pFuncPass;
```

这里定义了一种新的函数指针类型 PRINTFUNC，它表示这种类型的函数指针指向一个返回值类型为 void 且有一个 int 类型参数的函数。

完成函数指针的定义后，可以用函数名给函数指针赋值，让它指向这个函数。

```
// 用函数名给函数指针赋值
pPrintFunc = PrintPass;
```

虽然使用 typedef 关键字定义函数指针类型的方式，可以在一定程度上简化函数指针的定义，但我们仍然需要定义函数指针类型本身。在定义复杂函数指针类型时，这个过程不仅烦琐，而且很容易出错。

C++提供了 auto 关键字来解决这个问题。使用 auto 关键字作为函数指针的数据类型，可以直接定义一个函数指针并同时给它赋值以进行初始化。至于这种指针的具体类型定义，就留给编译器，编译器会根据这个指针的初始值自动推断它的具体数据类型。因为编译器最擅长干这些活，就让程序员专注思考如何解决问题吧。利用 auto 关键字，可以这样定义函数指针：

```
// 利用 auto 关键字定义函数指针
// 编译器会在变量赋值的时候，自动推断函数指针的具体类型
auto pPrintFunc = PrintPass;
```

我们定义指向数据的普通数据指针，是为了通过它灵活地访问它所指向的数据。同样，定义指向函数的函数指针的目的，也是为了通过它灵活地访问它所指向的函数。与利用函数名直接调用函数相比，两者的效果完全相同，形式上也十分相近。例如：

```
// 通过函数名直接调用 PrintPass()函数
PrintPass( 75 );
// 通过函数指针 pPrintFunc 调用它所指向的 PrintPass()函数
(*pPrintFunc)( 75 );
// 更简化的形式
pPrintFunc( 75 );
```

这里，在函数指针前加上一个“*”符号，就相当于得到了它所指函数的函数名，类似于在普通数据指针前加上“*”可以得到它所指向的数据。然后，像普通函数调用一样，在函数名后的“()”中加上相应的参数，就可以实现对它所指向函数的调用。更简单的方法是，把函数指针直接当作函数名，以普通函数调用的形式实现对它所指向函数的调用。由于函数指针 pPrintFunc 所指向的是 PrintPass()函数，因此以上这三行代码是等效的，都是以 75 作为实际参数调用 PrintPass()函数。

11.1.2 用函数指针实现回调函数

读者可能会有疑问：既然使用函数指针调用函数与直接使用函数名调用函数没有什么差别，那么何必多此一举使用函数指针来调用函数呢？直接使用函数名调用函数不是更简单吗？

要回答这个问题，可以先简单回顾一下普通数据指针的意义：当我们需要在函数之间传递较大体积的数据时，可以通过传递指向这些数据的小体积的指针，从而间接地完成大体积数据的传递。由此可见，普通数据指针的意义在于传递数据。在一个程序中，除数据需要传递外，对数据的操作同样需要传递。而函数指针的意义就在于传递对数据的操作，即传递函数。

通常而言，一个函数定义完成之后，其行为就完全固定了。我们可以向函数传递数据参数来自定义函数处理的数据，但无法向函数传递另一个函数来对其行为进行自定义。而函数指针的意义就在于传递函数。通过把函数指针作为参数传递，我们可以将指向某个函数的指针传递给另一个函数，而在这个函数中，我们可以通过传递进来的函数指针调用它所指向的函数，这个函数也被称为回调函数（callback function）。根据传递进来的函数指针所指向函数的不同，不同的函数自然就表现出不同的行为，从而实现在函数之间的传递操作，达到通过参数对函数行为进行自定义的目的。

回调函数的使用正是为了让程序变得更加简单和灵活。回调函数可以把主调函数与被调函数分开，主调函数不必关心具体的被调函数是谁，只需知道存在一个具有特定原型和限制条件的被调函数。这就像在主调函数中留下了一个插口，规定了插口的规则，也就是函数的返回值和具体参数。而被调函数就是插头，可以插入任何符合这个插口规则的插头，从而实现主调函数的功能。通过改变插入的插头，可以改变主调函数的功能，从而调整主调函数的实现。使用回调函数可以实现相同的算法框架来配合不同算法的实现，最终达到算法通用的目的。

下面我们来看一个实际的例子。在 STL 中，有一个 count_if()算法，它通过提供一个函数指针类型的参数，使得外界可以向它传递表示统计规则的函数，从而让 count_if ()算法可以完成各种条件的统计。在这里，我们利用函数指针实现一个简化版本的 mycount_if()算法，让它能够通过函数指针

参数接受多种统计规则函数，从而统计 vector 容器中符合各种条件的数据的个数：

```
// 定义函数指针类型 RuleFunc，它可以指向返回值为 bool 类型
// 同时拥有一个 int 类型参数的函数

typedef bool (*RuleFunc)(int);

// 定义算法框架函数
int mycount_if(const vector<int>& v,    // 需要统计的容器
RuleFunc is)           // 指向统计规则函数的函数指针
{
    int nTotal = 0;
    // 使用基于范围的 for 循环遍历容器中的数据
    for(int n:v)
    {
        // 通过函数指针调用规则函数
        // 判断当前数据是否符合统计规则
        if(is(n))
         {
            ++nTotal;     // 如果符合，则统计在内
         }
    }
    return nTotal;         // 返回统计结果
}
// 统计规则函数，判断分数是否及格
bool IsPass(int n)
{
    return n >= 60;
}
// 统计规则函数，判断分数是否优秀
bool IsGood(int n)
{
    return n >= 85;
}
// 利用 mycount_if()算法统计 vector 容器中的数据
int main()
{
    // 待统计的容器，添加初始数据
    vector<int> vecScore = {54,87,65,31,94};

    // 使用 IsPass 函数名作为 mycount_if()算法的参数
    // 统计容器中的及格分数的个数
    int nPass = mycount_if(vecScore,IsPass);
    // 更换统计规则函数，统计容器中的优秀分数的个数
    int nGood = mycount_if(vecScore,IsGood);

    // 输出结果
    cout<<"及格人数"<<nPass<<endl;
    cout<<"优秀人数"<<nGood<<endl;

    return 0;
}
```

在这里，mycount_if()算法搭起的只是一个统计算法的框架：利用基于范围的 for 循环逐个遍历容器中的数据，然后调用函数指针所指向的规则函数，以判断当前数据是否符合统计规则。如果符合，则统计在内。具体的统计规则由通过函数指针参数传递的统计规则函数来定义。虽然 mycount_if()算法的框架是固定不变的，但因为传递给它的统计规则函数不同，所以能够统计出符合各种不同统计规则数据的个数。

这里的算法框架函数 mycount_if()就好比一个插座，它通过函数指针参数提供了一个插口。而 IsPas()和 IsGood()算法规则函数就好比插头。只要插口和插头相互匹配（即函数的返回值和参数类型相同，算法框架函数的函数指针参数可以指向算法规则函数），我们就可以将插头插入插座（即以算法规则函数为参数调用算法框架函数），从而实现具体的功能。不同的插头表现出不同的功能，如图 11-1 所示。这就像家中的同一个插座，插上电视机的插头可以看电视，而插上电饭锅的插头就可以做饭，体现出这种实现方式带来的算法通用性。

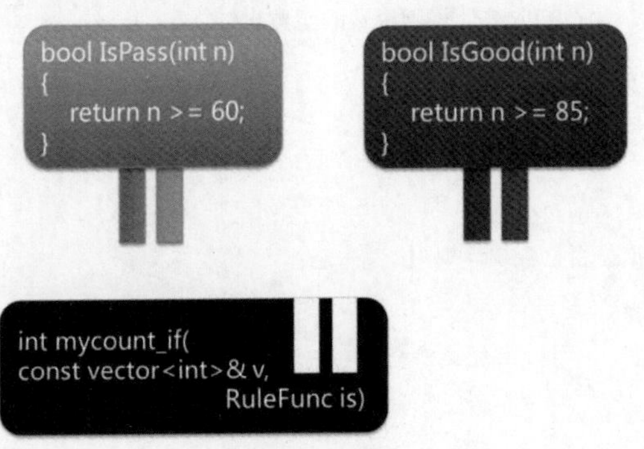

图 11-1　回调函数与插头理论

利用函数指针参数传递函数，然后在函数内部回调，可以改变一个函数的行为，对其行为进行参数化的自定义。正是因为这种灵活性，回调函数在 C++程序中被广泛应用，例如线程函数和通用算法中。在实现某个算法时，我们往往只实现算法的基本框架，而算法的具体规则则交由回调函数来实现，也就是在算法中留下插口，留给算法的具体使用者来实现。这样，同一个算法可以适应不同的条件，从而达到通用的目的。

11.1.3　将函数指针应用到 STL 算法中

就像前文介绍的 mycount_if()算法一样，STL 中的大多数算法，特别是以 if 为后缀的算法，都可以通过给它们提供一个函数指针参数，来自定义其核心业务逻辑，最终使 STL 中的通用算法能够满足各种个性化的需求，实现真正的通用。例如，我们可以为 STL 中的 count_if()算法提供一个指向统计规则函数的函数指针，让它统计出容器中所有符合条件的数据的个数：

```
// 利用函数定义统计的规则，统计身高大于 170cm 的 Student 对象
bool countHeight( const Student& st )
{
    // 如果身高大于 170cm，则统计在内
    return st.GetHeight() > 170;
}

// 将统计规则函数的指针 countHeight 应用到 count_if()算法中
// 这样 count_if()算法将调用 countHeight()函数来判断数据是否符合条件
int nCount = count_if(vecStu.begin(),
vecStu.end(),
countHeight );  // 统计规则
cout<<"身高大于 170cm 的学生有："<<nCount<<endl;
```

在这段代码中，首先定义了一个函数 countHeight()，并在其中定义了自己的统计规则：判断 Student 对象的身高是否大于 170cm。如果大于，则返回 true，表示当前数据符合统计规则，并将它统计在内。然后，将这个函数名，也就是指向这个函数的函数指针 countHeight 作为实际参数调用

STL 中的 count_if()算法。当 count_if()算法对容器中的数据进行统计时，会调用 countHeight()函数来判断当前数据是否符合统计规则。如果符合，则统计在内。换句话说，以函数指针的形式传递给 count_if()算法的 countHeight()函数成了一个回调函数，它会在 count_if()算法中被调用。这样，可以在 countHeight()函数中实现自己的统计规则，从而让 count_if()算法按照自定义的规则进行统计，最终达到利用函数指针对 STL 算法进行自定义的目的。

从以上这段代码中，我们也注意到 countHeight()函数中的身高标准已经固定，这使得算法失去了一定的灵活性。如果要统计大于另一个身高标准的人数，则不得不重新编写另一个统计规则函数。为了让这个统计算法具有更大的灵活性，我们可以对统计规则函数 countHeight()进行改写，将统计标准也作为函数的参数，在调用时再根据具体情况传入统计标准，使这个统计算法更加灵活：

```
// 将统计标准也作为参数，重新定义统计规则函数
bool countHeight( const int nHeight, const Student& st )
{
    // 如果身高大于标准身高，则统计在内
    return st.GetHeight() > nHeight;
}
```

在调用 count_if()算法进行统计时，可以使用 STL 提供的 bind1st()函数动态地绑定它的第一个参数，也就是指定统计的身高标准，从而灵活地完成各种身高人数的统计：

```
// 待统计的容器
vector<Student> vecStu;
// 用 push_back()函数将 Student 对象添加到 vecStu 容器中

int nH = 0;  // 身高标准
// 动态输入身高标准
    cout<<"请输入身高标准"<<endl;
    cin>>nH;
// 利用 countHeight()函数进行统计
// 同时动态指定 nH 作为它的第一个参数，设定身高标准
int nCount = count_if(vecStu.begin(),  vecStu.end(),     // 统计范围
        bind1st( ptr_fun(countHeight),nH));              // 统计规则
    cout<<"身高大于"<<nH<<"的人数是"<<nCount<<endl;
```

在这里，首先使用 ptr_fun()函数将一个普通函数指针 countHeight 转换为一个函数对象[1]，给函数换了一件"马甲"。同样，这个函数对象与 countHeight()函数一样，也需要两个参数，但是 count_if()算法要求它的规则函数只能有一个参数。因此，我们得到函数对象后，用 bind1st()函数将它的第一个参数 nHeight 绑定为用户输入的 nH，这样它就成了一个只拥有一个 Student&类型参数的函数对象，从而可以直接用在 count_if ()算法中。在 count_if()算法执行时，它会逐个使用容器中的数据作为参数调用这个函数对象，实际上就是以 nH 和当前 Student 对象为参数来调用 countHeight()函数，从而判断这个对象是否需要统计在内。这样，即使用户输入的身高标准不同，我们也可以用相同的 count_if()算法调用形式来完成统计。

除可以在 STL 算法中使用普通的函数指针，将容器中的数据作为参数传递给它所指向的函数进行处理外，我们还可以在算法中使用指向类成员函数的指针，从而在算法处理过程中直接调用容器中数据的成员函数来实现功能。例如，在前面的算法体育课中，为了让容器中的 Student 对象报数，我们先利用 for_each()算法将 Student 对象传递给 CountOff()函数，在这个函数中才间接地调用 Student 对象的 Report()成员函数完成报数。报数的功能实现了，但过程有点烦琐，这显然不符合 STL 优雅

---

[1] 函数的另一种形式，它以实体对象的方式来表示一个函数，我们将在稍后的章节中进行详细介绍。

的风格。实际上，利用指向类成员函数的指针，这个过程可以直接一步完成：

```
// 使用类成员函数指针调用容器中数据的成员函数
for_each(vecStu.begin(),vecStu.end(),
                mem_fun_ref(&Student::Report));  // 调用 Report()成员函数
```

在这里，首先使用“&”操作符来获得 Student 类的成员函数 Report()的地址，即获得指向该成员函数的函数指针。因为 Report()成员函数属于 Student 类，所以我们要在函数名之前加上类名，并使用“::”符号。接着，使用 mem_fun_ref()函数将这个成员函数指针构造成一个函数对象。虽然 Report()成员函数表面上来看没有参数，但每个类成员函数都有一个隐藏的参数，即指向它自身的指针。经过 mem_fun_ref()函数构造后，该函数对象可以接受一个 Student 类型的对象为参数，因此可以直接应用于 for_each()算法。在执行时，当 for_each()算法将容器中的 Student 对象作为参数传递给这个函数对象时，实际上就是调用这个 Student 对象的 Report()成员函数，从而完成报数的功能。需要注意的是，如果容器中保存的是指向对象的指针，就应使用 mem_fun()函数来完成这一任务。

将指向类成员函数的函数指针应用到 STL 算法中，使我们可以通过数据自身的函数来处理数据，省去了中间环节，因而这一方式被广泛地应用于 STL 算法。

11.2　函数对象

函数指针在 STL 算法中的应用能够大大提高算法的通用性。然而，在实际应用中，我们发现它有一个致命的缺点：函数指针有严重的“健忘症”——它只会认认真真地完成一个数据处理过程，而对于上一次函数执行时的一些状态数据则毫无记忆。这使得它无法应用于那些需要维护每次执行状态信息的场景。例如，无法在 for_each()算法中调用单独的一个函数来计算容器中所有数据的和，因为它无法记住上一次的计算结果，也就无法在此基础上进行累加。这时，我们可以给函数换上另一件“马甲”——函数对象。

11.2.1　定义一个函数对象

函数对象在语法上与我们通常所见的类的对象没有本质差别，唯一的特殊之处在于这个类定义了函数调用操作符（function-call operator），即 operator()。在函数调用操作符中，可以实现对数据的处理，从而完成函数的所有功能。同时，由于类具有成员变量，可以将每次函数执行过程中的状态数据保存在这些成员变量中，在下一次执行时访问这个成员变量，从而获取上一次执行时的状态数据。因此，函数对象既可以像函数指针一样执行数据处理过程，又不会像函数指针那样“健忘”，可以应用在更广泛的场景中。

函数对象的定义与普通函数的定义类似。首先，需要定义一个普通的类，并在其中定义函数调用操作符 operator()。例如，我们可以定义一个函数对象类来比较两个数的大小并返回较大值。为了让这个函数对象可以适用于多种数据类型，我们将它定义成一个类模板：

```
// 函数对象的类模板
template <typename T>
class mymax
{
public:
// 重载"()"操作符，在这个操作符中实现具体的函数功能
// 这使得这个类的对象成为函数对象
```

```
T& operator ()(const T& a, const T& b)
    {
        return a > b ? a : b;
    }
};
```

在定义“( )”操作符的语句中，第一对圆括号总是空的，因为它代表着我们要定义的操作符；第二对圆括号中是这个操作符的参数列表，与普通函数的参数列表完全相同。一般在定义类的操作符时，参数的个数是固定的，例如“<”或“+”等操作符的定义有且只有一个参数。然而，“( )”操作符有所不同，它的参数个数是根据具体需求而确定的，并不固定。例如，这里的“()”操作符需要比较两个数据，因此它就需要两个参数用于传递两个参与比较的数据。在具体的“()”操作符的定义中，与普通函数的定义完全相同，即接收参数和处理数据返回的结果。这就是为什么我们说函数对象只是函数的一件“马甲”，它改变的只是函数的外在定义形式，并没有改变函数的实质。

定义好函数对象类之后，我们可以用它创建相应的函数对象，并利用这些函数对象来实现具体的功能了。

```
// 使用 int 类型实例化模板类
// 然后使用它创建函数对象
mymax<int> intmax;

int a = 0;
int b = 0;
cin>>a>>b; // 输入数据

// 使用函数对象比较 a 和 b 的大小，并返回较大值
int max = intmax(a,b);
// 输出比较结果
cout<<a<<"和"<<b<<"中较大的是"<<max<<endl;
```

在这里，首先用 int 类型实例化 mymax 类模板，得到一个函数对象类 mymax<int>，然后创建一个对象 intmax。因为这个类定义了“()”操作符，所以 intmax 对象就是我们的函数对象。一旦有了函数对象，我们既可以在它的后面用“()”给出参数对其进行调用，也可以将整个调用表达式赋值给某个变量来获得它的返回值，这与普通函数的使用完全相同。从本质上讲，对函数对象的调用实际上就是调用这个函数对象的特殊成员函数 operator (),所以上面对函数对象的调用实际上等同于：

```
// 调用函数对象的本质
int max = intmax.operator()(a,b);
```

既然函数对象是一个具体的实体对象，它既可以单独使用，也可以像函数指针一样被作为参数传递给其他函数，并在其他函数内使用。此外，函数对象在带来便利的同时不会影响程序的性能。函数对象一般没有构造函数和析构函数，因此，在创建或销毁函数对象的过程中不会有额外的性能消耗。同时，“( )”操作符重载通常实现为内联函数，编译器可以内联它的代码，从而避免函数调用带来的性能损失。

11.2.2　利用函数对象记住状态数据

函数对象和普通函数都具备执行数据处理任务的能力。然而，函数对象之所以更为强大，是因为它们拥有一种“记忆力”，能够存储并回忆函数执行过程中的状态数据。这种能力使得函数对象特别适用于那些需要连续记忆状态数据的场景。与此相对，普通函数则像一个漏斗，数据流过时会发生改变，但普通函数本身不会保留任何流过的数据，即它们不具备记忆功能。

在大多数情况下，普通函数的这种“漏斗式”特性已经足够应对日常需求。但在某些需要基于前一次执行结果进行操作的特殊情况中，普通函数就显得力不从心。例如，如果需要统计一个容器中所有 Student 对象的身高总和，由于普通函数无法记住上一次的统计结果，每次都必须从零开始，因此无法完成累加任务。

函数对象的出现正是为了解决这一问题，它可以通过自身的成员变量来存储状态数据，从而在每次执行时都能够记住并利用之前的状态。这样，函数对象就能够完成那些普通函数无法完成的任务，例如连续累加身高数据，实现累积统计的功能：

```
// 定义一个函数对象类
// 用于统计容器中所有 Student 对象的身高
class AverageHeight
{
public:
    // 构造函数，对类的成员变量进行合理的初始化
    AverageHeight()
        : m nCount(0), m nTotalHeight(0) {};

    // 定义函数调用操作符“()”
    // 在其中完成统计的功能
    void operator () ( const Student& st )
    {
        // 将当前对象的身高累加到总身高中
        // 这里的 m nTotalHeight 记录了上次累加的结果
        // 这就是函数失去的记忆
        m nTotalHeight += st.GetHeight();
        // 增加已经统计过的 Student 对象的数目
        ++m nCount;
    }

    // 接口函数，获得所有统计过的 Student 对象的平均身高
    float GetAverageHeight()
    {
        if ( 0 != m nCount )
             return (float)GetTotal()/GetCount();
            else
            return 0.0f;
    }
    // 获得函数对象类的各个成员变量
    int GetCount() const
    {
        return m nCount;
    }
    int GetTotal() const
    {
        return m nTotalHeight;
    }

// 函数对象类的成员变量
// 用来保存函数执行过程中的状态数据
private:
    int m nCount = 0;           // 记录已经统计过的对象的数目
    int m nTotalHeight = 0;     // 记录已经统计过的身高总和
};
```

为了让函数对象完成身高统计的功能，我们在函数对象类中添加了两个成员变量来记录函数每次执行过程中的状态数据：m_nCount 用于记录已经统计过的对象的数目，即当前已统计的 Student 对象的身高数据；m_nTotalHeight 则用来记录已经统计过的身高总和。这样，每次函数对象的执行就可以在上一次执行的结果数据的基础上进行累加，函数对象也不会再“失忆”了。

现在，借助这个能找回记忆的函数对象类，我们可以创建该类的对象，并将它应用到 for_each()算法中来完成身高统计的任务：

```
// ...
// 创建函数对象
AverageHeight ah;
// 将函数对象应用到 for_each()算法中以完成统计
ah = for_each( vecStu.begin(), vecStu.end(), ah);
// 从函数对象中获取它的记忆作为结果输出
cout<<ah.GetCount()<<"个学生的平均身高是："
    <<ah.GetAverageHeight()<<endl;
```

在这里，创建了一个函数对象 ah 并将它应用到 for_each()算法中。for_each()算法在执行时，会逐个将容器中的 Student 对象作为实际参数来调用函数对象的“( )”操作符。这样，函数对象 ah 就会访问容器中的每一个 Student 对象，自然也就可以把这些对象的身高累加到它自己的 m_nTotalHeight 成员变量中，同时记录已经统计了多少个对象。最后，for_each()算法会返回完成统计后的函数对象，此时的函数对象 ah 已经包含了统计结果。通过函数对象提供的接口函数，可以轻松地获得统计结果并进行输出。

另外，还可以在函数对象类中定义一个类型转换函数，将函数对象直接转换为所需的目标结果。例如：

```
class AverageHeight
{
    // ...
    // 定义类型转换函数
    // 将函数对象转换为 float 类型，直接返回计算结果
    operator float ()
    {
        return GetAverageHeight();
    }
};
```

现在，就可以直接从 for_each()算法中获得计算结果了：

```
// 从 for_each()算法返回的函数对象被直接转换为 float 类型数据
float fAH = for_each( vecStu.begin(), vecStu.end(), ah );
```

通过使用函数对象这一“马甲”，函数不再只是一个过程，而是有了自己的记忆，成为了一个有故事的人。

知识拓展　STL 中的函数对象

为了减少定义函数对象类的工作，STL 中已经预定义了许多常用的函数对象类，主要包括以下几类。

1. 算术运算

这类函数对象类用于常见的算术运算，例如加（plus）、减（minus）、乘（multiplies）、除（divides）、取余（modules）和取负（negate）等。

2. 比较运算

这类函数对象类用于进行数据比较，例如等于（equal_to）、不等于（not_equal_to）、大于（greater）、小于（less）、大于或等于（greater_equal）、小于或等于（less_equal）。

3. **逻辑运算**

这类函数对象类用于逻辑运算，例如逻辑与（logical_and）、逻辑或（logical_or）、逻辑非（logical_not）。

STL 中的这些函数对象类都是类模板。在使用时，我们需要根据处理的数据提供具体的类型参数。例如，要将一个容器中的数据进行取负运算，就可以用 negate 函数对象类来完成：

```
vector<int> v = {54,65,-59,96,-61};
// 利用 negate 函数对象对数据取负
// 这里的 negate<int>()得到的是一个临时的函数对象
transform(v.begin(),v.end(),v.begin(),negate<int>());
```

11.3 用 Lambda 表达式编写更简单的函数

在 C++的编程世界中，函数指针可以视为一件经典的西服，规范而正式，是指向函数的传统方式。而函数对象则像是奢华的貂皮大衣，不仅提供额外的灵活性，还允许我们以对象的形式来封装函数行为。

然而，正如人们在不同场合需要不同的着装一样，函数在 C++中也有更加轻便的选择——Lambda 表达式。Lambda 表达式就像夏日里的一件简约衬衣，以简洁而著称。Lambda 表达式是一种匿名函数，省略了函数名，只保留了函数体、参数和返回值类型。在 C++中，Lambda 表达式正是用来表达匿名函数的理想选择。

11.3.1 最简单直接的函数表达形式：Lambda 表达式

尽管函数指针和函数对象在 STL 算法中被广泛用于自定义算法行为，但在某些情况下，它们可能显得不够灵活。首先，函数或函数对象类的定义与使用地点是分离的，这意味着如果开发者希望在函数使用的地方查看其定义，可能需要在多个代码文件之间来回跳转。这种分离打断了代码的流程，影响了代码的可读性，也降低了开发的效率。此外，STL 算法中使用的函数数量众多，但它们往往执行非常简单的操作。如果使用普通函数或函数对象来实现这些小函数，会导致程序代码膨胀，使得程序充斥着难以管理和维护的小函数，就像在炎热的夏日穿着厚重的西装或貂皮大衣一样不合时宜。

为了解决这些问题，C++引入了 Lambda 表达式，它就像是为函数定制的一件简约而清凉的衬衣。Lambda 表达式在功能上与函数指针和函数对象相同，可以方便地应用于 STL 算法中以实现自定义行为。使用 Lambda 表达式时，可以在使用函数的地方直接定义它，使得代码更加流畅自然。Lambda 表达式还允许直接访问外部作用域中的数据，避免了复杂的参数传递，同时解决了函数执行过程中状态数据的保存问题，极大地方便了数据处理。在语法上，Lambda 表达式的简洁语法降低了使用难度，减少了因语法复杂可能带来的错误。

回顾前面的章节，我们使用函数对象完成了对容器中 Student 对象身高的统计任务。虽然问题得到了解决，但程序的实现略显臃肿，缺乏优雅。通过引入 Lambda 表达式，我们可以简化代码，提高程序的可读性和维护性，让程序穿上更加合身的“衬衣”，展现出更加优雅和高效的编程风格。

下面来看 Lambda 表达式如何让程序恢复“优雅”。以下是使用 Lambda 表达式统计学生身高的示例代码：

```
// 定义变量，用于保存函数执行过程中的状态数据
int nTotalHeight = 0;
int nCount = 0;
// 在 for_each()算法中使用 Lambda 表达式，统计身高
for_each( vecStu.begin(), vecStu.end(),
    [&](const Student& st)                  // Lambda 表达式
{
    nTotalHeight += st.GetHeight();         // 直接访问外部数据，累计身高
    ++nCount;
});
// 输出统计结果
if( 0 != nCount )
{
    cout<<nCount<<"个学生的平均身高是："
        <<(float)nTotalHeight/nCount<<endl;
}
```

短短的几行代码就完成了原来需要一个函数对象类才能完成的工作。除鼓掌外，实在想不出其他什么方式来表达我们的赞叹之情。

在这段代码中，我们在 for_each()算法中原来放置函数对象第三个参数的位置，使用一对方括号“[]”来表示 Lambda 表达式的开始，其后的（const Student& st）是这个表达式的参数列表。因为返回值无关紧要，我们省略了 Lambda 表达式的返回值类型。当 for_each()算法循环遍历容器中的每一个 Student 对象时，它会将 Student 对象作为参数传递给 Lambda 表达式，从而将 Student 对象传递到 Lambda 内部。因为方括号“[]”中包含“&”符号，所以在 Lambda 表达式内部可以以引用的形式直接访问外部的任何变量。我们通过成员函数获得 Student 对象的身高，并直接累加到 nTotalHeight 变量中，实现了函数执行过程中状态数据的保存。for_each()算法执行完毕后，nTotalHeight 和 nCount 已经保存了统计数据，接下来只需进行简单的计算并将结果输出，就“优雅”地完成了整个统计工作。

11.3.2　Lambda 表达式的定义与使用

在上面的例子中，我们已经见识过了 Lambda 表达式的简洁与便利。具体而言，在 C++中定义一个 Lambda 表达式的语法格式如下：

```
[变量使用说明符号](参数列表) -> 返回值数据类型
{
   // 函数体
}
```

其中，方括号“[]”表示 Lambda 表达式的开始，用来告诉编译器接下来的代码是一个 Lambda 表达式。在方括号中，可以指定 Lambda 表达式对当前作用域（也就是 Lambda 表达式所在的花括号“{}”范围）中的变量的捕捉方式，因此这个方括号也可以称为捕捉列表（capture list）。

如果我们只想在 Lambda 表达式内读取当前作用域内的变量，而不想修改这些变量的数值，那么可以在“[]”方括号内书写一个“=”等号，形成“[=]”的形式。或者直接把方括号留空，这样 Lambda 表达式将以只读方式捕捉当前作用域内的所有变量。也就是说，在 Lambda 表达式内部只能读取外部变量的值，而不能对其进行修改。如果试图修改，将导致编译错误。例如：

```
vector<int> v = {51,85,63,44,58};
int nAdd = 10;
// 为容器中小于 60 的分数加上 10 分
for_each(v.begin(), v.end(),
```

```
// “[=]”表示以传值的方式使用 Lambda 外部的变量
// 因为要修改容器中的数据，所以参数采用引用形式
[=](const int& x)
{
    nAdd = 20;          // 试图修改外部变量会导致编译错误
    if(x < 60)
    {
        x += nAdd;      // 只读访问 nAdd
    }

});
```

如果想在 Lambda 表达式内对外部变量进行修改，可以使用“[&]”代替“[=]”作为 Lambda 表达式的开始，这表示 Lambda 表达式将以传引用的方式捕捉当前作用域内的变量。这就意味着 Lambda 表达式内部的变量实际上是外部同名变量的引用，因此在 Lambda 表达式中对这些变量的修改将直接影响当前作用域中的变量。例如：

```
int nTotal = 0;
for_each(v.begin(), v.end(),
    [&](const int& x)       // “[&]”表示以传引用的方式使用 Lambda 外部的变量
{
    nTotal += x;        // 修改变量的值
});
cout<<"容器中数据的总和是："<<nTotal<<endl;
```

在 Lambda 表达式内部，我们将容器中的数据累加到 nTotal 变量中。因为 Lambda 表达式以传引用的形式来捕捉外部变量，所以这个累加实际上操作的是 Lambda 表达式外部的局部变量 nTotal。这样，就实现了数据从 Lambda 表达式内部向外部的传递。

如果需要与 Lambda 表达式传递多个数据，并且这些数据的传递方式各不相同，那么可以在方括号“[]”中的第一个位置用“&”作为 Lambda 表达式的默认传递方式，而需要以传值方式进行传递的变量，则可以单独在方括号“[]”中列出。例如，我们希望在统计成绩的同时修正成绩：

```
int nAdd = 10;
int nTotal = 0;
for_each(v.begin(), v.end(),
    [&, nAdd](const int& x)     // 默认采用传引用访问，nAdd 使用传值访问
{
if( x < 60 )
{
    x += nAdd;                  // 传值访问 nAdd，只能读取
}
nTotal +=  x;                   // 默认采用传引用访问 nTotal，可以写入
});
cout<<"容器中所有数据的总和是"<<nTotal<<endl;
```

Lambda 表达式通过使用方括号“[]”来捕获外部变量，紧接着是它的参数列表。这个参数列表与普通函数的参数列表相似，主要用于接收 STL 算法传递进来的数据。参数的数量由使用的具体算法决定，参数的类型则由容器中存储的数据类型决定。至于参数的传递方式（传值还是传引用），取决于是否需要在算法执行过程中修改容器中的数据。例如，如果 Lambda 表达式应用于 for_each() 算法，它通常只需要一个参数来接收算法传递的单个数据项。如果容器中存储的是 int 类型的数据，那么 Lambda 表达式的参数类型也应该是 int。关于参数的传递方式，如果我们的目的是修改容器中的数据，我们可能会选择传引用的方式（例如第一个例子调整容器中的分数）；如果我们只是需要读取数据而不进行修改，那么我们可能会选择传值的方式（例如第二个例子统计容器中的分数）。

在定义了参数列表之后，接下来是 Lambda 表达式的返回值类型。在大多数情况下，Lambda 表达式用于对数据进行简单的处理，不需要返回值，这时可以省略返回值类型的定义。如果某些算法需要 Lambda 表达式有返回值，可以在参数列表后使用“->”符号来定义它的返回值类型。例如，count_if()算法要求与之配合的函数具有 bool 类型的返回值，以决定当前数据是否需要统计在内。因此，当 Lambda 表达式应用于 count_if()算法时，就需要定义返回值类型：

```
// 统计容器中的及格分数
int nPass = count_if(vecScore.begin(),vecScore.end(),
    [=](int x) -> bool     // 定义 Lambda 表达式的返回值类型为 bool 类型
{
    // 判断分数是否及格
    return x >= 60;
});
```

在这个例子中，我们将 Lambda 表达式的返回值定义为 bool 类型。count_if()算法在执行过程中，会逐个地将容器中的数据传递给 Lambda 表达式进行判断。如果数据大于或等于 60，Lambda 表达式返回 true，表示这个数据符合统计条件；如果数据小于 60，Lambda 表达式返回 false，表示该数据不应统计在内。count_if()算法正是根据 Lambda 表达式的返回值来判断当前数据是否应该统计在内。

Lambda 表达式的定义非常灵活，它没有函数名，返回值类型也不是必须的。它的使用也非常方便，可以以多种方式捕获当前作用域的变量，省去了函数调用过程中的数据传递。同时，定义 Lambda 表达式的位置通常就是使用它的位置，实现了“所见即所得”的效果。因此，Lambda 表达式特别适合用于 STL 算法中，用以表达对数据的简单操作。例如，使用 Lambda 表达式，可以用短短几行代码实现所需的功能，体现了编程的“优雅”。相比之下，如果使用函数指针或函数对象来实现相同的功能，可能需要编写较多的代码，使简单的事情变得复杂。因此，在那些只需要对数据进行简单处理的场景中，使用 Lambda 表达式是一个合适的选择。

知识拓展　定义可以使用 Lambda 表达式的函数

在上述例子中，我们展示了 Lambda 表达式在 STL 算法中处理数据的能力。鉴于 Lambda 表达式的便捷性，一个自然的问题是：我们是否可以定义自己的函数，以接受 Lambda 表达式作为参数呢？答案是肯定的。在 C++中，我们可以通过使用 STL 中的 function 类模板来实现这一点。function 是一个通用的多态函数封装器，它可以存储、调用和复制任何可调用对象，包括 Lambda 表达式、函数、函数对象以及 bind 绑定的函数。

当我们使用特定的返回值类型和不同数量的参数类型来特化 function 类模板时，得到的模板类可以代表具有相应签名的函数。然后，我们可以将这个模板类类型用作自定义函数的参数类型。这样，自定义函数就可以接受具有相应返回值和参数的函数指针或函数对象作为实际参数。在函数内部，我们可以调用通过 function 类型参数传递进来的函数，实现对函数功能的自定义。

从本质上讲，Lambda 表达式也是一种可调用对象。既然 function 类型的参数可以接受函数指针和函数对象，它自然也可以接受相应签名的 Lambda 表达式。

例如，在前面的例子中，我们实现了一个 mycount_if()算法，它可以接受一个函数指针作为参数。下面我们用 function 类模板对它进行改写，使其不仅可以接受函数指针作为参数，还可以接受相应类型的函数对象或 Lambda 表达式为参数：

```
#include <functional>  // 包含 function 类模板所在的头文件

// 可以接受 Lambda 表达式的 mycount_if()算法
int mycount_if(const vector<int>& v,    // 需要统计的容器
// 将函数指针类型更换为 function<bool(int)>类型
// 表示它可以接受一个返回值为 bool 类型，同时拥有一个 int 类型参数的
// 函数指针或函数对象，自然也可以是相应类型的 Lambda 表达式
function<bool(int)> is)
{
    // 函数体无须进行任何修改
}
// ...
// 在 mycount_if()算法中应用 Lambda 表达式
int nPass = mycount_if(vecScore,
// 返回值为 bool 类型，同时拥有一个 int 类型参数的 Lambda 表达式
[=](int x) -> bool
{
     return x >= 60;  // 判断分数是否及格
});
```

借助 function 类模板，我们也可以定义接受 Lambda 表达式的函数，从而将函数的部分业务逻辑留给函数的使用者来灵活地实现，使之适应更多需求，大大增加了函数的通用性。

总结起来，函数的这三件“马甲”：西装（指向普通函数的函数指针）、貂皮大衣（函数对象）以及衬衣（Lambda 表达式），在本质上都是函数。虽然它们的表现形式不同，但它们都用于处理数据：接收数据，然后对数据进行处理并最终返回结果数据，如图 11-2 所示。就像人们在春秋季节穿西装，在冬季穿貂皮大衣，在夏季穿衬衣一样，不同的函数应用场景也要求函数换上不同的“马甲”。一般而言，普通函数最为常见，主要用于表达纯粹的数据处理过程。如果数据处理过程需要记住一些状态数据，则应使用拥有成员变量的函数对象。如果数据处理过程非常简单，又不需要反复多次使用，则应使用 Lambda 表达式。根据应用场景选择合适的函数形式，源于程序员的智慧。

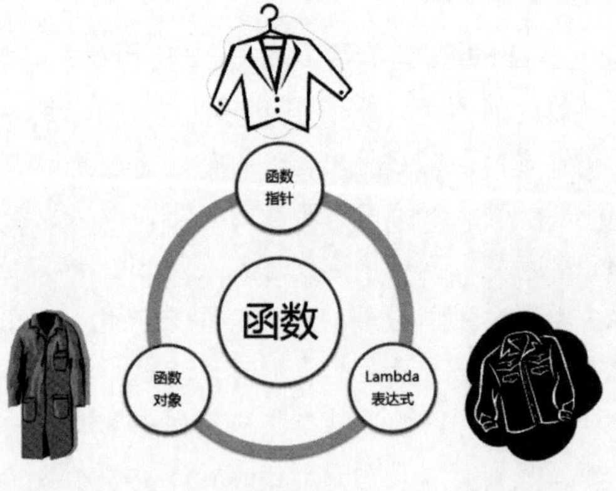

图 11-2　函数的三件“马甲”

11.4　程序成长记：容器与算法，让我们爱上 C++

虽然上次用面向对象的类机制改写后的工资程序让老板很满意，小陈当时也觉得自己的代码不错。但是，经过一段时间对 STL 中容器和算法的学习之后，小陈开始意识到自己当初的代码存在不

足之处。

首先，原程序使用了固定大小的数组来保存会动态变化的员工数据，这不仅可能导致空间浪费，而且在实际使用中也不够灵活，不利于程序的扩展。其次，原程序在处理员工数据时，没有利用 STL 提供的算法，而是完全依靠自己实现的逻辑，这不仅降低了开发效率，还可能影响代码的执行效率，并增加了出错的风险。

因此，小陈决定使用 STL 中的容器和算法对原有的工资程序进行重构，以提升代码的“优雅性”。

小陈立即开始了改写工作。原程序中，数据的保存和处理主要集中在 SalarySys 类中，因此，改写的重点也放在了这个类上。针对原程序中的问题，小陈首先决定使用 vector 容器来替代数组，以存储那些会动态增减的员工数据。vector 容器可以动态调整大小，随着数据的增减而变化，既避免了内存资源的浪费，也解决了空间不足的问题。同时，vector 容器提供了丰富的成员函数，使得数据访问更加便捷和安全。

其次，小陈用 STL 中的 find_if()算法和 max_element()算法取代了原来使用 for 循环遍历数组进行的查找操作。这样，他只需关注算法中最核心的业务逻辑，而无须关心 for 循环如何访问数组，以及数组访问是否越界等问题。通过这种方式，小陈可以用更简洁的代码完成相同的任务，从而提高了代码的可读性和可维护性：

```
// 用容器和算法改写后的 SalarySys 类
class SalarySys
{
public:
    // 使用 vector 容器保存数据，构造函数不需要对其进行初始化
    // 直接读取数据到容器即可
    SalarySys()
    : m_strFileName("SalaryData.txt")
    {
        Read(); // 直接读取数据
    }
    // 析构函数
    ~SalarySys()
    {
        // 保存数据到文件
        Write();
        // 析构对象，释放内存
        // 使用基于范围的 for 循环方便地访问容器中的 Employee*指针
        for(Employee* p : m_vecEmp)
        {
            delete p;
        }
        // 用 vector 容器的 clear()函数清空容器
        m_vecEmp.clear();
    }
private:
    // 读取数据，创建对象并保存到 vector 容器
    int Read()
    {
    // ...
    }

    // 将 vector 容器中的数据写入文件
    void Write()
    {
        ofstream o(m_strFileName);
        if(o.is_open())
```

```
        {
            // 使用基于范围的 for 循环遍历访问容器中的数据
            for(Employee* p : m_vecEmp)
            {
                o<<p->GetName()<<"\t"
                    <<p->GetLevel()<<"\t"
                    <<p->GetYear()<<endl;
            }

            o.close();
        }
    }

public:
    // 输入数据
    int Input()
    {
        cout<<"请输入员工信息（名字 等级 入职年份）"<<endl;
        cout<<"例如：Lilei 1 1976，-1 表示输入结束"<<endl;
        while(true) // vector 不限制容量，所以可以使用无限循环构造输入循环
        {
            // 提示输入
            // 用 size()函数动态地获得 vector 容器中数据的个数
            cout<<"请输入"<<m_vecEmp.size()<<"号员工的信息："<<endl;

            // 根据输入的数据创建对象，并保存到 vector 容器
            string strName = "";
            int nL = 0;
            int nY = 0;
            // 获取用户的输入
            cin>>strName>>nL>>nY;

            if(!cin) // 输入错误
            {
                cout<<"输入错误，请重新输入"<<endl;
                cin.clear();
                cin.sync();
                continue;
            }
            else
            {
                // 检查是否输入结束
                if("-1" == strName)
                {
                    break;  // 结束输入
                }

                // 根据输入数据创建对象，并添加到 vector 容器
                AddEmployee(strName,nL,nY);
            }
        }
        // 返回当前容器中的数据量
        return m_vecEmp.size();
    }

    Employee* GetMax()
    {
        // 使用 max_element()算法查找容器中的最大值
        // 代替原来的 for 循环遍历数组查找
        auto maxit = max_element(m_vecEmp.begin(),
```

```
        m_vecEmp.end(),
    // 配合算法使用的 Lambda 表达式，对算法进行自定义
    [](Employee* a, Employee* b) -> bool
    {
        return a->GetSalary() < b->GetSalary();
    });
    // 如果容器中有数据，返回指向最大值的指针
    if(m_vecEmp.end() != maxit)
    {
        return (*maxit);
    }
    else // 如果容器中没有数据，返回 nullptr，表示没有最大值
    {
        return nullptr;
    }
}

// 查询员工工资
void Find()
{
    while(true)
    {
        string strName = "";
        // 输入提示
        cout<<"请输入要查询的员工名字（-1 表示结束查询）："<<endl;
        // 获取用户输入
        cin>>strName;

        if(!cin) // 如果发生输入错误
        {
            cout<<"输入错误，请重新输入"<<endl;
            cin.clear();
            cin.sync();
            continue;
        }
        else if("-1" == strName) // 是否输入结束
        {
            // 查询结束，用 break 结束查询循环
            cout<<"查询完毕，感谢使用！"<<endl;
            break;
        }

        // 使用 find_if 算法查找符合条件的员工数据
        // 代替原来的使用 for 循环遍历数组进行查找
        auto it = find_if(m_vecEmp.begin(),
                          m_vecEmp.end(),
                  // 用 Lambda 表达式对查找条件进行自定义
                  [=](Employee* emp) -> bool
                  {
                       // 如果当前员工姓名与用户输入的姓名相同
                       return emp->GetName() == strName;
                  });
        // 根据查找结果进行不同的处理
        if(it != m_vecEmp.end())
        {
            // 找到符合条件的员工，输出用户查询的员工工资
            cout<<"员工姓名："<<(*it)->GetName()<<endl;
            cout<<"员工工资："<<(*it)->GetSalary()<<endl;
        }
        else // 如果未找到，则提示重新输入
```

```
                {
                    cout<<"无法找到名字为"<<strName<<"的员工"<<endl;
                }
            }
        }
    private:
        // 根据数据创建相应的员工对象，并添加到 vector 容器
        void AddEmployee(const string& strName, const int nL, const int nY)
        {
            if(enumOfficer == nL)
                // 使用 push_back()函数将新创建的对象动态添加到 vector 容器
                m_vecEmp.push_back(new Officer(strName,nY));
            else if(enumStaff == nL)
                m_vecEmp.push_back(new Staff(strName,nY));
        }
    private:
        const string m_strFileName;
        // 将原来固定大小的数组替换为可以动态改变大小的 vector 容器，节省资源
        // 同时省略了记录员工数据个数的成员变量 m_nCount
        vector<Employee*> m_vecEmp;
};
```

经过重构后的代码，使用 vector 容器有效避免了内存资源的浪费，同时算法的应用也使得代码更加简洁。代码量从原来的三百多行减少到了现在的两百多行，整个程序的“优雅性”得到了显著提升。

当小陈将重构后的程序展示给老板时，老板并没有立即注意到新增的功能，自然也就没有像往常那样说出那句期待的“下个月，涨工资”。然而，小陈自己清楚地意识到，正是这次改写，使得工资程序在性能和可维护性上都得到了实质性的改善。这就像武林高手修炼上乘内功，虽然表面上招式看似未变，但内在的功力已经大幅提升。

通过这次改写，小陈发现自己已经深深地爱上了使用 C++进行软件开发的过程。他体会到了 C++的强大功能和灵活性，以及在软件开发中运用合适的数据结构和算法的重要性。这次经历不仅提升了他的编程技能，也增强了他对编程艺术的热爱和追求。

11.5 本章练习

1. 使用函数指针实现回调函数，定义一个函数 apply()，该函数接受一个整数数组、数组长度和一个函数指针作为参数。函数指针指向一个接受整数并返回整数的函数。apply()函数的任务是遍历数组，并对数组中的每个元素调用回调函数，然后输出处理后的数组。提示：可以定义一个简单的回调函数，例如将输入的整数乘以 2。然后将该函数的地址（函数名）作为参数传递给 apply()函数。

2. 定义一个函数对象 Sum，该对象接受一个整数数组和数组长度作为参数，并返回数组元素之和。然后使用 Sum 函数对象计算数组元素之和，并输出结果。

3. 使用 STL 中的 sort()函数对 vector 容器中的数据进行排序。vector 容器保存了多个整型数据。定义一个 Lambda 表达式作为 sort()函数的参数。Lambda 表达式应该接受两个整数引用并返回布尔值。sort()函数根据 Lambda 表达式对数组进行排序，并输出排序后的数组。

第 12 章

C++世界的几件新鲜事

“卖报啦，卖报啦，C++界有重大新闻。”

“C++的最新标准已经发布，大家快来看看 C++界的最新动态！”

“右值引用以其高效性，致力于充分挖掘 C++的性能潜力；智能指针以其智能管理，旨在解决 C++中的内存管理难题。而<thread>库正在推广多线程编程，为开发者提供免费的并发支持……”

12.1 右值引用进一步提升 C++的性能

在性能方面，C++被认为是继汇编语言和 C 语言之后，性能表现最出色的高级程序设计语言之一。然而，C++标准委员会的专家们并不满足于此，他们在 C++的最新标准中引入了右值引用这一创新特性，旨在进一步提升 C++的性能表现。

12.1.1 什么是右值引用

在之前的程序中，我们通常处理的是常量，如具体的数字或字符串，或者是特定类型的变量。但可能有人对右值这一概念感到陌生。数值真的可以区分为左值和右值吗？这里的右值和右值引用又是指什么呢？

确实，在 C++语言中，根据是否可以出现在赋值操作符“=”的左侧或右侧，数值或变量被分为左值和右值。通常，我们称那些可以出现在等号左侧的数值为左值，例如变量，不仅可以在左侧接收赋值，也可以在右侧为其他左值提供值。而那些仅能出现在等号右侧的数值则被称为右值。例如，数字常量就只能在右侧为其他左值提供值，而不能在左侧接收赋值。在 C++中，右值主要包括字面量（如 1、3.14 等）和匿名对象（如函数的返回值、构造函数生成的对象等）。

右值引用，顾名思义，是与右值相关联的引用类型。在 C++中，通过在数据类型后添加“&&”符号来定义一个相应类型的右值引用。例如，如果我们定义了一个 int&& 类型的变量，它就是一个右值引用。对应地，使用单个“&”符号定义的引用被称为左值引用，简称引用。例如：

```
// 定义一个 int 类型的变量，这个变量可以放在等号左边被赋值
// 所以是一个左值
int nInt = 1;
// 定义一个左值引用，将它指向一个左值
int& lrefInt = nInt;
```

```
// 定义一个右值引用，将它指向一个直接使用构造函数创建的右值 int(0)
int&& rrefInt = int(0);
// 显然，我们无法将它放在等号左边对它赋值
int(0) = 1;  // 错误
```

我们知道，引用本质上是某个已存在变量的别名。引用本身并不独立存在，总是与一个特定的变量绑定。这里需要明确区分左值引用和右值引用，它们与变量的关联是一对一且具有特定性的。具体来说，左值引用必须绑定到左值上，而右值引用则专门用于绑定到右值上。如果违反这一规则，例如尝试将左值引用绑定到右值，或者将右值引用绑定到左值，将会导致编译错误。例如：

```
// 正确：左值引用 lrefInt1 关联到左值变量 nInt
int& lrefInt1 = nInt;
// 错误：左值引用 lrefInt2 不可以关联到右值 int(0)
int& lrefInt2 = int(0);
// 正确：右值引用 rrefInt1 关联到右值 int(0)
int&& rrefInt1 = int(0);
// 错误：右值引用 rrefInt2 不可以关联到左值 nInt
int&& rrefInt2 = nInt;
```

关联完成之后，左值引用和右值引用都可以像普通数据变量一样进行左右值的操作了。例如：

```
// 对右值引用 rrefInt1 赋值
rrefInt1 = 1;
// 利用右值引用对左值引用赋值
lrefInt1 = rrefInt1;
```

12.1.2 右值引用是如何提高性能的

在 C++中，最常见的右值之一是函数（包括普通函数和构造函数）的返回值。当一个函数执行完毕后，这些没有被赋予变量名的返回值通常会被赋值给等号左边的左值变量。在没有引入右值引用的 C++时代，这个过程实际上相当消耗性能且浪费资源。首先，需要释放左值变量原有的内存资源，接着根据返回值的大小重新申请内存资源，然后，将返回值的数据复制到左值变量新申请的内存中，最后还要释放掉返回值的内存资源。这个过程需要经过四个步骤，才能完成一个函数返回值的赋值操作。这种烦琐的过程不仅会消耗性能，并且对于仅作为中间过渡的返回值来说，还会浪费宝贵的内存资源。

下面来看一个实际的例子，用 CreateBlock()函数创建一个用于管理内存的 MemoryBlock 对象，并将其保存到另一个 MemoryBlock 类型变量中：

```
#include <iostream>
#include <cstring>  // 为了使用内存复制函数 memcpy()
using namespace std;

// 用于管理内存的类
class MemoryBlock
{
public:
    // 构造函数，根据参数申请相应大小的内存资源
    MemoryBlock(const unsigned int nSize)
    {
        cout<<"创建对象，申请内存资源"<<nSize<<"字节"<<endl;
        m_nSize = nSize;
        m_pData = new char[nSize];
    }
    // 析构函数，释放管理的内存资源
    ~MemoryBlock()
```

```
    {
        cout<<"销毁对象";
        if(0 != m_nSize)            // 如果拥有内存资源
        {
            cout<<", 释放内存资源"<<m_nSize<<"字节";
            delete[] m_pData;       // 释放内存资源
            m_nSize = 0;
        }
        cout<<endl;
    }
    // 赋值操作符，完成对象的复制
    // 这里的参数是一个左值引用
    MemoryBlock& operator = (const MemoryBlock& other)
    {
        // 判断是否自己给自己赋值
        if(this == &other)
            return *this;
        // 第一步，释放已有内存资源
        cout<<"释放已有内存资源"<<m_nSize<<"字节"<<endl;
        delete[] m_pData;
        // 第二步，根据赋值对象的大小重新申请内存资源
        m_nSize = other.GetSize();
        cout<<"重新申请内存资源"<<m_nSize<<"字节"<<endl;
        m_pData = new char[m_nSize];
        // 第三步，复制数据
        cout<<"复制数据"<<m_nSize<<"字节"<<endl;
        memcpy(m_pData,other.GetData(),m_nSize);

        return *this;
    }
public:
    // 获取相关数据的成员函数
    unsigned int GetSize() const
    {
        return m_nSize;
    }
    char* GetData() const
    {
        return m_pData;
    }
private:
   unsigned int m_nSize = 0;   // 内存块的大小
   char* m_pData = nullptr;    // 指向内存块的指针
};

// 根据大小创建相应的 MemoryBlock 对象
MemoryBlock CreateBlock(const unsigned int nSize)
{
    // 创建相应大小的对象
    MemoryBlock mem(nSize);
    // 给内存中填满字符'A'
    memset(mem.GetData(),'A',mem.GetSize());
    // 返回创建的对象
    return mem;
}
int main()
{
    // 用于保存函数返回值的 block 变量
    MemoryBlock block(256);
    // 用函数创建特定大小的 MemoryBlock 对象
```

```
    // 并赋值给 block 变量
    block = CreateBlock(1024);
    cout<<"创建的对象大小是"
        <<block.GetSize()<<"字节"<<endl;

    return 0;
}
```

在这段代码中，我们通过调用CreateBlock()函数创建了一个具有特定大小的MemoryBlock对象，并将其存储在局部变量 block 中。从表面上看，这是一个非常简单的操作，但实际上，程序在背后经历了一系列复杂的步骤才完成了这一操作。从程序的输出中，我们可以清晰地观察到这四个步骤：

```
创建对象，申请内存资源 256 字节
创建对象，申请内存资源 1024 字节
释放已有内存资源 256 字节              ←第一步
重新申请内存资源 1024 字节             ←第二步
复制数据 1024 字节                    ←第三步
销毁对象，释放内存资源 1024 字节        ←第四步
创建的对象大小是 1024 字节
销毁对象，释放内存资源 1024 字节
```

保存函数返回值这一看似简单的操作，在 C++程序中实际上是一个相对复杂的过程，尤其是考虑到这类操作的普遍性。更关键的是，这些步骤大多涉及耗时的内存操作，如内存申请、数据复制和内存释放。因此，这一动作的性能往往不尽如人意。C++的最新标准引入右值引用，正是为了解决这一性能瓶颈。

函数的返回值本质上是一个右值。通过在 MemoryBlock 类中提供可以接受右值引用作为参数的移动构造函数和移动赋值操作符，我们可以直接利用这个右值来初始化或赋值给 block 变量：

```
// ...
// 用于管理内存的类
class MemoryBlock
{
// ...
public:
// 可以接收右值引用为参数的移动构造函数
    MemoryBlock(MemoryBlock&& other)
    {
        cout<<"移动资源"<<other.m_nSize<<"字节"<<endl;
        // 将目标对象的内存资源指针直接指向源对象的内存资源
        // 表示将源对象内存资源的管理权移交给目标对象
        m_pData = other.m_pData;
        m_nSize = other.m_nSize;  // 复制相应的内存块大小
        // 将源对象的内存资源指针设置为 nullptr
        // 表示这块内存资源已经归目标对象所有
        // 源对象不再拥有其管理权
        other.m_pData = nullptr;
        other.m_nSize = 0;          // 内存块大小设置为 0
    }
    // 可以接收右值引用为参数的赋值操作符
    MemoryBlock& operator = (MemoryBlock&& other)
    {
        // 第一步，释放已有内存资源
        cout<<"释放已有资源"<<m_nSize<<"字节"<<endl;
        delete[] m_pData;
        // 第二步，移动资源，也就是移交内存资源的管理权
        cout<<"移动资源"<<other.m_nSize<<"字节"<<endl;
        m_pData = other.m_pData;
```

```
        m_nSize = other.m_nSize;

        // 源对象不再拥有资源的管理权
        other.m_pData = nullptr;
        other.m_nSize = 0;

        return *this;
    }
    // ...
}
```

从上述代码中可以看到，这里的移动构造函数和赋值操作符都以一个右值引用为参数。这意味着这个参数所关联的右值对象在函数调用完成后将被销毁，其管理的内存资源也会被释放。既然这个右值对象即将被销毁，我们同时又要创建或者复制一个与之完全相同的对象，那么自然会想到"废物再利用"，直接用这个即将被销毁的右值对象作为我们想要创建或复制的目标对象。内存资源依旧是那块内存资源，只不过其管理者由原来的作为参数的右值对象转换为我们想要创建或复制的目标对象。整个过程如图 12-1 所示。

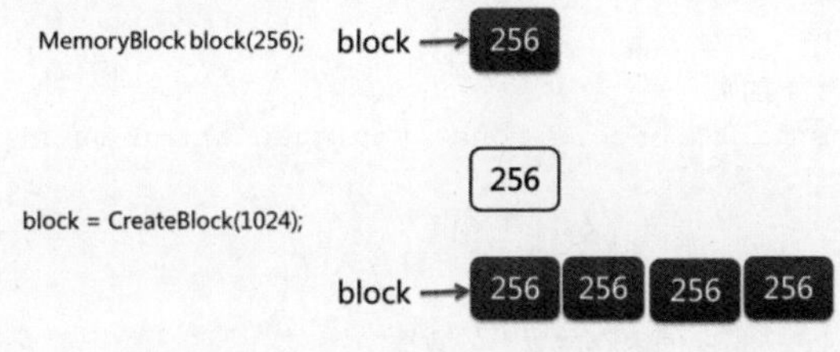

图 12-1　从函数返回值赋值

在这个过程中，没有内存资源的重新申请和释放，也没有数据的复制，整个过程就像一场和平友好的内存资源管理权移交仪式。目标对象的内存指针简单地指向右值对象的内存资源，从而将内存资源的管理权从右值对象移交（move）到目标对象，以这种"低碳环保"的方式轻松地完成了目标对象的创建或者赋值。因此，为了与传统的接收左值引用（&）为参数的构造函数和赋值操作符区分开来，接收右值引用（&&）为参数的构造函数被称为移动构造函数，而相应的赋值操作符也被称为移动赋值操作符。从程序的输出中，我们可以看到这个"移交"的过程非常简单：

```
创建对象，申请内存资源 256 字节
创建对象，申请内存资源 1024 字节
释放已有资源 256 字节          ←第一步，释放已有内存资源
移动资源 1024 字节             ←第二步，移交内存资源的管理权
销毁对象
创建的对象大小是 1024 字节
销毁对象，释放内存资源 1024 字节
```

由此可见，为类提供能够接收右值引用作为参数的移动构造函数和移动赋值操作符，是提升处理函数返回值这一常见操作性能的有效策略。在 C++标准库中，例如 vector 容器，已经利用右值引用进行了优化，我们可以直接利用这些特性，享受其带来的性能提升。

对于我们自己创建的类，如果它们可能会作为函数的返回值并被赋值给其他左值对象，提供移动构造函数和移动赋值操作符将允许我们重新利用原本可能被丢弃的右值，从而在一定程度上提高程序的性能。这不仅是对资源的有效利用，也是程序员为创建节能高效的"节约型社会"做出的贡献。

12.2 智能指针 shared_ptr

如果要问程序员们最喜欢 C++的哪些特性，那么“C++能够直接操作内存”很可能是许多程序员的首选。

然而，如果要问程序员们最讨厌 C++的哪些特性，那么“C++能够直接操作内存”可能仍然是许多程序员的共同看法。

12.2.1 痛并快乐着：C++中的内存管理

C++语言为程序员提供了强大的内存管理能力。通过使用 new 操作符，我们可以灵活地申请特定大小的内存资源，以满足程序的运行需求。此外，通过指针，我们可以方便地在不同函数间传递这些内存资源的引用，这不仅提升了程序的性能，同时也增强了程序的灵活性。例如：

```
#include <iostream>
#include <fstream>
using namespace std;
// 将指针所指向的内存位置上的数据写入文件
bool WriteToFile(const int* pScore,const unsigned int nCount)
{
    ofstream out("data.txt"); // 打开输出文件
    if(!out.is_open())        // 如果文件打开失败
        return false;
    // 通过指针直接访问它所指向的内存位置上的数据
    for(unsigned int i = 0; i < nCount; ++i)
    {
        out<<*pScore<<endl;   // 直接读取内存位置上的数据并输出
        ++pScore;             // 指向下一个数据所在的位置
    }
    out.close();              // 关闭文件

    return true;
}

int main()
{
    while(true)               // 构造无限循环
    {
       unsigned int N = 0;             // 数据个数
       cout<<"请输入数据个数: ";
       cin>>N;                         // 数据个数为 0，循环结束
       if(0 == N)
          break;
       // 根据需要，动态地申请内存资源，得到的指针指向这块内存资源的首地址
       int* pScore = new int[N];

       for(unsigned int i = 0;i < N; ++i)
       {
          cout<<"请输入第"<<i+1<<"个数据: ";
          // 通过指针将输入的数据直接写入相应的内存位置
          cin>>*pScore;

          ++pScore;        // 指向下一个内存位置
       }
       pScore -= N;        // 调整指针指向，将其重新指向内存资源的首地址
       // 将指针指向的内存块上的数据写入文件
```

```
        WriteToFile(pScore,N);
    }

    return 0;
}
```

在 main()函数中，我们根据用户输入的需要保存数据的个数 N，使用 new 操作符动态地申请了可以保存 N 个 int 类型数据的内存资源。同时，让 pScore 指针指向这块内存资源。然后，在 main()函数中，我们通过 pScore 指针将用户输入的数据直接写入它所指向的内存位置（cin>>*pScore），完成数据的输入。随后，我们将 pScore 指针重新指向这块内存的起始位置（pScore -= N），并将它传递给 WriteToFile()函数。在这个函数中，我们同样通过 pScore 指针参数直接读取内存中的数据写入 ofstream 对象（out<<*pScore），完成数据的输出。

到目前为止，程序看似运行正常，能够正确地进行输入和输出。然而，表面的平静并不意味着内部没有潜在的问题。需要注意的是，如果程序运行在一个循环中，经过多次迭代后，可能会发现程序占用的内存资源逐渐增加，最终可能导致系统内存耗尽，引发严重的系统错误。

您可能会问，为什么一个表面上运行正常的程序最终会走向内存耗尽的不归路？这背后的原因与 C++独特的内存管理机制有关。与拥有运行时环境的语言（例如 Java 有 Java 虚拟机）不同，这些语言中的内存申请和释放由运行时环境自动管理。而在 C++中，程序员需要自行管理内存资源，既要负责申请，也要在使用完毕后负责释放，这两者是一一对应的关系。但是，当程序变得复杂，尤其是多人协作开发时，确保内存申请与释放的严格对应就变得非常困难。

一种常见的情况是，内存资源在使用完毕后没有及时释放，导致内存泄露，这在循环中尤为严重，因为泄露会不断累积，最终可能导致系统内存耗尽。例如，编写 main()函数中的程序员可能认为编写 WriteToFile()函数的程序员会释放他们申请的内存资源，而编写 WriteToFile()函数的程序员可能认为内存资源是 main()函数申请的，因此双方都未释放内存，造成了内存泄露。

与内存泄露相对的是，内存资源可能被错误地重复释放，或者释放后指针未被适当地处理，导致非法访问已释放的内存，这会引发内存访问错误。例如，如果编写 WriteToFile()函数的程序员在数据写入文件后释放了内存，而编写 main()函数的程序员不知情，可能会尝试再次使用或释放同一块内存，这样的操作是不允许的，会导致内存访问错误。

C++的内存管理既赋予了程序员自由申请和释放内存资源的能力，也带来了内存泄露和非法访问的风险。程序员在享受直接访问内存的便利的同时，也必须承受管理内存的责任。这种矛盾的感受正是“痛并快乐着”的体现。

C++程序员可能会羡慕那些拥有自动内存管理的运行时环境的语言，因为它们不需要程序员手动释放内存。幸运的是，C++的最新标准引入了智能指针——shared_ptr，它可以自动管理内存资源，减轻了程序员的负担。

12.2.2　引用计数：shared_ptr 为什么这么聪明

大家可能会好奇，shared_ptr 为什么这么聪明，能够智能地追踪其所指向的内存资源是否仍在使用，并在无人使用时自动释放它。其实，它的原理相当明显，类似于我们管理债务的方式。我们通常会在小册子上记录所有债务人的名字。当某人还清债务时，我们就将其名字从册子上划去；如果有人新借了钱，我们就在册子上添加他的名字。通过查看这个册子，我们可以快速了解谁还欠我们钱。

shared_ptr 管理内存资源的方式与之类似，它依赖于一个内部的“记账本”——引用计数机制。

每当创建一个新的 shared_ptr 实例指向某个资源时，即增加对该资源的引用，引用计数就会增加 1；相对地，当 shared_ptr 被销毁或被重置时，引用计数就会减少 1。如果引用计数降至 0，表示没有 shared_ptr 实例再指向该资源，此时会自动调用 delete 操作符来释放内存资源。

以下示例代码展示了引用计数的工作机制：

```
// shared_ptr 定义在头文件<memory>中
#include <memory>
#include <iostream>

using namespace std;

int main()
{
    shared_ptr<int> spFirst( new int );
    // 这时，只有 spFirst 这个指针指向这块 int 类型的内存资源
    // 所以这时它的引用计数是 1
    cout<<"当前引用计数: "<<spFirst.use_count()<<endl;
    {
        // 创建另一个 shared_ptr，并用 spFirst 对其进行赋值
        // 让它们指向同一块内存资源
        shared_ptr<int> spCopy = spFirst;
        // 因为 spFirst 和 spCopy 都指向这一块内存资源
        // 所以这一资源的引用计数增加为 2
        cout<<"当前引用计数: "<<spFirst.use_count()<<endl;
    }
// 当超出 spCopy 的作用域，spCopy 结束其生命周期
// 这块内存资源的引用计数减 1，重新变为 1
cout<<"当前引用计数: "<<spFirst.use_count()<<endl;

    // 当程序最终结束执行并返回，spFirst 指针也结束其生命周期后
    // 从此没有任何指针指向此内存资源，引用计数变为 0，内存资源自动得到释放
    return 0;
}
```

从这段代码的输出中可以清楚地看到，一块内存资源的引用计数，也就是指向这块内存资源的 shared_ptr 的个数。在程序的一开始，我们使用 new 操作符申请了一块 int 类型的内存，然后用返回的内存地址作为 shared_ptr 构造函数的参数，创建了 spFirst 这个 shared_ptr 对象。此时，只有 spFirst 指向这块内存资源，所以用 use_count()函数获得的引用计数是 1。当程序进入“{}”包围形成的代码块之后，spFirst 被赋值给了 spCopy，这意味着增加了一个 shared_ptr 指向这块内存资源，因此它的引用计数从 1 增加为 2。当程序退出“{}”包围形成的代码块，也就是退出 spCopy 的作用域之后，spCopy 对象被销毁。这时又只剩下 spFirst 指向这块内存资源，所以它的引用计数从 2 减为 1。当 main()函数执行完毕退出后，spFirst 对象也被销毁，此时没有 shared_ptr 指向这块内存资源，它的引用计数从 1 减为 0。当一块内存资源的引用计数减少为 0 时，则意味着没有任何 shared_ptr 指向这块内存资源，也就无法访问它。既然谁都无法再次访问这块内存资源，那就表示它已经使用完毕，shared_ptr 会使用 delete 操作符自动释放这块内存资源。 整个过程如图 12-2 所示。

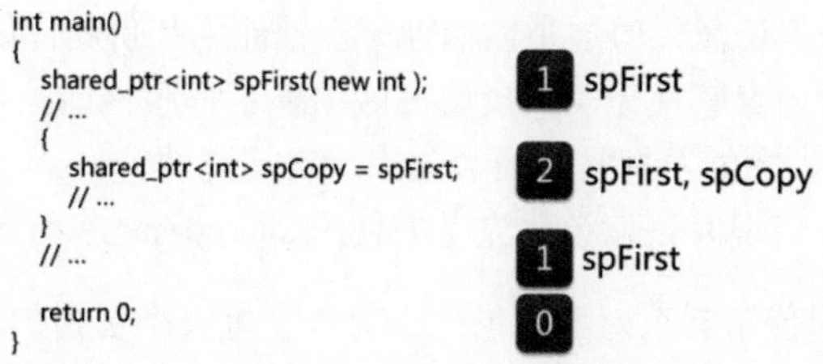

```
int main()
{
    shared_ptr<int> spFirst( new int );       1 spFirst
    // ...
    {
        shared_ptr<int> spCopy = spFirst;     2 spFirst, spCopy
        // ...
    }
    // ...                                    1 spFirst

    return 0;                                 0
}
```

图 12-2　引用计数的变化

通过引用计数这一简单而有效的机制，shared_ptr 能够追踪到当前有多少个 shared_ptr 实例正在共享同一内存资源。当最后一个引用被销毁，引用计数降至 0 时， shared_ptr 会自动释放所管理的内存资源。程序员只需使用 new 操作符申请内存资源，并将这份资源交给 shared_ptr 来管理，便可以专注于享受指针操作带来的便利。

至于内存释放的时机和地点这类复杂问题，可以放心地交由智能的 shared_ptr 去处理。它会在适当的时候负责释放资源，确保内存管理的安全性和效率。

知识拓展　用 make_shared()函数简化 shared_ptr 的创建

使用 shared_ptr 确实可以免除我们手动使用 delete 操作符释放内存资源的烦琐，但我们仍需使用 new 操作符来申请内存资源，这仍然涉及直接操作内存的潜在风险。那么，是否有办法进一步简化这一过程，完全自动化内存的申请与释放呢？

C++ 标准库提供了 make_shared()函数，它可以帮助我们实现这一点。通过 make_shared()，我们可以简化内存资源的申请过程，并直接将其交由 shared_ptr 管理。make_shared() 是一个函数模板，接受要创建对象的类型作为模板参数，并返回一个指向新创建对象的 shared_ptr 实例。如果对象的构造函数需要参数， make_shared() 也能够接受不定数量的构造参数，并将它们传递给对象的构造函数。例如：

```
// 使用 int 作为模板参数，make_shared()将创建一个 int 对象
// 并返回一个指向这个对象的 shared_ptr 指针
shared_ptr<int> spFirst = make_shared<int>();
// 使用 string 作为模板参数，make_shared()将创建一个 string 对象
// make_shared()的参数将传递给 string 类的构造函数作为其参数
// 我们最终得到的 shared_ptr 指向一个 string 对象
// 而这个 string 对象的内容是“WangGang”
shared_ptr<string> spName = make_shared<strng>("WangGang");
```

make_shared()的使用去除了程序员用 new 操作符直接申请内存带来的危险，将内存资源的申请和释放完全交给标准库来完成。这样不仅减少了程序员的工作量，还保持了代码风格的一致性，同时也提高了代码的安全性。

12.2.3　智能指针 shared_ptr 的应用场景

既然智能指针 shared_ptr 能够帮助我们有效管理程序中的内存资源，防止内存泄露或非法访问内存，那么是否可以在所有情况下都使用它来管理内存资源呢？

不能。就像东坡肘子虽美味，却不宜天天食用一样，即使 shared_ptr 功能强大且方便，它也不应在所有场合都使用。世间万物，所得往往伴随着付出。shared_ptr 通过引入引用计数机制来实现

在没有使用者时自动释放内存资源，但这是以牺牲一定性能为代价的。如果在不需要 shared_ptr 的场景下过度使用它，不仅对内存管理无益，反而可能损害了程序性能，导致效果适得其反。只有在真正需要时使用 shared_ptr，才能发挥它的最大效用，实现高效管理。

总结一下，当出现以下情况时，应该优先考虑使用 shared_ptr 来管理内存资源：

- 有多个使用者共同使用某个对象，但这个对象没有一个明确的拥有者。

就像教室里的电灯，每个人都可以使用，但如果没有指定的人来负责开关，可能会出现空无一人时电灯依然亮着的情况。在类似的场景中，shared_ptr 可以作为一种管理机制，确保资源得到合理使用和释放。使用 shared_ptr，每个使用者都可以方便地访问资源，而资源的释放责任则自动归属于最后一个释放引用的使用者。这样，就像最后一个离开教室的人负责关灯一样，shared_ptr 确保在没有使用者时自动释放资源。

- 某一个对象的复制操作很费时。

如果一个对象的复制操作很费时，同时又需要在函数间传递这个对象，我们往往会选择传递指向这个对象的指针来代替传递对象本身，以此来避免对象的复制操作。既然需要使用指针，那么使用 shared_ptr 是一个更好的选择，它既起到了向函数传递对象的作用，又不用为释放对象操心。

- 需要把指针存入 STL 容器时。

不管容器中保存的是普通指针还是智能指针，两者在使用上并无太大差别。使用智能指针的优越性主要体现在容器使用完毕后自动清空容器的操作上。如果容器中保存的是普通指针，当我们在清空容器时，需要先释放容器中指针所指向的资源，然后才能清空容器。例如，在 SalarySys 类的析构函数中，我们需要清空 vecEmp 容器中保存的 Employee*指针：

```
class SalarySys
{
// ...
public:
    ~SalarySys()
    {
        // ...
        // 首先，释放容器中普通指针所指向的资源
        for(Employee* p : m_vecEmp)
        {
            delete p;  // 释放指针所指向的对象
        }
        // 然后，用 clear()函数清空容器
        m_vecEmp.clear();
    }
// ...
private:
     vector<Employee*> m_vecEmp;  // 保存普通指针的容器
}
```

如果把 m_vecEmp 容器中的普通指针替换成相应的 shared_ptr，这个过程就会简单得多。我们只需要使用 clear()函数清空容器中保存的 shared_ptr，而随着 shared_ptr 的释放，它会自动释放它所管理的资源，无须我们主动释放：

```
class SalarySys
{
// ...
```

```
public:
    ~SalarySys()
    {
        // ...
        // 用 clear()函数释放容器中的 shared_ptr
        // shared_ptr 在释放的时候也会连带地释放它所管理的 Employee 对象
        m_vecEmp.clear();
    }
// ...
private:
    vector<shared_ptr<Employee>> m_vecEmp;  // 保存 shared_ptr 的容器
}
```

当管理需要特殊清除过程的资源时，可以通过定制 shared_ptr 的删除器来实现。这一场景可以参考后文对定制 shared_ptr 删除器的介绍。

12.2.4 shared_ptr 的使用

通过前面的学习，我们知道了在何种场景下应该使用 shared_ptr 来帮助我们进行内存管理，那么，shared_ptr 到底如何使用呢？

shared_ptr 实际上是定义在<memory>头文件中的一个类模板。如果我们需要用它来管理某种类型的一块内存资源（例如某个类型的对象或者数值数据），就需要使用这个特定的数据类型作为 shared_ptr 类模板的类型参数，以形成一个具体的可以指向这个特定数据类型内存资源的 shared_ptr 模板类。然后，我们可以用这个模板类创建 shared_ptr 对象，从而管理相应类型的内存资源。例如：

```
// 为了管理一块 int 类型的内存资源，使用 int 作为 shared_ptr 类模板的类型参数
// 得到相应的模板类 shared_ptr<int>并创建对象 spInt
shared_ptr<int> spInt;
// 为了管理 Staff 对象而创建的 shared_ptr
// 这里我们用 Staff 的基类 Employee 作为类型参数
// 相当于使用基类的指针指向子类的对象
shared_ptr<Employee> spEmp;
```

上面的代码只是利用特化后的 shared_ptr 模板类创建了相应类型的 shared_ptr 对象，但此时这些 shared_ptr 尚未指向任何内存资源，自然也就无法直接使用。更多情况下，我们通过给 shared_ptr 的构造函数提供一个指向实际内存资源的普通指针、一个 new 操作符返回的指针，甚至用另一个 shared_ptr 对象作为参数，让这个 shared_ptr 创建之后即指向某块内存资源或者某个对象，从而可以立即投入使用。例如：

```
// 通过指向实际内存资源的普通指针创建 shared_ptr
int* p = new int(0);
shared_ptr<int> spInt(p); // spInt 和 p 都是指向刚刚申请的 int 类型的内存资源

string strName = "WangGang";
int nYear = 1982;
// 通过 new 操作符返回的指针创建 shared_ptr
// 同时传递的 strName 和 nYear 会被传递给 Staff 的构造函数用于创建 Staff 对象
// 完成后，spEmp 指向这个新创建的 Staff 对象
shared_ptr<Employee> spEmp(new Staff(strName,nYear));

// 通过 shared_ptr 创建另一个 shared_ptr
// 完成后，spBoss 和 spEmp 指向同一个 Staff 对象
shared_ptr<Employee> spBoss(spEmp);
```

shared_ptr 的使用与普通指针的使用几乎一模一样。把“*”符号放在 shared_ptr 对象的前面，我们就可以得到它所指向的对象，进而可以对其进行读写操作。如果 shared_ptr 对象所指向的对象拥有成员函数，我们还可以把“->”符号放在 shared_ptr 对象的后面，直接调用它所指向对象的成员函数。唯一不同的是，我们不能对 shared_ptr 对象进行加减运算而使它的指向发生偏移，也不能多此一举地使用 delete 操作符显式地释放它所指向的对象。例如：

```
// spInt 指向一个 int 类型的数据
// 使用“*”得到 spInt 所指向的数据并写入新的数据
*spInt = 1;
// spEmp 指向的是一个 Staff 对象
// 使用“->”调用 spEmp 所指向对象的成员函数
int nSalary = spEmp->GetSalary();
// 使用“*”得到 spEmp 所指向的 Staff 对象，读取并赋值给 other 对象
Staff other = *spEmp;

// 一个以 shared_ptr 作为参数类型的函数
void Who(shared_ptr<Employee> sp)
{
    // 调用 shared_ptr 参数所指对象的成员函数
    cout<<"我是"<<sp->GetName()<<endl;
}
// 使用 spEmp 调用函数，向函数内传递它所指向的 Staff 对象
Who(spEmp);
```

如果只是在使用上与普通指针相似，那么 shared_ptr 还不够“智能”。除与普通指针相似的这些操作外，shared_ptr 还提供了多个成员函数来帮助我们更好地管理内存资源。例如：

1. reset()函数

顾名思义，reset()函数用于重新设置 shared_ptr 对象所管理的内存资源。如果我们不传入任何实际参数而直接调用 reset()函数，shared_ptr 将停止对原有内存资源的管理，并把对这块内存资源的引用计数减 1。如果传入一个普通指针或另一个 shared_ptr 对象作为实际参数来调用 reset()函数，shared_ptr 会在停止对原有内存资源管理的同时，开始对新的内存资源进行管理。类似的操作也可以通过 shared_ptr 的“=”赋值操作符来完成。例如：

```
// 停止 spEmp 对 Staff 对象的管理
spEmp.reset();
// 将 spEmp 指向一个新创建的 Officer 对象
spEmp.reset(new Officer("Muench",1986));
// 此时，spBoss 同样停止了对原有 Staff 对象的管理而重新指向这个 Officer 对象
spBoss = spEmp;
```

2. get()函数

虽然可以像普通指针一样直接使用 shared_ptr 来访问它所指向的内存资源，但在某些特殊情况下，例如需要对指针进行加减运算以访问某个范围内的内存资源，或者需要判断某个 shared_ptr 是否指向了某个内存资源以便对它进行进一步的访问时，我们可以使用 shared_ptr 的 get()成员函数来获得指向它所管理的那块内存资源的普通指针，从而通过普通指针直接访问内存资源。例如：

```
const int N = 30;
// spData 指向一块可以保存 N 个 int 类型数据的内存资源
shared_ptr<int> spData(new int[N]);
// 通过将 get()函数的返回值与 nullptr 进行比较，判断 spData 是否指向了某块内存资源
// 这里也可以简单地将 spData 直接与 true 进行比较以判断 spData 是否有效
```

```
    // 等同于 if(true == spData)
    if(nullptr != spData.get())
    {
        // 通过 get()函数获得这块内存资源的地址并保存到普通指针 p
        int* p = spData.get();
        for(int i = 0; i < N; ++i)
        {
            cin>>*p; // 通过普通指针直接访问这块内存资源
            ++p;     // 将普通指针加 1，使其指向下一个 int 数据
        }
    }
```

值得注意的是，使用 get()函数获得 shared_ptr 所管理的内存资源的地址，实际上是从 shared_ptr 手中“盗取”了这块内存资源的管理权。这样，对这块内存资源的访问就不再受 shared_ptr 的控制。此时，通过普通指针和 shared_ptr 都可以访问这块内存资源，从而增加了内存访问冲突的风险。因此，除非必要，应避免使用 get()函数。如果确实需要使用，必须谨慎处理它返回的普通指针，确保不会违反 shared_ptr 的所有权规则。

3. use_count()函数

use_count()函数返回 shared_ptr 的引用计数。它在调试程序时特别有用，因为它可以在程序执行的关键点获得某块内存资源的引用计数，这为调试提供了非常有用的参考信息。

4. swap()函数

swap()函数可以方便地交换两个 shared_ptr 所管理的内存资源，同时更新它们各自的引用计数。例如：

```
    shared ptr<Employee> spBoss(new Officer("WangGang",1986));
    shared prt<Employee> spStaff(new Staff("ChenLiangqiao",2013));

    // 交换 spBoss 和 spStaff 所指向的对象
    // 交换完成之后，spBoss 指向一个 Staff 对象
    // 而 spStaff 指向一个 Officer 对象
    spBoss.swap(spStaff);
```

下面来看一个实际的例子。继续使用本节开始时那个存在内存泄露问题的程序，看看如何运用 shared_ptr 来轻松地解决这个问题：

```
    #include <iostream>
    #include <fstream>
    #include <memory> // 包含 shared ptr 所在的头文件
    using namespace std;

    //  使用 shared ptr 代替普通指针向函数内传递数据
    bool WriteToFile(shared ptr<int> spScore,const unsigned int nCount)
    {
        // 首先判断 spScore 是否有效
        if(false == spScore)
            return false; // 如果无效，直接返回 fasle，表示操作失败

        ofstream out("data.txt"); // 打开输出文件
        if(!out.is open())        // 如果文件打开失败
            return false;
        // 用 get()函数获得 shared ptr 所指向内存资源的地址并保存到普通指针 p
        // 这里指针 p 所指向的内容不能修改，所以我们在 int 之前加上 const
        const int* p = spScore.get();

        for(unsigned int i = 0; i < nCount; ++i)
        {
```

```
        out<<*p<<endl;      // 通过普通指针直接读取内存位置上的数据并输出
        ++p;                // 将普通指针加 1，指向下一个数据所在的位置
    }
    out.close();

    return true;
}

int main()
{
    while(true)   // 构造输入输出循环
    {
                  // 输入数据个数为 N

        // ...

       // 根据需要，动态地申请可以容纳 N 个 int 类型数据的内存资源，并用返回的内存地址
       // 创建 spScore 对象，也就是将这块内存资源交给 spScore 进行管理
       // 此时，只有变量 spScore 指向这块内存资源，其引用计数是 1
       shared_ptr<int> spScore(new int[N]);
       // 获得指向这块内存资源的普通指针
       int* p = spScore.get();
       for(unsigned int i = 0;i < N; ++i)
       {
           cout<<"请输入第"<<i+1<<"个数据: ";
           // 通过普通指针将输入的数据直接写入相应的内存位置
           cin>>*p;
           ++p; // 将普通指针加 1，指向下一个内存位置
       }
       // 用 spScore 作为参数，向函数传递它所管理的内存资源
       // 此时，变量 spScore 和函数参数 spScore 都指向这块内存资源
       // 其引用计数增加 1 变为 2
       WriteToFile(spScore,N);
       // WriteToFile()执行完毕，函数参数被释放
       // 此时只有变量 spScore 指向这块内存资源，其引用计数减 1 变为 1
    }    // 一次 while 循环结束，变量 spScore 也被释放
    // 此时没有任何 shared_ptr 指向这块内存资源，其引用计数为 0，资源自动被释放

    return 0;
}
```

在这里的每一次 while 循环中，我们使用 new 操作符根据需要（用户的输入）动态地申请一块内存资源，然后将返回的内存地址作为 shared_ptr 的构造函数的参数，以创建 shared_ptr 对象 spScore，从而管理这块内存资源。在后面的代码中，随着指向这块内存资源的 shared_ptr 对象个数的变化，其引用计数也会动态变化。直到 while 循结束时，如果没有任何 shared_ptr 对象指向这块内存资源，其引用计数变为 0，这时内存资源将被自动释放。从整个过程来看，所有申请的内存资源都得到了正确的释放，内存泄露的问题也得到了 shared_ptr 的完美解决。

有了 shared_ptr，我们可以使用 new 操作符自由地申请所需的内存资源，并交给 shared_ptr 来管理。shared_ptr 会负责在适当的时候释放这些内存资源，我们不需要操心这些问题。尽管 shared_ptr 提供了方便的内存管理，但这并不意味着我们就应该用 shared_ptr 来管理程序中的所有内存资源。因为 shared_ptr 为了实现引用计数会牺牲一定的性能，尤其是在多线程环境下这种性能损失更加明显。另外，虽然 shared_ptr 能自动释放它所管理的内存资源，但这种释放并不总是及时的。假如某块内存资源在逻辑上已经使用完毕，但由于管理它的 shared_ptr 依然有效，导致无法及时释放这块内存资源，从而在一定程度上浪费了内存资源。

更有甚者，两个 shared_ptr 可能会形成资源互锁。例如，Parent 对象中有个 shared_ptr 指向一个 Child 对象，而这个 Child 对象中也有一个 shared_ptr 反过来指向这个 Parent 对象。这样，Parent 对象的释放是以 Child 对象的释放为前提的，而 Child 对象的释放反过来又以 Parent 对象的释放为前提，形成两者互为前提的关系。最终的结果，两者谁都无法释放，原本用于解决内存泄露问题的 shared_ptr 却导致了新的内存泄露问题。在这种情况下，我们可以使用 shared_ptr 的一个变种——weak_ptr 来解决这个问题。weak_ptr 表示对内存资源的一种弱（weak）引用。当一个 weak_ptr 指向某个内存资源时，并不会改变其引用计数。weak_ptr 只是这个内存资源的一个旁观者，拥有访问内存资源的权利但不拥有所有权。这也与 Parent 对象和 Child 对象的关系相符合，通过各自指向对方的 weak_ptr，它们可以访问彼此，但无法控制对方的生死。

因此，shared_ptr 只有在真正适合它的场景下使用，才能有效避免性能和资源损耗，同时一劳永逸地解决内存泄露的问题。

12.2.5　自定义 shared_ptr 的释放行为

有时，在使用 shared_ptr 管理某些特殊资源时，仅使用 delete 操作符释放内存资源并不足以完成整个清理过程，可能还需要执行一些额外的清理工作。在这种情况下，我们需要自定义 shared_ptr 的释放行为，以确保完成特殊的清理任务。

shared_ptr 管理的资源释放是由其关联的删除器（deleter）执行的。shared_ptr 提供了一个特殊的构造函数，它可以接受一个函数或函数对象作为参数。通过这个构造函数，我们可以指定一个自定义的删除器函数，该函数将在 shared_ptr 销毁其管理的资源时被调用，从而允许我们对释放过程进行自定义：

```
// shared_ptr 带删除器参数的构造函数
template<class Other, class D> shared_ptr(Other * ptr, D dtor);
```

其中，第一个参数指向 shared_ptr 将要对其进行管理的某个资源（这不仅是内存资源，还可能是其他共享资源，例如文件等）；第二个参数是负责释放这个资源的函数，也被称为 shared_ptr 的删除器。当 shared_ptr 所管理资源的引用计数变为 0 时，它会以指向这个资源的指针作为参数来调用这个函数，以完成资源的释放清理工作。这对于 shared_ptr 管理非内存资源（即不是通过 new 分配和 delete 释放资源）非常有用。例如，若程序中多个部分需要共享日志文件，而该文件没有明确的所有者，为了确保文件在最后能够被正确关闭，我们可以用 shared_ptr 来管理这个文件资源：

```
#include <fstream>
#include <memory>

using namespace std;
// 负责 shared_ptr 释放工作的函数
// 其参数类型为指向 shared_ptr 所管理资源的指针
void CloseFile(ofstream* pLogFile)
{
    // 完成额外的清理工作
    // 输出文件结束信息
    (*pLogFile)<<"日志文件结束"<<endl;
     pLogFile->close();      // 关闭文件
     delete pLogFile;        // 释放内存资源
}
// 某个需要记录日志的函数
void foo(shared_ptr<ofstream> spLogFile)
{
```

```
    // 通过 shared_ptr 管理的文件输出日志
    (*spLogFile)<<"foo()函数被调用"<<endl;
}

int main()
{
    // 创建一个日志文件并交由 shared_ptr 进行管理
    // 同时指定这个资源的释放工作由 CloseFile()函数完成
    shared_ptr<ofstream> spLogFile(new ofstream("log.txt"),CloseFile);
    // 通过 shard_ptr 访问它所管理的日志文件以记录日志
     (*spLogFile)<<"main()函数被调用"<<endl;
    // 将 shared_ptr 传递给 foo()函数供其记录日志
    foo(spLogFile);

    return 0;      // 到这里，所有指向日志文件的 shared_ptr 都结束其生命周期
                   // 日志文件的引用计数变为 0
                   // CloseFile()函数被调用以关闭文件完成释放工作
}
```

在这段代码中，我们在创建 shared_ptr 管理 ofstream 对象时，提供了 CloseFile()函数作为删除器。当 ofstream 对象的引用计数变为 0 时，shared_ptr 会以指向这个 ofstream 对象的指针为参数调用 CloseFile()函数来完成资源的释放工作。此处，释放 ofstream 对象不仅仅是用 delete 操作符来释放内存资源，还在释放之前向日志文件中输出表示日志文件结束的信息，然后调用它的 close()成员函数关闭日志文件，最后使用 delete 操作符来释放内存。

通过自定义 shared_ptr 代释放行为，我们可以用它来管理程序中的各种共享资源，如内存资源、文件或者网络连接等。与通过普通指针在多个过程中共享资源相比，虽然 shared_ptr 在空间和性能上可能有些损失，但相对于它带来的共享资源的安全释放，这点损失就微不足道了。在程序较复杂且需要在多个过程中共享资源，而这些共享资源没有明确的所有者的情况下，使用 shared_ptr 管理共享资源是一个性价比很高的解决方案。

12.3 用<thread>进行多线程开发

小时候，老师总是教育我们上课要专心，强调“一心不可二用”。然而，CPU 这个“不听话的熊孩子”却能在一个小小的芯片中集成两个甚至多个运算核心，尝试实现一“芯”多用。硬件制造商通过增加 CPU 的核心数量，突破了单核 CPU 的频率限制，确实能在一定程度上提升 CPU 的总处理能力，如图 12-3 所示。在他们看来，这无疑是一项创新的突破。

然而，软件开发商对此却有不同看法。他们认为，CPU 核心数量的增加并没有带来软件性能的显著提升，有时甚至可能导致性能下降。在他们看来，这可能是软件优化挑战的开始。

历史上，计算机硬件技术的发展，尤其是 CPU 频率的提高，往往伴随着软件性能的同步提升。更重要的是，这种性能提升似乎是“免费”的——软件无须做任何改变，只要计算机升级到更高频率的 CPU，软件性能就会自动改善。从 286 到 486，从奔腾到酷睿，每次 CPU 频率的飞跃都显著增强了软件的性能。

但随着 CPU 发展进入多核时代，程序员们开始感到沮丧，因为 CPU 提供的“免费午餐”似乎已经结束。目前，大多数程序都是为单核 CPU 设计的单线程程序。尽管 CPU 拥有多个核心，但许多程序仍只能在一个核心上运行，其他核心的潜力并未得到充分利用。尽管 CPU 的核心数量和总频率有所增加，但单个核心的频率提升并不显著，因此程序性能并没有因为核心数量的增加而得到相

应的提升。

图 12-3　从单核 CPU 到多核 CPU

浪费是不可取的，尤其是在处理像 CPU 运算资源这样宝贵的资源时。为了充分利用被浪费的 CPU 运算资源，关键在于设计能够适应多核心 CPU 的程序。这通常意味着将原本由单个线程串行执行的程序改造为并行程序，用多线程执行替代单线程，使程序能够同时在 CPU 的多个核心上运行，从而实现对 CPU 多核心的充分利用。通过这种方式，程序的性能有望随着 CPU 频率的提升而增强。

然而，多线程程序的设计和实现并不简单。在 C++11 之前，开发者若要实现多线程程序，往往需要依赖系统 API 来创建和管理线程，同时需要谨慎处理多线程对共享资源的访问，以避免同步问题。为了简化多线程程序的创建和开发，C++11 标准库包含了 <thread> 头文件，提供了对多线程程序开发的支持，使得高效利用多核 CPU 变得更加可行。

12.3.1　利用 thread 创建线程

C++中的<thread>头文件提供了 thread、mutex 以及 unique_lock 等基本对象，用于抽象和表达多线程开发中最常用的线程、互斥以及锁等基本概念，为多线程程序的实现提供了较低抽象层次的编程模型。其中，最基础且最重要的是与线程概念相对应的 thread 类。线程代表了程序中某个执行或者计算过程，而所谓的多线程程序，就是将原来的一个执行过程拆分为多个并行执行的过程。由此可见，线程的创建是实现多线程的基础。然而，以往想在程序中创建线程，我们通常需要针对不同操作系统调用不同的系统函数，并且还要提供复杂的参数才能完成线程的创建。幸运的是，thread 类的出现大大简化了这一过程。

thread 类对线程概念进行了很好的抽象与实现，使得我们可以非常简单地使用函数指针（包括函数对象和 Lambda 表达式）来构建一个 thread 对象。一旦拥有了 thread 对象，就意味着我们创建了一个线程，并且可以利用 thread 对象提供的成员函数来调度该线程，如启动、挂起或者停止该线程，以操作线程完成某个执行过程。例如：

```
#include <iostream>
// 包含定义 thread 类的头文件
#include <thread>

// 使用 thread 所在的命名空间 std
using namespace std;

// 定义需要线程执行的函数和函数对象
void ListenMusic()
{
     cout<<"听音乐"<<endl;
}

struct ReadBook
{
    void operator()()
    {
        cout<<"看书"<<endl;
```

```
    }
};

int main()
{
    // 使用函数对象创建线程对象 readthread，并立即启动线程的执行
    ReadBook read;
    thread readthread(read);

    // 使用函数指针创建线程对象 listenthread，并立即启动线程的执行
    thread listenthread(ListenMusic);

    // 处理其他业务逻辑

    // 调用 join()函数，等待分支线程执行完毕
    readthread.join();
    listenthread.join();
    // 所有分支线程执行完毕，程序退出
    return 0;
}
```

在这段代码中，我们利用函数对象类ReadBook的一个read函数对象，以及一个指向ListenMusic()函数的函数指针（普通函数的函数名即为指向它的函数指针），作为thread类构造函数的参数，分别创建了readthread和listenthread这两个thread对象。thread对象的创建意味着创建了新的线程，并准备执行作为构造函数参数传递给thread对象的函数。通过这一步骤，线程的创建与启动执行就完成了。

在多线程环境下，执行main()主函数并负责创建其他线程的线程称为主线程，而那些被创建的线程则相应地被称为分支线程或工作者线程，其执行的函数则被称为线程函数。当程序在执行时，主线程开始进入main()函数并创建两个thread对象，从而创建了两个分支线程，并立即启动执行它们的线程函数。与此同时，执行主函数的主线程将继续向下执行。这样，主线程和两个分支线程将同时执行，操作系统会将它们调度到CPU的多个运算核心去执行，以达到对CPU多个运算核心的充分利用。

当主线程遇到thread对象调用的join()函数后，主线程将等待这个thread对象执行完毕后，才会继续往下执行，直到最后主函数执行完毕并退出整个程序。整个程序的执行流程如图12-4所示。

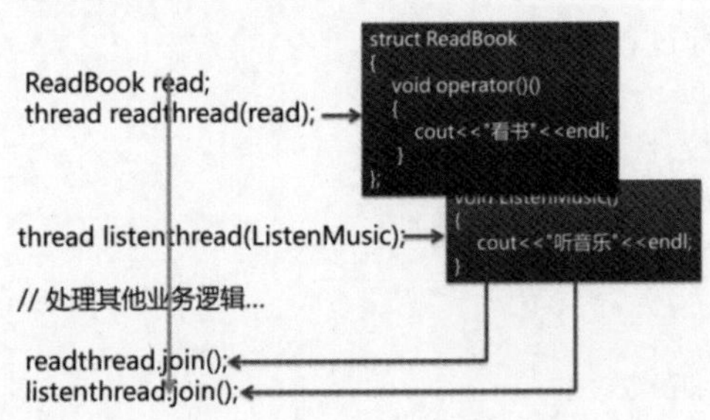

图12-4　多线程程序的执行流程

除利用thread对象创建新的线程并简单地执行某个线程函数外，我们还需要向线程函数传入数据以供其进行处理，或者从线程函数中传出结果数据。为了实现这一点，我们需要给线程函数提供参数，与普通函数类似，如果只需要向线程函数传入数据，可以采用传值形式的参数；如果需要既传入数据又传出数据，则可以采用传指针和传引用形式的参数。

与普通函数在调用时将实际参数复制给函数的形式参数不同，线程函数的形式参数的赋值是在该函数用于创建 thread 对象时完成的。当使用带参数的线程函数创建 thread 对象时，在 thread 构造函数的实际参数中，我们不仅要将函数指针或者函数对象作为第一个参数，还要依次提供线程函数所需的各个实际参数。在创建 thread 对象时，这些实际参数会被复制给线程函数的相应形式参数，以实现数据的传递。

需要注意的是，如果线程函数的参数是传引用形式，那么在创建 thread 对象时，我们需要使用 ref()函数来获得实际参数的引用。否则，即使参数是引用形式，它也会被复制，导致在线程函数和本地函数间形成两个副本，无法实现传出数据的功能。

例如，我们需要向前面的 ListenMusic()线程函数传入歌曲名，并从中传出结果数据：

```
// 需要传递数据的线程函数
// 传值形式的参数 strSong 负责向线程函数内传入数据
// 传引用形式的参数 vecEar 负责向线程函数外传出数据
void ListenMusic(string strSong,vector<string>& vecEar)
{
    cout<<"我正在听"<<strSong<<endl;      // 使用外部数据
    vecEar.push_back(strSong);           // 将结果数据存入外部容器，以此传出数据
}
// ...
int main()
{
   // 准备需要传递的数据
   vector<string> vecEar;                // 用于保存结果数据的容器
   string strSong = "歌唱祖国";           // 传入线程函数的数据
   // 在创建 thread 对象时传递数据
   // 第一个参数是线程函数指针，其后依次是线程函数所需要的参数
   thread listenthread(ListenMusic,strSong,ref(vecEar));

   // ...
   listenthread.join();

   // 输出结果数据
   for(string strName : vecEar)
      cout<<strName<<endl;

   return 0;
}
```

利用 thread 对象，我们可以像调用普通函数一样简单地创建另一个线程来执行线程函数，也可以像与普通函数传递数据一样轻松地将数据传递给线程函数。从此，我们可以一边听歌一边阅读，轻松开启惬意的“一芯二用”的并行生活。

知识拓展 线程中的瞌睡虫

在利用线程执行某个任务时，我们通常需要控制线程的执行时间，让线程在等待一定时间后再继续执行，或者在某个事先设定的固定时间点之后再执行。这时，我们可以使用 std::this_thread 命名空间下的 sleep_for()函数和 sleep_until()函数来控制线程的执行时间。sleep_for()函数可以让当前线程（即调用该函数的线程）暂停执行一段指定的时间，等过了这段时间再恢复执行；而 sleep_until()函数则会让当前线程一直暂停，直到指定的时间点到来才恢复执行。可以把它们比喻成两只“瞌睡虫”，一只让线程瞌睡一整天（固定时间

长度），而另一只更厉害，能让线程一直睡到天明（到固定时间点）。虽然“瞌睡虫”对于我们来说可能令人讨厌，然而对于线程来说，这些“瞌睡虫”却大有用处。

例如，如果我们想编写一个末日报警程序，就需要这两只“瞌睡虫”来让线程打个瞌睡：

```
#include <iostream>
#include <thread>     // 包含线程相关的头文件
#include <chrono>     // 包含时间相关的头文件

using namespace std;
using namespace std::chrono;         // 使用时间相关的命名空间

int main()
{
    // 构造一个世界末日的固定时间点：2012 年 12 月 21 日零时
    tm timeinfo = tm();
    timeinfo.tm_year = 112;     // 年：2012 = 1900 + 112
    timeinfo.tm_mon = 11;       // 月：12 = 1 + 11
    timeinfo.tm_mday = 21;      // 21 日
    time_t tt = mktime(&timeinfo);
    // 利用 time_t 类型的变量 tt
    // 创建一个表示世界末日固定时间点的 time_point 对象 tp
    system_clock::time_point tp = system_clock::from_time_t (tt);

    // 当前线程一直瞌睡到 tp 表示的 2012 年 12 月 21 日 0 时
    this_thread::sleep_until(tp);

    // 世界末日到了，程序恢复执行，响铃 10 次发出警报
   for(int i = 0; i < 10; ++i)
   {
      cout<<'\a'; // 输出一个计算机响铃
      // 当前线程瞌睡一秒钟，然后恢复执行下一次循环
      this_thread::sleep_for(seconds(1));
   }

    return 0;
}
```

在两只“瞌睡虫”的合作下，我们的报警程序首先在 sleep_until()的作用下，打瞌睡（暂停执行）直到 tp 表示的固定时间点（2012 年 12 月 21 日 0 时），当且仅当程序到达这个时间点才会恢复执行。随后，程序进入一个 for 循环，在每次循环中，它都会发出一个计算机响铃，然后在 sleep_for()这只“瞌睡虫”的作用下休眠一秒钟，再继续执行下一次循环。整个程序的效果就是在世界末日到来时发出滴滴滴的警报，提醒我们世界末日来了，赶紧逃命吧！然而，2012 早已过去了，虽然世界末日没有来，但这个报警程序仍会准时发出警报。由此可见，玛雅人的预言忽悠了我们，而 C++程序依然靠谱。

12.3.2 利用 future 和 promise 简化线程的返回值操作

在前面的章节中，我们介绍了如何使用 thread 来创建线程并执行线程函数，以及如何通过参数将数据传入线程函数或从线程函数中传出数据。这些操作看似简单。然而，现实中的多线程应用场景却非常复杂。对于利用传指针或传引用的参数形式将数据传出线程函数的方法，仅适用于那些在分支线程结束后才获取结果数据的简单应用场景。更多时候，为了及时获得结果数据，主线程可能会在分支线程尚未完成时尝试访问用于保存结果数据的共享变量。在这种情况下，可能发生的状况

是，分支线程正在把结果数据写入共享变量，而主线程也在从共享变量读取这些数据，这就可能导致主线程读取到错误的结果数据。

这类似于顾客在餐馆点菜时，为了尽快享用美食，不断催促厨师，但这种做法往往导致效率低下。为了避免这种情况，C++提出了 future 和 promise 机制，这是一种可以在线程之间传递数据的较高层次的编程机制。它不仅可以在线程之间传递数值数据，也可以传递异常。更方便的是，在分支线程的结果数据尚未准备完成的情况下，它可以让主线程一直等待而无须不断查询结果数据是否已经准备就绪。一旦分支线程的结果数据准备就绪，它会及时通知主线程来读取结果数据。

采用 future 和 promise 机制后，用户无须不断查询结果数据，只需发起请求（promise），便可静待结果。一旦结果准备就绪，future 将立即提供数据。整个过程没有任何延迟，也没有资源的竞争，从而很好地达到了从线程函数及时返回结果数据的目的。

在处理线程函数结果数据时，future 提供 get 操作（通过 get()函数实现），而 promise 提供 set 操作（通过 set_value()函数或 set_exception()函数实现）。有了明确的分工，future 和 promise 相互协作，共同从线程函数传出结果数据的基本过程就非常简单：首先，将 future 对象与 promise 对象关联，然后将 promise 对象传递给分支线程。分支线程完成数据处理后，通过调用 set_value()函数将结果存储于 promise 对象。随后，这些结果将反映在与之关联的 future 对象中。最终，通过 future 对象的 get()函数，我们可以读取到从线程函数中传递出来的结果数据。例如，我们可以用 future 和 promise 来解决上面的餐馆点菜问题：

```
#include <thread>
#include <future>  // 包含 future 所在的头文件
#include <string>
#include <iostream>

using namespace std;

// 需要从线程函数传递出来的数据
class Food
{
public:
     Food(){} // 默认构造函数
     // 通过菜名构建 Food 对象
     Food(string strName) : m_strName(strName){}
     // 获取菜名
     string GetName() const
     {
         return m_strName;
     }
private:
     string m_strName; // 菜名
};

// 线程函数
// 根据菜名创建 Food 对象，并通过 promise 对象返回结果数据
void Cook(const string strName,promise<Food>& prom)
{
    // 做菜
    Food food(strName);
    // 将创建完成的 food 对象放到 promise 传递出去
    prom.set_value(food);
}

int main()
```

```
{
    // 用于存放结果数据的 promise 对象
    promise<Food> prom;
    // 获得 promise 所关联的 future 对象
    future<Food> fu = prom.get_future();

    // 创建分支线程执行 Cook() 函数
    // 同时将菜名和用于存放结果数据的 promise 对象传递给 Cook() 函数
    // ref() 函数用于获取 promise 对象的引用
    thread t(Cook,"回锅肉",ref(prom));

    // 主线程在此等待分支线程完成 Food 对象的创建，一旦完成，立即获取完成的 Food 对象
    Food food = fu.get();
    // 上菜
    cout<<"客官，你点的"<<food.GetName()<<"来了，请慢用！"<<endl;
    t.join(); // 等待分支线程最终完成

    return 0;
}
```

future 和 promise 实际上是两个类模板。在这里，我们首先根据它们所处理的结果数据的数据类型 Food，对其进行了特化，得到了模板类 future<Food>和 promise<Food>。然后，创建了用于存放结果数据的 promise 对象 prom，并通过 get_future()方法从 prom 对象获得与之关联的 future 对象 fu。这样，prom 对象和 fu 对象配对成功，也就意味着它们之间达成了某种约定（promise）。

在分支线程中，我们可以通过 set_value()方法将结果数据存储到 prom 对象中，而在主线程中，我们可以通过 get()方法从 fu 对象中获取结果数据。接下来，在创建分支线程执行线程函数的同时，将用于存放结果数据的 prom 对象传递给线程函数。在线程函数的执行过程中，如果结果数据已经准备就绪，就通过 set_value()方法将结果数据存放到 prom 对象中。

与此同时，主线程通过 fu 对象的 get()方法等待分支线程的结果数据准备就绪。一旦分支线程将准备就绪的结果数据通过 set_value()方法存储到 prom 对象，get()方法将获取分支线程存储在 prom 中的结果数据，并将该数据返回。整个过程不需要主线程不断查询，而分支线程一旦完成数据处理并将结果数据通过 set_value()方法存储到 promise 对象，主线程将立刻通过 future 对象的 get()方法得到结果数据，从而确保结果数据能够及时、准确地传出。整个过程如图 12-5 所示。

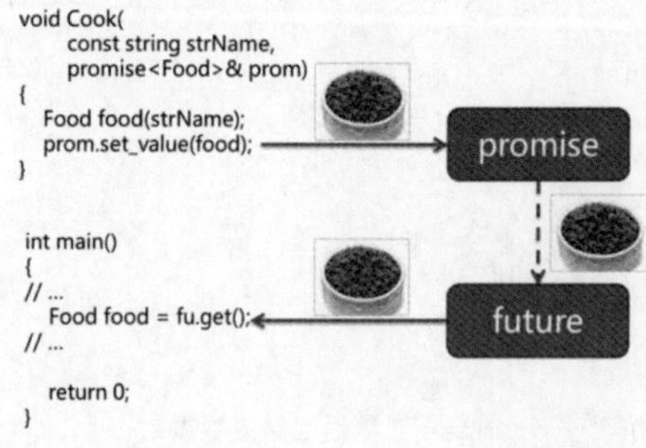

图 12-5　future 和 promise 传递数据的过程

需要注意的是，一旦主线程调用 future 对象的 get()方法等待分支线程返回结果，主线程将暂停执行，直到分支线程将结果通过 set_value()设置到 promise 中，在 get()方法获取结果后，主线程才会继续执行。然而，分支线程的执行有时可能会遇到问题，导致结果未能及时准备就绪。这就像在餐馆中，顾客点的菜因厨师忙碌而长时间未能上桌一样。

通常，顾客会等待一定时间，例如 10 分钟，如果超出这个时间仍未上菜，顾客可能会选择离开。在程序设计中，我们可以使用 future 对象的 wait_for()成员函数来让主线程等待一段指定的时间。如果在这段时间内分支线程未能完成结果的设置，主线程将结束等待并继续执行后续代码。

这样，即使分支线程因错误未能提供结果，wait_for()函数也能确保主线程不会无限期地等待，从而有机会采取补救措施。正如顾客在等待时间过长时选择更换餐馆，wait_for()函数允许主线程在超时后采取其他行动，以避免程序长时间停滞。

通过使用 wait_for()函数，程序可以更加灵活地处理分支线程可能的延迟或失败，从而提高程序的健壮性和用户体验。例如：

```
#include <chrono>  // 为了使用 minutes 类
// ...
using namespace std::chrono; // 使用 minutes 所在的命名空间
// ...
// 等待 10 分钟
if (fu.wait_for(minutes(10)))
{
    // 如果 10 分钟内结果数据准备就绪，则从 future 对象中获取结果数据
    Food food = fu.get();
    cout<<"客官，你点的"<<food.GetName()<<"来了，请慢用！"<<endl;
}
else // 如果 10 分钟内结果数据尚未到达
{
    cout<<"等不下去了，换个餐馆"<<endl;
}
```

future 和 promise 的相互配合，可以确保从线程函数及时返回结果数据。但这个过程需要完成它们之间的配对，传递 promise 对象给线程函数，并手动存放结果数据，这显得有些烦琐。

为了简化这一过程，C++提供了 packaged_task 类模板。在大多数情况下，我们需要从线程函数获取的是其返回值。我们可以创建一个特定类型的 packaged_task 对象，它基于线程函数的返回值和参数类型。然后，使用线程函数作为构造函数参数来创建 packaged_task 对象。这个对象自动完成了 future 和 promise 的配对。通过调用其 get_future()成员函数，我们可以获得已配对的 future 对象，从而使用它来获取线程函数的返回值。

例如，我们可以用 packaged_task 将上面的例子简化为：

```
// ...

// 线程函数的返回值成了我们所需要的结果数据
// 不再需要向线程函数传递 promise 对象
Food Cook(const string strName)
{
     // 做菜
     Food food(strName);
     // 直接将结果数据通过返回值返回
     return food;
}

int main()
{
    // 使用线程函数的返回值和参数类型特化 packaged_task 类模板
    // 利用其构造函数，将线程函数打包成一个 packaged_task 对象
    packaged_task<Food(string)> cooker(Cook);

    // 从 packaged_task 对象获得与之关联的 future 对象
```

```
    future<Food> fu = cooker.get_future();
    // 创建线程执行 packaged_task 对象，实际上执行的是 Cook()函数
    // 这里也不再需要传递 promise 对象
    thread t(move(cooker),"回锅肉");

    // 同样地获得结果数据
    Food food = fu.get();
    cout<<"客官，你点的"<<food.GetName()<<"来了，请慢用！"<<endl;
    t.join();

    return 0;
}
```

首先，线程函数 Cook()发生了变化，现在通过其返回值直接返回 Food 类型的结果数据。同时，由于不再需要传递 promise 对象来存放结果，其参数列表中也不再包含 promise 类型。在线程函数内部，直接返回结果代替了之前将结果通过 set_value()设置到 promise 对象的做法。

在主函数中，我们首先根据线程函数 Cook()的返回类型 Food 和参数类型 string 特化 packaged_task 类模板，得到 packaged_task<Food(string)>模板类。接着，使用线程函数 Cook()作为参数构造 packaged_task 对象。然后，通过调用其 get_future()成员函数获取已配对的 future 对象。

随后，我们创建新线程执行 packaged_task，即开始执行线程函数 Cook()准备数据。在这个过程中，我们使用 future 对象的 get()函数来等待分支线程执行完毕。一旦分支线程的线程函数 Cook()执行完毕并返回 Food 对象，该对象将被主线程的 get()函数捕获。

使用 packaged_task 类模板简化了 future 和 promise 的配对过程。然而，这个过程还涉及创建 packaged_task 对象、从中获取 future 对象以及创建线程执行任务，这仍然显得有些繁琐。为了进一步简化这一过程，C++提供了 async()函数，通过单一函数调用即可完成上述步骤。

使用 async()函数，只需提供函数作为参数，它便会自动创建并启动分支线程执行该函数，同时完成 future 和 promise 的配对，并返回一个 future 对象，以便获取函数的返回值。主线程只需调用 get()函数等待分支线程完成，即可直接获取返回值。

例如，上面的例子可以进一步简化为：

```
#include <functional>   // 包含 bind()函数所在的头文件

// 将 Cook()函数异步（async）执行
future<Food> fu = async(bind(Cook,"回锅肉"));
cout<<"客官，你点的"<<fu.get().GetName()<<"来了，请慢用！"<<endl;
```

在这里，我们首先利用 bind()函数将线程函数 Cook()和它的参数打包成一个匿名的函数对象，然后将这个对象作为参数传递给 async()函数进行异步执行。async()函数会根据情况创建新的线程或者复用已有的线程来执行 Cook()线程函数，并返回一个 future 对象，该对象可以在将来获取线程函数的返回值。通过 future 对象的 get()函数，主线程可以在线程函数执行完毕后及时得到它的返回值。

经过以上处理，利用 future 和 promise 获取线程函数结果数据的方式已显著简化，从最初需要编写十几行代码传递 promise 对象，发展到现在仅需两行代码使用 async()函数即可完成。这类似于相机技术的发展，从复杂的专业相机到用户友好的自动相机，使用门槛逐渐降低。然而，这种简化也带来了一些限制，减少了对执行过程的控制，可能不适应更复杂的应用场景。例如，使用 packaged_task 时，我们无法控制任务完成和结果返回的具体时机。使用 async()函数时，我们无法控制线程的启动和执行细节。专业相机能够拍摄出精彩的照片，提供了更多的控制选项，但使用起来比较复杂，而自动相机简便易用，却缺少了专业相机所具有的精细调节功能。

因此，无论是选择相机、多线程技术，还是生活中的伴侣，关键在于找到最适合自己的，而不是单纯追求完美。选择最适合自己需求的，才是最优的选择。

12.3.3　利用 mutex 处理线程之间共享资源的竞争

通过前面的学习，我们掌握了如何使用 thread 创建线程执行任务，如何通过函数参数传递数据，以及如何利用 future 和 promise 获取线程的返回结果。这一切看似简单，仿佛多线程开发的大部分问题都已解决。但不要过早乐观，多线程开发中剩余的问题，尤其是共享资源的竞争，才是最具挑战性的。

在之前的多线程应用场景中，线程独立访问各自的资源，并未涉及共享资源，因此不存在资源竞争。然而，线程间通常需要共享资源，例如访问同一容器，这便引出了资源竞争的问题。当多个线程同时访问共享资源时，可能导致不确定的结果。例如，当一个线程向容器中插入数据时，另一个线程可能同时从容器中读取数据，这会导致两个线程间的竞争。读取到的可能是原有数据，也可能是新写入的数据。这种不确定性对于要求严格顺序执行的程序是不可接受的。

因此，C++提供了多种机制来管理线程间对共享资源的访问，确保任一时刻只有一个线程能操作资源，保证操作的确定性。其中，最简单且常用的是互斥锁机制。我们首先在程序中创建一个全局 mutex，然后在线程函数中调用其 lock()和 unlock()方法来定义一个代码区域，即临界区。互斥锁机制保证了在任何时刻，最多只能有一个线程进入临界区执行代码。当一个线程在临界区执行时，如果其他线程尝试进入，它们将被阻塞并排队等待，直到临界区被释放。这样，通过把对共享资源的访问放在临界区内，就能确保每次只有一个线程能访问资源，避免了多线程同时访问的问题。

例如，在前面的比喻中，如果有两位厨师都需要将炒好的菜交给同一个服务员端给客人，服务员就成了共享资源。为了避免两位厨师同时让服务员端菜，我们可以用 mutex 为她设立一个临界区，规定她在临界区内工作，每次只处理一位厨师的请求。这样，我们就能有效地管理共享资源的访问，确保服务的有序进行：

```
#include <mutex>  // 包含 mutex 所在的头文件
#include <queue>  // 包含 queue 容器所在的头文件
// 全局的互斥对象
mutex m;
// 全局的 queue 容器对象 quFoods
// 线程函数会将炒好的菜通过 push()方法放入 quFoods 容器，所以它表示服务员
queue<Food> quFoods;
// 线程函数，创建临界区访问共享资源 quFoods
void Cook(string strName)
{
   // 炒菜
   // 这些不涉及共享资源的动作是可以放在临界区之外多个线程同时进行的
   Food food(strName);

   m.lock(); // 临界区开始
   // 对共享资源的操作
   quFoods.push(food);      // 将 food 对象添加到共享的容器中
   m.unlock();              // 临界区结束
}

int main()
{
    thread coWang(Cook,"回锅肉");    // 王厨师炒回锅肉
    thread coChen(Cook,"盐煎肉");    // 陈厨师炒盐煎肉
    // 等待厨师炒完菜
```

```
    coWang.join();
    coChen.join();
    // 输出结果
    cout<<"两位厨师炒出了"<<endl;
  // 输出 quFoods 容器中所有 Food 对象的名字
  // 这里只有主线程会执行，所以对共享资源的访问不需要放在临界区
  while(0 != quFoods.size() )
  {
        cout<<quFoods.front().GetName()<<endl;
        quFoods.pop(); // 从容器中弹出最先进入队列的 Food 对象
  }

    return 0;
}
```

在这里，我们首先创建了一个全局的 mutex 对象 m 和一个共享资源 quFoods 容器，然后在线程函数 Cook()中，用 m 的 lock()函数和 unlock()函数形成了一个临界区。因为 Food 对象的创建不涉及共享资源，多个线程可以独立地执行，所以我们把 Food 对象的创建工作放在临界区之外。当 Food 对象创建完成并需要添加到 quFoods 容器时，就涉及对共享资源 quFoods 的操作，因此需要放到临界区执行，以保证任何时刻只有唯一的线程对 quFoods 进行操作。多个线程执行线程函数 Cook()的流程如图 12-6 所示。

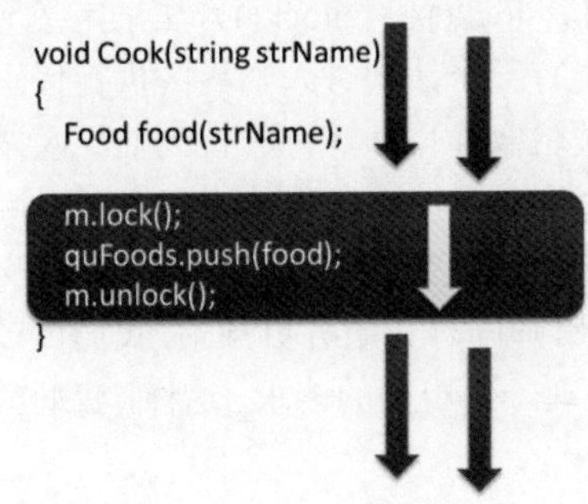

图 12-6　临界区的执行流程

从这里我们可以看到，互斥对象 mutex 的使用非常简单。我们只需要创建一个全局的 mutex 对象，然后利用其 lock()函数和 unlock()函数划定一个临界区，同时将那些对共享资源的访问放到临界区内，就可以保证同一时刻只有一个线程对共享资源进行访问。

虽然互斥对象的使用看似简单，但用好互斥对象却并不容易。如果我们错误地使用了互斥，例如一个线程只执行 lock()函数锁定临界区，但由于某种原因（如出现异常或者长时间被阻塞）而没有执行相应的 unlock()函数解除临界区的锁定，那么其他线程将无法进入临界区，从而导致整个程序被阻塞并失去响应。因此，在使用 mutex 对象时必须小心谨慎，不然容易造成线程死锁而给程序带来灾难性的后果。同时，这种错误很难被发现，程序员往往因此陷入水深火热之中。

为了挽救程序员于水火，C++提供了多种措施来避免这种灾难的发生。其中最简单的是 mutex 对象的 try_lock()函数。利用它，我们可以在锁定临界区之前进行尝试，如果当前临界区可以锁定，则成功锁定临界区，进入临界区执行。如果当前临界区已经被其他线程锁定而无法再次锁定，则可以采取一定的措施来避免线程一直等待而形成死锁。例如：

```
void Cook(string strName)
{
    Food food(strName);
```

```
        // 尝试锁定临界区
        if(m.try_lock())
        {
            quFoods.push(food);
            m.unlock();  // 解除锁定
        }
        else
        {
            // 在无法锁定临界区时采取的补救措施
            cout<<"服务员这会儿太忙了，炒好的菜先放一放"<<endl;
        }
}
```

除 try_lock()函数外，C++还提供了 recursive_mutex 互斥对象，它允许同一线程多次进入某一临界区，从而巧妙地解决了函数递归调用中对同一个互斥对象多次执行 lock()操作的问题。此外，C++还提供了 timed_mutex 互斥对象，利用它的 try_lock_for()函数和 try_lock_until()函数，可以让线程只是在某段时间内或某个固定时间点之前尝试锁定，这样就对线程等待锁定临界区的时间进行了限制，从而避免了线程在异常情况下长时间等待锁定临界区的情况，也就有机会采取措施来解决问题。与 timed_mutex 相对应地，C++中也有 recursive_timed_mutex 对象，其使用方法与前两者类似。这些辅助性的互斥对象各有各的用途，根据应用场景选择合适的互斥对象，是利用互斥对象解决共享资源竞争问题的前提。

得益于 C++提供的策略，我们可以有效地防止线程因长时间等待进入临界区而引发死锁。然而，这些方法仅在临界区无法锁定时提供补救措施。这种情况通常是由于程序员的操作不当引起的。程序员可能调用了 lock()函数锁定资源，却忘记了使用 unlock()函数来释放，或者由于程序逻辑错误而跳过对 unlock()函数的调用。这导致了 lock()和 unlock()调用不匹配，从而造成临界区锁定问题。

《黄帝内经》上说，圣人“不治已病，治未病”。与其在出现临界区无法锁定的情况下采取补救措施，不如事先就管理好互斥对象，让它的 lock()和 unlock()完全配对，这样就不会出现临界区无法锁定的情况了。为此，C++的标准库中专门提供了锁（lock）对象用于互斥对象的管理，其中最简单且最常用的就是 lock_guard 类。

lock_guard 类实际上是一个类模板，我们只需要在合适的地方（即需要 mutex 互斥对象锁定的地方），使用需要管理的互斥对象类型（例如 mutex 或 timed_mutex 等）作为其类型参数特化这个类模板，得到一个特定类型的模板类。然后，使用一个互斥对象作为其构造函数参数来创建一个 lock_guard 类的对象，从而让这个 lock_guard 类的对象与互斥对象建立联系，lock_guard 类的对象开始对互斥对象进行管理。当以互斥对象为参数创建 lock_guard 类的对象时，它的构造函数会自动调用互斥对象的 lock()函数，锁定它所管理的互斥对象。当代码执行离开 lock_guard 雷达对象的作用域时，作为局部变量的 lock_guard 类的对象会被自动释放，而它的析构函数则会自动调用互斥对象的 unlock()函数，自动解除它所管理的互斥对象的锁定。

通过 lock_guard 类的对象的帮助，借助其构造函数和析构函数的严格匹配，互斥对象的锁定（lock()）和解锁（unlock()）也能做到自动严格匹配，程序员再也不用为错过调用互斥对象的 unlock()函数造成线程死锁而头疼。利用 lock_guard 类的对象，我们可以将上面的例子改写为：

```
// 使用 lock_guard 来管理 mutex 对象
void Cook(string strName)
{
   Food food(strName);
   // 使用需要管理的 mutex 对象作为构造函数的参数创建 lock_guard 对象
```

```
    // 构造函数会调用mutex对象的lock()函数锁定临界区
    lock_guard<mutex> lock(m);
    // m.lock(); // 不用直接调用mutex对象的lock()函数
    // 对共享资源的访问
    quFoods.push(food);
    // 离开lock对象的作用域，lock对象被释放，其析构函数被自动调用
    // 在其析构函数中，会调用mutex对象的unlock()函数解除临界区的锁定
    // m.unlock();
}
```

在这里，我们创建了一个lock_guard类的对象lock来管理mutex类的对象m。当创建lock对象时，它的构造函数会调用m的lock()函数锁定临界区。而当线程函数执行完毕后，作为局部变量的lock对象会被自动释放，其析构函数也会被自动调用。在其析构函数中，互斥对象m的unlock()函数会被调用，从而随着lock对象的析构自动地解除了临界区的锁定。这样，通过lock对象构造函数和析构函数相互匹配的特性，就自动完成了mutex对象的lock()与unlock()的匹配，避免了因lock()和unlock()无法匹配而导致的线程死锁问题。

除只提供构造函数和析构函数的lock_guard类外，C++标准库还提供了拥有其他成员函数的unique_lock类，从而让我们可以对锁对象进行更多的控制。例如，我们可以利用它的try_lock()函数尝试锁定它所管理的互斥对象，也可以用try_lock_for()函数在指定的时间内尝试锁定等，其使用方法与互斥对象相似。

需要注意的是，互斥对象和锁对象在某种意义上都代表共享资源的所有权，并且通常是一一对应的。对于互斥对象，它仅在至少对两个线程可见时才有意义，因此通常是全局的。锁对象则通过其构造函数和析构函数来管理临界区的锁定与解锁，因此通常是局部作用域内的。共享资源的独占性决定了互斥对象和锁对象也必须是唯一的。它们不可复制，因为若存在多个副本，将无法确定哪个拥有资源，导致所有权不明确。但它们可以被移动，即将资源的所有权从一个作用域转移到另一个。

到这里，我们掌握了C++中多线程开发的大部分技术。我们学会了使用thread对象创建线程执行函数，使用future和promise对象在线程间传递数据，以及使用mutex对象管理共享资源的访问。可以说，利用C++提供的这些技术创建多线程程序相对容易。但需注意，由于多线程程序的逻辑复杂性，可能会出现线程死锁等严重影响性能的问题。C++提供的多线程技术如同一把锋利的刀子，使用得当可以大大提高效率，使用不当则可能带来风险。因此，这就需要不断实践，积累经验。随着经验的增长，我们将能更加自如地运用这些技术。

知识拓展 OpenMP——thread对象之外的另一种选择

程序员往往是寻求高效自动化解决方案的先锋。

虽然利用thread对象可以轻松地将程序并行化，但他们并不满足于此。他们探索是否有一种方法能自动将单线程程序并行化，从而减少程序员的额外工作。世界的发展往往是由那些寻求更高效方法的人推动的。正是程序员对效率的追求催生了OpenMP这一多线程解决方案。

OpenMP提供了跨平台支持，包含编译指令、函数和环境变量，用于设计共享内存并行系统的多线程程序。它为并行算法提供了高层次的抽象描述，允许程序员通过在原有串行代码中加入编译指令来指明并行意图。编译器根据这些指令自动创建线程、分配任务和处理资源竞争，实现程序的自动化并行化。若忽略这些指令或编译器不支持OpenMP，程序将

回退为串行执行，这样增加了代码的灵活性。

在程序中使用 OpenMP 非常简单。只需在编译选项中启用 OpenMP 支持（如 gcc 使用 -fopenmp，Visual C++使用/openmp），引入 OpenMP 头文件，然后在可并行执行的代码段前加入 OpenMP 编译指令，即可实现程序的并行化。下面来看一个简单的例子：

```
// 包含 OpenMP 的头文件
#include <omp.h>

using namespace std;

void foo()
{
   // ...
}

int main()
{
   // 用 pragma 指令指明这是一个可以并行执行的 for 循环
   // 编译器会根据这些指令自动创建多个线程，
   // 对 for 循环进行相应的并行处理
   #pragma omp parallel for
   for (int i = 0; i < 100; ++i)
       foo();

   return 0;
}
```

在这里，我们通过简单地使用一个 pragma 编译指令来告诉编译器接下来的 for 循环是一个可以并行处理的 for 循环。编译器会根据程序员的意图自动创建多个线程并行地执行这个 for 循环。在整个过程中，程序员只需要通过编译指令告诉编译器"嘿，下面这个 for 循环需要并行执行"，然后编译器就会自动为我们创建线程来完成 for 循环的并行执行，无须我们额外操心。充分利用编译器的能力，让程序员能专注于更高层次的任务，这体现了自动化工具的高效价值。

12.4　本章练习

1. 创建多个线程，同时计算 1~100 的和。

要求：创建 5 个线程，每个线程负责计算 1~100 的和的一部分。例如，第一个线程负责计算 1~20 的和，第二个线程负责计算 21~40 的和，以此类推。每个线程计算完成后，将各自的计算结果累加到一个全局的共享变量中。使用 std::mutex 保护该共享变量，以避免数据竞争。最后在 main()函数中输出各个线程的最终计算结果。

2. 使用 std::shared_ptr 实现单例模式。

要求：使用 std::shared_ptr 创建一个单例类。该类包含一个整型成员变量，并提供一个静态成员函数用于获取单例对象。在程序中多次获取单例对象，并观察这些对象的地址是否相同。

3. 使用 std::promise 和 std::future 获取异步任务的结算结果。

要求：在 main()主函数中，使用 std::promise 和 std::future 创建一个异步任务，该任务计算 1~100 的和。最后，在 main()主函数中获取异步任务的结果并输出。

第 13 章

找工作就靠它了

我们已经游历了整个 C++的世界，现在是不是可以停下来歇歇脚了？

别急，我们还剩下最后一步。现在，让我们回想一下，拿起这本书开始这段奇妙的 C++之旅时，我们的初衷是什么？

有些人可能是因为学校开设了 C++课程，希望取得好成绩；也有些人可能是出于对编程的兴趣，想学习一门程序设计语言。无论是为了考试还是追求兴趣，大多数人学习 C++的最终目的是为了找到一份 C++领域的理想工作。

在当前的就业市场中，找到一份好工作并不容易，尤其是 C++领域。许多公司为了快速筛选优秀人才，在招聘时设置了 C++笔试作为门槛。只有通过这个门槛，才有可能进入下一轮面试，并有机会加入心仪的公司。经过长时间的学习和探索 C++的知识，现在是时候将所学转化为实际能力，以敲开理想工作的大门。接下来，我们将分析一些知名大公司的 C++笔试题目，希望通过这些分析加深对 C++关键知识点的认识和理解，并积累经验，最终顺利跨越 C++笔试的门槛。

13.1 打好基础

万丈高楼平地起。无论何时，基础知识都是最重要的，自然也是软件公司最看重的。只有基础扎实，程序员才能在工作中减少失误，从而保障软件开发的效率和质量。因此，基础知识的掌握程度已成为衡量程序员水平高低的一个重要指标。既然基础知识如此重要，那么对基础知识的考查自然就成为 C++笔试中的核心部分。

13.1.1 基本概念

题 1 操作符与表达式。

判断以下 4 个表达式是否正确，若正确，则写出经过表达式运算后 a 的值。

```
int a = 4;
(A) a += (a++);
(B) a += (++a);
(C) (a++) += a;
```

```
(D) a += a+++a;
```

【分析】这道题考查的是 C++语言中的“++”自增运算符及表达式的相关知识。只要复习本书中的相关介绍，就可以轻松回答这个问题。其中，（C）表达式错误，因为赋值运算符“=”左侧是一个表达式，不是一个有效变量，不能被赋值。其余的表达式虽然看起来有些奇怪，但都是正确的表达式。这三个正确的表达式经过运算后，a 的值依次是 9、10、14。

需要特别注意的是，这种让人头疼的题目通常是考官为了增加难度而精心设计的，并且其结果很大程度上依赖于编译器的具体实现，在不同的编译器下可能有不同的结果。这种书写表达式的方式其实是一种很坏的编程习惯。在实际的编程过程中，应该尽量避免编写这种复杂的表达式，减少对编译器的依赖，力求代码简单明了。在解题时，按照运算符的优先级使用“()”对表达式进行划分，有助于我们理解表达式的运算顺序，从而得出正确的结果。

题 2　C++中的模板类有什么优势？

【分析】这道题考查的是对 C++语言中模板类的认识和理解。根据实践经验，可以对模板类的优势进行总结。

C++中的模板类（也称为类模板）提供了一种创建通用类的方法，这些类可以处理多种数据类型而无须为每种数据类型编写新的类。模板类的优势主要包括以下几点。

- 代码重用：模板类允许我们编写一个通用的类定义，然后用不同的数据类型实例化该类。这有助于减少重复代码，因为可以在多个数据类型上复用相同的类定义。
- 类型安全：模板类在编译时进行类型检查，确保类的实例化与正确的数据类型匹配。这有助于减少运行时错误和类型转换错误。
- 性能优化：由于模板类在编译时生成特定于数据类型的代码，因此编译器可以对这些代码进行优化，从而提高运行时性能。此外，模板类可以内联函数，进一步提高性能。
- 灵活性：模板类可以与其他模板类和非模板类一起使用，从而提供了很大的灵活性。用户可以创建处理特定数据类型的特化版本，也可以创建处理多种数据类型的通用版本。
- 易于维护：由于模板类的代码与特定数据类型无关，因此维护和修改模板类通常比维护多个特定于数据类型的类更容易。

题 3　什么是“引用”？声明和使用“引用”时要注意哪些问题？

【分析】这道题考查的是对“引用”这个基本概念的理解。实际上，本书中已经分析了引用的实质就是变量的“别名”（或“绰号”），按照这一思路来回答问题即可。

在 C++中，引用是一种别名，它允许我们为已存在的变量或对象创建一个新的名字。既然是“别名”，就要求先有本人后才有绰号。因此，声明一个引用时，必须对它进行初始化，将它与某个目标变量相关联。引用声明完毕后，相当于目标变量有两个名称，即该目标变量的原名和引用名。一旦引用与某个变量关联，就不能再把该引用名用于其他变量的别名。声明一个引用，并不是新定义一个变量，它只是目标变量的一个别名。引用本身不是一种数据类型，因此它不占存储空间（系统也不会给引用分配存储空间）。此外，不能为数组创建引用。

题 4　将“引用”作为函数的参数有哪些特点？

【分析】这道题考查对引用的理解和应用，以及对函数的三种参数传递方式基本概念的掌握。

总结起来，传引用的参数传递方式兼具了传指针和传值的特点，它既可以像传指针一样，用于传入数据和传出数据，又可以像传值一样，保持对用户友好的使用方式。同时，它避免了传值过程中可能产生的空间和性能损耗。具体的细节可以参考 7.1.5 节中与引用有关的介绍。

题 5　给引用赋值意味着什么?

【分析】这道题表面上考查的是对引用赋值的理解，但实际上，如果我们能回答出给引用赋值时应该注意的问题，将会在考官面前给自己加分不少。

从本质上讲，引用就是另一个变量或对象的别名，给引用赋值，就是将引用绑定到这个对象。此后，对引用的任何操作，实际上都是对这个对象本身的操作。

记住：引用是目标对象的指示物。因此，当定义一个引用时，必须给它赋值，将它指向某个对象。另外，引用和它所指向的对象之间的这种关系一旦确定就不能更改，也就是说，不能修改引用的初始指向，将其指向另一个对象。引用和它所指向的对象之间的关系是从一而终的，一旦确立便无法修改。

题 6　如何将数字转换成对应的字符串?

【分析】在开发实践中，通常需要将数字转换成对应的字符串。例如，我们无法直接使用“==”关系运算符来比较两个浮点数是否相等，但可以通过将浮点数转换成字符串来进行比较。虽然 C++可以利用 C 语言的库函数（如 itoa()函数和 sprintf()函数）将数字转换为 char 字符数组，但这仍然是字符数组，而不是 C++中应用最为普遍的 string 类型。要将数字直接转换为最常用的 string 类型，建议使用 C++中的 stringstream 类来完成。例如：

```
// 包含定义 stringstream 类的头文件
#include <sstream>
#include <iostream>
#include <string>
#include <iomanip>     // 控制输入输出格式

// ...
// 需要比较的两个浮点数
double fA = 1.19821003;
double fB = 1.1982100203;
// 定义一个 stringstream 对象
stringstream sstr;

// 设定浮点数的输出精度（保留小数点后 8 位数字），并将 fA 输出到 stringstream 对象
sstr<<fixed<<setprecision(8)<<fA;
string strA;
// 将浮点数 fA 转换为字符串 strA
sstr>>strA;
// 清空 stringstream 对象，开始第二次转换
sstr.clear();
sstr<<fB;
string strB;
sstr>>strB;
// 通过转换后的字符串用于比较两个浮点数是否相等
if( strA == strB )
    cout<<strA<<"等于"<<strB<<endl;
else
    cout<<strA<<"不等于"<<strB<<endl;
```

除将数字直接转换为对应的字符串外，利用 stringstream 还可以在转换的过程中控制数字的输出

格式，例如将数字转换为对应的八进制或者十六进制等形式的字符串，以满足不同的需要。stringstream 类除可以将数字转换为字符串外，还可以将字符串转换为数字。例如：

```
stringstream sstr;
// 一个需要表示成十六进制的数值
int i = 1234;
// 将数字以十六进制输出到 stringstream 对象
sstr<<hex<<i;
string strHex;
// 从 stringstream 对象中提取字符串
sstr>>strHex;
// 输出转换后的字符串
cout<<i<<"表示成十六进制是："<<strHex<<endl;
// 定义一个需要转换的表示数字的字符串 strA
string strA("1.1982");
// 将字符串输出到 stringstream 对象
sstr<<strA;
// 将字符串 strA 转换为浮点数 fA
float fA = 0;
sstr>>fA;
```

题 7　什么是预处理？

【分析】这道题考查了对编译器相关基础知识的了解。编译器是编写程序的关键工具，对它的了解当然是越多越好。预处理是在源代码文件进行最终编译之前进行的一项文本替换准备工作。在编译之前，预处理器会处理代码中所有以“#”开头的预处理指令，例如把#include 指令所包含的头文件复制到源文件中、替换#define 指令定义的宏、展开#ifdef 指令定义的条件编译等，最终得到一份“干净”的源文件，以供最后的编译工作。

13.1.2　函数

题 8　请简述 C++中的内联函数的概念，并给出一个简单的示例代码。

【分析】这道题目不仅需要我们了解内联函数的基础知识，还需要给出示例代码，因此也是对我们编码能力的考核。内联函数是 C++中一种优化机制，它通过将函数体直接插入到调用点来减少函数调用的开销。内联函数是通过在函数声明或定义前加上关键字 inline 来实现的。需要注意的是，内联函数的定义必须在调用之前，否则编译器可能无法识别它。

下面是一个简单的示例代码，展示了如何使用内联函数：

```
#include <iostream>
using namespace std;

// 定义一个内联函数
inline int add(int a, int b)
{
    return a + b;
}

int main()
{
    int x = 1;
    int y = 2;
    int res = add(x, y); // 调用内联函数
    // 输出结果
    cout << x << " + " << y << " = " << res << endl;
```

```
    return 0;
}
```

在这个示例中，我们定义了一个内联函数 add()，用于计算两个整数之和。在 main()函数中，我们调用了这个内联函数，并将结果输出到控制台。由于内联函数的特性，编译器会将 add()函数的调用替换为函数体的实际代码，从而减少了函数调用的开销。不过，需要注意的是，内联函数只适用于那些实现比较简单、体积比较小的函数。

题 9　请编写一个字符串拷贝函数。

【分析】乍一看，这个题目可能会人认为字符串拷贝非常简单，是一道送分题。字符串是由字符数组构成的，只需把源字符串数组中的字符逐个复制到目标字符串数组即可。我们可以很快给出如下解答：

```
// 糟糕的字符串拷贝函数
void strcpy( char *strDest, char *strSrc )
{
  // 逐个复制字符串数组中的数据，直到字符串结束
  while('\0' != *strSrc)
  {
    *strDest = *strSrc;
    strDest++;
    strSrc++;
  }

}
```

如果你自信满满地将这个答案交给考官，考官可能会客气地让你回去等通知，但可以肯定地告诉你，你不会等到任何通知。尽管这道题看起来简单，它实际上却暗藏许多陷阱。通过对比下面的解答，就会清楚自己的程序到底错在哪里了。

```
// 用 char*代替 void 作为返回值类型
// 将复制完成后的目标字符串返回以实现链式操作
char* strcpy( char* strDest,
              const char* strSrc ) // 将在源字符串声明中加上 const，表明其为输入参数
{
   // 利用断言判断参数的有效性
   assert( (nullptr != strDest ) && (nullptr != strSrc ) );
   // 保存目标字符串地址以备返回
   char* strRes = strDest;
   // 逐个复制字符串数组中的数据，直到字符串结束
   // 在赋值完成后同时进行自增运算并进行判断，简化代码
   while( (*strDest++ = *strSrc++) != '\0'  );

   // 返回目标字符串
   return strRes;
}
```

从糟糕的 strcpy()函数到改进后的 strcpy()函数，考查了我们在编写函数解决问题时考虑的问题是否全面。只有具备了扎实的基本功，才能够写出完善的 strcpy()函数，这样的人才正是软件公司所寻求的。需要注意的是，这个函数不会检查目标字符串的长度，因此在使用时需要确保目标字符串有足够的空间来存储源字符串。在实际应用中，为了避免潜在的缓冲区溢出问题，通常会使用更安全的字符串拷贝函数，如 strncpy()函数。

题 10　在定义函数重载的时候需要注意什么？

【分析】这道题目表面上看考查的是关于函数重载的基础知识，实际上考查的是我们的实际编码经验。只有积累足够的编码量，我们才能够根据自己以往遇到的困难和错误，总结出需要注意的地方。

在 C++中，定义函数重载时需要注意以下几点。

（1）函数名相同：函数重载的关键在于在同一作用域内定义多个同名函数。这些函数的名称必须完全相同。

（2）参数列表不同：函数重载的另一个关键在于这些同名函数的参数列表必须不同。参数列表可以是不同的参数类型、参数个数或参数顺序。这样，编译器可以根据调用函数时提供的实际参数类型和个数来确定调用哪个版本的函数。

（3）返回类型不影响重载：函数重载与函数的返回类型无关。即使两个同名函数的返回类型相同，只要它们的参数列表不同，它们也可以被视为重载的函数。反过来，如果两个同名函数的参数列表相同，即使返回值的数据类型不同，也无法构成函数重载。

（4）函数的 const 属性不影响重载：在 C++中，成员函数可以被声明为 const，表示它们不会修改对象的状态。然而，const 属性并不影响函数重载。即使两个成员函数的 const 属性不同，只要它们的参数列表不同，它们也可以被视为重载的函数。

（5）默认参数和重载：在 C++中，函数可以具有默认参数。如果一个函数具有默认参数，那么它实际上可以被视为具有多个重载版本，每个版本对应不同数量的参数。在定义具有默认参数的函数时，应确保默认参数的设置不会导致歧义。

13.1.3　面向对象程序设计

题 11　面向对象程序设计的重要性体现在什么地方？

【分析】面向对象程序设计是开发大型、复杂应用软件和系统的最佳方法。了解它的作用和意义，几乎是每个程序员必备的常识，自然也是笔试甚至面试的重点。然而，尽管大家都知道面向对象程序设计很重要，但它的重要性究竟体现在什么地方，却少有人探究。因此，每当被问起这个问题时，很多人要么答非所问，要么不知所云。一个连面向对象程序设计的重要性都不清楚的人，又谈何用好它，又如何会受到软件公司的青睐呢？因此，要想跨过笔试这道门槛，我们必须准确地回答这个问题。

要回答这个问题，我们可能从面向对象程序设计的起源说起。

在面向对象程序设计出现之前，有一种称为面向过程的编程范式。它将程序中待解决的问题抽象为描述事物的数据结构和处理数据的算法（或者说数据处理过程）。同时采用一种“自顶向下，逐步求精”的开发模式，将大问题分解为小问题，再将小问题分解为更小、更易于解决的问题。通过这种逐层分解，降低了软件设计、实现与维护的难度。当问题规模较小，需求变化不大时，面向过程的方法运作良好，软件行业也呈现出一片繁荣景象。

然而，当问题规模越来越大，需求变化越来越快时，面向过程的方法就显得力不从心了。想象一下，如果我们根据需求的变化修改了某个结构体，可能不得不修改与之相关的所有过程函数，而一个过程函数的修改，往往又会影响其他数据结构。如果系统规模较小，这种修改或许还容易处理；但当系统规模扩大并涉及多人协作开发时，这样的修改无疑会成为一场无止境的噩梦。这正是著名的软件危机的写照。

为了解决这场软件危机，面向对象程序设计应运而生。我们知道，面向对象程序设计的三大特性是封装、继承和多态。封装将问题中的数据和对数据进行处理的函数结合在一起，形成了一个整体的对象概念，这更符合人的思维习惯，使理解和抽象复杂系统变得更加容易。继承允许我们在原有系统的基础上，通过简单的继承增加新的数据和行为，从而扩展系统，而无须从头开始。多态则允许我们通过统一的接口应对需求的变化，不同的实现可以保持接口不变，无论需求如何变化，我们只需要修改接口的实现。

可以说，面向对象思想凭借这三大特性，在一定程度上解决了软件危机，这正是它重要性的根本体现。

题 12　如何用一句话来概括面向对象程序设计的本质？

【分析】这道题看似简单，实则难度很大。很多人在第一次被问到这个问题时，常常感到无从下手。因为面向对象程序设计确实博大精深，如果没有深入的认识和理解，很难用一句话就概括其本质。然而，如果我们能够用一句话准确地概括其本质，表明我们对其有着深入的认识和理解，这也是软件公司所青睐的特质。那么，在笔试中遇到这个问题时，我们该如何回答呢？

我们都知道，面向对象程序设计有三大基石：封装、继承和多态。我们无法在一句话中将它们全部概括，因此需要从一个更高的角度来认识和概括它们。在设计程序的过程中，我们会发现，无论是封装、继承还是多态，它们都与我们用自然语言描述现实世界中事物的方式相似。我们会说，一个人有身高、体重的属性，也有吃饭、走路的行为，这在程序中体现为封装——将表示属性的成员变量和表示行为的成员函数封装成类；一个人长得像他的父亲，拥有父亲的某些属性和行为，这在程序中体现为继承——子类通过继承获得父类的属性和行为；尽管某个人长得像他的父亲，但在某些具体行为上可能有所不同，这在程序中体现为多态——子类通过重写父类的虚函数，使得相同的函数具有不同的实现。由此可见，面向对象程序设计与我们日常用自然语言描述事物的方式非常接近，是这种描述方式在程序设计中的体现，也是面向对象程序设计的核心。

因此，我们可以用一句话概括面向对象程序设计的本质：面向对象程序设计是人类用自然语言描述现实世界事物的方式在程序设计中的抽象和模拟。

题 13　何时应该使用继承？

【分析】这道题进一步考查对继承机制的理解和运用。继承机制源自自然界的进化机制，它是进化机制在程序设计中的抽象和模拟。在自然界中，子代通过继承父代的属性和行为，同时根据环境变化发展出新的属性和行为。在程序设计中，子类通过继承父类，获得了父类的成员变量和成员函数，并且可以根据需要增加自己的新成员变量和成员函数。因此，继承所表达的是两个事物之间的“A 是 B 的一种”（a kind of）关系。当某个事物是另一个事物的“一种”时，就应当使用继承。例如，“学生”是“人”的一种，Student 类就可以继承自 Human 类，并使用 public 关键字来表示两者之间的继承关系。

需要注意的是，除“A 是 B 的一种”这种关系外，还存在另一种常见的关系，即“A 是 B 的一部分”。例如，键盘是计算机的一部分。这种关系不适合用继承来表达，也就是说，Keyboard 类不应该从 Computer 类继承。

继承除 public 关键字表示的类型继承外，还包括 private 关键字表示的实现继承和 protected 关键字表示的保护继承。我们需要根据两个事物之间的关系来选择合适的继承方式。更多细节可以参考 6.3.2 节中对继承的详细介绍。

13.1.4　类与对象

题 14　类是什么？对象又是什么？

【分析】在 C++中，类与对象是面向对象程序设计的核心概念，它们是面向对象思想在程序代码中的具体实现，也是 C++的精髓所在。因此，类与对象自然成为 C++笔试的重点和难点，每一场 C++笔试都会涉及这些内容。

简单来说，类是对现实世界中同一类事物的概括和抽象，是使用 C++语言对这类事物进行描述和表达的方式。从程序设计的角度来看，类由描述事物属性的成员变量和描述事物行为的成员函数组成。例如，我们对现实世界中的“学生”这一类事物进行概括和抽象，提取出这一类事物共有的属性和行为，然后用变量来描述其属性，用函数来描述其行为。最后，使用 class 关键字将这些变量和函数封装起来，并进行访问控制，就形成了可以在程序中用来描述和表达现实世界中“学生”这类事物的 Student 类。

既然类是对同一类事物的抽象，那么类的对象就可以看作这类事物的某个具体个体。例如，我们用 Student 类来描述学生这一类事物，而使用 Student 类定义的某个对象 st，则代表了一个具体的学生个体。

题 15　请简要描述 struct 和 class 这两个关键字在定义一个类时的区别。

【分析】这道题考查 C++中 struct 和 class 这两个关键字在定义类时的区别。实际上，struct 和 class 在语法上的区别很小，它们都可以用来创建一个类。两者唯一的区别在于，默认情况下成员的访问权限不同。在没有明确指定访问控制的情况下，struct 中的成员默认是公有的（public），而 class 中的成员默认是私有的（private）。

如果这个问题的回答仅停留在这里，那么只算是回答了一半。尽管它们在语法上的差异很小，但从代码的可读性角度来看，两者之间存在较大的差别。许多程序员认为，struct 定义的是一个结构体，它通常被看作是一组没有封装和方法的简单数据集合，是数据的直接堆砌。而 class 定义的是类，它则更像是具有封装、继承和多态特性的复杂实体，具有明确的封装边界和定义良好的接口。基于这种普遍认识，通常当类中只有少量的公有成员函数和公有成员属性时，我们才会使用 struct 关键字来定义；在其他情况下，推荐使用 class 关键字。对于考官来说，除两者在语法上的细微差别，这些来自实践的经验和见解可能是他们更希望看到的答案。

题 16　重载（overload）和重写（override）的区别是什么？

【分析】这是一个常见的考试题目。在 C++类中，成员函数的重载和重写允许同一个函数名表示不同的函数，这不仅体现了 C++的灵活性，同时也可能使程序员感到困惑。软件公司希望招聘的程序员能够清晰地区分这两者，因此他们经常用这个题目来测试应聘者是否容易混淆概念。

要理解重载和重写的区别，我们可以从以下两个角度进行分析：

从定义上来说，两者定义的层次不同：

- 重载发生在同一个类中，它允许存在多个具有相同函数名但参数列表不同的函数。这些函数的参数个数或类型可能不同，或者两者都不同。
- 重写发生在父类和子类之间，子类中可以定义一个与父类中相同的虚函数，这个函数不仅函数名相同，而且参数列表也完全一致。

从实现机制上来说，两者的实现时机不同：

- 重载是编译期（compile-time）解决的，编译器会根据参数的不同对函数名进行声明，使得原本具有相同函数名的函数在编译器看来成为不同的函数。这种方式是静态的，函数地址在编译期间就已经确定，因此被称为“早绑定”。
- 重写是运行时（runtime）解决的。当子类重写了父类的虚函数，通过父类指针调用该函数时，会根据指针所指向的具体对象动态决定调用哪个函数。如果父类指针指向子类对象，则调用子类中的函数；如果指向父类对象，则调用父类中的函数。由于父类指针可以指向任意类型的实例，虚函数的调用在编译时无法确定，只有在运行时才能确定，因此这种方式被称为“晚绑定”。

题 17　子类重写父类的虚函数是否需要加上 virtual 关键字？

【分析】从语法角度来看，C++中的 virtual 修饰符具有隐式继承的特性。这意味着，如果父类中的某个函数被声明为 virtual，成为虚函数，那么在子类中继承的同名函数也会自动成为虚函数，即使子类中不显式地使用 virtual 关键字。

然而，从提高代码可读性的角度出发，建议在子类中重写的虚函数前加上 virtual 关键字。这样做可以清楚地表明该函数是对父类中虚函数的重写，从而增强了代码的清晰度和可维护性。因此，虽然子类中不使用 virtual 关键字并不会导致语法错误，但为了代码的可读性和明确性，建议在子类中重写虚函数时仍然加上 virtual 关键字。

综合来看，不加 virtual 不会出错，但加上 virtual 会使代码更加清晰和易于理解。

题 18　能重载类的析构函数吗？

【分析】这道题考查我们对类析构函数的理解。最简单的回答是：不能。

然而，如果考官继续追问原因，我们可以解释如下：析构函数是类中负责释放对象资源的特殊函数。它既没有返回值类型，也不接受任何参数。由于没有参数，析构函数自然无法通过不同的参数列表来实现重载。

如果遇到一位特别严谨的考官，他可能会进一步询问为什么析构函数没有返回值和参数。这是因为析构函数在对象生命周期结束时自动调用，无论是对象离开其作用域还是使用 delete 操作符删除对象时。通常，我们不需要显式调用析构函数，因此没有机会向析构函数传递参数，也无法从析构函数获取返回值。由于这些原因，析构函数没有必要定义返回值和参数。

题 19　局部对象析构的顺序是什么？

【分析】这道题考查了 C++中一个相对不常见的知识点。通常，我们不需要特别关注局部对象的析构顺序，但在特殊情况下，例如当局部对象之间存在依赖或从属关系时，了解局部对象的析构顺序对于正确管理资源至关重要。

局部对象的析构顺序与它们的构造顺序相反，即后构造的对象先被析构。例如，在以下代码示例中，局部的 hdSeagate 对象比 comIBM 对象后创建，但会先于 comIBM 被析构，这符合现实世界中局部组件通常先于整体结构消亡的规律：

```
void foo()
{
// 先创建表示整体的对象
Computer comIBM;
```

```
// 后创建表示局部的对象
HardDisk hdSeagate;
// 两个对象之间有从属关系
comIBM.SetHarddisk(hdSeagate);

    // ...
}   // 表示局部的对象先析构，表示整体的对象后析构
```

题 20　在子类的析构函数中，需要显式调用父类的析构函数吗？

【分析】这道题继续考查对析构函数的理解。由于类的析构函数通常负责释放内存资源，不当的操作可能导致棘手的内存泄漏问题。因此，编写正确的析构函数是每位 C++程序员的基本技能，对析构函数的考查也自然成为 C++笔试的重点。

回到问题本身，关于析构函数，要记住一个原则：永远不需要显式调用析构函数。子类的析构函数（无论是否由我们显式定义）会自动调用其父类的析构函数，无须我们手动进行显式调用。此外，父类的析构函数会在子类的所有成员被析构之后被调用。例如：

```
// 某个成员变量的类
class Member

public:
    ~Member()
{
    cout<<"Member 对象被释放"<<endl;
};
// ...
};
// 父类
class Base
{
public:
    virtual ~Base()   // 基类的虚析构函数
    {
        cout<<"Base 对象被释放"<<endl;
    };
    // ...
};

// 子类
class Derived : public Base
{
public:
    ~Derived()        // 派生类的析构函数
    {
        cout<<"Derived 对象被释放"<<endl;
        // 编译器自动调用 m_Member.~Member()析构成员变量对象
        // 编译器自动调用 Base::~Base()析构父类
    };
// ...
private:
    Member m_Member;
};
```

题 21　可以将一个子类指针转换成它的父类指针吗？

【分析】在开发实践中，为了适应函数返回值或者参数类型的需要，常常需要进行指针类型的转换，其中最常见的情况之一就是将子类指针转换为父类指针。换句话说，就是用一个父类指针来

指向一个子类的对象。子类对象中也包含父类对象，所以，将一个父类指针指向一个子类对象，实际上是指向子类对象中的父类部分。因此，这种转换是非常安全的，并且始终可以转换成功。这就如同学生（Student）是人（Human）的一种，学生对象中也包含人的属性和行为。例如，我们说“获取某个人的名字”，这里的人完全可以是某个具体的学生。例如：

```
// 表示“人”的父类
class Human
{
public:
    // 父类的行为
    string GetName() const
    {
        return m_strName;
    }
private:
    // 父类的属性
    string m_strName;
};
// 表示学生的子类
class Student : public Human
{
    // ...
};
//一个可以接受父类 Human 类型指针的函数
string GetName(Human* pHuman)
{
    // 调用父类的成员函数
    return  pHuman->GetName();
}
int main()
{
    Student* pStu = new Student();
    // 子类 Student 的指针 pStu 被隐式地、安全地转换为父类 Human 的指针
    string strName = GetName(pStu);

// ...
}
```

题 22　C++是如何实现指针变量的静态类型和动态绑定的?

【分析】C++是一种强类型的编程语言，它的每一个变量都有确定而唯一的数据类型。然而，当这个变量是指针类型时，情况会有所不同。比如，一个类型的指针变量，而它实际上指向的可能是其子类的一个对象。例如，一个 Human*类型的指针实际上指向一个 Student 对象：

```
Student st;
Human* pHuman = &st; // 将父类指针指向子对象
```

这时，pHuman 指针具有两种类型：指针的静态类型（在此为 Human*）和它所指向对象的动态类型（在此为 Student*）。

指针的静态类型决定了通过该指针进行的成员函数调用的合法性将在编译时进行检查。编译器使用指针的静态类型来确定对成员函数的调用是否合法。如果静态类型中包含该成员函数，则调用是合法的。即便指针实际上指向的是子类对象，由于子类通过继承也拥有了这个函数，函数调用依然合法。如果静态类型中没有这个成员函数，则调用是不合法的，即使指针实际指向的对象中定义了此函数。

如果函数调用合法且该函数是一个普通成员函数，编译器将直接确定调用函数的地址，即静态类型中的成员函数地址。如果该成员函数是虚函数，由于父类指针可以指向父类对象或子类对象，且两个类可能都定义了该成员函数，编译时无法确定指针所指向对象的具体类型，也就无法确定调用的是哪个类中的定义。只有在运行时，当父类指针所指向对象的类型确定后，才能根据其动态类型来确定调用哪个类中的定义。这一过程称为“动态绑定”。下面的代码演示 C++中的静态类型和动态绑定：

```
// 父类
class Human
{
public:
    Human(string strName)
        : m_strName(strName)
    {}
    // 成员函数
    string GetName() const
    {
        return m_strName;
    }
    // 虚成员函数
    virtual string GetJobTitle() const
    {
        return "Human"; // 返回默认值
    }
private:
    string m_strName;
};
// 子类
class Student : public Human
{
public:
    Student(string strName)
        : Human(strName) // 直接使用父类的构造函数
    {}
    // 重新定义虚成员函数
    virtual string GetJobTitle() const
    {
        return "Student";
    }
};

int main()
{
    Student st("WangGang");
    Human* pHuman = &st;  // 父类指针指向子类对象
    // 通过 pHuman 指针调用它所指向对象的 GetName()普通成员函数
    // 编译时，首先根据 pHuman 的静态类型 Human
    // 检查对 GetName()成员函数的调用是否合法。在函数调用合法的前提下
    // 因为 GetName()是一个普通成员函数，所以直接确定其函数地址为 Human::GetName()
    cout<<"姓名："<<pHuman->GetName()<<endl;

    // 如果调用的是虚成员函数
    // 将在运行时根据 pHuman 所指向的真实对象决定此成员函数的地址
    // 虽然 pHuman 的静态类型是 Human，但它所指向的实际上是一个 Student 对象
    // 所以这里对虚成员函数的调用将不再是调用 Human 类的 Human::GetJobTitle()
    // 而是被动态绑定为 Student 类的 Student::GetJobTitle()函数
    cout<<"职位："<<pHuman->GetJobTitle()<<endl;
```

```
    return 0;
}
```

题 23 在 C++中，如何实现接口和实现的分离?

【分析】在 C++中，接口是类的关键部分，它定义了类的契约和行为。良好的接口设计可以增强系统的内聚性，降低耦合度，从而符合面向对象设计中的“高内聚，低耦合”原则。同时，清晰的接口也使得类更易于使用和维护。为了保护接口不受实现变化的影响，C++通过抽象基类来实现接口与实现的分离。

抽象基类表达的是一个抽象概念，它不具体指代任何具体实体。例如，“动物”这一概念在 C++中可以通过抽象基类来表示。我们使用包含纯虚函数的类来定义抽象基类。例如：

```
// 动物抽象基类
class Animal
{
public:
    // 使用纯虚函数表示接口
    virtual void Move() = 0;  // = 0 表示这是一个纯虚成员函数
};
```

在 Animal 类中，纯虚函数 Move()定义了类的接口。由于抽象基类仅用于表达接口，它不能被实例化。要创建具体的对象，必须从抽象基类派生出具体的子类，并实现其中的纯虚函数：

```
// 从抽象基类派生新的类，实现接口
class Bird : public Animal
{
public:
    // 实现抽象基类的纯虚成员函数，也就是实现接口
    virtual void Move()
    {
        cout<<"鸟儿飞"<<endl;
    }
};

// 从抽象基类派生另一个类，接口的第二种实现
class Horse : public Animal
{
public:
    // 实现接口
    virtual void Move()
    {
        cout<<"马儿跑"<<endl;
    }
};

// ...
// 创建保存抽象基类指针的容器
vector<Animal*> vecAnimal;
// 创建实现类的具体对象，并保存到容器中
vecAnimal.push_back(new Bird());
vecAnimal.push_back(new Horse());
// ...
// 通过抽象基类的接口，访问实现类对接口的具体实现
for(Animal* pAnimal : vecAnimal)
{
// 基类指针具体指向哪个实现类的对象
// 就调用哪个实现类对接口的实现
pAnimal->Move();
```

```
}
```

在这里，我们使用抽象基类 Animal 来定义一个接口，而从 Animal 派生出的 Bird 类和 Horse 类则展示了接口的不同实现方式。通过这种方式，接口在抽象基类中得到了统一的定义，而在具体的实现类中，我们可以灵活地完成接口的具体实现细节。

例如，如果有一天这匹马变成了会飞的马，我们可以相应地修改 Horse 类中 Move() 接口的实现，如下所示：

```
// 修改实现类对接口的具体实现，变成会飞的马
class Horse : public Animal
{
public:
    // 修改接口的实现
    virtual void Move()
    {
        cout<<"马儿飞"<<endl;
    }
};
```

经过这样的修改，表示接口的抽象基类 Animal 保持不变，同时使用接口的客户端代码也不需要改动。仅需对实现类中的特定实现进行调整，即可轻松适应需求的变化。这种做法有效地实现了接口与实现的解耦，确保了两者相互独立，达到了接口和实现分离的目标。

题 24　如何将自定义的类通过标准输出流对象输出?

【分析】对于 C++中的基本数据类型，例如 int、string 等，可以直接通过标准输出流对象 cout 直接输出到屏幕。这是因为标准库重载了可以接受这些类型对象的“<<”操作符。同理，如果希望自定义类型的对象可以通过 cout 直接输出，也需要重载“<<”操作符，使其可以接受自定义类型的对象。输入操作符“>>”的重载方式也是类似的。例如：

```
// 在需要输入/输出的类中定义“<<”和“>>”操作符为友元
// 这样，在这两个操作符中就可以直接访问这个类的成员变量完成输入/输出
class Student
{
// 声明“<<”和“>>”操作符为友元
    friend ostream& operator<< (ostream& o, const Student& st);
    friend istream& operator>> (istream& i, Student& st);
// ...

private:
    string m_strName;        // 需要输入/输出的成员变量
};

// 重载“<<”操作符，实现 Student 类的输出
ostream& operator<< (ostream& o, const Student& st)
{
    // 输出 Student 对象的成员变量，也就相当于输出了 Student 对象
    return o << "名字为" << st.m_strName << "的学生" <<endl;
}
// 重载“>>”操作符，实现 Student 类的输入
istream& operator>> (istream& i, Student& st)
{
    // 将数据输入 Student 对象的成员变量
    return i >> st.m_strName;
}
```

```
int main()
{
    Student stChen;
    // 从屏幕输入 Student 对象，也就是输入它的 m_strName 成员变量
    cin>>stChen;
    // 将 Student 对象输出到屏幕，也就是输出它的 m_strName 成员变量
    cout<<stChen<<endl;

return 0;
}
```

通过重载“<<”和“>>”操作符，可以实现自定义类对象与屏幕之间的直接输入与输出。更进一步，我们还可以“依葫芦画瓢”，将输入输出流对象的参数修改为 ifstream 和 ofstream，通过重载这两个操作符，实现自定义类对象与文件之间的直接输入与输出。通过这样的重载，类对象的读取与保存将变得更加方便直接。

题 25　完成下面的 String 类。

已知 String 类的定义如下：

```
class String
{
public:
    String(const char* str = nullptr)        // 通用构造函数
    {
        // ...
    }
    String(const String& other)              // 拷贝构造函数
    {
        // ...
    }
    ~String()          // 析构函数
    {
        // ...
        }
        String& operator=(const String& rhs)    // 赋值运算符
        {
        // ...
    }
// ...
private:
    char* m_pData;    // 指向字符数据的指针
};
```

请尝试写出类的成员函数的实现。

【分析】这道题目考察了类中的几个关键特殊成员函数，包括默认构造函数、拷贝构造函数、析构函数以及赋值运算符。这些特殊成员函数是每个类的基本组成部分，对它们的理解和实现能够体现我们对类概念的掌握程度。这类题目常常被考官用作检验考生对类机制理解深度的标准，有时甚至作为考试的压轴题目。

然而，考生们不必对此感到紧张。题目本身并不复杂，它主要检验我们在实现这些特殊成员函数时对细节的把握。只要我们认真复习了第 6 章关于类的相关知识，并且在实践中不断练习，就能够对这些问题有深刻的理解和掌握，从而给出令考官满意的答案。

```
#include <cstring>  // 为了使用 strlen()函数
// 完成后的 String 类
```

```
class String
{
public:
    String(const char* str = nullptr)    // 通用构造函数
    {
        // 首先对参数的有效性进行检查
        // 是否进行必要的参数检查，是判断一个程序员是否有经验的标志
        if (nullptr == str)
        {
            // 如果传入的参数为 nullptr，则构造一个空字符串
            m_pData = new char[1];
            m_pData[0] = '\0';     // 唯一的字符为字符串结束符
        }
        else
        {
            // 根据传入的字符串长度申请内存
            // 这里需要注意的是，申请的内存长度应该在
            // 源字符串长度的基础上加 1，因为字符串末尾还有一个结束符
            m_pData = new char[strlen(str) + 1];
            // 复制字符串
            strcpy(m_pData,str);
        }
    }
    String(const String& other)          // 拷贝构造函数
    {
        // 申请内存
        m_pData = new char[strlen(other.m_pData) + 1];
        // 复制字符串
        strcpy(m_pData,other.m_pData);
    }
    ~String()          // 析构函数
    {
        // 释放字符串
        delete[] m_pData;
    }
    String& operator=(const String& rhs)    // 赋值运算符函数
    {
        // 判断是否为自己给自己赋值，如果是，则直接返回
        // 代码中是否有这个判断，这是程序员是否有足够经验的标志
        if(this == &rhs)
            return *this;

        // 删除原有数据
        delete[] m_pData;
        // 为新的数据申请内存
        m_pData = new char[strlen(rhs.m_pData) + 1];
        // 复制字符串
        strcpy(m_pData,rhs.m_pData);

        return *this;
    }
// ...
private:
    char* m_pData = nullptr;          // 指向字符数据的指针
};
```

13.1.5 STL

题 26 如何删除容器中符合条件的元素?

某冒牌程序员写了如下这段代码来删除容器中所有符合条件的元素，请你帮这个程序员看看这段代码存在什么问题。

```
typedef vector IntArray;
IntArray Array;
Array.push_back( 1 );
Array.push_back( 2 );
Array.push_back( 2 );
Array.push_back( 3 );
// 删除 Array 容器中所有的数字 2
for( IntArray::iterator itor = Array.begin();
    itor! = Array.end(); ++itor )
{
    if( 2 == *itor )
        Array.erase( itor );
}
```

【分析】这道题考查了对 vector 容器的使用。仔细分析这段代码，我们会发现存在两个主要问题。首先，在使用 typedef 为 vector 容器定义别名时，缺少了容器的类型参数。应该以 vector<int>的形式指明 vector 容器的类型参数为 int。其次，是 vector 容器删除元素的问题。这个问题在 10.5.2 节已经介绍过了。调用 erase()函数确实可以删除容器中的元素，但每次调用之后，被删除元素之后的其余元素会自动往前移动一个位置，以填补元素被删除后出现的空位置。如果这时依然采用++itor将迭代器往后移动以开始下一次循环，将导致多移动了一个位置，使符合条件的元素被漏掉。虽然我们可以在删除元素后执行--itor 使迭代器不往前移动来解决这个问题，但更简单的方法是直接使用remove()算法结合 erase()函数来完成这一任务。完整的代码如下：

```
typedef vector<int> IntArray;
// 定义容器变量 array，变量名的首字母一般不大写
IntArray array;
// 添加数据到容器
array.push_back( 1 );
array.push_back( 2 );
array.push_back( 2 );
array.push_back( 3 );

// 删除 array 容器中所有的数字 2
array.erase(remove(array.begin(), array.end(), 2), array.end());
```

remove()算法会将容器中所有符合条件的元素移动到容器的末尾，并返回表示容器中所有剩下元素的新的结束位置的迭代器。而这个迭代器刚好又可以作为 erase()函数的参数，用于指定删除元素的起点，终点是容器原来的结束位置。这样，被 remove()算法移动到容器末尾的符合条件的元素就会被彻底删除掉。

题 27 一个班级的学生成绩保存在 vecScore 容器中，请统计出其中的及格人数。

【分析】这道题目虽然看似简单，仅仅是对容器中满足特定条件的数据进行计数，但根据我们对 STL（标准模板库）的熟悉程度，可以展现出不同的解决方案。不同的方法不仅反映了我们解决问题的效率，也能体现出对 STL 掌握的深度。

如果我们对 STL 只有初步的了解，可能会使用迭代器遍历容器：

```
// 保存学生成绩的容器
vector<int> vecScore;
// 将学生成绩数据保存到容器
// ...
// 保存及格人数的变量
int nPass = 0;
// 使用 for 循环遍历容器，用迭代器访问容器中的数据，逐个进行判断
for(auto it = vecScore.begin(); it != vecScore.end(); ++it )
{
// 将符合条件的数据统计在内
if( *it >= 60 )
    nPass += 1;
}
cout<<"及格人数是"<<nPass<<endl;
```

如果这道题的满分是 10 分，上面这种使用 for 循环的实现方法最多只能得到 6 分，刚好及格而已。在 C++中，解决问题的方法往往不止一种。当我们对 STL 有了更深入的了解时，就会使用 for_each()算法结合 Lambda 表达式来实现：

```
int nPass = 0;
// 使用 for_each()算法结合 Lambda 表达式统计容器中的数据
// for_each()算法实现遍历
for_each(vecScore.begin(), vecScore.end(),
    [&](int nScore)    // Lambda 表达式实现统计
{
    if(nScore >= 60)
        nPass +=1;
});
cout<<"及格人数是"<<nPass<<endl;
```

在这种实现方法中，我们综合运用了 for_each()算法和 Lambda 表达式来完成数据的统计，整个过程比使用 for 循环更加简洁流畅。这样的实现方法应该可以拿满分了吧？可惜的是，考官只给了 8 分。虽然 for_each()算法避免了 for 循环的烦琐，但是仍然需要使用 Lambda 表达式逐个判断容器中的数据来完成统计，这就是这种实现方法只能拿到 8 分的原因。那么，剩下的 2 分到底该如何获得呢？这就要看我们对 STL 的熟悉程度了。

当我们进一步熟悉 STL 并拥有一定的使用经验后，就知道应使用 count_if()算法，只需一行代码，就可以完成这个统计任务：

```
// 使用 count_if()算法和函数对象统计容器中的数据
int nPass = count_if( vecScore.begin(), vecScore.end(),
                not1(bind1st(greater<int>(),60)));
```

在这种实现方法中，我们综合运用了 count_if()算法、greater<int>函数对象，以及两个辅助函数 not1()和 bind1st()，在短短的一行代码中就完成了数据的统计任务。这种方法不仅避免了用循环来遍历容器中的数据，也省去了逐个判断数据大小的步骤。这样的实现方法真正体现了 STL 简洁优雅的特点，才是让考官满意的满分答案。

知识拓展　重构——改善现有代码的设计

实际上，在上面这道题目中，我们对代码不断精简优化的过程就是代码重构的过程。所谓代码重构，就是在不改变代码现有功能的基础上，不断调整现有代码，以改善软件的质量和性能，使程序的结构更趋合理，提高软件的可扩展性和可维护性。

我们之所以需要对代码进行重构，是因为代码中可能存在各种各样的 Bad Smell（坏味道，意指代码中不合理的地方），这些“坏味道”虽然不会影响程序的功能，但会影响程序的性能，并使得程序变得异常复杂，影响它的可扩展性和可维护性。因此，当我们发现代码中存在以下几种常见的“坏味道”时，就意味着我们的代码需要重构：

- 代码中存在功能相同的重复代码。
- 类过于庞杂，函数体过长。
- 一处小的修改需要引发大范围的代码变动。
- 类之间存在过多的互相调用。
- 信息链过度耦合。
- 缺少必要的注释。

针对不同的“坏味道”，重构的方式和规模各不相同，现有代码层面的重构方法，例如将程序中实现相同功能的重复代码提取成一个函数；也有结构层面的重构方法，例如将复杂的 if 条件判断语句重构成结构更加清晰的策略模式。在所有重构方法中，最简单的就是“给变量重命名”，通过修改变量的名称，使其具有更明确的含义，从而提高代码的可读性。例如：

```
// 重构前，毫无意义的单个字母的变量名 n 就是代码中的“坏味道”
string n = "WangGang";
cout<<n<<endl;
// 重构后，变量名 n 被意义更加明确的变量名 strName 取代
// 重构之后，代码的功能没有任何改变，但代码中的“坏味道”没有了
string strName = "WangGang";
cout<<strName<<endl;
```

这就是一次最简单的代码重构，毫无意义的单个字母的变量名 n 被重构为意义明确的变量名 strName，从而去除了代码中的“坏味道”，提高了代码质量。

另外，需要注意的是，任何重构都必须在不改变代码原有功能的前提下进行。因此，在重构代码时，我们通常需要通过足够的测试来确保重构没有改变代码的外部行为。测试也因此成为整个重构流程中的一个重要环节。

代码重构的完整流程包括：发现代码中的“坏味道”，决定开始重构，然后编写测试以检查代码的外部行为，接着利用各种重构方法对代码进行重构。重构完成后，我们还需要再次运行之前的所有测试，以确保重构仅改善了代码质量而没有改变代码的外部行为。如果测试失败，则表示重构改变了代码的外部行为，必须重新进行重构，直至所有测试都通过为止。至此，一次完整的代码重构才算完成。之后，我们可以继续寻找代码中的“坏味道”，开始下一轮重构。代码重构的整个流程如图 13-2 所示。

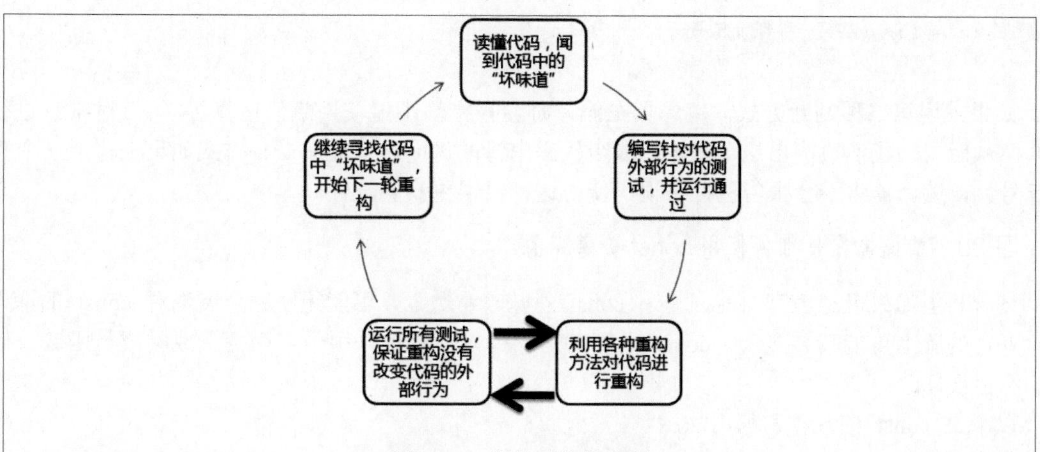

图 13-2 代码重构的流程

重构既不修正错误，也不增加功能，很少给我们带来立竿见影的“好处”，这导致一些缺乏远见的程序员往往认为重构是在浪费时间。然而，事实却告诉我们，在一堆杂乱无章的代码中调试程序所消耗的时间，要远超重构代码所需的时间。通过重构，我们可以改善现有代码的质量，使代码结构更加清晰且更容易理解，从而大幅度提高软件开发的效率。重构不仅没有浪费时间，反而节省了时间。因此，任何一个聪明的程序员都应该掌握重构的技巧，以便“既快又好”地开发程序。

13.2 积累经验

许多人误以为程序员的职业是吃“青春饭”，其实不然。他们之所以这么想，可能是因为没有充分认识到经验对于程序员的重要性。面对同一个功能，如果分别由一位缺乏经验的年轻程序员和一位经验丰富的资深程序员来实现，资深程序员在初始开发阶段可能耗时更多，但其编写的代码往往质量更高，错误率也更低。年轻程序员在开发上用时可能较短，但若将后期的调试和维护时间计算在内，总体耗时可能远超资深程序员。从长远来看，资深程序员的工作效率实际上更高。

软件公司的考官们深谙此道，他们明白经验对于程序员职业的重要性。如果在面试中能够展现出自己作为经验丰富的资深程序员的素养，那么恭喜你，这份工作机会很可能就是你的了。

题 28 const 和#define 都可以用于定义常量，那么我们在定义常量的时候，该如何选择呢?

【分析】关于 const 和#define 的区别，在本书 3.2.5 节中已经介绍了。在定义常量时，应优先选择使用 const。至于为何做出这样的选择，可以参考 3.2.5 节的详尽解释。

题 29 下面是两种 if 语句的判断方式。请问哪种写法更好?

```
// 判断 n 的值是否为 10
int n;
if (n == 10) // 第一种判断方式
if (10 == n) // 第二种判断方式
```

【分析】第二种判断方式更好。因为如果发生手误（在快速编写代码时，这种情况很常见），将导致代码中少一个“=”（等号），上面的代码就会变成：

```
if (n = 10) // 第一种判断方式
if (10 = n) // 第二种判断方式
```

如果采用第二种判断方式，编译器在编译时会报错（不能使用赋值运算符“=”对常量进行赋值），从而帮助我们检测出这个错误，减少代码出错的可能性。而第一种方式如果少写了一个“=”（等号），编译器将不会报告任何错误，使得这种错误更具隐蔽性。

题 30　请说说你是如何使用 const 关键字的?

【分析】如果仅在考官面前回答 “const 意味着常数”，可能无法完全展现对 const 的深入理解，考官的脸上可能晴转多云。const 本质上是一种只读保护，用于声明变量或类成员函数，确保它们不会被修改。

以下是 const 的几种常见用法：

```
// 用 const 声明普通变量
const int a = 0;
int const b = 1;
// 用 const 声明指针变量
const int *a = nullptr;
int * const b = nullptr;
int const * const c = nullptr;
// 还有很多种
```

用 const 声明普通变量的形式很简单，无论是将 const 放在数据类型的前后都可以，都表示对这个变量的声明（也称为修饰），使其成为一个不可修改的常量。而 const 对指针变量的声明形式则复杂一些，但归结起来不外乎两种主要形式：如果 const 在“*”之前，则表示不可以通过这个指针修改它所指向的值；而如果 const 在“*”之后，则表示这个指针本身的值不可以修改。只要把握了这个原则，任它“七十二变”也难逃我们的“火眼金睛”。

当某个变量的值不可修改时，我们用 const 对其进行声明，以确保编译器不会允许这个变量被意外修改。

当 const 放在类的某个成员函数的后面时，表示这个成员函数不会修改类的成员变量。当某个成员函数只是对类进行只读访问时，例如各种 Get 函数，我们会在其后加上 const，让编译器帮助我们检查成员函数是否做到了这一点。

如果能够清晰阐述这些内容，考官的脸上一定会多云转晴。如果进一步回答出本书 7.4.3 节中对 const 的详细介绍，考官的脸上一定会阳光灿烂。

题 31　同样是表示浮点数，float、double 与 long double 该如何选择?

【分析】作为一门应用广泛的程序设计语言，C++提供了丰富的数据类型以满足不同的需要。仅为了表示浮点数，C++就提供了 float、double 和 long double 三种数据类型。我们知道，不同的数据类型能够表达的数值范围、精度以及所占用的内存资源各不相同。在开发实践中，有经验的程序员往往会根据实际情况选择恰当的数据类型，这样既能满足表达数值的需要，又能避免内存资源的浪费。因此，选择恰当的数据类型是衡量程序员经验的一个标志。

在选择表示浮点数的数据类型时，我们应该按照下面的原则进行选择。

首先，根据数据类型的数值范围进行筛选，检查它是否满足我们对数值范围的需求。例如，如果只是要表示一个学生的体重，数值范围很小，那么这三种数据类型都可以满足我们的需求。而如果要表示一个天文数字，则可以将 float 从候选队列中剔除，因为它能表示的数值范围太小，显然无法满足需求。

其次，根据数据类型的精度来筛选合适的类型，以确保它满足我们对精度的具体要求。例如，在表示学生体重时，float 类型可以提供小数点后 6 位的精度。而 double 和 long double 类型的精度更高，能够更好地满足大多数精度要求。然而，如果我们的目标是表示一个真菌的直径，float 类型的精度就不够用了。在这种情况下，就要选择 double 或 long double 类型。

最后，我们需要考虑数据类型所占用的内存空间。当数值范围和精度需求都得到满足时，我们通常会优先选择占用内存空间较小的数据类型。例如，在表示学生体重的场景中，如果 float、double 和 long double 在数值范围和精度上都能满足需求，但由于 float 类型占用的内存空间相对较小，我们自然倾向于选择 float 类型。

通过这样的筛选过程，就像选美比赛一样，我们总是将那些既能满足数值范围和精度要求，同时又占用内存空间较小的数据类型筛选出来，作为最终定义浮点数变量的数据类型，如图 13-3 所示。

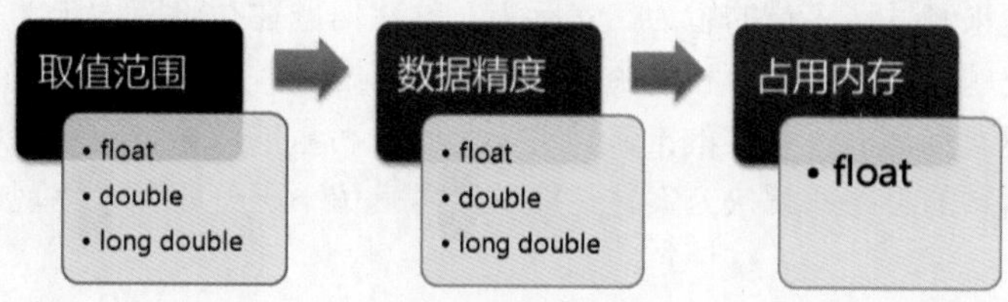

图 13-3　数据类型的"选美"比赛

题 32　以下两种编码风格，哪一种更好?

第一种：

```
// 获取姓名
void GetName(Human* pHuman)
{
    // 判断参数 pHuman 是否有效
    if(nullptr != pHuman)
        return pHuman->GetName();

    return "";    // 返回默认值
}
```

第二种：

```
// 获取姓名
void get_name(human *phuman) {
     if(nullptr != phuman)
          return phuman->get_name();
     return "";
}
```

【分析】从表面上看，这只是一道简单的关于编码风格的选择题，但它却暗藏陷阱，稍不留意就有可能掉入考官设下的陷阱。考官希望看到的答案，不是"第一种更好"，也不是"第二种更好"，而是我们对编码规范的正确认识和理解。

编码规范是在项目开发过程中制定的一套规则，涵盖编码格式、命名规则、注释风格等代码编写的方方面面。虽然编码规范本身并不直接实现程序功能，但它对于提升代码的可读性和可维护性至关重要，能够显著提高开发效率。

如果项目团队尚未建立编码规范，应立即参考业界广泛认可的编码规范，并结合团队的具体情况进行适当的调整和定制，通过讨论形成一套适合本团队的编码规范，并确保所有成员严格遵守。

对于已经存在编码规范的项目团队，新成员应首先理解并遵循现有规范，以确保代码风格的一致性。

避免无故创新制定一套全新的编码规范，因为这往往会引发不必要的争议，而非产生真正“更好”的规范。世界上不存在所谓的“最佳”编码规范，即便是当前流行的各种编码规范也各有利弊。编码规范本身没有绝对的好坏之分，关键在于其是否得到团队成员的一致遵循。只有被严格执行的编码规范，才能被视为“最佳”规范。

13.3 考查智力

任何公司都希望招募聪明有才智的人才，特别是一些国际知名的大型企业，它们倾向于通过提出一些不寻常的问题来测试程序员的智力。实际上，这些问题往往没有固定的答案。考官们更关注的是应聘者面对新问题时的适应能力和解决问题的创新思维。

因此，在应对这类问题时，答案的准确性并不是唯一考量的因素。更重要的是展示你的创意和独到的见解。一个新颖的思路或解决方案往往能够给考官留下深刻印象，体现出你的思维敏捷和创造力。

题 33 下面这段代码的输出是什么？（微软笔试题）

```
int foo(int x)
{
    int countx = 0;
    while(x)
    {
        countx++;
        x = x & ( x - 1 );
    }

    return countx;
}
int nRes = foo(9999);
cout<<nRes<<endl;
```

【分析】这段代码的输出是 8。这道题目考查的是对位运算和二进制表示的理解。任何参加微软笔试的候选人都应清楚这个函数的运算过程。难点在于，这个函数包含循环过程，而我们无法像计算机一样执行大量循环来得到结果。因此，依靠逻辑分析而非机械计算来解决问题是关键。

在这个问题中，由于涉及“&”（位与）操作，我们可以将参数 x 转换为二进制来理解。题目给出的 x 值较大，我们可以先使用较小的 x 值代入函数，推算出函数的返回值，然后探索函数返回值与参数 x 之间的关系。经过几次试验，我们会发现函数返回的值恰好是参数 x 的二进制表示中 1 的个数。通过进一步验证，我们可以确认函数的功能是统计参数 x 的二进制表示中 1 的总数。

以 9999 为例，其二进制表示为 1 1111 1111 1001，其中包含 8 个 1。因此，函数 foo(9999) 的返回值是 8。

如果你能够通过逻辑推理而不是逐个计算得出正确结果，那么你展现了出色的分析能力。微软和其他顶级公司都欢迎具备这种能力的人才。

题 34 编写一个函数找出整数数组中第二大的数。（微软笔试题）

【分析】通常，编写一个函数以寻找数组中的最大数是一项基础技能。然而，微软可能更看重能够编写寻找数组中第二大数的函数的候选人。这要求候选人不仅具备基础编程能力，还要有解决问题的创造性思维。

下面提供的代码是一个寻找第二大数的参考示例程序，但如果你有更高效或更优雅的解决方案，不妨考虑与微软的人力资源部门分享。一封展示你创新解决方案的邮件，可能会让你离微软的工作机会更近一步。

```
#include <climits>  // 为了使用 INT_MIN 宏
// ...
// 寻找数组中第二大的数
int find_second_max(const int* data,const int count)
{
// 参数有效性检查
if(nullptr == data || count <= 1)
    return 0;
    // 假定数组中的第一个数为最大的数
    int max = data[0];
    // 假定第二大数为最小的整数
    int sec_max = INT_MIN;

     // 从第二个位置开始循环遍历数组
    for (int i = 1; i < count; ++i)
    {
        // 如果当前数大于最大数
        if (data[i] > max)
        {
            // 原先的最大数成为第二大数
            sec_max = max;
            // 当前数成为最大数
            max = data[i];
        }
        else  // 当前数小于最大数
        {
            // 继续判断当前数是否大于第二大数
            if( data[i] > sec_max)
                sec_max = data[i];  // 如果大于，则当前数成为第二大数
        }
    }

    // 返回第二大数
    return sec_max;
}
```

题 35　丢失的 1 元钱到哪里去了？（Google 笔试题）

三个人一起到客栈住店，每个人出 10 元钱，一共 30 元钱。但老板说今天是老板娘生日，搞大酬宾，只要 25 元钱，并让店小二退 5 元钱给他们。店小二心想 5 元钱三个人不好分，于是私自决定将其中的 2 元钱放入自己的腰包，然后给每位客人找回 1 元钱。但在结账时，店小二发现了一个看似奇怪的现象：三个客人原本每人支付了 10 元钱，然后每个人又找回 1 块钱，这样每个人支付了 9 元钱，再加上自己偷拿的 2 元钱，一共才 29 元钱。与最初的 30 元钱相比，似乎少了 1 元钱。

$$3\times(10-1)+2=29=30-1$$

这样一算，店小二害怕自己做的事被发现，整天惶惶不可终日，总是心里念叨着“丢失的那 1 元钱到哪里去了呢？”

【分析】这道题考查的是逻辑思维能力以及从复杂的材料中分辨并抓取关键信息的能力，而这种能力正是程序员所必需的。为了迷惑大家，题目故意把计算过程叙述得详细而复杂，目的是迷惑读者，掩盖其中的逻辑陷阱，从而得出错误的结论。实际上，如果我们能够把握住复杂材料中的一个关键点：3×(10–1)是顾客支付的金额，而 2 元钱是店小二私自扣留的部分，这两部分资金的性质不同，前者是支出，后者是收入，它们之间不能简单地相加。

题目中的计算错误在于概念混淆。正确的计算方法应该是：

$$3\times(10-1)=27=25+2$$

这样一计算，钱都没有丢。